荞麦面汁（蘸面汁）

高汤 1 杯　酱油 1/3 杯　砂糖 1.5 ～ 2 大匙

砂糖可替换为味淋。甜味的加减，依个人喜好调整。全部调料混合均匀后煮开放凉即可。

什锦饭

什锦饭的基础调味汁。

米 3 杯　高汤 3 杯　酱油 1 ～ 2 大匙　酒 1/4 杯　盐 少许

根据什锦饭的配料，调整调味料的用量。

基础表

00ml、

寿喜烧 关东风味

高汤 1 杯　酒 1 杯　酱油 1 杯　砂糖 1/2 杯

全部混合均匀煮开后加入食材。

关西风味 使用同等分量的砂糖、酱油和味淋。

先放入肉稍加烤制，再加入砂糖、酱油和味淋制作的调味汁。当然，每家每户都会有各自不同的味道。

法式沙拉汁

基础油醋汁。

醋 1/2 杯　油 1/2 杯　盐 1 小匙　胡椒粉 1/4 小匙　辣椒 依个人喜好

想要减少油的摄入量，制作无油沙拉汁，可以使用高汤替代。醋也可用柠檬汁或者葡萄酒醋替代，享受不一样的风味。

和风沙拉汁

可用于沙拉和冷涮锅，新鲜清爽。

醋 1/4 杯　酱油 1/4 杯　高汤 2 ～ 3 大匙　油 1 大匙

想要制作无油料理，可以去掉食谱中的油。还可使用柚子或臭橙替代醋，为沙拉汁增添不一样的季节感。

后浪出版公司

生活图鉴

[日]越智登代子 著　[日]平野惠理子 绘　张杰雄 译

四川人民出版社

前　言

你是否想过留下一张“不要来找我”的纸条，然后躲在桌子底下，或者是在家附近的公园游荡……

这种可爱的离家出走经验，很多人都曾经体验过吧。

不过，即使你对“离家出走”没有兴趣，等到你逐渐长大成人，离开家里独立生活的日子最终也会到来。

自己煮饭、打扫、洗衣服，然后注意自己的健康状况，舒适地过生活。

这些都是一个成人理所当然要做的事。不过，这些理所当然的事，其实需要具备各种知识与不断地练习。然而这些事学校很少教，也没考过试。因此，当我们在不知不觉之中长大，真的要“离家”的时候，便会感到不知所措。

举例来说，你回到了家，如果平常都会等你回家对你说声“回来啦！”的家人不在的话，你该怎么办?

或许你会觉得很幸运，因为没人在你耳边啰唆“作业写了没？”“你要看电视看到什么时候！”。不过，让你伤脑筋的事一定很快就会发生。就像下一页提到的例子一样。在日常生活里，有很多不可或缺的事物。

当然，有些事你自己一个人无法完成，但至少先尝试自己做得到的事，而不要老是麻烦别人，如何?

一点一滴慢慢进步就好。一边向家人请教，一边增加自己能独立完成事情的能力吧。这是为了让你能怀抱自信，迎接即将来临的“独立自主”的日子。

这本书，是让你迈向独立自主的生活良伴。

第一次 看家

看家（342页）

饭（20页）　　味噌汤（24页）　　火、煤气炉（40页）

哇！姐，海带竟然膨胀
成这样……
一旦泡水，量就会
增加，所以一开始
用一点点就好。
啊，糟糕！
来，快收，快收！
大介，把衣服
叠一叠哦。
哼！

啊！
咕噜！
爸爸好慢哦~
对了！
哇！活过来了！
嗯，好好吃哦！
这个，很好
吃呢。
很好吃
对吧。
爸爸！
好慢哦！
我回来了~
哎呀，
会议不小心
开得太久了。
加治大一
父（40岁）

慢慢收拾，
来，洗一洗吧！
这个有点
危险。
啊，有电话。
洗一洗吧！
爸爸，
妈妈说
还要三天
才会回来。
你真是的！
呜～
好臭！
差点忘记了！
明天要穿运动服……
洗澡的时候
顺便洗洗吧。
洗澡洗澡……

洗净身体（206页） 手洗（166页） 地震（350页）

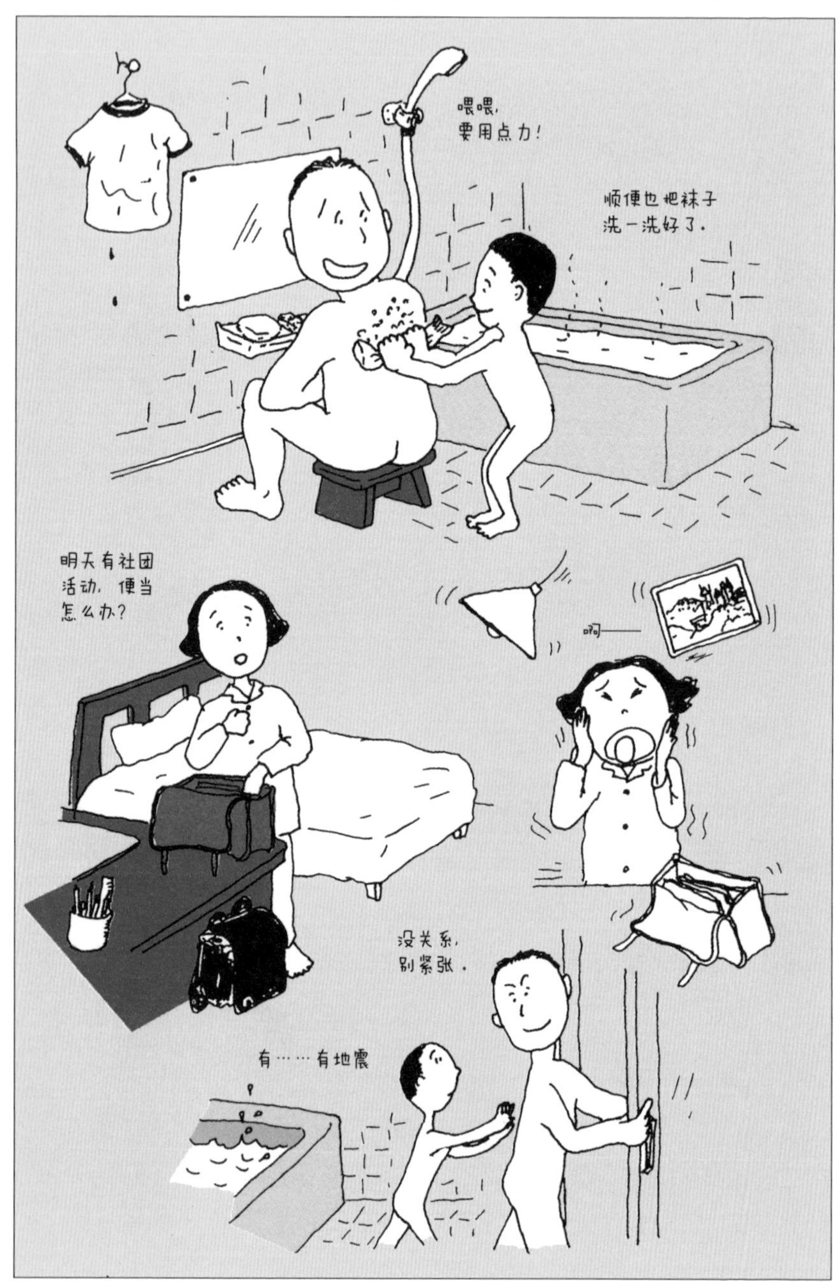

喂，
煤气的总开关
关上了吗？
震级是3级。
没有海啸警报。
没问题！
今天3个人
一起睡吧！
嗯～
爸爸会
打呼吧？
明天我要带
便当哦。
便当的
做法？
啊……

早上、早上咯～
早安！
好快哦！
要等菜凉了
才能盖盖子。
知道了。
？
啊、爸爸！今天是倒垃
圾的日子耶。
垃圾车
快来了哦。
瓶子要
分开丢。
嘿咻！
有看到我的
音乐课本吗？
你这孩子哦……
真是的～
跑得倒是挺
快的。
大介，
要打扫你的
房间哦！
出门咯。

扫除的基础知识（262页） 晾干（174页） 住院用品（356页）

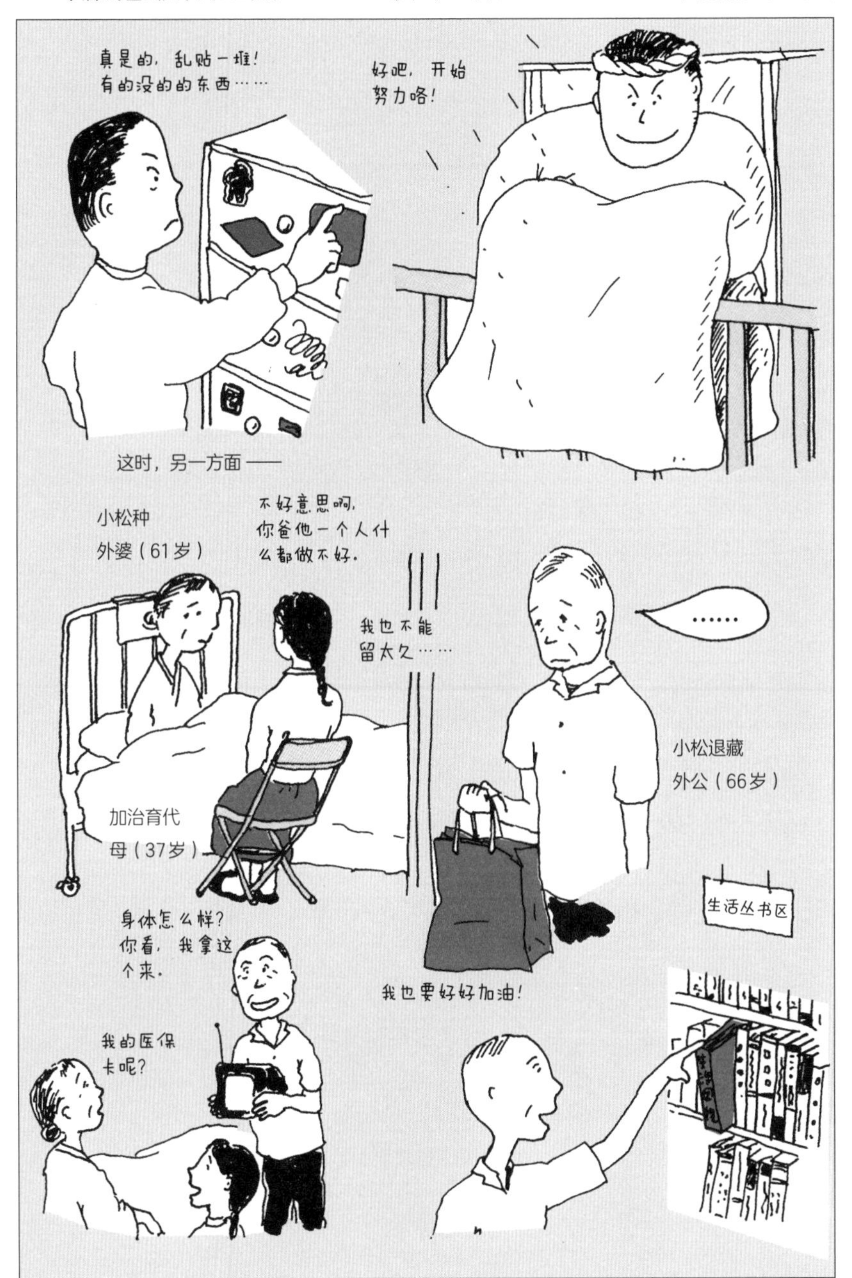

目录

食
生活图鉴

食——饮食生活中，有许多新鲜事！

你喜欢吃些什么？

有自己动手做过自己最爱吃的菜吗？

有亲自挑选、购买过自己喜欢的食材吗？

如果总是让家人帮你做好这些事，那么你就不会知道如何享受饮食生活，也损失了很多乐趣。

“食”这个字里，包含了制作、使用、选择、思考、决定，以及利用五感去品味等要素。

既然是自己要吃的东西，那么交给他人决定，不是很奇怪吗？

况且，当自己有想要吃的东西时，可以自己做出来，那不是一件很棒的事吗？只会空着肚子等家人回来做菜，那实在太可惜了。

当然，每个人刚开始一定都会有很多不懂的地方，所以，请家人协助，或者拿着这本书，每天看一点点，慢慢记下来就好了。

即使失败了也没有关系。只要是自己做出来的料理，一定能够吃得津津有味。而只要做成功了，快乐的程度也会加倍。

“食”含有许多惊奇与新鲜的事，而找出这些趣事的主角就是你！

那么，你会有什么新发现呢？

料理基础

就算是一听见“料理”就嫌麻烦的人，只要能记住以下基本知识，那么，你可以放心地烹饪了！

饭——基本做法

电锅或煤气炉当然要先准备好，只要知道水量，不论是用陶瓷锅或者金属锅，都能随时煮出一锅香喷喷的饭。

● 第一次煮饭也可以顺利煮好的方法

用量杯量好米之后放进滤网，然后再把米洗干净。

（说明：量杯八分满是1人份，约150克，大概是2小碗饭。量杯全满就是1大碗的量。）

①用大量的水冲洗。一开始1 ~ 2次马上把水倒掉，防止米糠的味道留在米上。

对齐刻度线

②再洗4 ~ 5次，直到白色浊水逐渐变清澈为止。但是如果洗到完全变透明，那就代表洗了太多次了，米的营养成分也会被洗掉。

③浸泡在水里30分钟 ~ 1小时。（让每一粒米都能煮透、松软）

洗米的目的只是把米糠洗掉而已

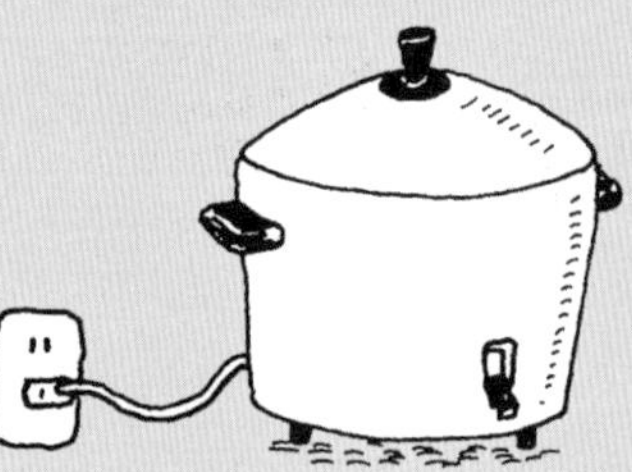

④开关“啪”的一声跳起来之后，要继续焖10 ~ 15分钟。

⑤由下往上用力翻搅米饭，去除多余的水分就煮好了。如果还有一些米没有煮透，那么加入一点酒或水，再按下开关继续焖煮一下。

水量

只要知道水量，即使用陶瓷锅也可以煮饭。陶瓷锅用厚一点的比较好。

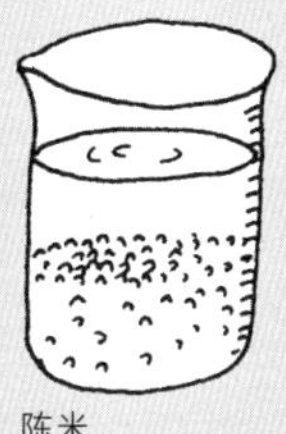

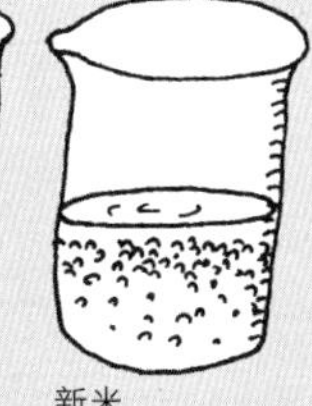

陈米 水是米的1.3倍　　一般的米 水是米的1.2倍　　新米 水是米的1.1倍

● 你也可以这么做

稀饭与米饭

放入盛粥用的碗，在碗里加入适当的水量，这样可以同时煮好饭和一碗粥 。

水煮蛋与米饭

把洗干净的生鸡蛋放进米里一起煮。

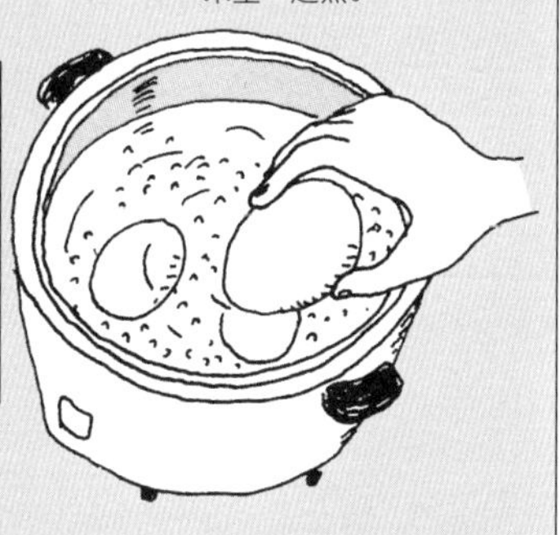

正确的稀饭做法　米用1份计算

全粥：水加5倍（正月吃的七草粥就是这样的分量）

七分粥：水加7倍　　**五分粥**：水加10倍

三分粥：水加20倍（要煮米汤就用这个量）

大火煮滚后转小火以免溢出锅子，以小火煮30分钟以上。关火前加盐，一人份的粥加一小撮盐。

译注：在日本，有正月七日要吃七草粥来祛病辟邪的习俗。所谓的七草粥，是以七种时令的蔬菜——水芹、荠菜、鼠曲草、繁缕、稻槎菜、芜菁、萝卜熬煮的菜粥。

热腾腾的烩饭

只要是热腾腾的白饭，加入什么料都很好吃。

牛肉罐头　鸡蛋

奶酪粉　黄油　柠檬　沙拉酱

赶时间的时候，也可以这么做

如果直接加热水煮饭，米粒吸收水分的速度会变快，洗好米就可以马上煮。但水量要稍微加多一点。

饭团——熟练的捏法

就算没有配菜，如果能将热腾腾的白饭捏成饭团，也会有神奇的满足感哦。三角、圆形、四角……形状可以依你的喜好，自由发挥。

● 美味饭团的基本捏法

先用肥皂仔细将手洗干净再开始做。

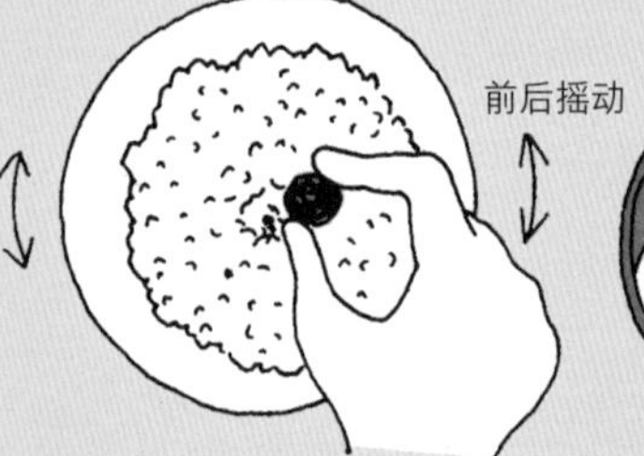

①在碗里盛入半碗的白饭，中间挖一个凹洞，放入配料。前后摇动碗，饭会变得紧实，较容易捏。

②手掌微微沾湿。

③指尖轻轻沾一点盐（如果白饭已经有其他调味就不必）。

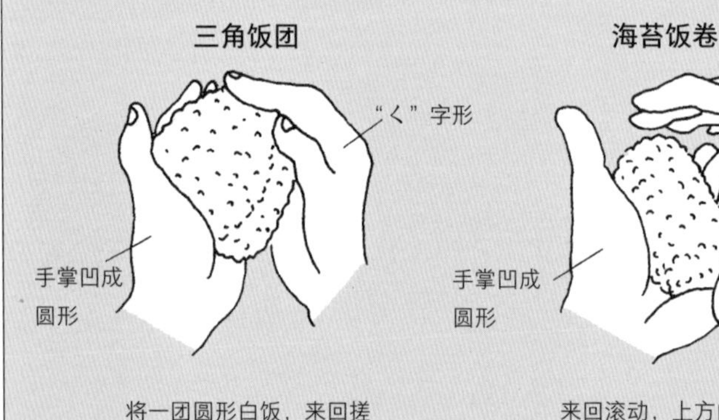

将一团圆形白饭，来回搓揉成三角形

来回滚动，上方的手稍加施力，做成圆桶状

● 创意饭团

简易保鲜膜饭团

①在保鲜膜上撒点盐，再放上配料与白饭。

②拉起四角，包起来收紧变成圆滚滚的形状。

③接着就可以在保鲜膜包覆的状态下，捏出自己喜欢的饭团形状。（可以放些自己喜欢的配料，如炒蛋、青豌豆、奶酪、火腿等。）

用烤箱烤出来的各种饭团

若要加酱油或味噌，诀窍就是先烤一下白饭团，等饭团变得稍硬后，再涂上酱油或味噌。或者可以先把酱油或味噌拌在白饭里，再放进烤箱。

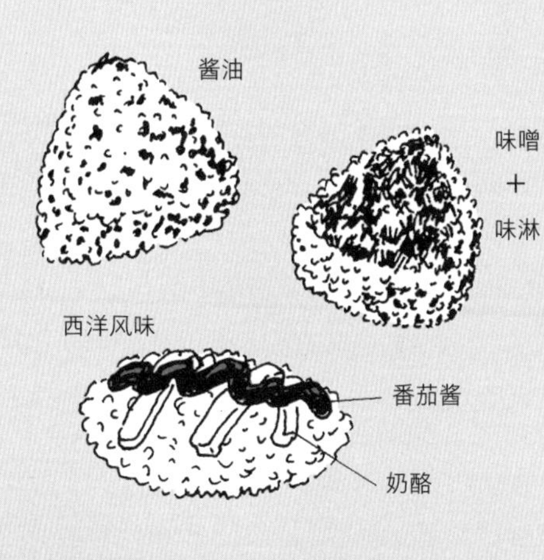

卷心菜卷饭团

①剥下卷心菜叶洗净，微波1～2分钟使其变软。

②在卷心菜叶的根部，放上饭团，先卷一圈，将左右两边往内折包好，最后将菜叶尾端折进去。

③在高汤中放盐、酱油等喜欢的调味，再放入卷心菜卷，煮10分钟左右。

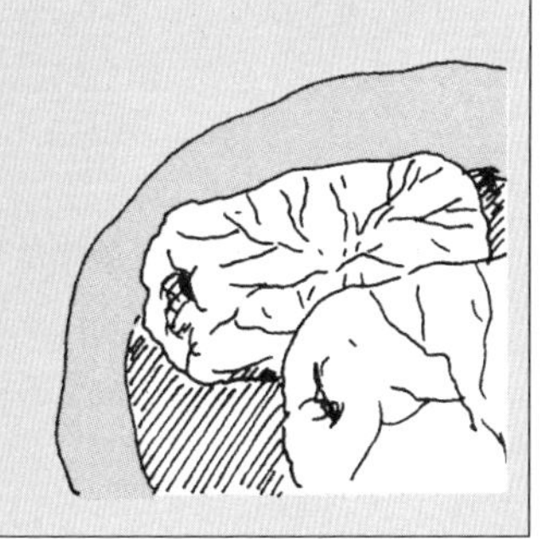

生菜饭团

绞肉
＋
砂糖
＋
酱油

将配料炒到松散为止

生菜

味噌汤——基本的汤

从只要加热水就能完成的味噌汤，到认真做好的正宗味噌汤，请依自己的情况选择。

● 超简单味噌汤

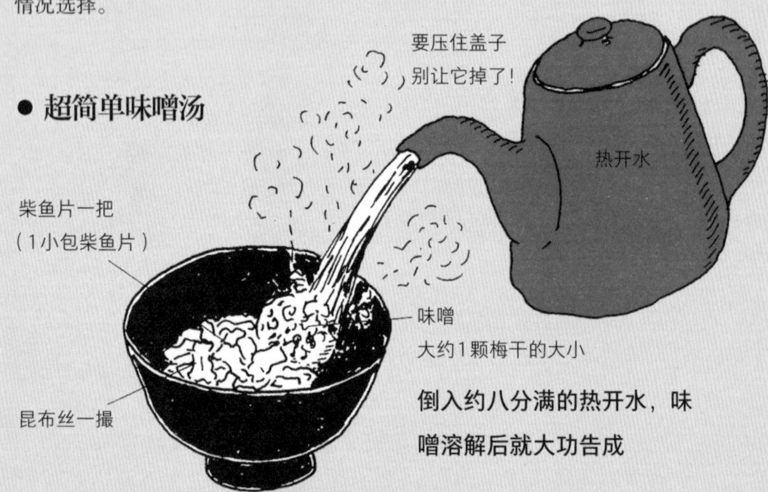

倒入约八分满的热开水，味噌溶解后就大功告成

● 制作高汤，没有一定的方法

使用柴鱼或混合鱼干（鲭鱼、沙丁鱼、圆鲹等），再佐以昆布或香菇等，制作高汤的方式可依个人喜好。如果加入各种配料，汤的味道就会很浓郁。只放柴鱼片的话，就比较高雅清淡。

● 同一批材料不煮第二锅

现在的柴鱼只要煮过一次，味道就会完全煮出来。若要像过去那样继续煮第二锅汤，那么再怎么煮，柴鱼的甘甜也煮不出来。小包装的柴鱼片更是如此。

干鲣鱼节

柴鱼片（几乎都是鲣鱼柴鱼片）

鲣鱼片要选用发酵前的比较好，大部分的柴鱼片都是这一种。也有些是沙丁鱼、鲭鱼、宗太鲣等混合的柴鱼片。

将鲣鱼熏制后日晒，再进行发酵，使其充分干燥。过去都会发酵5次，现在几乎都只发酵1次了。即使是小包装的鲣鱼节也还是有风味，在起锅前使用即可。

● 材料简单的“正宗汤头”

在水中放入适量的干香菇或昆布,然后放入冰箱里。只要这一个步骤就可以。经过半天之后，就会有一锅充满天然甜味的高汤了。再以香菇作为佐料，一起放入汤里滚煮，这样更是一石二鸟的方法。

● 基本的高汤制法

再放入味噌及喜爱的食材，味噌汤就大功告成了

豆腐

味噌

1人份的基本量是1颗梅干大小

③水沸后，小火煮1 ~ 2分钟，用茶叶滤网将柴鱼片捞起。

鲣鱼片较厚时，沸腾后以小火煮5 ~ 10分钟。使用混合柴鱼片时，则沸腾后要加入约100毫升的水,再沸腾就完成了。如果是乌冬面之类所需的浓郁汤头，就比较适合用厚柴鱼片或混合柴鱼片。

各式汤头——和式·中式·洋式

作为味道根基的“汤头”，有多样的种类。让我们配合料理，挑战各种风味吧。

● 小鱼干汤（适合味噌汤、炖煮食物）

整尾，也可以去头跟内脏，
除去头与内脏会比较没有腥味

放入水中浸泡30分钟以上，接着水沸后煮7 ~ 8分钟，将白色汤渣捞掉

只要浸泡一个晚上，汤头的味道就会出来，一点都不麻烦

● 昆布高汤（适合一般汤品、味噌汤，以及鱼贝类料理）

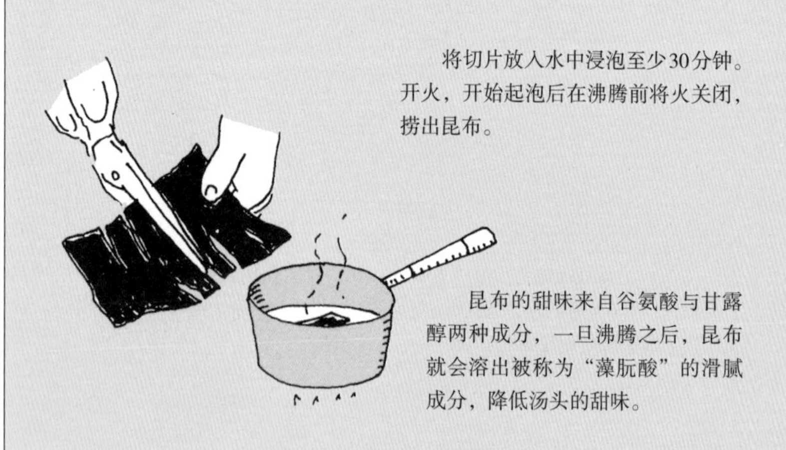

将切片放入水中浸泡至少30分钟。开火，开始起泡后在沸腾前将火关闭，捞出昆布。

昆布的甜味来自谷氨酸与甘露醇两种成分，一旦沸腾之后，昆布就会溶出被称为“藻朊酸”的滑腻成分，降低汤头的甜味。

● 简易中式汤头（适合杂炊饭、汤品）

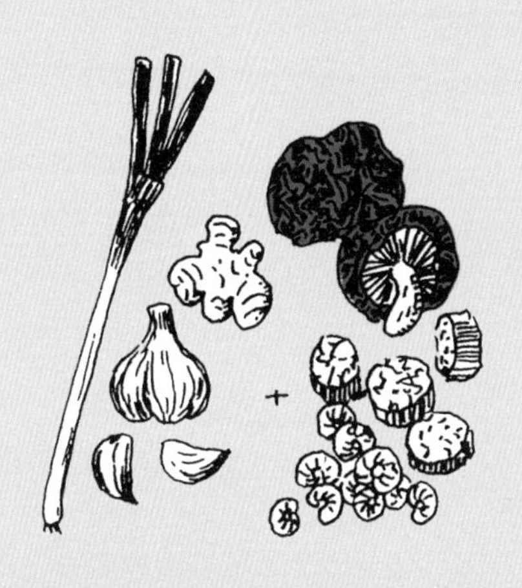

①葱、蒜头、生姜切末，放入锅中炒成金黄色。

②加入干香菇、干虾仁、干贝或鱿鱼干等材料。

③加入大量温水，放置2～3小时。

反复加入温水，汤头能保存两周左右。要放在冰箱保存。

● 洋式汤头

①用热水汆烫鸡骨后洗净，除去血污及杂质。

②将鸡骨及香味蔬菜放入水中，不盖上锅盖直接加热，水滚后以小火再煮1个小时。以咖啡滤纸过滤后，便完成了。

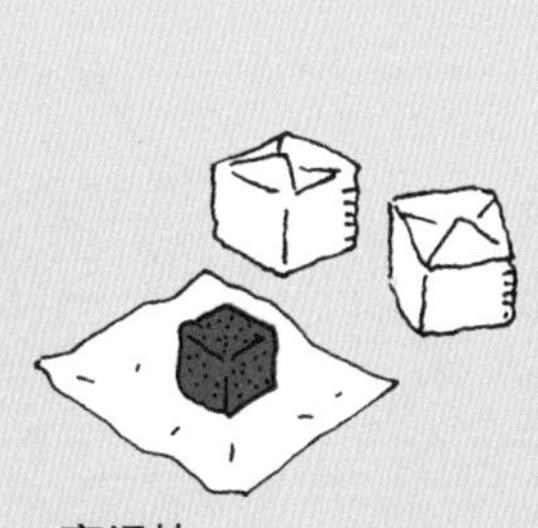

高汤块

在鸡肉料理中放入牛肉汤块，或在牛肉料理中放入鸡肉汤块，味道会更加浓郁。

材料的度量法——目测·手量

为料理调味时，使用量匙量出正确的分量，不只麻烦，也会让人失去兴趣。这时只要学会用手或眼睛测量，就没问题了。

● 聪明利用工具与“直觉”

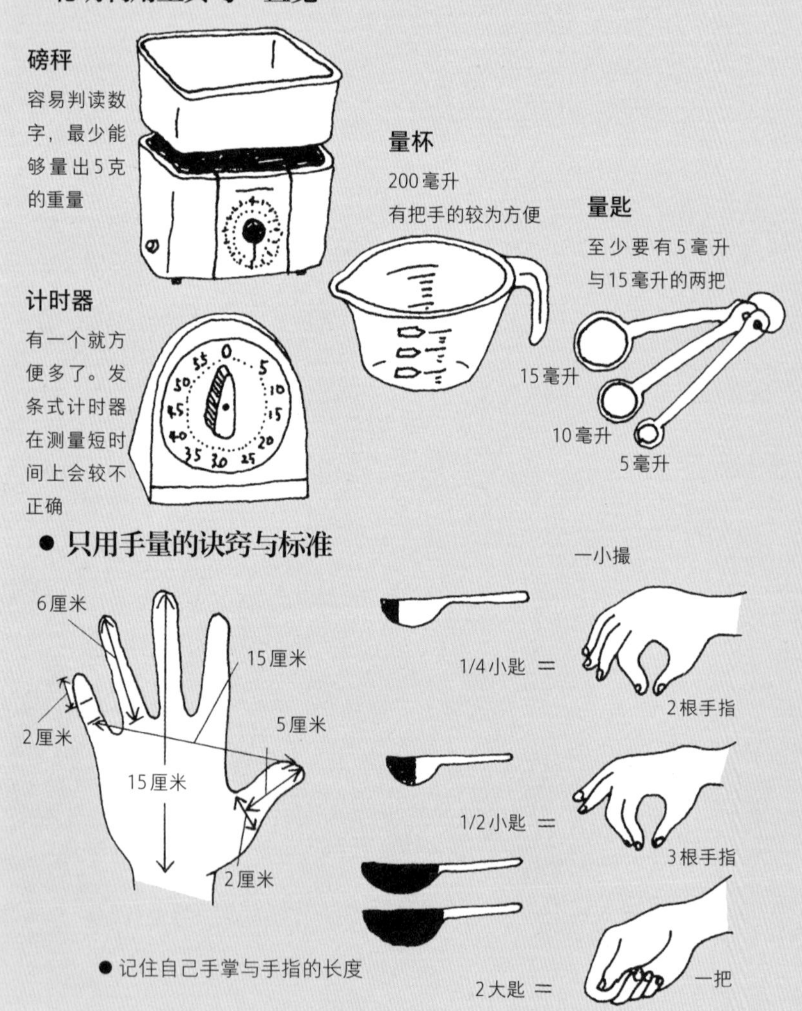

手指圈起的大小

味噌　1碗的量

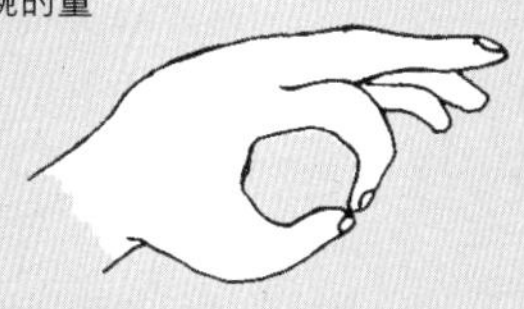

盛满手掌的混合蔬菜

约100克

放在三根手指上的切片鱼

70 ～ 90克

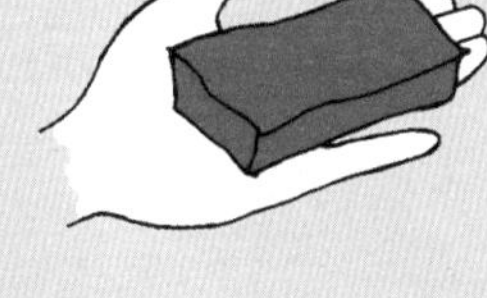

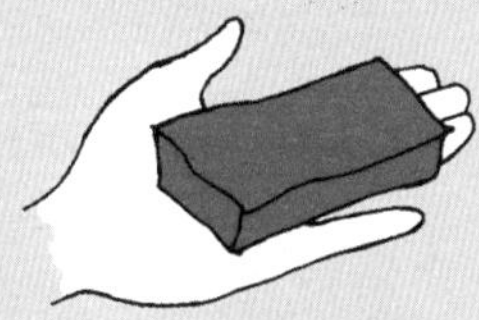

放满手掌的鸡蛋

约200克

勺子

50 ～ 60毫米

玻璃杯

180ml

大罐啤酒

633毫升

牛奶瓶

180毫升

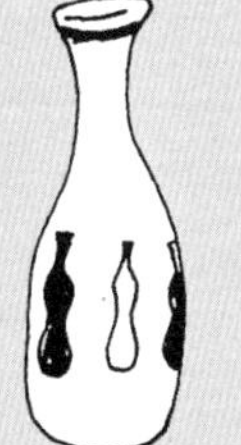

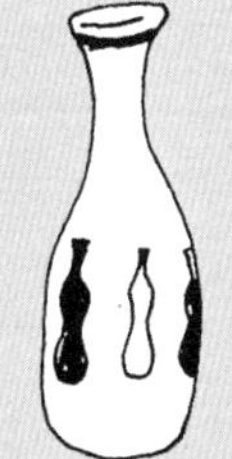

小日本酒壶

140毫升

小酒杯

15毫升

咖啡杯

200毫升

若是同样大小，就会约有同等的重量

鸡蛋

约50克

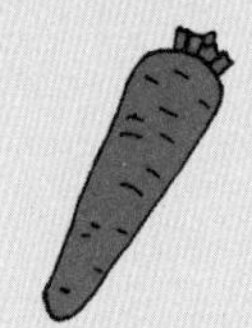

胡萝卜

马铃薯

绞肉

以鸡蛋大小为
基准来记忆

料理用语

在食谱里，理所当然会出现各种调味用语，有些令人似懂非懂……那么，我们来好好掌握它吧。

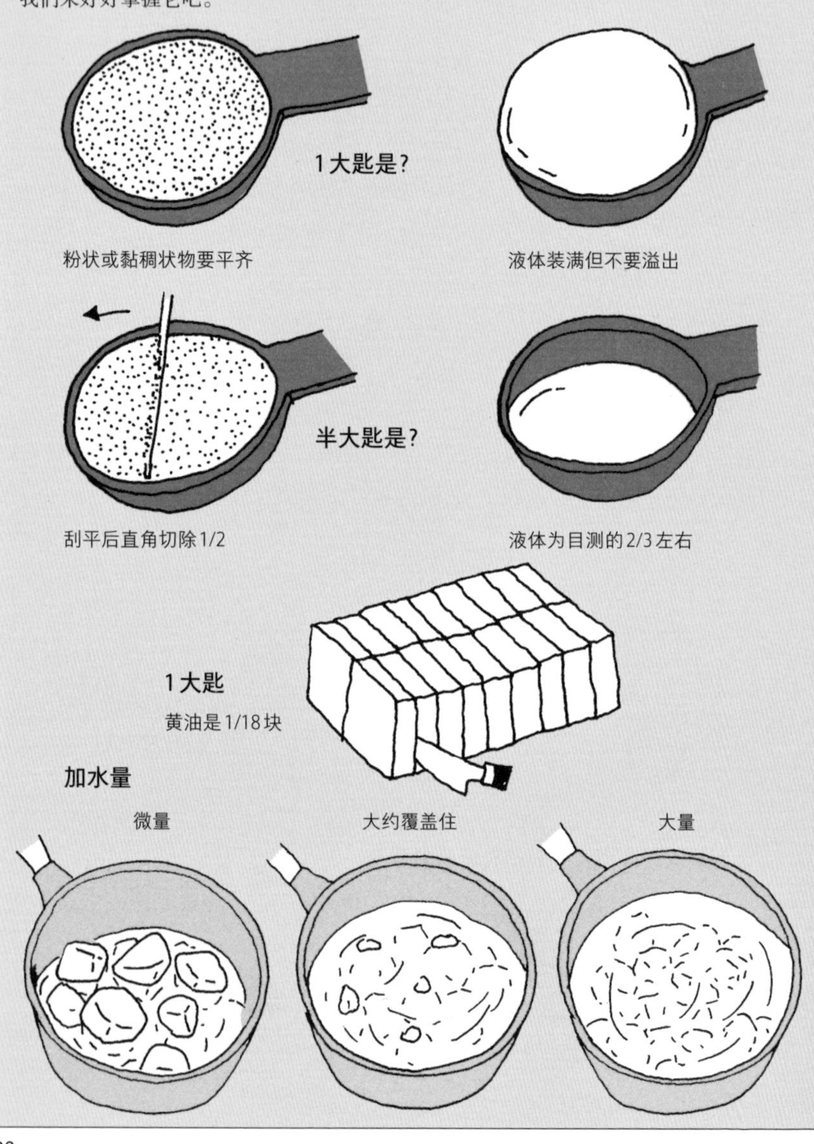

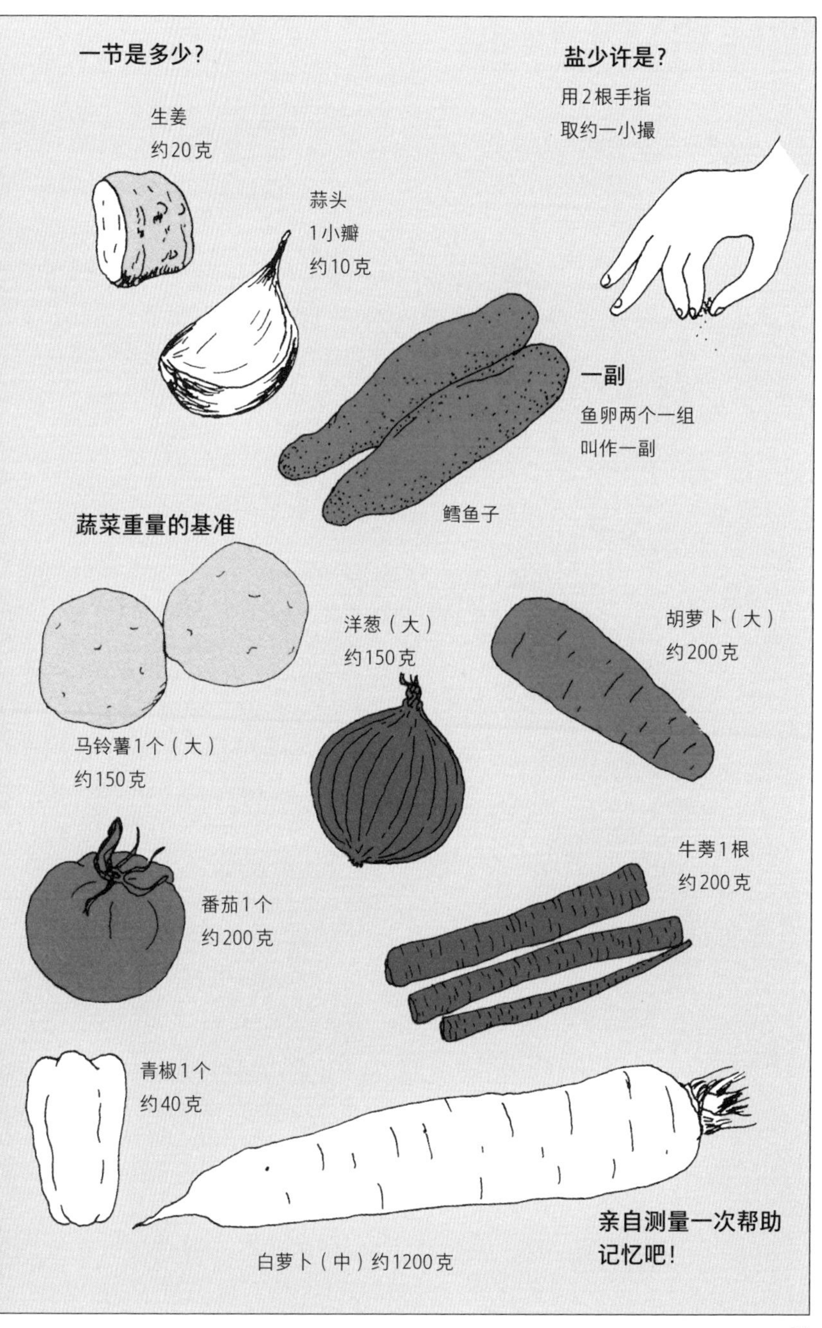
一节是多少？
生姜
约20克
蒜头
1小瓣
约10克
盐少许是？
用2根手指
取约一小撮
一副
鱼卵两个一组
叫作一副
鳕鱼子
蔬菜重量的基准
洋葱（大）
约150克
胡萝卜（大）
约200克
马铃薯1个（大）
约150克
牛蒡1根
约200克
番茄1个
约200克
青椒1个
约40克
亲自测量一次帮助
记忆吧！
白萝卜（中）约1200克

调味料——分辨使用法

很会做菜的人，能分辨及使用酱油与味噌等多种的调味料。就算没有到达那种程度，只要能懂得调味料的差异与特质，对于做菜就能更有自信。

- **砂糖**
  - **白砂糖** 最常用于料理、甜点、饮料中。
  - **黄砂糖** 因为精制度较低，甜味比较浓烈。用于炖煮、佃煮等。
  - **黑砂糖** 因为是用甘蔗汁直接做成的，所以有独特的甜味。用在甜点上。

- **盐**
  - **精盐** 用于一般烹调。
  - **餐桌盐** 为了防止潮湿而做了防水加工处理，因此很难溶于水。加在水煮蛋或生菜沙拉等食材上。
  - **粗盐** 适合用来腌渍食品或撒在干煎鱼上。

- **味噌**
  - **红味噌** 红色且有较重的辣味，适合在夏季烹调。
  - **白味噌** 白色有甜味，适合冬季烹调。也可以红白混合调出自己喜欢的口味。

- **酱油**
  - **浓口酱油** 虽然盐分较少，但颜色深，味道浓厚。适合炖煮、腌渍、当蘸酱。
  - **淡口酱油** 虽然颜色较淡，但盐分较多，味道很实在，适合煮汤。
  - **生酱油** 因为制作时不经过加热，所以非常浓郁香醇，适合当蘸酱。

● 油

动物油 Lard指的是猪油。在炸东西时稍微加入一些，味道会很浓郁。
Vet指的是牛油等。煎牛排时使用。

植物油 大豆、玉米、油菜籽、橄榄、棉籽、米糠、向日葵、红花等是原料。
色拉油是经由棉籽油等混合，使其可用于生食，所以精制度是最高的。

● 醋

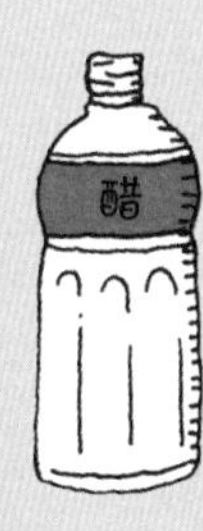

酿造醋 利用米、酒粕、水果酒等发酵制成，别具风味的醋。原料不同味道也不尽相同。适合醋制品、沙拉酱、寿司醋。

合成醋 利用水稀释醋酸，加入调味料所制成。有尖锐的醋酸味，不建议用于寿司醋。冷却后很容易挥发变成水。

● 动手做做看

三杯醋（几乎与所有的醋料理味道都很搭）

醋5大匙：酱油1.5大匙：砂糖1.5大匙：盐1/3小匙

凉拌小沙丁鱼干 小沙丁鱼干中加入热水，再将水沥掉，加入三杯醋搅拌。

醋腌黄瓜 黄瓜切薄片，撒一些盐以脱水，加入三杯醋搅拌。

二杯醋（适合搭配鱼贝类等食物）

在吃章鱼或鱿鱼时，
加入二杯醋吃吃看

醋3大匙：酱油1.5大匙

调味——顺序与诀窍

在调味的时候利用一点小诀窍，就能将美味提升数倍。

● 调味的目的有两个

① 将食物的味道提出来。

② 加入新的味道。

● 加入调味料的顺序为“砂糖、盐、醋、酱油、味噌”

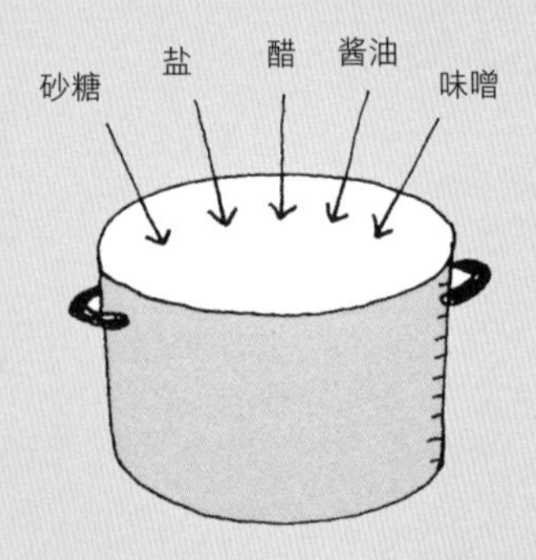

盐的分子比砂糖小，所以能较快渗入食物中，如果先加盐，砂糖便很难入味。

太早加醋，醋的味道会跑掉。酱油、味噌也一样，为了保留鲜味，要晚一点加入。

● 做沙拉酱的时候，最后再放油

● 试味道的方法

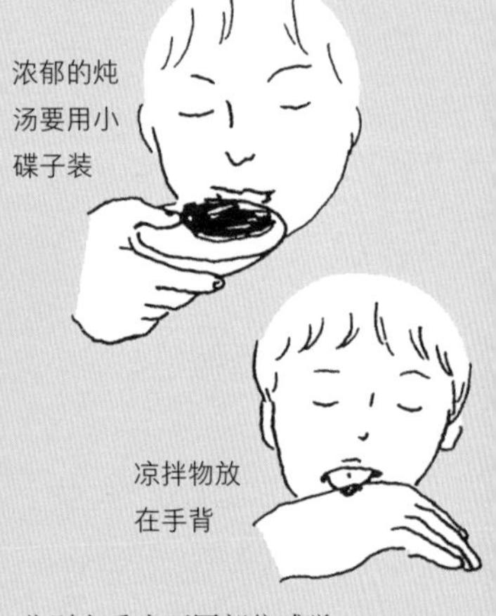

酸、甜、苦、咸四种味道，分别在舌头不同部位感觉。因此试味道时要用整个舌头去试。

● 味淋有收敛的效果，酒有柔软的效果

味淋

以糯米制成。
具有30%的甜味。
味道很香，适合照烧。
在料理完成时加入。

酒

用大米制成。
去除腥臭味。
能够使材料更柔软，所以要先用。

● 为汤做调味

盐：酱油　7：3是重点

用盐来调味，再加酱油稍微增色，就很有味道

● 动手做做看

简易辣油

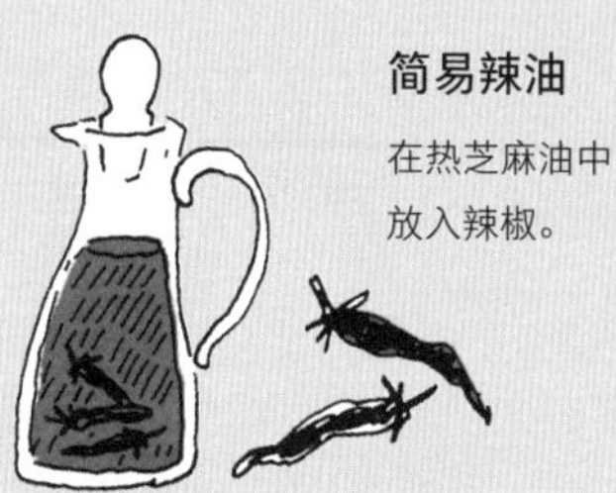

在热芝麻油中放入辣椒。

糖粉

想要在甜点上撒些糖粉，不需要特地去买，只要用研钵就能做了。

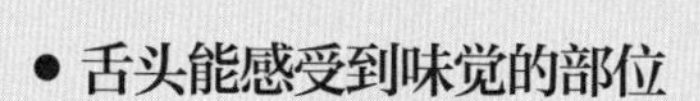

● 舌头能感受到味觉的部位

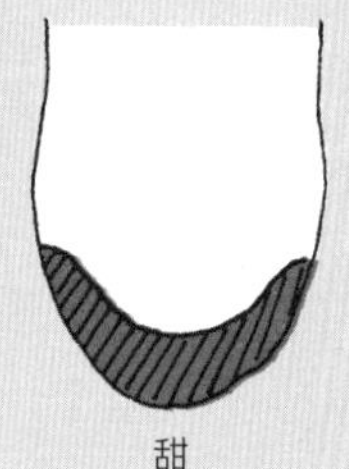

甜
（舌尖）

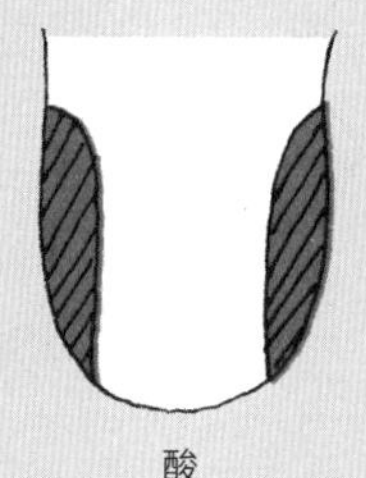

酸
（舌头边缘）

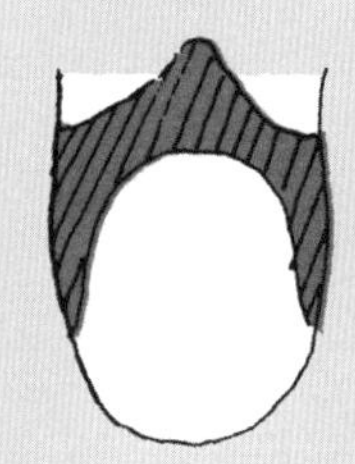

苦
（舌根）

能感受味觉的神经（味蕾）的数量，每个人不尽相同。此外不只舌头，上颚也能感受味觉。

辛香料——熟练的使用法

辛香料是拥有强烈香味的植物的叶子、果实或根部。

（香药草属于有香味的叶子，因此也算是辛香料的一部分）

它们的作用大致可以分为四种：①加入香气；②加入辣味；③消除臭味；④着色。

① 加入香气的辛香料

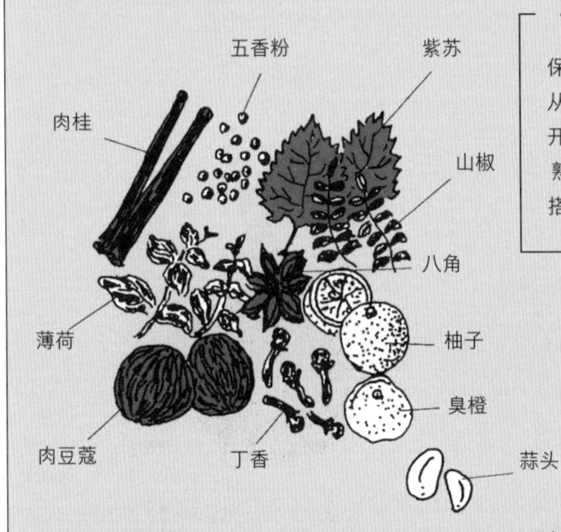

使用的诀窍

保守地用一点点！

从胡椒、蒜头、肉豆蔻三种开始加。

熟练之后，可以试着自由搭配。

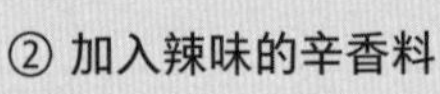

② 加入辣味的辛香料

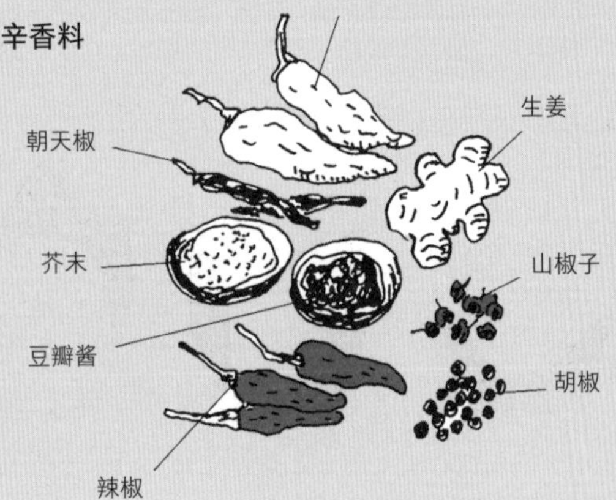

③消除臭味

3次使用的时机

准备时

消除鱼、肉的腥味或加入底味。（捣碎或直接使用）

烹煮时

做咖喱、炖煮或炒的时候。

完成时

用胡椒、甜椒、荷兰芹等来增添颜色或添加风味。使用的是粉末。

④着色

和风辛香料

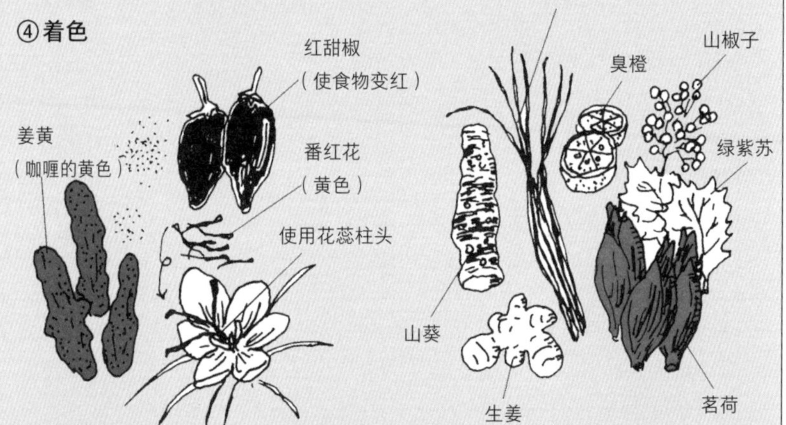

动手做做看

帮助消化的肉桂茶

只要在浓奶茶中加入肉桂即可。

肉桂吐司

在吐司上涂黄油，再撒上一些肉桂粉与砂糖。

调味料的重量——简易笔记

● 调味料的重量

调味料名称	小匙（5毫升）	大匙（15毫升）	杯（200毫升）
水	5	15	200
酒、红酒	5	15	200
醋	5	15	200
酱油	6	18	230
味淋	6	18	230
味噌	6	18	230
盐（精盐）	5	15	200
盐（粗盐）	4	12	150
砂糖（细粒特砂）	3	10	120
粗白糖	4	12	160
甜点用白糖	4	12	160
蜂蜜	7	22	290
面粉（低筋）	3	8	100
面粉（高筋）	3	8	105
淀粉	3	9	110
发酵粉	3	10	135
玉米粉	2	7	90
明胶粉	3	10	130
面包粉（干燥）	1	4	45
酱汁（辣酱汁）	5	16	220
酱汁（猪排酱）	6	18	230

调味料名称	小匙（5毫升）	大匙（15毫升）	杯（200毫升）
番茄酱	6	18	230
浓缩番茄泥	5	16	210
植物油	4	13	180
麦淇淋	4	13	180
猪油	4	13	180
胡椒	1	3	-
芝麻	3	9	120
芝麻粉	5	15	200
辣椒粉、芥末粉	2	6	80
蛋黄酱	5	14	190
沙拉酱	5	16	200
大豆	-	-	130~150
花生	-	-	120
果酱	7	22	290
茶（粗茶）	1	3	40
茶（煎茶）	2	5	60
红茶	2	6	70
咖啡（粉）	2	6	70

（单位：克）

● 盐分1克的换算表

盐	酱油	红味噌	白味噌	酱汁
1/5小匙	1小匙	1/2大匙	1大匙	1大匙

厨　具

烹饪时不可或缺的是厨具。如果能掌握烤箱、煤气炉、微波炉、冰箱用法，还有数种切菜方法，那么不管做什么菜都会轻而易举。第一步建议由微波炉开始学起。仅仅是这样，料理的范围就会变大不少。

火·煤气炉——安全的使用法

能够将火运用自如，会使我们的饮食生活一下子丰富许多。可是，火只要使用不当就会造成危险，我们很熟悉的煤气炉也是一样，所以一定要妥善使用。

● 基本火候控制

小火	文火	中火	大火
火焰大小约5毫米	约1厘米	介于大火与文火之间	不超出锅底、最大的火焰

● 要小心使用做菜最重要的道具——火

①火焰依赖氧气才能燃烧。氧气充斥在新鲜的空气中。

②不要忘记通风（要使空气流通）。

③周遭不要放置多余的物品。

④小心不要烫伤。

料理器具接触火源就会变烫，所以一定要准备好干抹布或隔热手套。如果用湿抹布来端锅子反而容易导热，造成烫伤。

万一烫伤了

一定要优先冷却！

迅速到水龙头下冲10分钟以上的冷水。

● 煤气炉的基本使用法

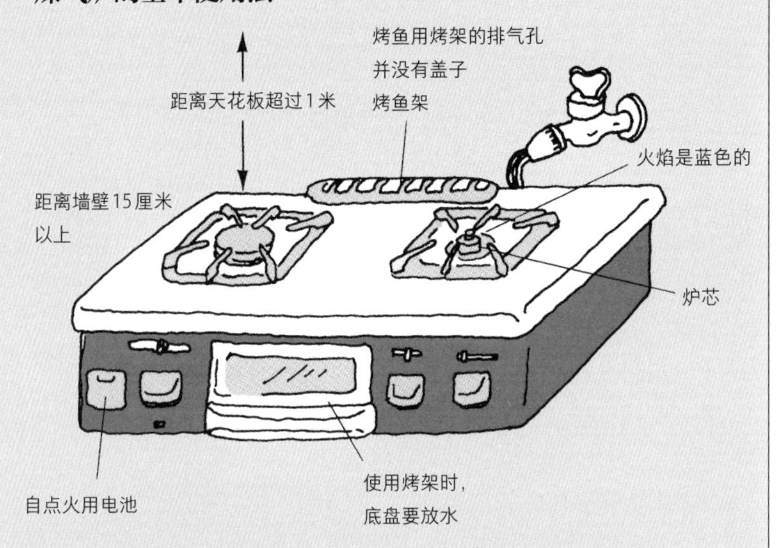

● 当煤气的火焰变红时

可能是不完全燃烧，所以若有空气调节的装置，就要加以调节。另外也要保持空气流通。

如果正在使用加湿器，也有可能使火焰变红。

● 火焰不集中

大多是炉芯太脏或没有装妥。将炉芯拆卸下来用水清洗，并用牙刷等器具将出火孔刷干净（因为刚用完会很热，务必等到冷却才能拆）。接着放回去，一定要装好。

● 小心不要让汤汁滚溢出来浇熄炉火

使用中千万不要离开煤气炉，随时注意炉火的状况。

● 关闭总开关

使用完毕后，关上开关，总开关也要关上。

微波炉——基本的使用法

微波炉是料理新手的得力助手，只要能掌握使用方法，做菜与热菜都能轻松自在。

● 明明没有火，为什么能煮菜?

其秘密就是一种叫作微波的电波。这种电波1秒内能振动24亿5 000万次，带动食物内的水分，造成剧烈的撞击，产生摩擦生热的现象。

微波有四个特征：①能振动水分子　②能通过陶瓷器或玻璃器皿　③遇到金属会反射　④含水分的东西从表面算起只能到达6 ~ 7厘米深（大的物体会出现加热温差）

● 运用自如的四个基本条件

①加热时间随分量改变。
个数如果加倍，时间也要加倍，例如3个就必须要3倍的时间。

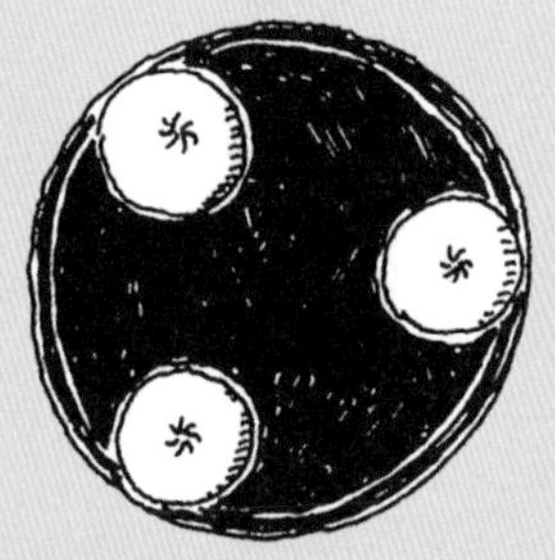

②间隔距离要大致相同。
依不同机种，可能有不同的放置法，要详读说明书。

③保鲜膜包覆。
要保持水分的时候，就要加上保鲜膜或盖子。若想要干燥，就不加盖子或保鲜膜。

④不擅长温度调节。
不会调整小火、中火、大火等火候，适合要立即加热的料理或解冻使用。

●试着做做看

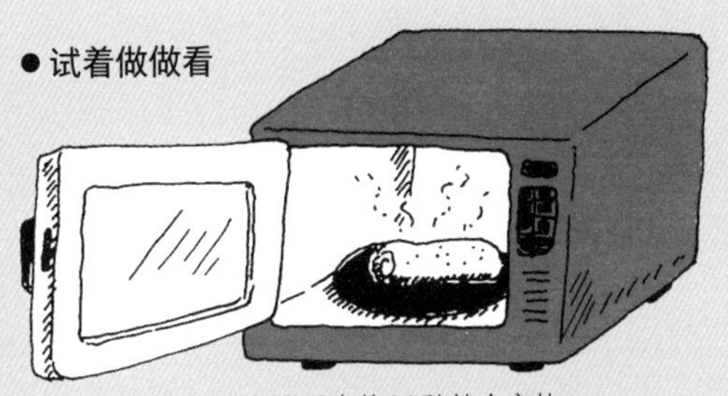

依照机种与耗电的不同，使用方法也不同。使用前，要仔细阅读说明书。

一条湿毛巾约30秒就会变热

●这些很危险

肉类及油炸物或放了许多砂糖的东西，如果直接贴上保鲜膜，会因为过热而使保鲜膜熔解。蛋黄、香肠、鳕鱼子等加热易破，要用叉子或牙签先戳几个洞。

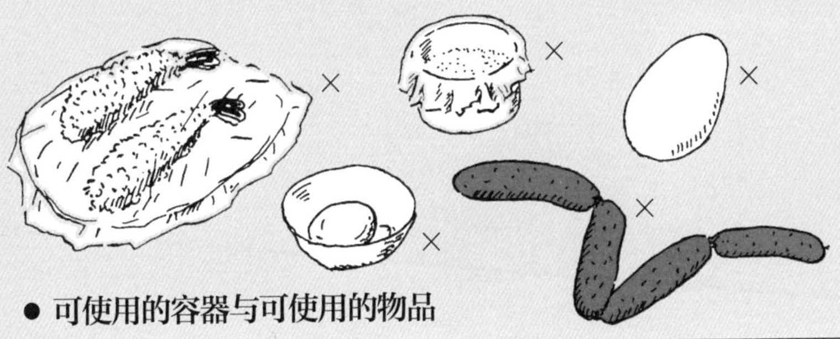

●可使用的容器与可使用的物品

陶　瓷　器	耐热容器	○	土锅等。
	普通容器	○	有镶金、银边或彩绘的容器，图案会脱落。
玻璃容器	耐热容器	○	硼化耐热玻璃等。
	普通容器	△	长时间加热的话会破裂。就算是水晶玻璃、强化玻璃也会破。
塑胶容器	聚丙烯制	○	在产品标签上注明能耐热120摄氏度以上者即可使用。
	其他	×	聚乙烯、苯酚、三聚氰胺等制品皆不耐热。
金属容器		×	会造成火花。
保鲜膜、PE塑料袋		○	若直接包住油炸物或砂糖类时会熔解，要特别小心。
木制、竹制、纸制品等		△	食物直接置于其上的话便可。但若有涂漆或亮光漆等就会变质。

更熟练使用微波炉——料理的诀窍

微波炉料理有各式各样的料理方式，只要掌握一点小诀窍，就跟失败绝缘了。

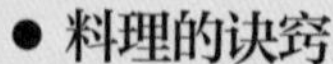

● 料理的诀窍

①冷冻的肉类或蔬菜，在分量较大的情况下，为防止加热不平均，微波到一半要取出搅拌，蔬菜则要转个方向再加热。

②想要让表面微微烧焦，就在上方仔细涂一层酱油或味噌。

③叶菜类蔬菜在微波完后，要放入水中冷却，可以防止煮过头，且可定色、去除涩味。

● 加热剩菜的诀窍

拌炒类

不加保鲜膜

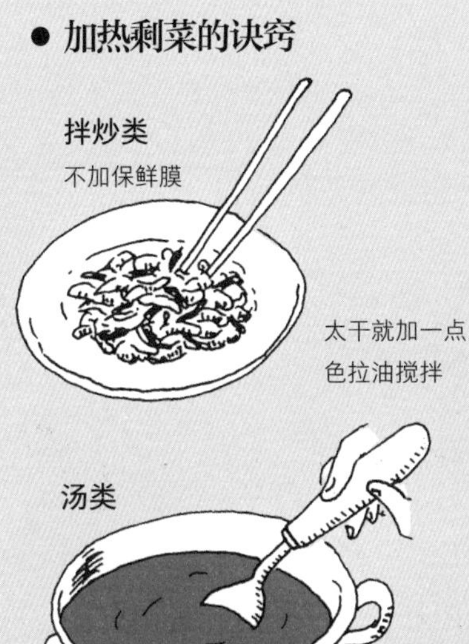

太干就加一点
色拉油搅拌

油炸类

不加保鲜膜

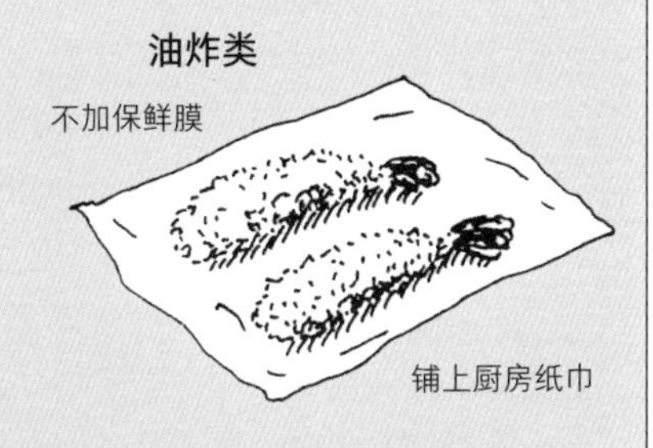

铺上厨房纸巾

汤类

太干的时候不
要盖保鲜膜

白饭

两碗以上就要加
盖保鲜膜

炖煮类

盖上保鲜膜。
汤汁要仔细淋
在表面上

分量多的时候，
微波中途要再搅拌一下

咖喱或炖肉

盐分较高的面粉糊会
让电波难以传递，中
途要再搅拌一下

热狗

切段后放入，
不盖保鲜膜

涂上色拉油

盖上保鲜膜

清蒸类

在表皮上
洒点水

另外还有能利用微波炉完美解冻的好方法，
诀窍可以参阅第129页。

小烤箱——各种使用法

烤箱虽小却很好用，只要下点功夫就能做出各种变化。

● 基本使用法

①时间要短一点。
加热时间请参考说明书。如果还不放心，就缩短时间。透过玻璃窗口，用自己的眼睛确认调整。

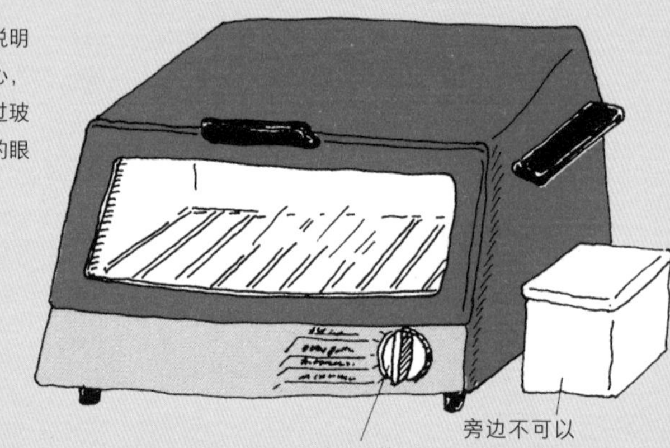

②小心不要烤焦。
料理过程温度会变很高，所以要记得“三不”原则：不在周围放东西；不在烤箱上放东西；不碰触烤箱。

使用1～2分钟的小刻度时，可旋转大圈一点，时间到再归零

③加热调节。
如果没有调节温度的功能，要用铝箔纸包住。

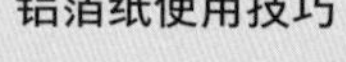

包住 想要慢慢蒸烤的时候

覆盖 想要控制其中一部分热度的时候

垫着 可能会溶解或散掉的时候。弄皱后再垫比较不易粘住食物焦掉的部分

● 试着做做看　有趣的烹饪

烤箱水煮蛋

用铝箔纸包住生鸡蛋，烤7 ~ 12分钟。蛋黄的硬度可以随喜好做多次尝试。

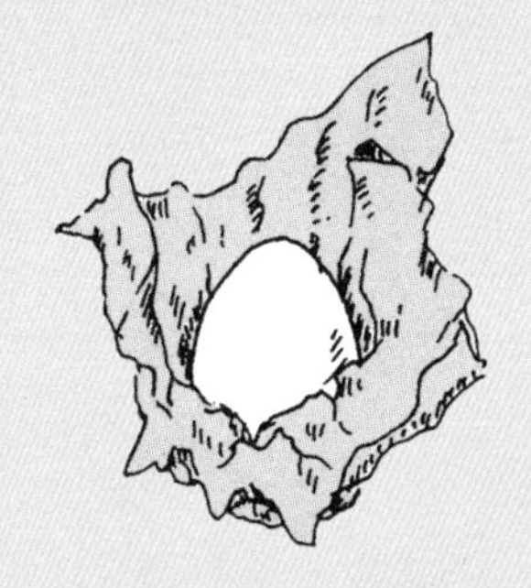

简单的快炒

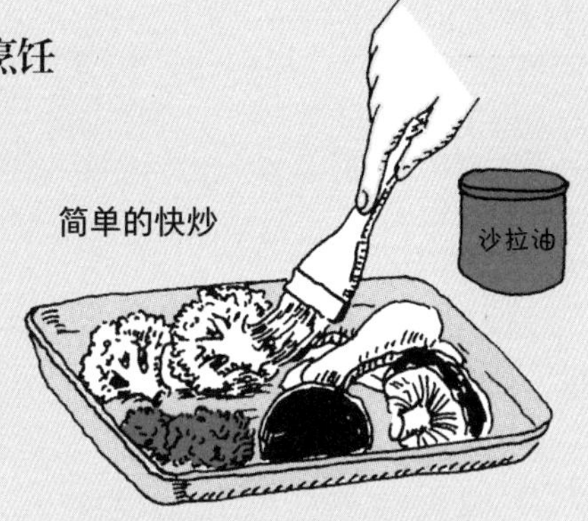

在蔬菜及香菇上涂一层色拉油，烤至表面呈金黄色微焦，就算没有平底锅，也能够炒出一道菜。盐、胡椒、酱油依个人喜好加入。

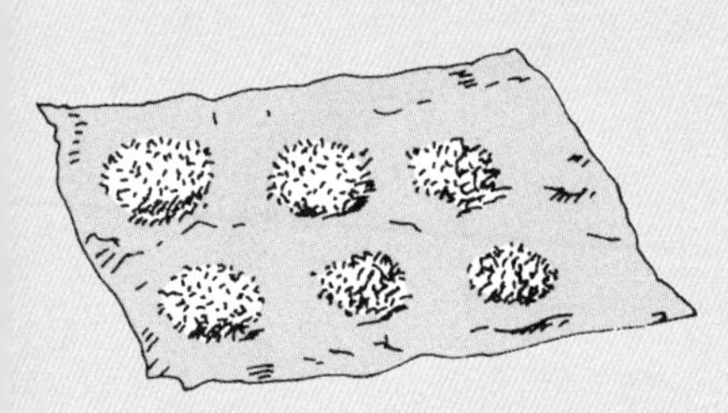

早餐杂炊锅

容器上涂一层黄油或沙拉油，将莴苣、火腿等全部切成小块，最后在上面打一颗蛋，就可以放进去烤了。

放心油炸

认为“炸东西时喷溅的油很恐怖”的人，若想做小一点的可乐饼或炸猪排，就在面包粉上洒一点油烤4 ~ 5分钟，接着翻面再烤4 ~ 5分钟就完成了。

包铝箔纸的秘技

为了防止汤汁流出来或空气跑进去，要将铝箔纸对折，用菜刀轻压画圈，将周围折起。

电子煎烤盘——桌上烹饪

电子煎烤盘能够炒热餐桌气氛，一边做一边吃，非常方便。如果能够运用自如，那么料理的范围又会增加。

● 基本使用法

小心不要过度使用电器

电子煎烤盘有1000瓦的或1200瓦的，耗电量很大，如果跟空调、大烤箱一起使用，可能会造成跳电。家中的电荷量是多少呢？如果是30安培，那么能负荷的功率共3000瓦。

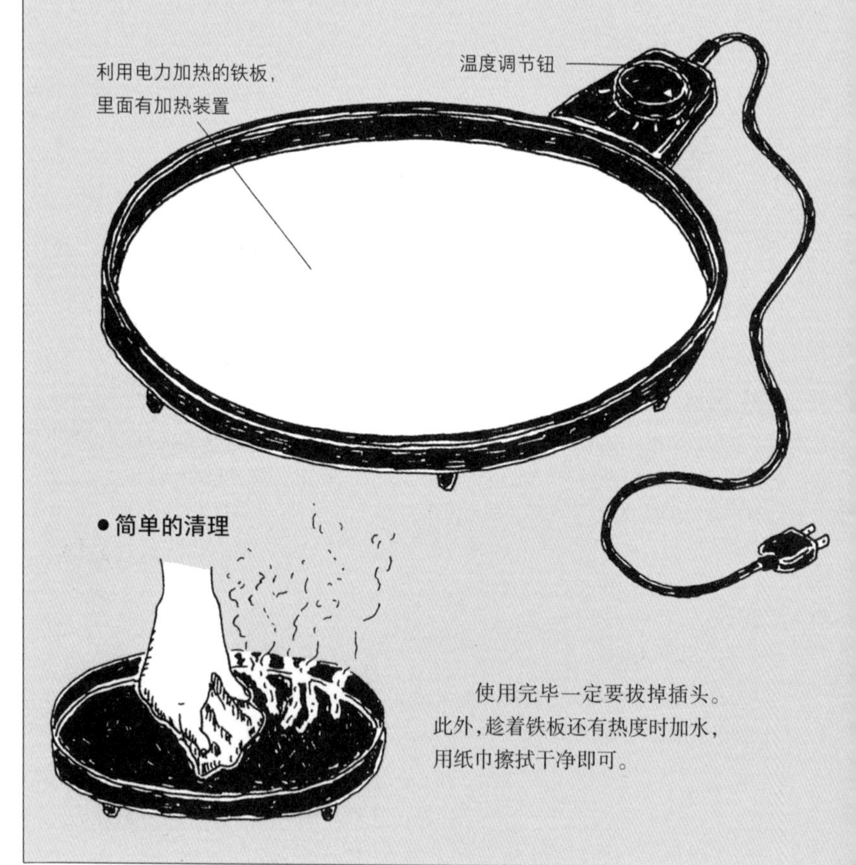

使用完毕一定要拔掉插头。此外，趁着铁板还有热度时加水，用纸巾擦拭干净即可。

● 试着做做看　有趣的桌上烹饪

冰箱——百分之百活用法

冰箱除了能够保存食材外，也是做菜不可或缺的帮手。有没有善加利用呢？会不会太过依赖它呢？

● 基本使用法

①依各个部位的特点来灵活运用。

②就算放在冷藏库，食品也会腐败。食品中的霉菌是活着的。

③放在冷冻库只会使霉菌暂时休息，只要解冻就会活化。

④比起冰箱门，较深的地方是冷气的出口，温度会较低。

● 不适合放冷藏库的食品

洋葱、胡萝卜、南瓜、白萝卜、牛蒡	不需要特地冷藏。只要放在通风佳的阴凉处即可。
马铃薯、红薯等薯类	淀粉会出现变化而变得难吃。放在阴凉处即可。
香蕉	低温保存会让外皮变黑。
味道强烈的食品	让味道散去。用保鲜膜包覆住或用密闭容器盖着。
白吐司	会变干燥。建议用保鲜膜等封闭后放入冷冻库。

● 冷藏库的整理

悬挂

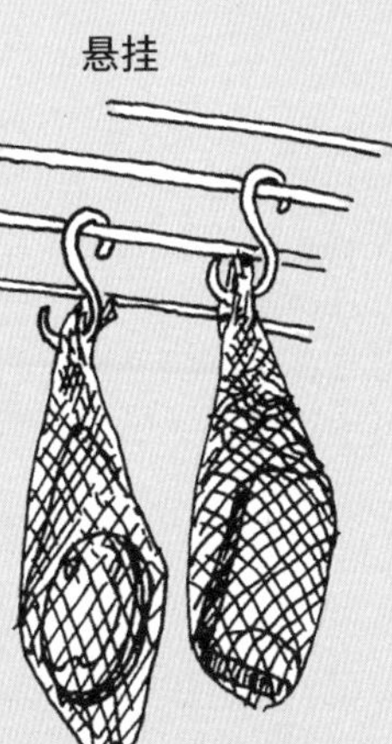

小东西或蔬菜，可放入牛奶盒或其他纸盒裁切的容器内。纸盒变旧了即可淘汰

分装

葱、白萝卜、胡萝卜、黄瓜、芋头等，立着摆放能够保存较久。以它们生长时的状态保存，就不会消耗多余的能量

● 试着做做看

冻香蕉

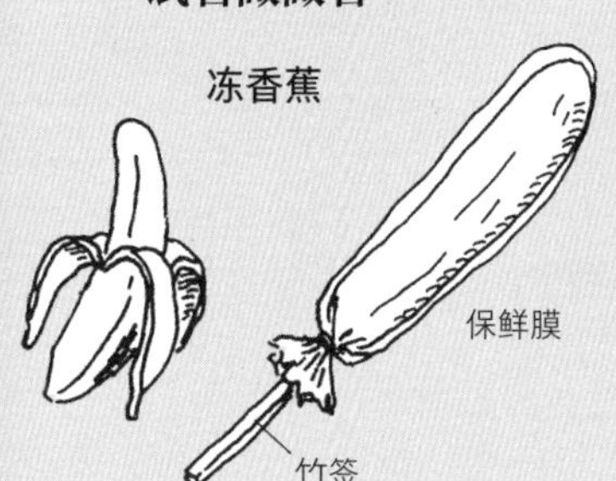

冰块容器

料理用小工具——选择法 · 使用法

小而实用的方便小工具。来了解一下这些工具的选择及使用法吧。

● 基本的小工具与使用法

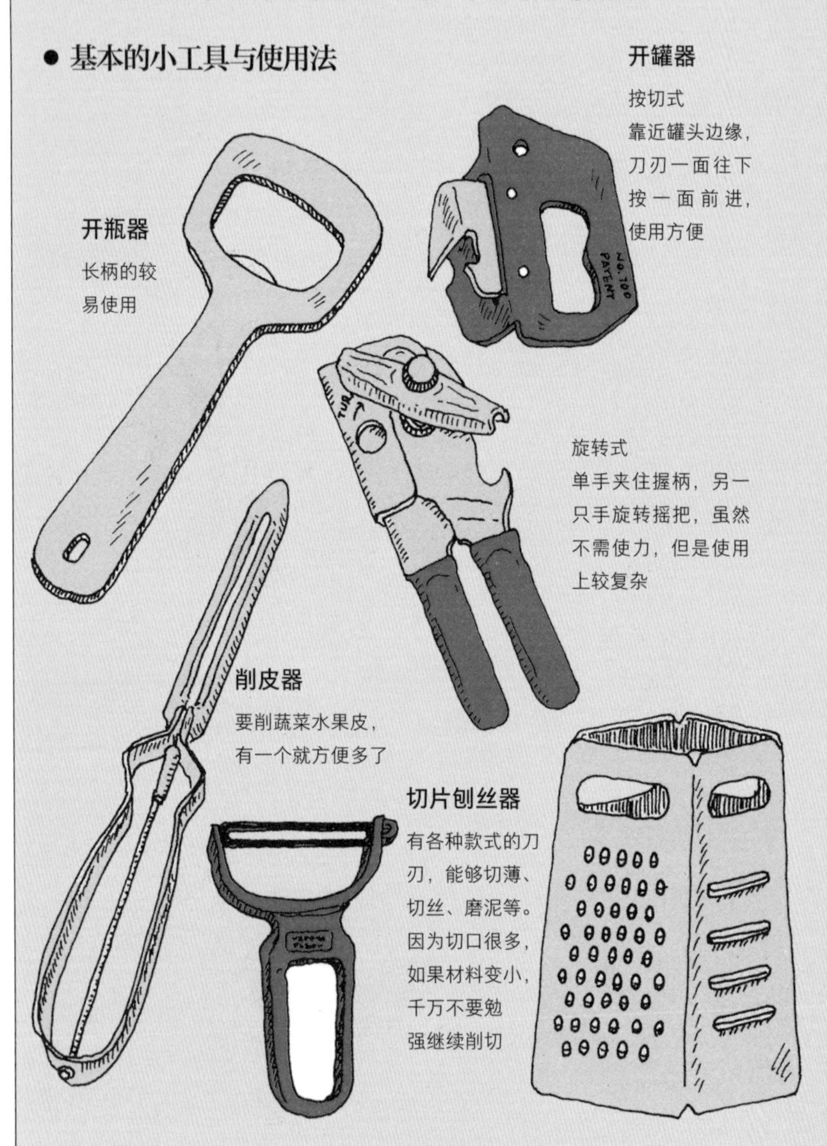

开罐器

按切式

靠近罐头边缘，刀刃一面往下按一面前进，使用方便

旋转式

单手夹住握柄，另一只手旋转摇把，虽然不需使力，但是使用上较复杂

开瓶器

长柄的较易使用

削皮器

要削蔬菜水果皮，有一个就方便多了

切片刨丝器

有各种款式的刀刃，能够切薄、切丝、磨泥等。因为切口很多，如果材料变小，千万不要勉强继续削切

勺子、锅铲
选择容易清洗、设计简单的
涂氟加工的平底
锅，要用耐热塑
胶或木制锅铲
木铲
饭匙
可用于盛饭或搅拌
材料。使用前蘸一
下水，就不易粘连
不锈钢制，
有握柄较方便
打泡器
能均匀分散搅拌材
料，以及打出泡沫
类似茶筅形
状的较容易
使用
圈状
要选用握柄好拿，
平衡较好的
有柄的滤网
沥水、甩动、防止油爆、
过滤、煮味噌时使用
碗　搅拌、混合、打泡
大　直径
24厘米
左右
中　20～22厘米
小　16～18厘米
迷你　10～14厘米
使用很方便

总整理——必需品清单与选择法

自己要做料理时，需要哪些厨房用品呢？来了解一下必备品及选择方式吧。只要有一个锅子，不管是炊饭、炸东西、炒菜都做得到，如果你即将要开始自己住，至少要有这些，才不会造成不方便。

● 必需品清单★ （如果拥有会比较方便○）

★锅子　双耳锅　直径20厘米、深10厘米左右。可以煮咖喱、炖肉或面等

单柄锅　直径18厘米、深16厘米左右。能煮味噌汤、炖煮食物等

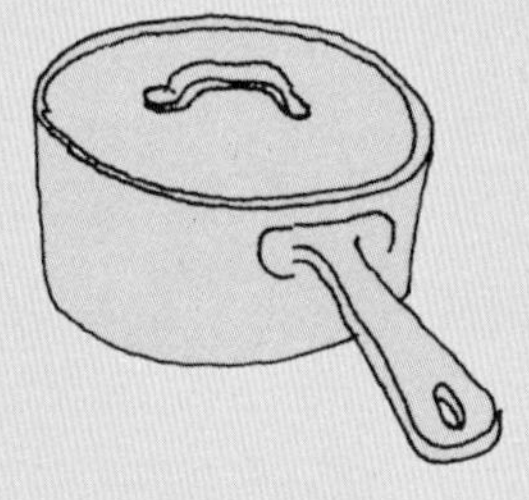

★平底锅　大　直径22 ~ 24厘米

小　直径18厘米左右

两个都有会很方便
不粘锅，较易使用

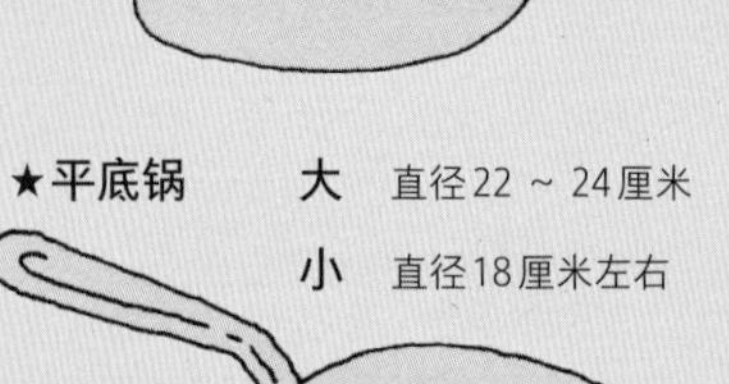

★砧板　26 × 40厘米左右较好用，但要配合场所选择大小，以东西不会切了就掉到地上为原则。市面上容易买到的是合成树脂制成。切鱼、肉与切蔬菜、水果要使用不同面。

★菜刀　刀刃长约20厘米、不锈钢制的万能菜刀。（参阅第60页）

★热水壶　2升装。手把上的树脂如果能延伸至后方会比较好用。水烧开时会哔哔叫的也很方便。

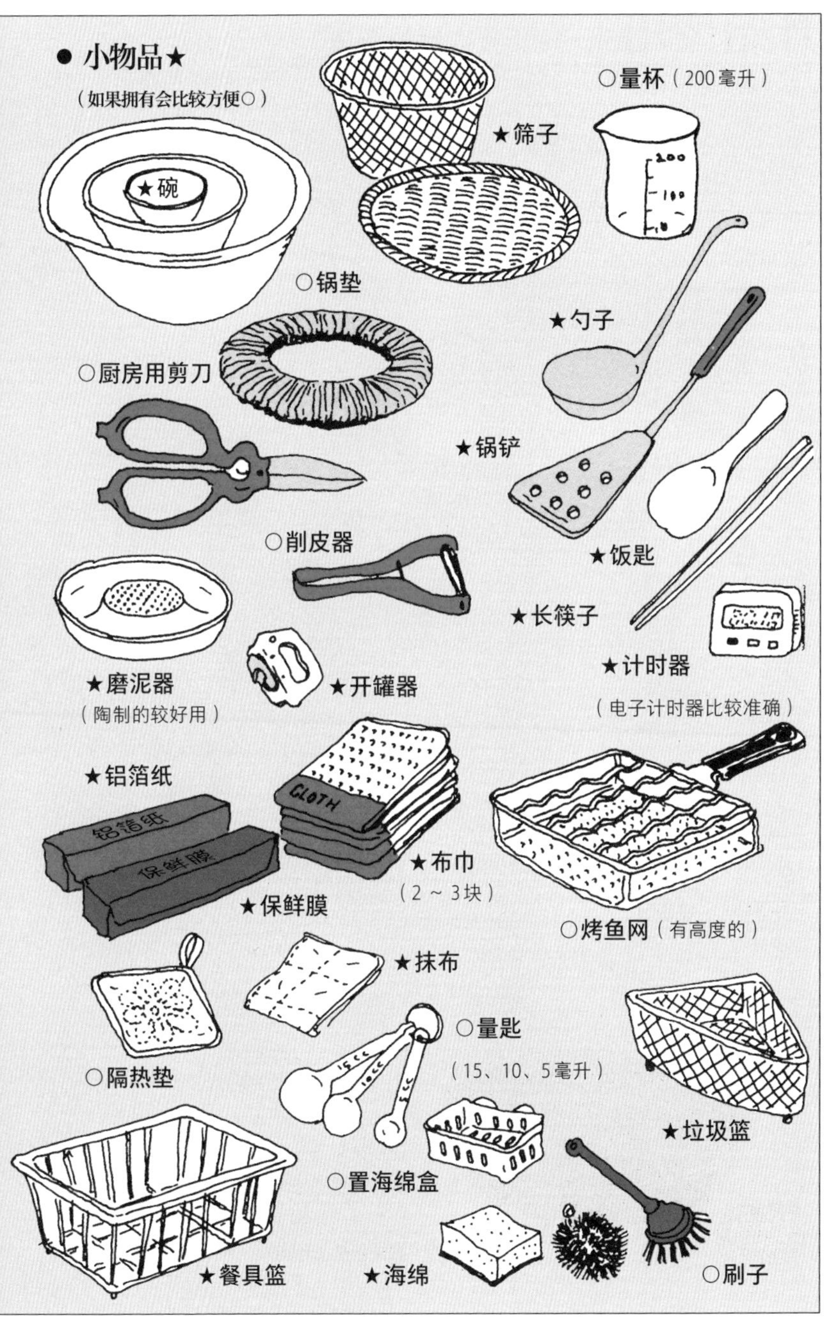
● 小物品★
（如果拥有会比较方便○）
★碗
★筛子
○量杯（200毫升）
○锅垫
★勺子
○厨房用剪刀
★锅铲
★饭匙
○削皮器
★长筷子
★计时器
（电子计时器比较准确）
★磨泥器
（陶制的较好用）
★开罐器
★铝箔纸
铝箔纸
保鲜膜
CLOTH
★布巾
（2～3块）
★保鲜膜
○烤鱼网（有高度的）
★抹布
○量匙
（15、10、5毫升）
○隔热垫
★垃圾篮
○置海绵盒
★餐具篮
★海绵
○刷子

开始使用——使用更方便的方法

漆器　漆的味道强烈，要除去味道，需要在使用前2～3天放入米缸，或置于通风良好的阳光下曝晒
使用时若光泽已经逐渐消失，就用软一点的布或纸巾沾些色拉油擦拭，最后要仔细擦干
醋
使用前用醋擦拭过也会有效
沾一点在布巾上
陶器
陶器一开始用炖煮的方式，就能消除土味
喝汤用的碗大小标准在直径6厘米左右
水
重量
100～120克
容易端的大小
吃饭用碗的大小标准约为双手手指围成一圈
重量
100～120克

菜刀——使用方法入门

想要安全又顺手地使用菜刀，熟练是很重要的。最初使用菜刀时一定要跟家人一起做。

● 基本的使用法

菜刀切东西的原理，是利用通过向下压转换成将物品分成两边的力量。刀刃越薄，分开的力量就越大，所需要的力道就小。但是若要切鱼头或硬的东西，用太薄的刀可不行。

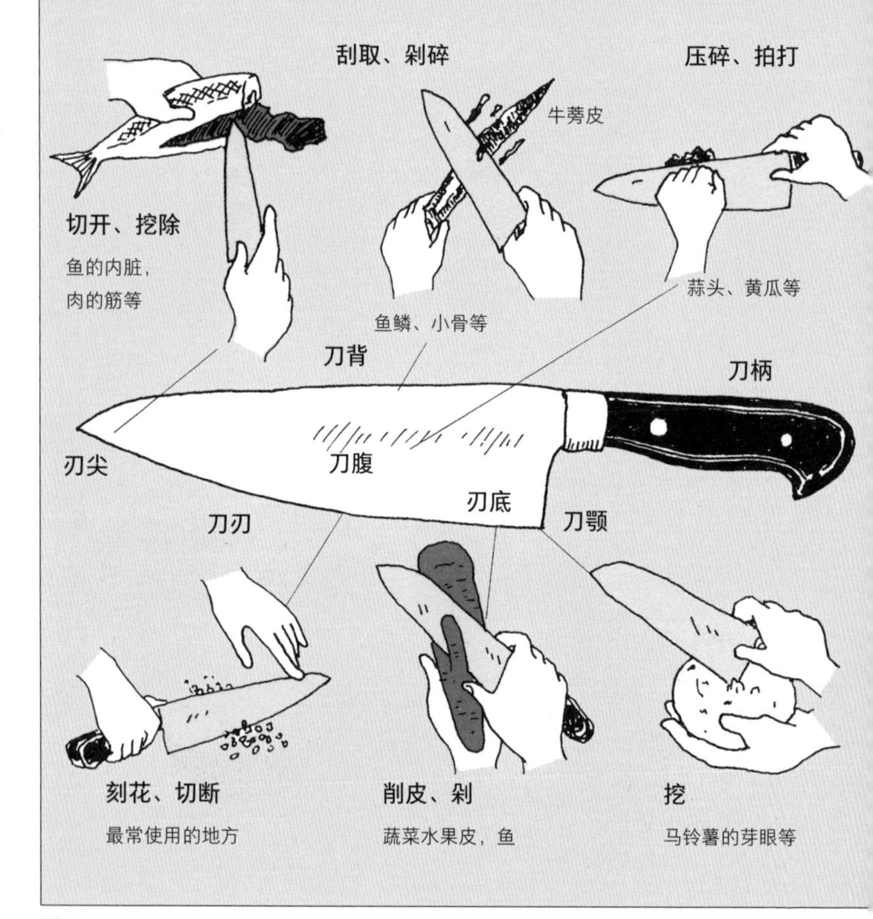

● 切法的诀窍

①斜斜地下刀，软的材料要稳定好。

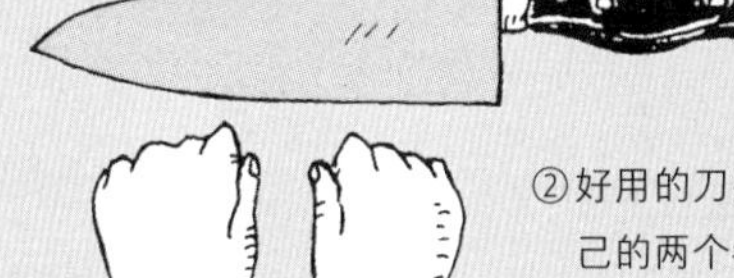

②好用的刀刃大小，大约是自己的两个拳头长。刀刃越重越方便使用。

● 日式菜刀与西式菜刀

日式菜刀

西式菜刀

用软钢包住

刀刃的钢

单片钢

双刃

单刃

只有双刃

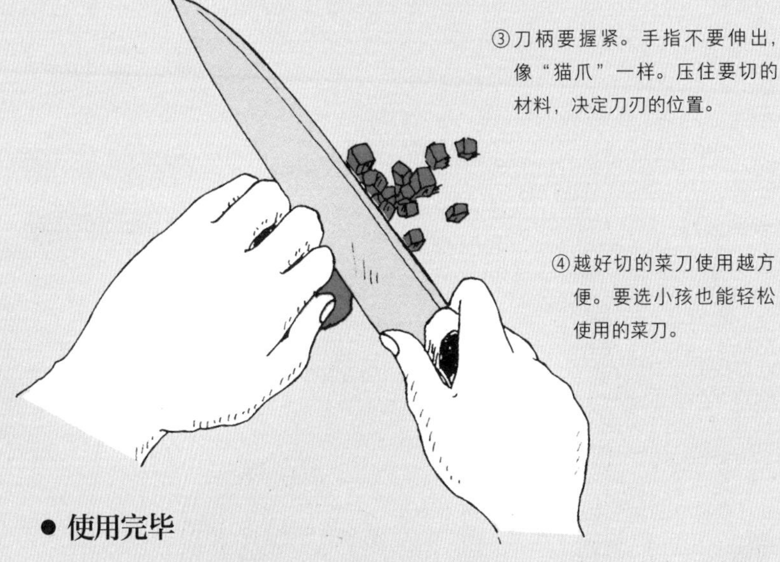

③刀柄要握紧。手指不要伸出，像“猫爪”一样。压住要切的材料，决定刀刃的位置。

④越好切的菜刀使用越方便。要选小孩也能轻松使用的菜刀。

● 使用完毕

使用完就要清洗干净，放回原来放置菜刀的地方。跟其他要洗的餐具混在一起会很危险。

菜刀的种类——可以只用一把万用刀或切肉刀

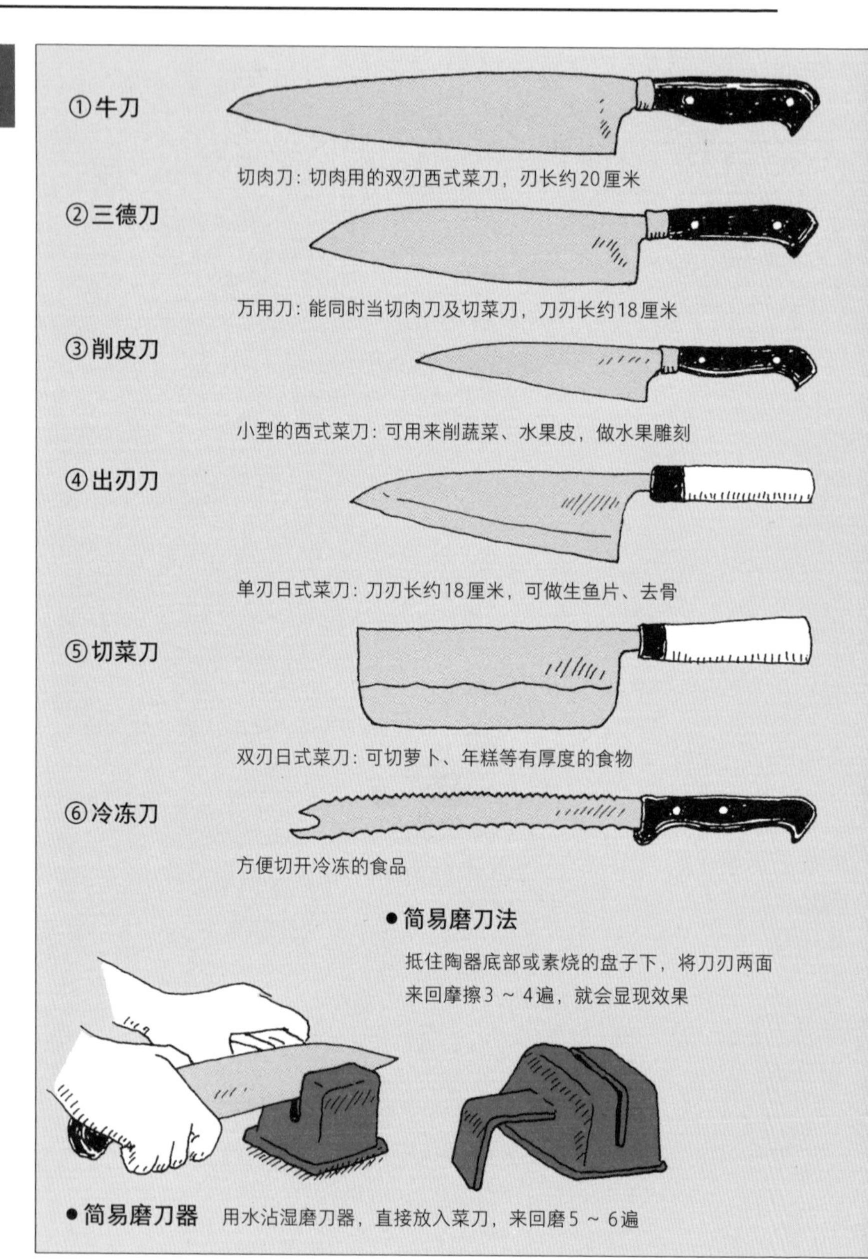

食　材

好吃的料理，来自新鲜、品质好的食材。擅长买食材是做好菜的基础。掌握选择食材的重点，培养辨别食材的好眼光吧。

猪肉——选择法·食用法

虽然都称为猪肉，但却能细分出许多种类。要记住如何选择适合不同料理的肉，以及新鲜的标准。

● 色泽与弹性决定鲜度 （○建议，×不建议）

○ 脂肪是白色，肉是粉红色。……好吃有弹性的猪肉
× 脂肪、肉都很松弛。……难吃的猪肉
○ 肉具有光泽和弹性。……新鲜
× 变色，在包装盒里渗出血水来。……不新鲜

● 选择配合料理的肉

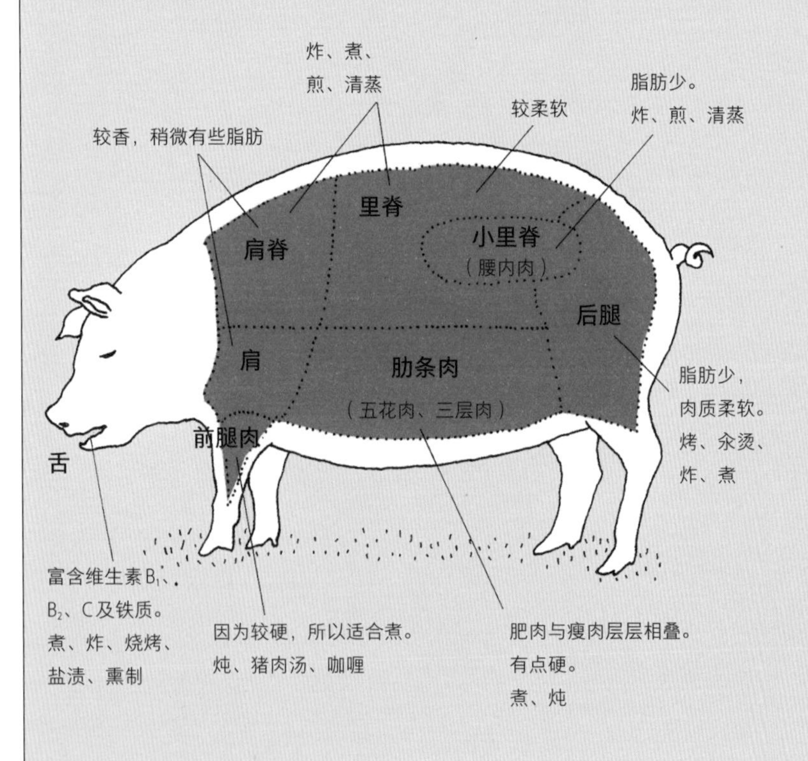

● 善用特质来料理的诀窍

○ 选择便宜且品质好的蛋白质来源。

× 可能会有寄生虫，所以绝对不能煎得半生不熟。

煎的时候,先用大火把表面煎熟,让美味包在肉里,接着用小火慢慢煎至全熟。

● 防止不熟的判断方法

煎的时候：肉全部变成白色。厚一点的肉按一下会有弹性，切开时肉汁是透明的。

煮的时候：竹签能插进去，肉汁变得透明。

● 预防肉质收缩

在肥肉与瘦肉之间切几刀。另外，也可以拍打延展。

● 能提高美味的事前准备

● 超简单又好吃！

酱油叉烧

材料（4人份）

猪后腿肉一块500克　酱油1.5～2杯

①将整块肉放入能刚好装下的小锅里，再倒入酱油直到刚好淹没猪肉。除此之外不放入任何东西。

②用铝箔纸盖住，一开始用中火煮滚，接着转小火煮30分钟。用竹签插进肉里，如果肉汁呈透明状就算完成了。可以切成自己喜欢的厚度。

・取出叉烧后剩下的酱油里，可以放入剥好壳的水煮蛋，用小火煮10分钟，酱油煮蛋就完成了。剩下的酱油用瓶子保存在冰箱里，随时取用。用来炒菜，味道会很浓郁。选用后腿肉是因为脂肪少，口感较为清爽。

● 能快速完成的清爽料理

冷涮

材料（4人份）

里脊肉薄片（火锅用）500克

白萝卜　葱　水果醋　芝麻酱　冰块

① 先将锅中大量的水煮开。

② 逐一夹起肉片放入滚水中涮一涮，等到肉变成白色之后，放入加了冰块的冷水中。

③ 将肉片上的水分完全沥干，放在盘子上，再放上白萝卜泥与葱花，将水果醋仔细淋在上面。

・淋上芝麻酱也很好吃。

● 绝不会缺席的菜色

咖喱饭

材料（4人份）

猪肉200克（牛肉或鸡肉也行） 马铃薯（中）2个

洋葱（中）2个　胡萝卜（中）1根　色拉油适量

水6杯　咖喱块适量

① 将蔬菜洗好去皮，随意切成约1.5厘米见方的大小。
肉也切成一口大小。

② 锅中放入色拉油预热，再放进肉与蔬菜翻炒。

③ 加水煮滚后捞除杂质，用小火或中火将材料煮到软为止（约20分钟）。

④ 将火关上后，先加入咖喱块融解，再开小火煮至浓稠，大约10分钟即可完成。

・这是最简单的咖喱做法。咖喱的味道家家户户都不同，要学好自家咖喱的做法！

● 让人食指大动

姜烧猪肉

材料（4人份）

猪肉薄片500克　酱汁（酱油3大匙　酒3大匙

砂糖1大匙　生姜泥1大匙）　淀粉1大匙　色拉油适量

① 将猪肉与酱汁、淀粉充分搅拌后放置约10分钟。

② 将油倒入平底锅预热后煎肉，两面都要煎熟。

③ 煎熟后便大功告成。

牛肉——选择法·食用法

牛排、寿喜烧、炖牛肉……好好掌握肉中之王——牛肉的选择与食用法吧。

● 新鲜度要靠颜色来确认 （○建议，×不建议）

○ 脂肪是奶油色，肉则是鲜红色。肌理细且有弹性。

× 肉质变黑，切口干燥的就是不新鲜的肉。

冷冻牛肉与低温冷藏牛肉相比，低温冷藏的更好吃。

● 选择配合料理的肉

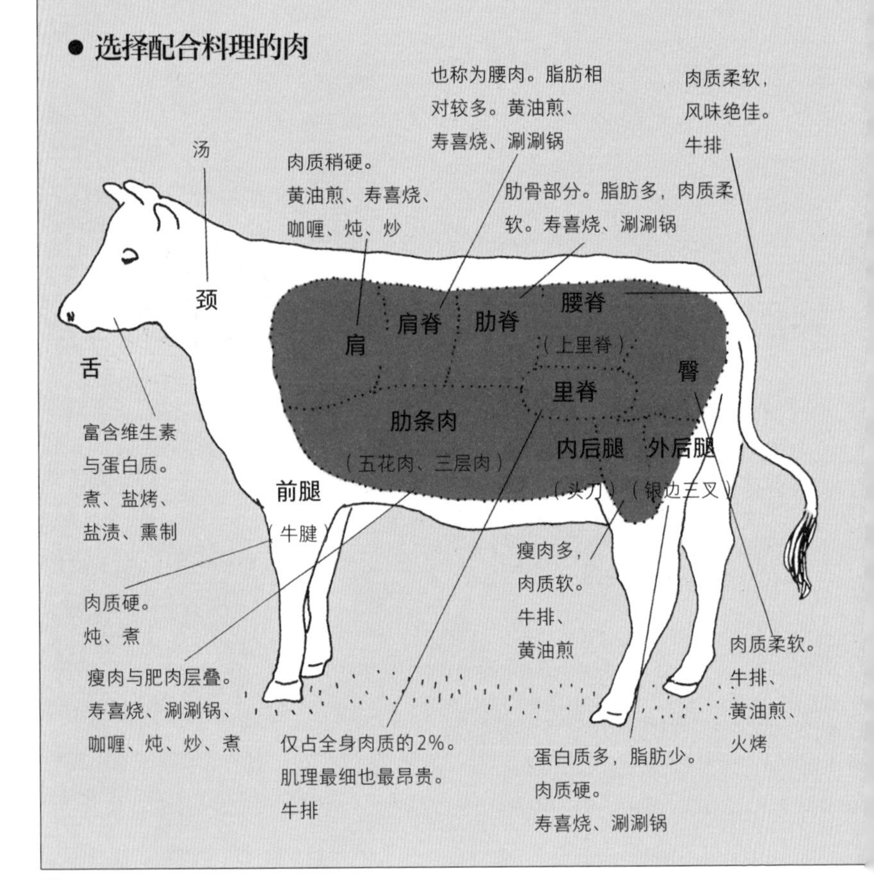

● 善用特质来料理的诀窍

牛肉是优质的蛋白质来源，营养价值很高。因为属于酸性食品，所以要同时摄取比牛肉多一倍的蔬菜量较好。肉里的铁质、维生素B_2含量丰富。

基本上没煎熟也可以吃。重点是不要煎得过老。

火候的标准（牛排）

半熟 两面稍微煎过，在流出肉汁前即可。如果轻压牛肉，会有脸颊般的弹力。

适中 反复翻面，让肉汁渗出。硬度约像耳朵一样。

全熟 没有肉汁。硬度大概像鼻头一样。

能提升美味的事前准备

做汉堡肉的时候，要花点功夫捏牛肉，因为将肉里的肌凝蛋白与肌动蛋白两种蛋白质充分结合，才能增加肉的黏着力。只要揉捏适当，加热时就不会散掉了。

要做绞肉汉堡排时，将肉放进塑料袋里揉捏，就不会粘手了

冷冻肉只要用适量沙拉油浸泡2～3小时，就会变软了

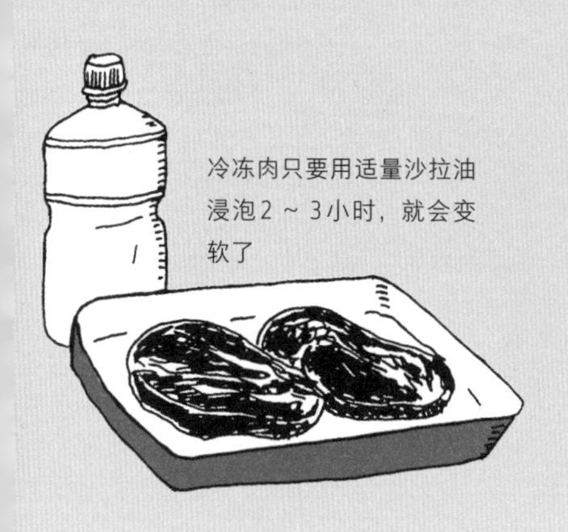

● 大家都喜爱的料理

汉堡排

材料（4人份）

牛绞肉（或是混合绞肉）400克　洋葱切末1个分量

面包粉半杯　牛奶2～3大匙　鸡蛋1个　盐1小匙

胡椒少许　色拉油　番茄酱　酱汁适量　可依喜好加入肉豆蔻

①色拉油炒洋葱末，等洋葱变透明后铲起，加入面包粉与牛奶放至冷却。

②将①与绞肉、鸡蛋、盐、胡椒、肉豆蔻充分混合搅拌，揉捏挤压直到出现黏性。分成四等分，捏成椭圆形后从中央压扁，使之变成形状完好且能均匀受热的状态。

③平底锅热油后，放入肉排以大火煎至表面微焦，翻面，加盖用小火慢慢煎。最后试着轻压中央部位，如果肉汁呈现透明状即大功告成。

④对于残留在平底锅内的肉汁，依个人喜好加入番茄酱或其他酱汁，煮滚之后淋在汉堡排上。

・如果洋葱末切太大块，或绞肉没有充分揉捏，那么在煎的时候汉堡排可能会散掉。

・肉豆蔻有特殊的香甜气味，能消除即将变质的肉腥味。

・洋葱末不事先炒过也可以，此时就要尽量将洋葱末切得越碎越好。

● 快乐地调制汉堡排酱汁

和风汉堡排酱

萝卜泥＋葱＋水果醋

酱油酱汁

酱油＋蛋黄酱＋黄芥末酱

芝麻味噌酱汁

白味噌＋白芝麻＋肉汁＋砂糖

・酱汁1人份的分量，材料各为1大匙，其余就视个人口味而定了。

• 煎法是关键

牛排

材料（1人份）

牛排（100 ~ 200克）1片

盐、胡椒少许　酱油1大匙　搭配用蔬菜

油适量　依喜好放黄油

①在煎牛排的30分钟到1小时之前，将肉从冰箱取出使其恢复室温状态。

②将肥肉与瘦肉间的筋去除，使肉不至于收缩。下锅前将盐、胡椒轻撒在正反两面。

③热平底锅，加适量牛油，没有就用色拉油，油热后放入肉排。

④大火煎至表面微焦后翻面，将火稍微关小，依自己喜欢的口感调整火候。如果翻面太多次，肉质会变硬。

⑤最后把酱油淋在肉排四周，盖上盖子，同时把火关掉。

⑥将牛排放入盘中，平底锅中的肉汁淋在上面，依喜好放上黄油。

• 松软好吃

马铃薯炖肉

材料（4人份）

牛肉薄切片（猪肉也可）200克　马铃薯4个

芝麻油或色拉油2大匙　酒2大匙　砂糖2大匙　酱油4大匙

高汤（或水加上高汤块）2杯

①马铃薯洗净后连皮切成四块，然后加水至正好淹没马铃薯，用大火煮。煮滚后转中火再煮5分钟。用滤网捞起冷却，将皮去除（用手即可轻易撕除）。

②将牛肉切成约3厘米见方的块。在锅中放入芝麻油或色拉油，开火，放入牛肉，肉变色后即放入马铃薯拌炒均匀。

③加入高汤（或水加上高汤块），用大火煮开，捞除表面的杂质。

④放入酒、砂糖、酱油，保持大火混合煮滚。待马铃薯入味即大功告成。连汤汁一同盛入容器中。

・也可以加入洋葱、胡萝卜、蒟蒻丝等材料。
如果使用猪肉，味道会较浓郁。

鸡肉——选择法·食用法

鸡肉价格便宜热量又低。其挑选重点在于鲜度。仔细地分辨，让自己尽情享受美味吧。

● 鲜度、品质的分辨法 （○建议，×不建议）

○ 肉质呈淡粉红色。腿肉则带红色，具有光泽。

○ 有弹性，皮与肉紧实连在一起，皮稍呈透明感。

× 呈现白色，切口干燥。

年龄越小肉质越嫩，味道较清淡。目前以短期饲养的肉鸡为主流。

幼鸡为未满3个月，肉鸡是3 ~ 5个月，成年鸡则是5个月以上。

● 选择配合料理的肉

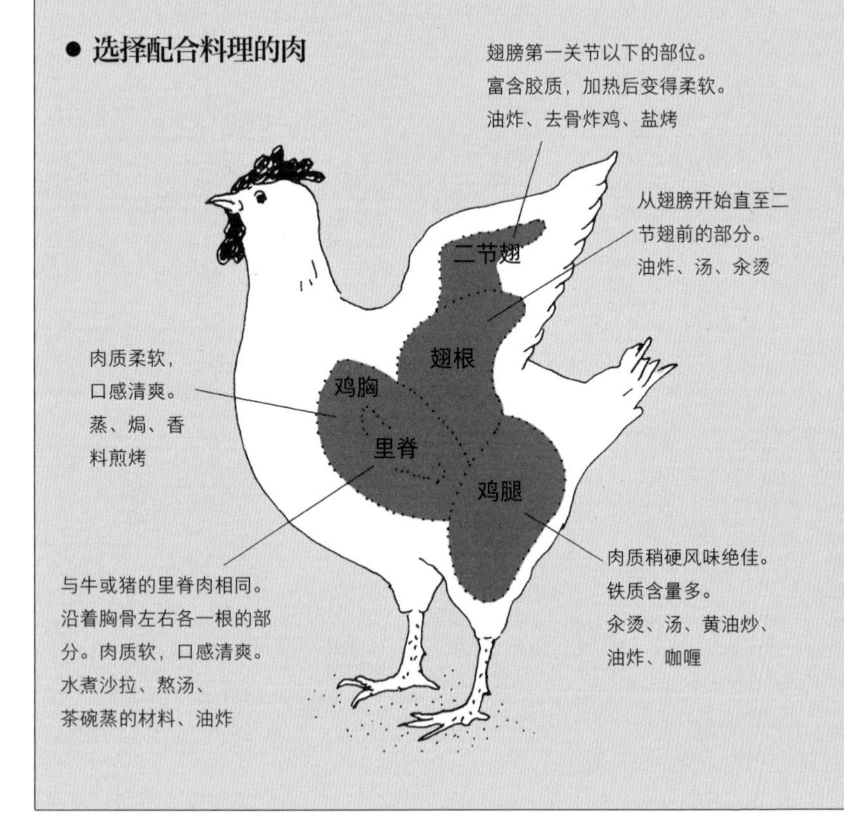

● 善用特质来料理的诀窍

鸡肉具有高蛋白质及低热量的特性。
肉鸡的蛋白质较少，且皮下的脂肪是土鸡的3倍以上。
先将肉鸡皮下的黄色脂肪去除，会更好吃。
容易消化，所以不易造成胃部负担，适合当病患的饮食。
肉质容易腐坏，所以要趁新鲜料理。

煮熟的基准

先将皮煎成金黄色再翻面。
只要里面的肉全部变白，就是熟了。

防止鸡肉挛缩

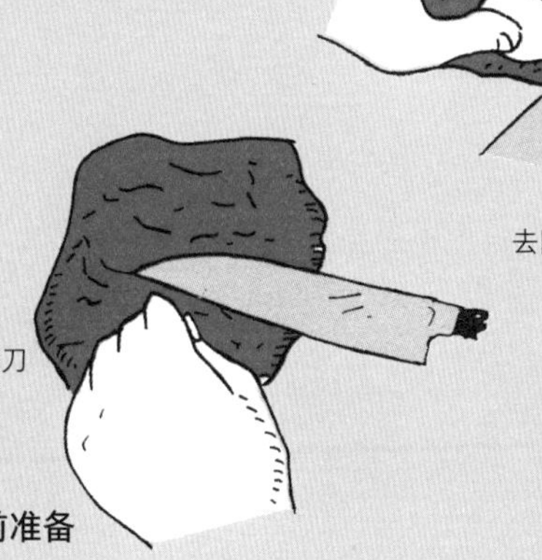

去除黄色的脂肪

用刀在皮上划几刀

● 能提高美味的事前准备

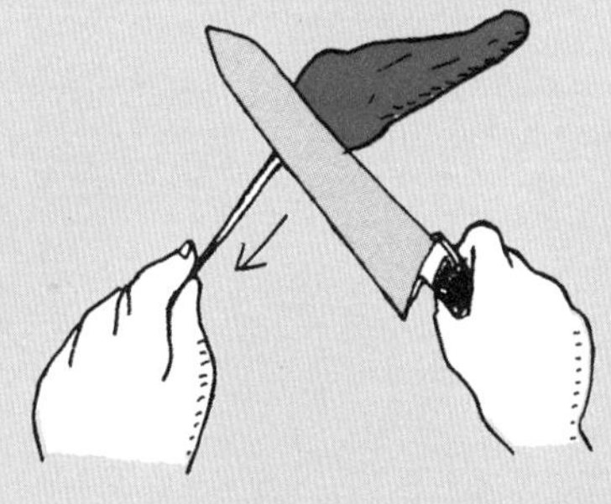

要去除里脊上的筋，需先将砧板沾湿，才不容易伤害肉质本身，接着以菜刀抵住鸡肉，将筋缓缓拉除，去除黄色的脂肪

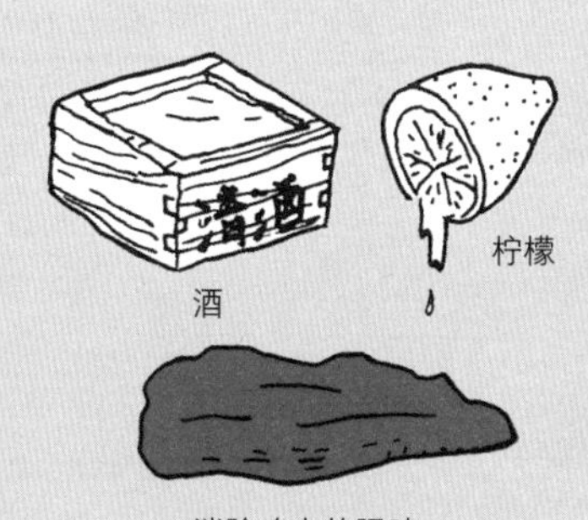

消除鸡肉的腥味

吃了让你充满元气

蒜味炸鸡翅

材料（4人份）

翅中8个　蒜头2瓣　酱油半杯　色拉油1杯

① 蒜头拍成碎末后放入酱油，静置20分钟，做成入味的酱汁。

② 用厨房纸巾擦干鸡翅的水分，放入热油中，直接炸熟。

③ 将炸好的鸡翅立即放入酱汁里。

・吃剩的蒜蓉酱油，用来炒菜也很美味。

再多都吃得下

鸡肉丸子汤

材料（4人份）

鸡绞肉500克　鸡汤块1个　青江菜1～2把

生姜（喜欢再加）　蘸酱（蛋黄酱、黄芥末、酱油）

酱油　日本酒　依个人喜好放韩式辣酱

① 在绞肉中加入少许日本酒、多一点生姜泥、少许酱油之后，充分揉捏至肉质有黏性。

② 锅中放入大量水煮沸，放入1块鸡汤块，水滚后将①揉成丸子状，逐一放入汤里。

③ 待鸡肉丸子浮起来后，将杂质捞除。

④ 将青江菜的茎与叶分开，茎直切、叶横切后放入③里。

⑤ 汤依照各人口味加入酱油调味。

⑥ 将汤与里面的料一同倒入深一点的容器中，鸡肉丸子蘸酱食用。

・可以依个人喜好，将韩式辣酱放入汤中或加入蘸酱食用。

• 感受一下热带风味

菲律宾风味炖鸡

材料（4人份）

带骨鸡肉块600克　洋葱1个　生姜1节

腌酱（醋1/2杯　酱油1大匙　盐、胡椒少许）

水煮番茄罐头1大罐　牛至少许

①鸡肉仔细清洗过后，加入洋葱末、生姜末、腌酱充分搅拌后放置20分钟左右，使鸡肉入味。

②连腌酱汁一起放入锅中，加水少许，以中火炖煮。

③等鸡肉熟了之后，将水煮番茄罐头连同汤汁一起倒入，如果有牛至也可以加进去。

④用小火煮20～30分钟即可完成。可以像咖喱一样淋在白饭上食用。也可用来做意大利面的佐酱。

• 只要有肉就能现做的一道菜

鸡肉火锅

材料（4人份）

带骨鸡肉块600克　白菜、茼蒿、葱、香菇、豆腐等适量

昆布（10厘米左右）1片　水果醋酱油适量

①鸡肉仔细清洗过后，切成一口大小，放入底下铺了昆布的锅中，加水淹过鸡肉即可。

②煮开后将昆布捞出，转小火，捞除脂肪与杂质。

③煮开20～30分钟之后，放入蔬菜及豆腐，煮好后蘸水果醋酱油食用。也可依照喜好加入葱花或辣椒萝卜泥。

・如果喜欢骨头与鸡肉能轻易分开的程度，就要煮1个小时以上。

・水果醋酱油是使用柠檬、柚子等果汁与醋4成、酱油6成的比例调制。如果想食用白萝卜或胡萝卜等蔬菜，一开始一起放入锅中熬煮即可。

如果能做出精美的鱼料理，那就非常了不起了！当然，选择一条新鲜的鱼是最基本的。

● 新鲜度从眼睛与切口来辨别

○ 体形漂亮、线条流畅、颜色生鲜具光泽。
○ 没有腥臭味，如果是一块一块的话，切口要有光泽，且切口没有肿胀的才新鲜。

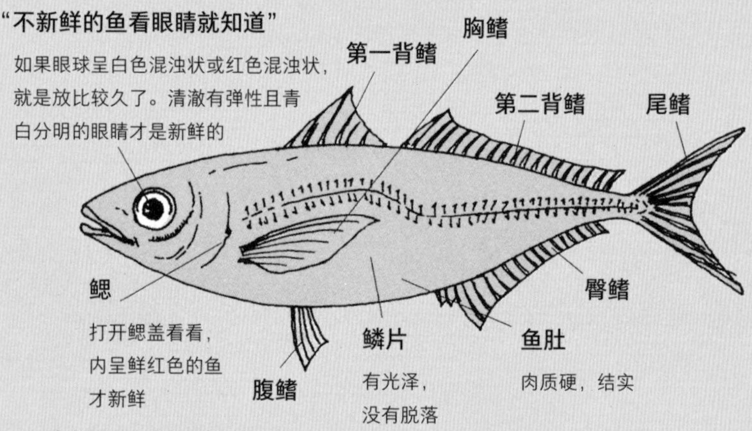

● 选择配合料理的肉

鱼肉里富含大量优质的蛋白质，也含有大量能降低胆固醇的牛磺酸，对于降低血压、预防肝病有不错的效果。

青身鱼里更富含二十碳五烯酸，能使血液清洁。

● 一买回家就要立刻处理

①用水冲洗干净，去鳞、鳃、内脏。

②用与海水差不多的2%～3%浓度的食盐水清洗腹腔。

③用保鲜膜包住，放进低温冷藏库中。

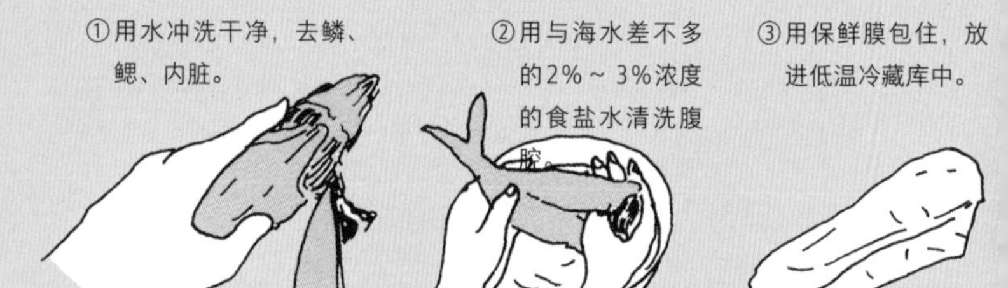

● 鱼肉分解法

将鱼、砧板、菜刀擦干净，以免滑动。

2片分解

煎、 煮的时候所用的代表性切法。

①菜刀插入胸鳍下方，先将头部切除，将刀从腹部内沿着中骨上方直接切到尾端。

②翻面从尾端开始同样以刀切过去。

③将刀置入连着尾鳍的中骨上方，切开身体。

3片分解

将③带骨的部分，以刀切开从头到中骨的上方。

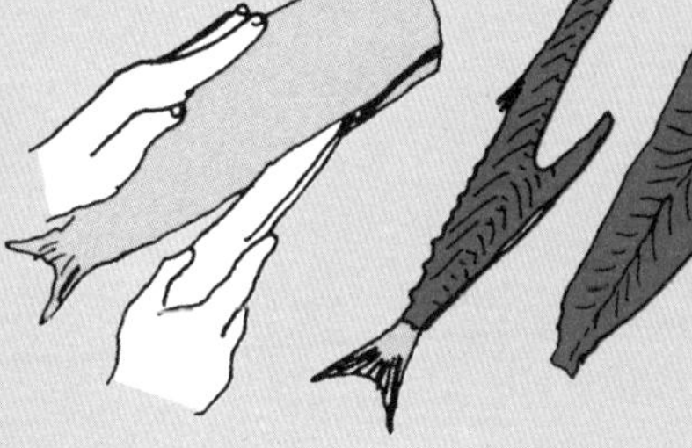

完成后就像这样子

手剥（沙丁鱼）

①将连接头部的部分折弯，去除头部。

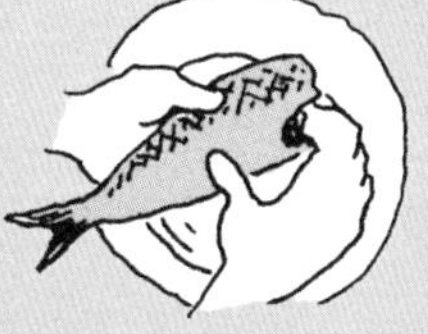

②取出内脏，以水清洗。

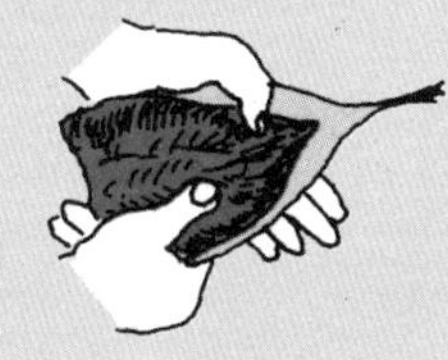

③从头到尾沿着中骨剥开。

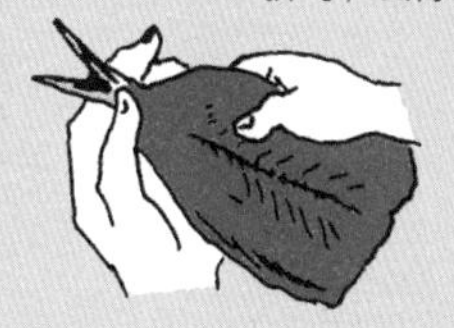

④从尾到头，剥开另一边的骨与肉，折断中骨。

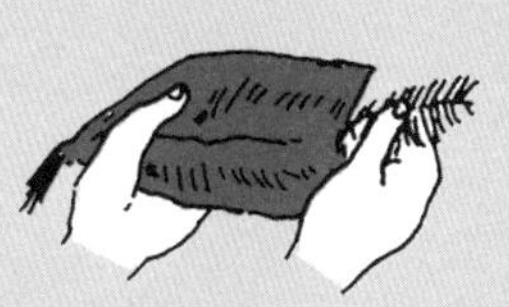

⑤将中骨由尾至头拉除 。

⑥完成。

● 煮鱼的诀窍

善用能去除鱼腥味的调味料：酱油、味噌、生姜、柠檬、醋、牛奶等。

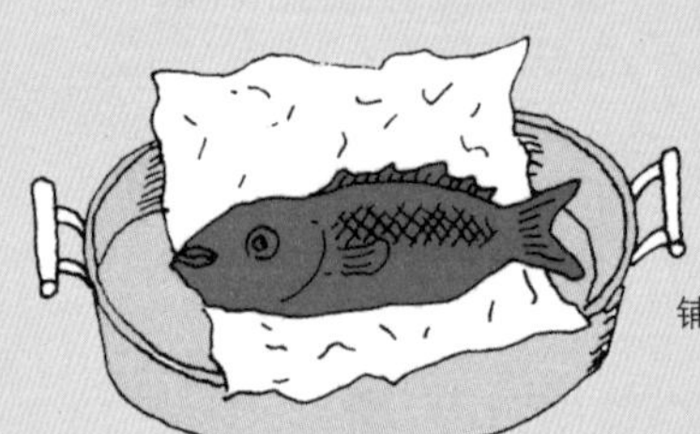

● 非常下饭

焖煮鲽鱼

材料（2人份）

鲽鱼切片2片　煮汁（高汤、酒各半杯　味淋1大匙　酱油1大匙　盐1小匙　砂糖1大匙）　生姜一节

①用纸巾将鱼片的水分拭干，在皮上切下三刀成“キ”字形，深约5毫米。这样即使皮遇热挛缩，也不容易剥离，而且鱼肉更容易入味。

②生姜切薄片。

③将鱼肉放入锅中与煮汁一同煮沸后，将本来在上方的一面翻面，两片并排，尽量不要重叠，以大火煮。

④再度煮滚后，用勺子捞起煮汁淋在鱼肉上煮1～2分钟，等周围都变白色后放入生姜。鱼在入锅前后，腥味都不太消得掉。

⑤转小火，再煮2～3分钟。用铝箔纸盖住鱼肉后，盖上锅盖，等于加两层盖子。因为立即盖上盖子就无法去除腥味，稍微煮一下再盖才是好时机。而加两层盖子能防止煮汁的蒸发，更能留住香味。

⑥偶尔打开盖子，搅拌一下煮汁，煮10～15分钟。
煮好后，连同煮汁一起盛入容器中。

沙丁鱼先用粗茶预煮，
就能去除腥味

醋5：砂糖2：盐少许

鱼刺的对应法

混合醋腌渍一整天。醋能够分解钙质，所以鱼刺也会变软

● 煎鱼的诀窍 尺盐（1尺≈30厘米）

在鱼身上撒盐的时候，从距离鱼肉约30厘米（1尺）的上方撒，可以撒得最均匀完整

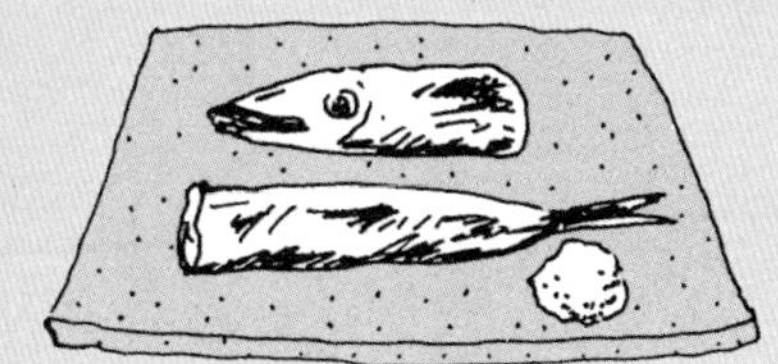

● 秋天的味觉

盐烤秋刀鱼

材料（2人份）

秋刀鱼两条　盐1大匙　白萝卜5～6厘米厚　酱油适量

①秋刀鱼切半，取出内脏后，立即用水冲洗。将切口朝下，以纸巾将内部及表面的水分拭干。

②在烤网下点火，反复翻转空烧直到烤网变得又热又红。

③将鱼并排，在要烤之前从30厘米的高度，抓一撮盐两面撒匀。

④要放上烤网的时候，本来在盘中朝上的那一面就先朝下放在烤网上，用大火将皮烤到焦脆时转中火，等皮烤成漂亮的金黄色时，用筷子插进鱼肉里，然后翻面烤。

⑤用中火烤到表面呈金黄色。

⑥白萝卜去皮，磨成泥。将烤好的秋刀鱼蘸沥除水分的萝卜泥一起食用。也可以加一些臭橙、酢橘或柠檬汁等。

鸡蛋——选择法·食用法

鸡蛋虽小却富含营养，而且又是非常方便的食材。在那层蛋壳下，可是藏着不少秘密哦。

● 蛋壳粗糙、不好剥的鸡蛋较新鲜

× 放久的鸡蛋，蛋壳会非常光滑。蛋白会比较水，蛋黄不太有弹性，看起来很稀。透过光线，能看到蛋黄的阴影。

○ 新鲜鸡蛋煮熟后蛋壳不容易剥。常温下通常能放置两周左右。

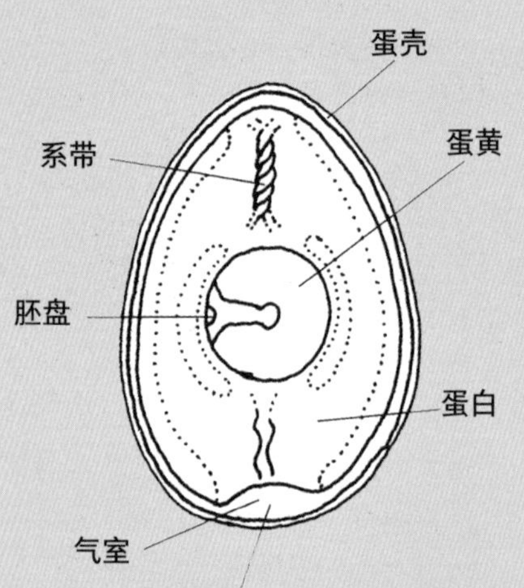

用水清洗鸡蛋，在蛋壳表面眼睛观察不到的小气孔会被塞住，让鸡蛋无法透气

鸡蛋的大小以S、M、L来表示，与蛋黄大小并无关系。
L大小适合用来做需要大量蛋白的甜点。
煎荷包蛋只要S的就够了

鸡蛋放久了二氧化碳就会在里面堆积。放入食盐水（浓度6%）中，如果会浮起来就不能吃了。保存的时候，要将气室朝上

●蛋白与蛋黄变硬的温度

蛋白	58摄氏度	开始变硬	蛋黄	65摄氏度	开始凝固
	62 ~ 65摄氏度	不会流动		70摄氏度	几乎凝固
	70摄氏度	几乎凝固			
	80摄氏度	完全凝固			

● 善用特质的料理法

鸡蛋供应了小鸡成长所需，是营养均衡的食品。

具有丰富的优质蛋白质、维生素及矿物质。虽然胆固醇含量高，但1天只摄取1～2个鸡蛋，是不会有太大的问题的。

● 水煮蛋的基础

①水量恰好淹过鸡蛋，加盐1大匙。

②轻轻地在水里边煮边转动鸡蛋，蛋黄就会在蛋的正中央。

③水滚后，以小火煮10～15分钟。接着放在流动的水下冷却。煮得太久，蛋黄会变黑。

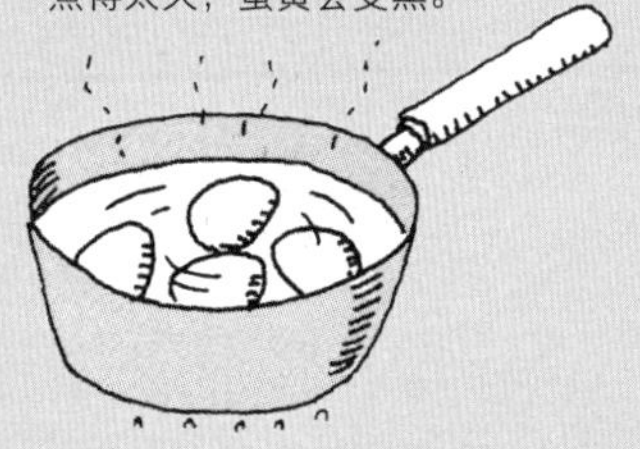

④冷却后剥壳。在水中会较容易剥。

半熟75摄氏度　10～15分钟

温泉蛋65摄氏度　30分钟

全熟蛋75摄氏度以上　10～15分钟

● 防止鸡蛋在锅子里“爆开”

①在水里加入盐或醋，就能防止蛋汁从裂开的地方流出来。

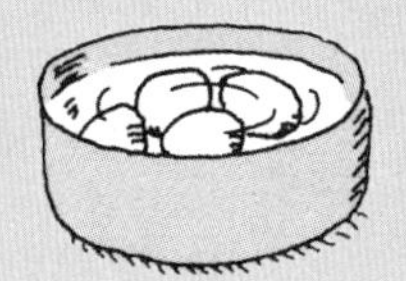

②从冰箱拿出鸡蛋立刻煮会很容易破。要先泡水，让鸡蛋恢复常温。

动手做做看！ 鸡蛋料理

● 早餐的好伙伴

荷包蛋

材料（1人份）

鸡蛋2个　色拉油1小匙　水1小匙

①平底锅用中火烧，一旦冒烟就将火关掉，放入色拉油，打入2个蛋，再度开火。

②以小火煎，等蛋白凝固时，从平底锅边缘放入水，盖上锅盖让蛋黄凝结到自己喜欢的硬度。一般需约40秒。

・如果不希望蛋白上结白色的膜，那么就不加盖。要加盐或胡椒，请在餐桌上加。

・在平底锅里以中火煎培根或火腿，并排后在上方打蛋，以小火煎成荷包蛋，就是培根蛋或火腿蛋了。

● 令人惊奇的美味

紫苏炒蛋

材料（4人份）

青紫苏叶10～20片　鸡蛋2～3个　白味噌2大匙

砂糖1大匙　味淋3大匙　红味噌1/2大匙

①将白味噌、砂糖、味淋、红味噌充分混合搅拌。

②将①放入平底锅，将青紫苏的叶梗切除后均匀放入锅中，开火。

③等味噌酱汁滚了，青紫苏叶变软后，将充分搅拌过的蛋汁均匀淋在锅里。

④盖上锅盖，鸡蛋凝固后便可以装盘了。

・也可以盖在白饭上食用。

● 简单的味道，搭配什么都好吃

简易煎蛋卷

材料（1人份）

鸡蛋2个　盐、胡椒少许　黄油1大匙　色拉油适量

①打蛋，加入盐、胡椒搅拌。

②色拉油倒入平底锅内开中火，等油充分沾过平底锅后倒出，再将黄油放入锅中。

③等黄油化开后再将①一次倒入，慢慢搅拌蛋汁，让蛋的中心也容易熟。

④蛋汁开始凝固后，将蛋全部推到平底锅边缘，沿着边缘翻面。表面煎熟，里面呈半熟状态是最好吃的。

・此时在鸡蛋上淋上少许蛋黄酱，会让口感更为柔嫩。

・依照喜好加入番茄酱、酱汁、酱油等。

● 只要一个小锅子就能做好

鸡蛋盖饭

材料（1人份）

鸡蛋2个　洋葱1/6个　煮汁（高汤1/4杯　酱油、酒、味淋各1大匙）　白饭

①煮汁倒入小锅子里煮开，将洋葱丝放入煮到洋葱变软。

②把搅拌的蛋汁全部倒入，盖上锅盖关火。焖一下后倒在白饭上。

・如果有炸猪排或鸡肉，就切成一口大小，在①之后放入，稍微煮过后在上面淋上蛋汁，就变成猪排盖饭或鸡肉盖饭。如果有鸭儿芹，可以撒在盖饭上，增加色彩及香味。

・只用市售的酱油就能轻松完成，不过因为会有点咸，所以还要加上酒、味淋各1大匙。

肉类加工品——火腿·香肠·培根

肉类加工品的种类繁多，味道与品质也各有不同。确认内容物后，就能熟练地运用了。

● 生产日期与原料的确认

· 火腿本来是用猪的后腿肉来制作，但是现今已经变成每个部分都有用到。以盐腌渍各部位的肉，加以熏制，最后加热。包装有张力、火腿有弹性的才是好的品质。

· 培根是猪五花肉的加工品，肉与脂肪层铺排均匀，且有适度的紧致感才是好品质。

· 香肠若是真空袋包装，就要仔细确认保存期限来作为选择。确认包装上所标记原材料的多寡顺序，选择添加物较少的为佳。

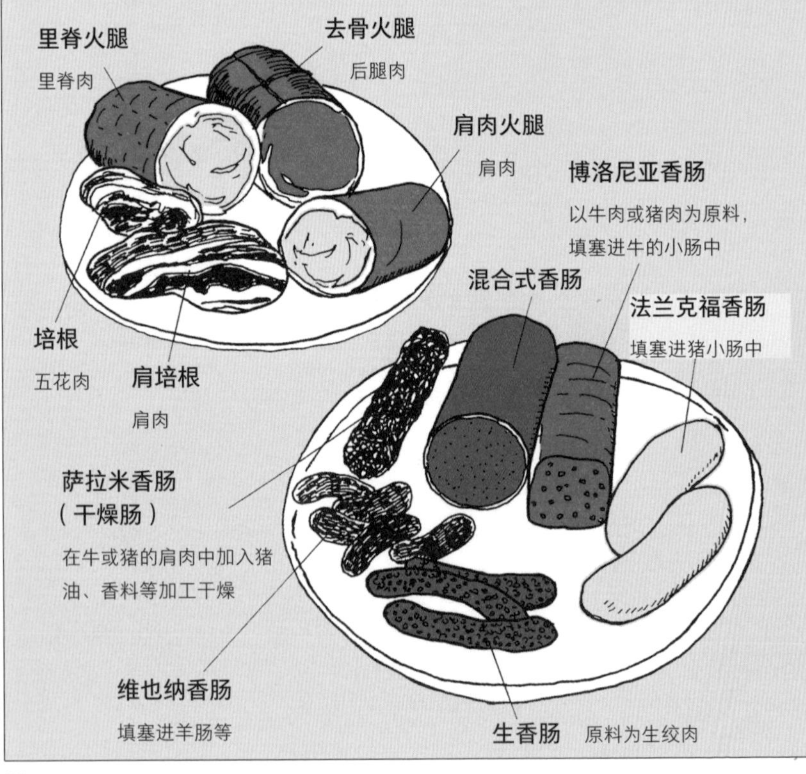

● 善用特质的料理法

- 火腿中富含蛋白质、维生素B_1、维生素B_2。盐分也多。可以直接食用或油煎。
- 培根富含蛋白质、维生素B_1。脂肪成分多，盐分也高。当成其他料理的盐味调味也很好吃。
- 香肠是绞肉所制作。一般市售香肠是由各种肉质混合的。干燥香肠大约含40%的脂肪。铁、维生素含量较高。肝肠富含维生素A。可用来拌炒，或是水煮直接蘸黄芥末食用。

● 保存

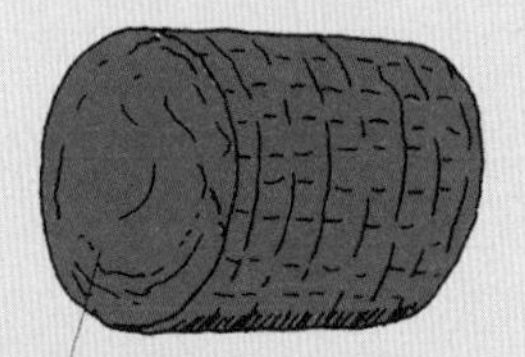

用日本酒等擦拭过火腿的切口后，就能够保存较久

培根与香肠都可以冷冻保存。分装成每次使用的分量，用保鲜膜密封。取出后不要解冻直接加热烹煮

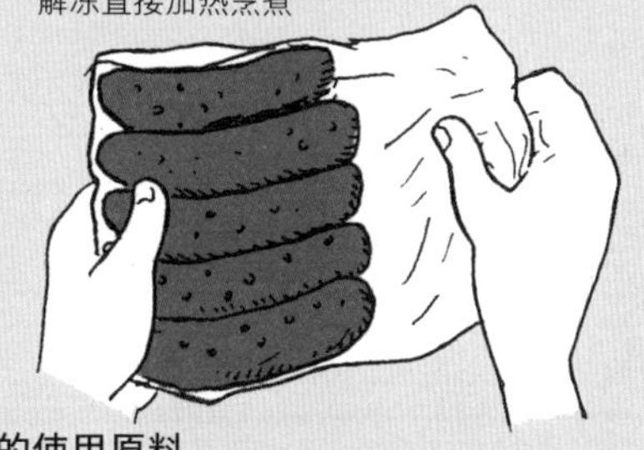

● JAS（日本农林规格）中所规定的使用原料

食品名 \ 原料肉		猪肉	牛肉	马肉	羊肉	山羊肉	鸡肉	兔肉	鱼肉
培根类	培根	●							
	里脊	●							
	肩肉	●							
火腿类	带骨火腿	●							
	去骨火腿	●							
	里脊	●							
	压制火腿	●	●	●	●	●		△	
	混合压制火腿	●	●	●	●	●	●	●	△
香肠类	干燥香肠	●	●	●	●	●	△	△	
	博洛尼亚香肠	●	●	●	●	●	△	△	△
	法兰克福香肠	●	●	●	●	●	△	△	△
	维也纳香肠	●	●	●	●	●	△	△	△
	混合香肠	●	●	●	●	●	●	●	△

● 为主原料
△ 表示副原料

原料肉指的是，被允许作为原料的肉类，并非所有种类都必须使用。火腿、香肠的部分除了表中所标示的以外，也有些是加入鱼肉或大豆蛋白质做成的。

蔬菜——辨别新鲜度的方法

蔬菜可以是料理中的主角，也可以是一道菜里不可或缺的配角。让我们将新鲜蔬菜妥善地保存并常备着吧。

● 健康、有光泽、漂亮！就是新鲜

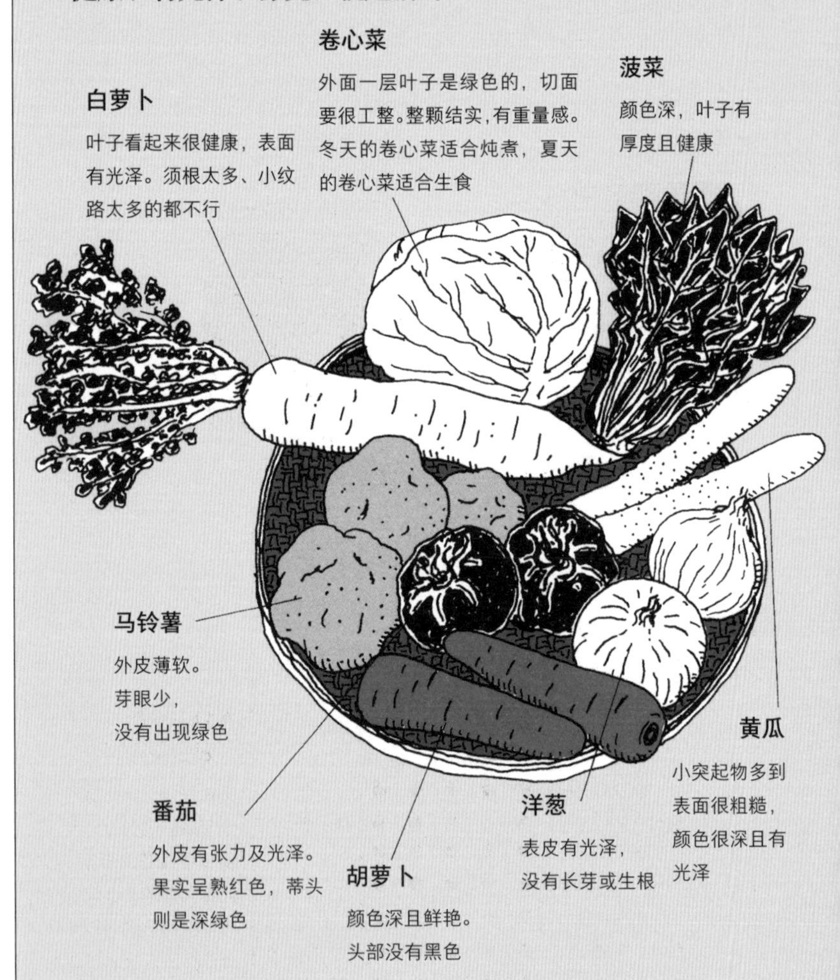

善用特质的料理法

黄绿色蔬菜（有色蔬菜）中，每100克就含有高达600微克的胡萝卜素（1微克等于百万分之一克）。摄取进入人体则维生素A就会作用。对浅色蔬菜最主要就是要摄取维生素C。维生素C并不耐热，所以生食是较有效果的。

保存重点

蜜瓜、苹果与蔬菜完全不合，因为它们会使植物快速老化，形成乙烯。不要把它们也一起放在冰箱的蔬菜室中

白萝卜、胡萝卜的叶子要先切除。如果连叶子一起保存，头部的水分就会被吸收

● 黄绿色蔬菜与浅色蔬菜

食物的部分大约以100克计算，胡萝卜素的单位是微克，维生素C则是毫克

黄绿色蔬菜			浅色蔬菜		
食品	胡萝卜素	维生素C	食品	胡萝卜素	维生素C
荷兰芹	7500（微克）	200（毫克）	高丽菜	18（微克）	44（毫克）
胡萝卜	7300	6	白菜	13	22
茼蒿	3400	21	白萝卜	0	15
小松菜	3300	75	小黄瓜	150	13
韭菜	3300	25	洋葱	0	7
菠菜	3100	65	芹菜	290	6
白萝卜（叶）	2600	70			

· 不只是胡萝卜素，连维生素C都很丰富。

· 有许多样都一定要加热，维生素A很耐热。

译注：小松菜又名日本油菜，是日本特产的蔬菜。

● 想在冬天做出这道菜！

水煮白萝卜

材料（4人份）

白萝卜（4～5厘米厚的圆切段）4段

米2大匙　盐1小匙　味噌糊（高汤1/4杯　味噌70克

砂糖1大匙　味淋1大匙）　水10杯

①厚削萝卜皮，将切面的边角削除，如此较不容易在煮的时候裂开。此外用刀子穿透中心割十字，这样才能让中心部分也能快熟。

②在水里放入白萝卜、昆布、米和盐，在即将煮滚时捞起昆布，转小火，煮到筷子可以穿过萝卜的柔软度。

③在味噌中加入高汤、砂糖、味淋混合搅拌并用小火煮开，制成味噌糊。

④将容器温热一下，放上白萝卜，加入2～3大匙的煮汁，再淋上味噌糊。也可以放些柚子皮。

・白萝卜的产期在冬天，所以煮应季的白萝卜时，可以不用加米，只用昆布煮就可以了。若在其他时期，也可以用淘米的水。如此可以去除白萝卜特有的臭味。将要煮的白萝卜水洗后，放入昆布高汤里，再加少许的盐就可以了。

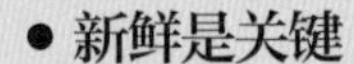

● 新鲜是关键

棒棒沙拉

材料

黄瓜　胡萝卜　西芹　白萝卜等适合的蔬菜

配料（沙拉酱　酸梅　辣味明太子等）

①将蔬菜仔细洗净，胡萝卜、白萝卜削皮，西芹去筋，然后连同黄瓜全部都切成同样的长条状。

②将切好的材料立着放进大杯子里，搭配喜欢的配料来吃。

③配料可以是酸梅沙拉酱或明太子沙拉酱。制作适合的分量，分别装在其他容器里。

・配料用大蒜奶油奶酪（大蒜泥加上奶油奶酪）也很好吃。

基本的炒叶菜

炒青菜

材料（4人份）

菠菜（青江菜、小松菜、茼苣、卷心菜等）1把

色拉油2～3大匙　盐1小匙　酒1大匙　热开水1杯

①青菜洗净后切成容易入口的大小。

②将色拉油倒入中华炒锅或平底锅里，加热至即将冒烟，放入青菜与盐，用大火快炒。

③炒到三分熟的时候，加入酒与热水拌炒，等沸腾时再将水分沥除盛盘。无论哪种炒青菜都能简单完成。

・趁菜叶还硬的时候起锅，是因为还有余热，等到要吃的时候口感就会刚好。如果在锅中完全炒熟，吃的时候会太软。

令人安心的风味

凉拌菠菜

材料（4人份）

菠菜1把　盐1小匙　酱油1大匙　高汤2大匙

①菠菜靠近根部的地方会有很多泥土，要每一根仔细清洗。整把太粗，就在根部切十字。

②碗里放入大量的水。

③在锅中将大量的水煮开，加盐，保持大火的状态放入菠菜。

④等到热水煮滚后，将菠菜翻面，等水再滚后取出。放入刚才准备好的碗里，让冷水冷却菠菜。

⑤每3～4根整理成整齐的一把，沥干，切成3～4厘米的小段。

⑥高汤与酱油混合，先倒1/3在菠菜上后脱水，等要食用的时候，再将剩下的高汤酱油淋上，混合后食用。也可以撒上柴鱼片，蘸酱油吃。

・不只菠菜，所有的青菜都可以在大量的水中用大火煮。

新品蔬菜——食用法·使用法

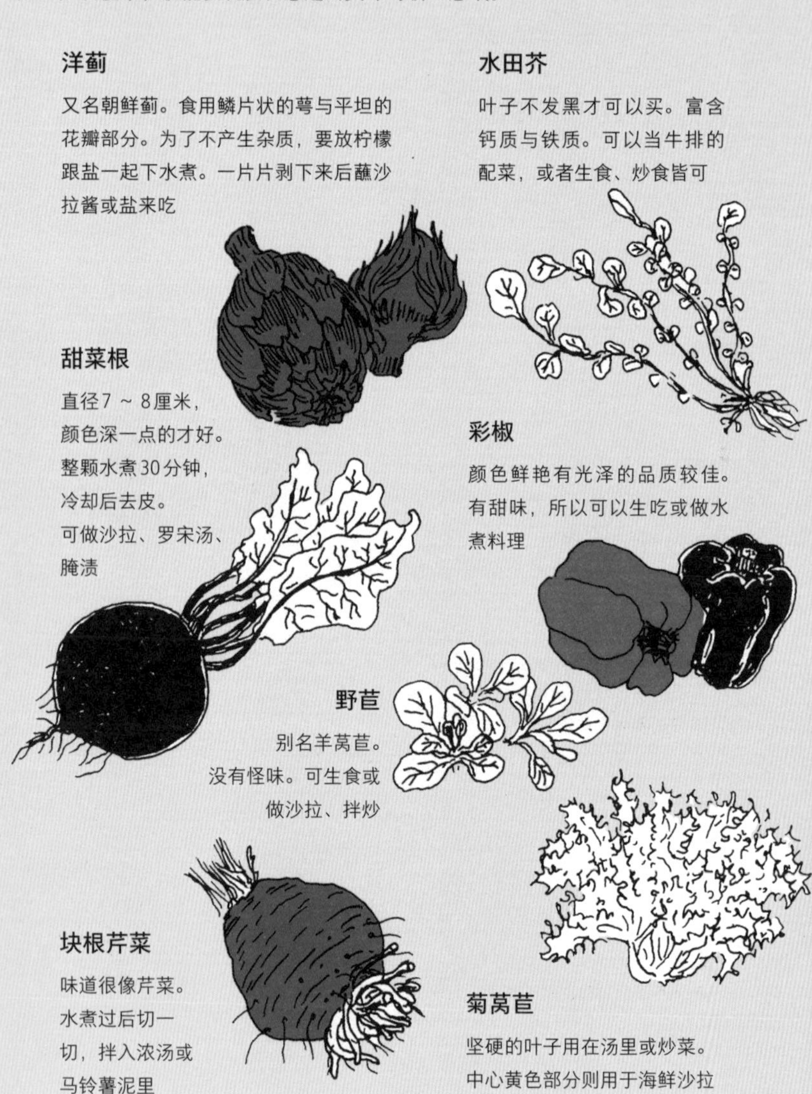

最近市面上出现许多新品蔬菜。不要犹豫，只要见到就买来做做看吧。一步一步慢慢来，就能发现从没想过的美味与新口感哦。

洋蓟

又名朝鲜蓟。食用鳞片状的萼与平坦的花瓣部分。为了不产生杂质，要放柠檬跟盐一起下水煮。一片片剥下来后蘸沙拉酱或盐来吃

水田芥

叶子不发黑才可以买。富含钙质与铁质。可以当牛排的配菜，或者生食、炒食皆可

甜菜根

直径7 ~ 8厘米，颜色深一点的才好。整颗水煮30分钟，冷却后去皮。可做沙拉、罗宋汤、腌渍

彩椒

颜色鲜艳有光泽的品质较佳。有甜味，所以可以生吃或做水煮料理

野苣

别名羊莴苣。没有怪味。可生食或做沙拉、拌炒

块根芹菜

味道很像芹菜。水煮过后切一切，拌入浓汤或马铃薯泥里

菊莴苣

坚硬的叶子用在汤里或炒菜。中心黄色部分则用于海鲜沙拉

茴香
香味很像艾草或八角。
沙拉、卤汁
美洲南瓜
别名长南瓜。
与油的相容性好。
可以炒、油炸
紫甘蓝
紫色可以作为沙拉中
的配色
火葱
有辣味。
可以蘸味噌生吃，
或做前菜、沙拉
菊苣
从根部将叶子一片片
剥下。浸泡在水中让
它有光泽，可以做沙
拉、前菜或汤料
鸭儿芹
叶子香气
很重
用手将叶子摘下
来，直接放入粥
或汤里
塌菜
蒜苗
味道比大蒜弱一些。
有甜度且弹牙
可以拌炒，也可以
水煮当中华沙拉
将叶子一片片剥下，适合拌炒，
也适合水煮配上中华酱汁

● 面包是世界上最古老的加工品?

据说面包是在公元前2000年由巴比伦人所发明，后来在埃及、希腊、罗马发扬光大。面包主要是在面粉中加入酵母菌，再加水揉合使其发酵并加以烘烤。面包的日语Pan，是葡萄牙人传入日本的说法，英语是bread。

种类可大致分为两种。一种是法国面包等外皮较硬，只有咸味，而且放久了会更硬的面包；另一种是像吐司或餐包等加入牛奶与砂糖，外皮薄，不易变硬的面包。刚出炉的面包是最好吃的。不只从上面观察，从侧面看，也能了解烘烤的程度。

吃厚片吐司的技巧

烤过以后，在四个角落都各切一刀，不容易吃的面包边也会很顺口了

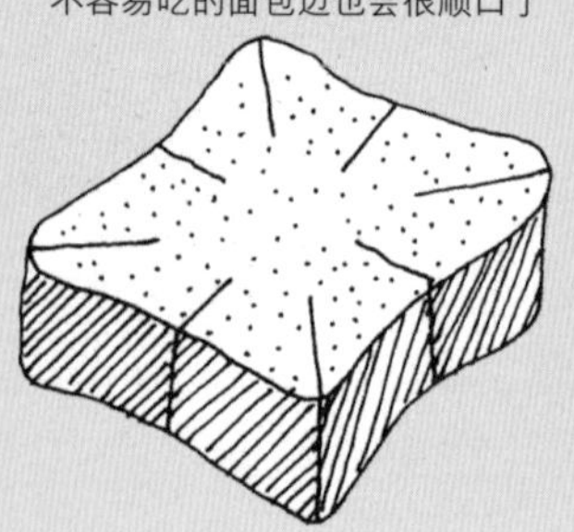

切得漂亮的诀窍

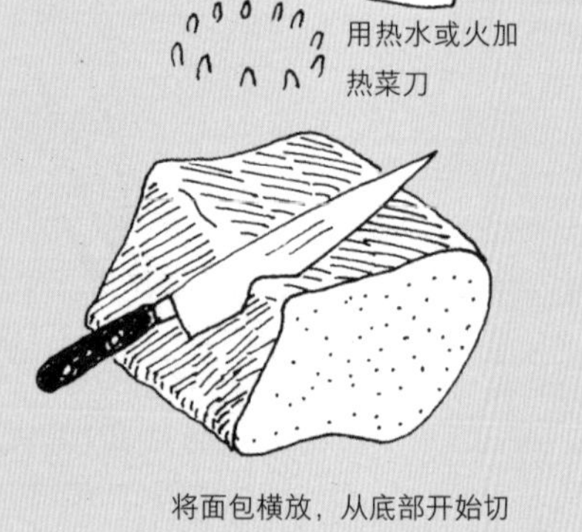

将面包横放，从底部开始切

● 试着做做看

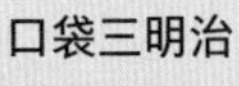

口袋三明治

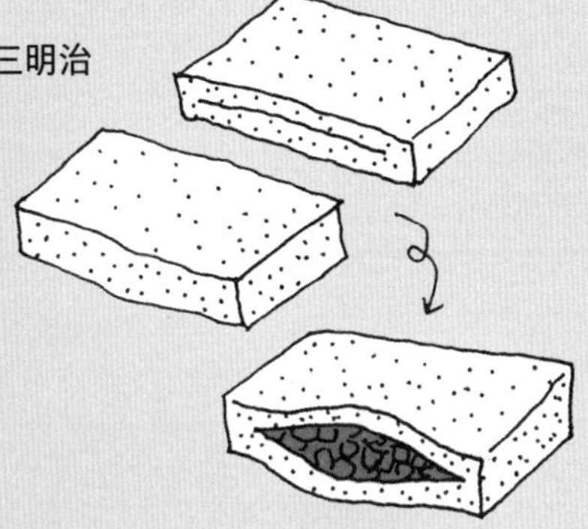

将面包中央切一个袋子，在里面加上任何自己喜欢的材料。炒面、盐昆布、生菜……一定会发现从未想象过的美味。

巧克力棒

①将切片面包的边切下，放入烤箱里烤到酥脆。

②将块状巧克力微波，溶化后用面包蘸，就是巧克力棒了。至于还可以蘸些什么，就依自己喜好准备吧。

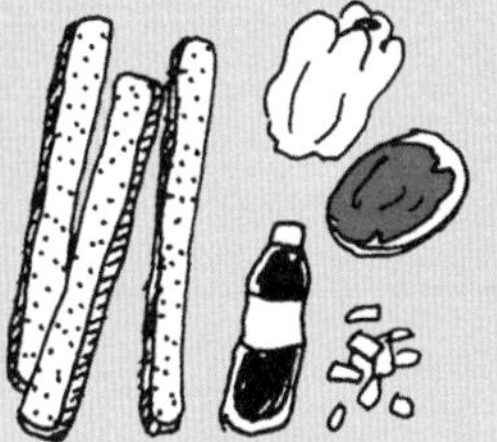

吐司边比萨

准备吐司边、青椒、火腿、奶酪、番茄酱、铝箔纸。将吐司边并排在铝箔纸上，接着放上配料、番茄酱、奶酪后放进烤箱。待奶酪化开便完成。

提升三明治的美味，为什么要涂黄油？

为了不让配料的水分渗入面包中。抹上一层后，将多余的部分用小刀刮掉很重要。辣椒要在黄油之后才能涂上。

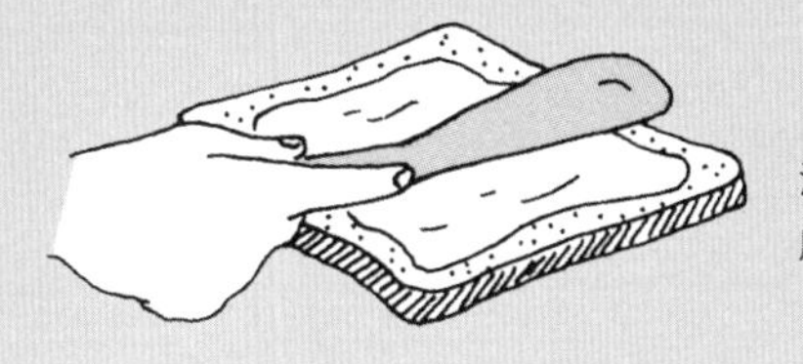

沙拉酱没有防水作用，所以无法代替黄油

面类——各种类美味食用法

你喜欢面类中的哪一样呢？依种类的不同，也各有煮法与好吃的诀窍。试着做做看自己喜欢的面吧。

● 面的种类与美味食用法

乌冬面

面粉与食盐水混合后，切成长条状。
煮的时候加入1小匙的盐，强烈提出它的美味是关键。
煮好后在流动水下洗一下，会让口感更滑顺。

荞麦面

虽然只用荞麦粉做会比较容易切，但为了增加黏着性，
会加入小麦粉、山药、鸡蛋等，再拉长细切。
煮的过程加2 ～ 3次的水，等煮好后，在流动水下洗一下，
会让口感更滑顺。

拉面

以碱水（碱性的面质改良剂）来和面粉，切成长条状。
面的黄色是碱水作用的结果。
煮好不要过冷水，直接食用。

挂面

在面粉里加食盐用水和，要拉到非常细，然后再干燥。
在拉的时候，加入少量的食用油。用大量热水去煮，
煮好后再用流动水冲一下，就会有滑顺的口感。

米粉

用米的粉去做的面食。用大量滚水煮约2分钟后，
起锅把水沥干。

意大利面

原料是杜兰小麦粉。煮法在意大利语中称为al dente
（适合牙齿咬下），让中心稍微硬一点是标准。

● 美味的诀窍

乌冬面与荞麦面煮好后，要过冷水。

做锅烧面等汤面类时也一样，将水煮的面过冷水后，面质会有咬劲，较好吃。

稍微再下一点功夫

挂面、乌冬面、荞麦面等，分成一口一口地装盘会较容易食用。

挂面要放久一点才好，真的吗？

新鲜的挂面，还有一点油臭味，而且干燥也还不够，所以据说要放置一年后，油已经去掉，颜色白、面条细的才会好吃。如果很在意油臭味，可以在流水下方仔细冲洗。

意大利面的保存

使用塑料瓶是最方便的。如果瓶口径是2.5厘米，每次取出就大约是1人份（100克）。

意大利面不粘在一起的下锅法

像在拧毛巾一样。从锅子的中央转一圈，然后放手。

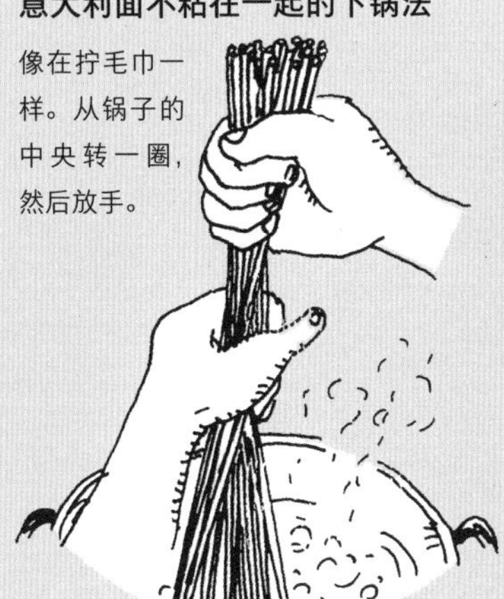

意大利面签

也可以使用意大利面做卷心菜卷上竹签的替代品。

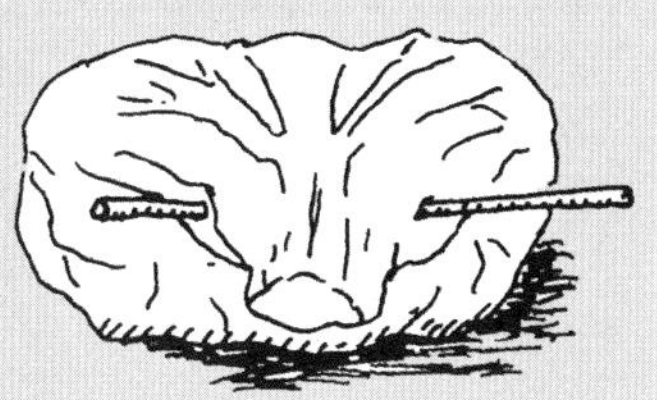

罐头——观察法·购买法

罐头食品就算是号称保存食品之王，但也不是“永远不坏”的。让我们来学会分辨保存期限与品质好坏的方法吧。

● 要小心凸、凹、生锈

罐子如果是膨胀的，表示里面已经腐败。罐子如果生锈了，里面也有生锈的可能。以材料来区分保存食物的期限，则水煮3个月，调味食品1年，油渍食品1～2年，糖渍食品6个月～1年，蔬菜6个月～1年。

品名标签的例子

（上段第1、2个字）

原料	标记
橘子	MO
桃（白）	PW
桃（黄）	PY
竹笋	BS
青豌豆	PR
猪肉	PK
牛肉	BF
香肠	SG
鲔鱼	AC
鲑鱼（粉红）	PS
鳕场蟹	JC
花蛤	BC

也有许多罐头不标示原料及料理方法，只用数字标示保存期限。数字的解读法与上述生产日期的标示相同。

料理法的例子

（上段第3个字）

	料理方法	标记
水产物	水煮（生装）	N
	调味腌渍	C
	盐水腌渍	L
	橄榄油渍	O
	番茄渍	T
	熏制	S
果实	糖渍	Y
	固体罐头	D
蔬菜	水煮	W
	调味腌渍	C
肉	水煮	N
	调味腌渍	C

● **保存的期限是3年**

罐头的保存期限是3年。可是制造商的说法是“只要罐头没有膨胀，5年也没问题”。身为保存食品之王就算已经过了期限，只要煮熟，几乎还是能吃的。不过，水果类就不行。

三大敌：①生锈　②日晒　③湿气

果实在3年内　　干物类 5年　　其他 3～5年

● **开罐的诀窍**

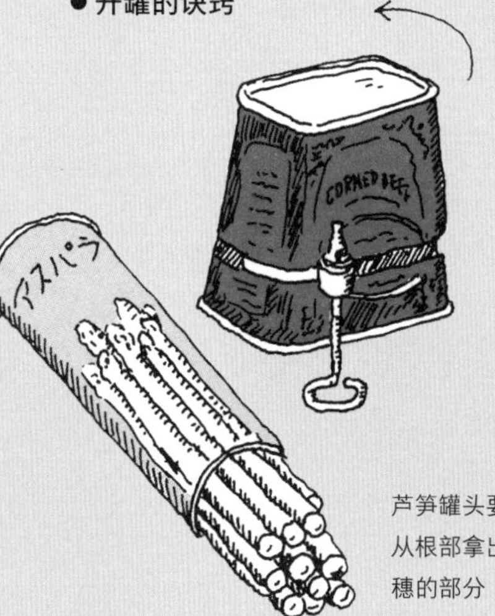

牛肉罐头如果移动罐子，那么开到一半就会变得不好开。另外，如果将罐头放入热水中加热，那么内容物也容易潮湿

芦笋罐头要从底部开启，因为从根部拿出来，就不会伤到叶穗的部分

食品的寿命——保存的期限

不要只相信保存期限，观察实际的样子，以确认食品的安全。

● 利用眼、鼻、手确认

牛奶

舔舔看，有酸味或苦味都不行。煮沸后会凝固、倒入杯子会冒泡泡的也都不行。

开封前，从制造日算起7天；开封后，2天内。

面包

干燥、霉菌、酸味都是危险讯号。放冰箱冷藏美味会消失，放入冷冻库可保存2周。

色拉油

开封前，
塑胶容器1年，
透明瓶1年，
着色瓶2年，
罐装2年，
真空包装5年；
开瓶后，
如果有令人不舒服的油臭味，或炸东西时不断起泡、颜色变浓的全都不行

酸奶

乳酸菌会抑制其他杂菌的繁殖。保存在10摄氏度以下。如果有沉淀，上方是清乳，具有丰富的营养成分，不要倒掉。

开封前2周内；
开封后2天。

压制食品

表面湿黏，有牵丝就是坏掉的讯号。颜色变黄、有酸味也表示腐败了。

豆类

收获后1 ~ 2年。
袋子里若有白色粉末，表示已经长虫。
发霉也不行。

挂面

变弯的时候可以日晒半天左右

制造后，机械制面2年，手工面4年。
再放更久风味就会消失。
不能潮湿、泛油或发霉。

豆腐

切块的豆腐开封前4天，开封后2天

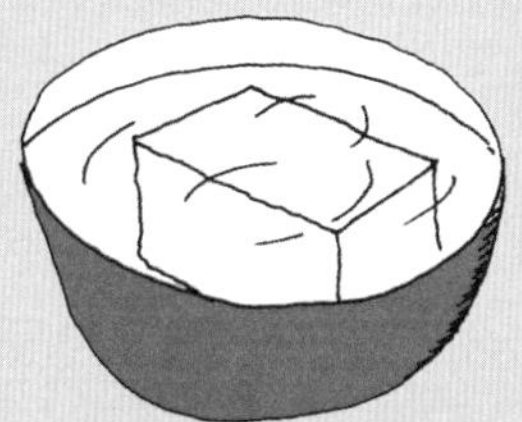

表面如果黏黏的，就表示已经腐败

充填豆腐开封前1周内，开封后4天

纳豆

有氨臭味的就不行。如果表面有点黏或发黑，那是因为放得比较久，并非不能吃。冷藏保存7 ~ 10天，冷冻保存3个月

醋

制造后2年。纯米生醋或调味醋1年。开封后出现的白色物质对人体无害

干香菇

开封前1年。黑色、发霉都不行

蒟蒻

开封前2个月

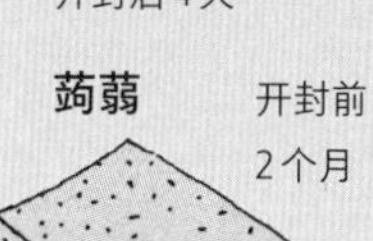

有异臭、太软、丧失弹力或溶化就不行

进口糖果

糖果、口香糖要从开封前制造日算起12个月。薯片6个月

果汁

开瓶前1年。开瓶后尽早饮用

日本茶

茶叶变黄色或变浅色时就是放置太久了，会不好喝

开封前6个月。冷冻保存1年

红茶

罐装、铝箔装2 ~ 3年。纸盒装则较短。开封后2 ~ 3个月内最好喝

巧克力

开封前1年。不要放冰箱因为会丧失水分

咖啡

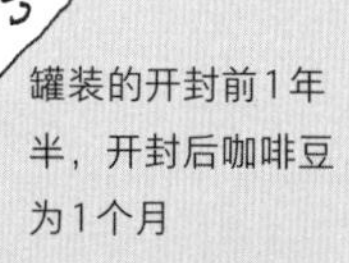

开封后咖啡粉在冷藏库1周 ~ 10天

罐装的开封前1年半，开封后咖啡豆为1个月

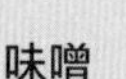

味噌

开封前6个月。无添加则是5个月。

产生白色类似霉菌的东西，是酵母，所以很安全，不过味道会变差

火腿

异臭、酸味、黏黏的、表面变白都不可以。开封前可保存40 ~ 60天，生火腿2周。开封后约2周，生火腿2 ~ 3天

品质标示与添加物

虽然有点困难，但要仔细阅读！

● 聪明的食品选择法

食品包装上的标示，是有其义务的（根据食品卫生法）

试着比较品名、容量、原材料、保存期限之后，就会知道看起来一样的食品其内容物有大大的不同。所以要仔细看食品标示！

确认食品添加物

为了让食品保存更久、品质提升、增添卖相或香味等，会在食品中添加食品添加物。有天然与合成的两种添加物，其中有些还没被确认是否会影响遗传因子或身体健康。

● 食品标示示例

名　　称	休闲食品
商 品 名	薯片（BBQ口味）
成　　分	马铃薯、植物油、豌豆、洋葱、精盐、调味料（氨基酸等）、香料、酸味料、红辣椒色素、甜味料（甜菊糖、甘草）
内 容 量	86g
保存方法	避免日光直射或放置在高温多湿的环境中
保存期限	制造日起6个月

● 糖果的成分标示也有不同

商品名	糖果
成　分	麦芽糖、水饴、野草酵母、酸味料、香料、甜味料（甜菊糖）、着色料（红卷心菜、红花黄、红曲黄、花青素）
内容量	标示于包装上
制造年月日	标示于包装上
保存期限	制造日起12个月

商 品 名	糖果
成　　分	砂糖、水饴 红茶、香料
内 容 量	标示于个别包装上
保存期限	制造日起12个月

食品添加物的选择重点

①食品添加物要尽量少。

②色素越少越好。（红色2、3、104、105、106号，黄色4、5号，绿色3号，蓝色1、2号等并不完全保证不会致癌）

③避免人工甜味料。（阿斯巴甜、糖精、糖精钠盐等都有致癌的疑虑）

④压制食品等加工品，在夏季时保存添加物都会增加，这一点要留意。

加工食品的危险添加物

尽量避免食用　3大危险添加物

1　防霉剂　邻苯基苯酚（OPP）、腐绝（TBZ）等

2　保存料　山梨酸、安息香酸等。

3　着色剂　亚硝酸钠等

添加物中，合成添加物有三百种以上，天然添加物有一千种以上。因为实在太多种了，会让人不知该注意哪一项。这时候，先注意是否有上述成分。只要这样，其实就足够了。

食品的清洗法——洗？不洗？

在做菜前，几乎所有的材料都要仔细洗净，但其中也有例外的。你知道是哪些吗？

● 不洗比较好的材料

鸡蛋

鸡蛋是透过蛋壳呼吸的。蛋壳上包覆了一层称为角质层的薄膜，这层薄膜可以调整呼吸，也能防止微生物进入壳内。冲洗鸡蛋会连同这一层膜都洗掉，鸡蛋也会变得无法呼吸，微生物也会进入鸡蛋而成为日后腐败的原因。

鱼切片或肉片

为了要将材料上的脏污洗净，外表坚硬且不让水分渗进材料中是很重要的。但是鱼的切片或肉片表面柔软，虽然用水能够将脏污或细菌洗掉，但是甜味也会随之流失，所以要仔细加热消毒来代替清洗。鱼是在切片前洗净，重要的是切片的工具也要保持清洁。

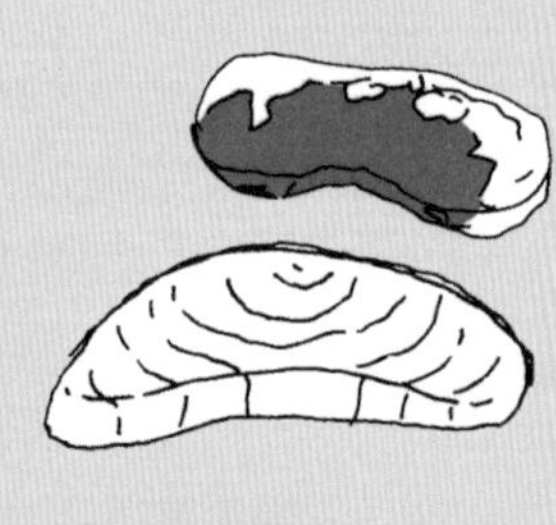

切片水果

水果只要切片就会变黄，甜味跟香味也会从切口跑掉，所以要在切水果之前好好洗净。

● 洗了比较好的材料

以洗剂清洗蔬菜，一定要冲干净

只用水很难将寄生虫或农药洗掉，况且蔬菜限于本身的结构形状，要洗也很困难。有报告指出，使用洗剂能够洗去90%的害虫或细菌。用水冲洗只能洗去细菌5%、害虫50%～70%。尽管如此，用洗剂清洗时，一定要遵守规定的使用量，而且要迅速洗涤避免渗入蔬菜中，重要的是，必须用大量流水洗去洗剂。

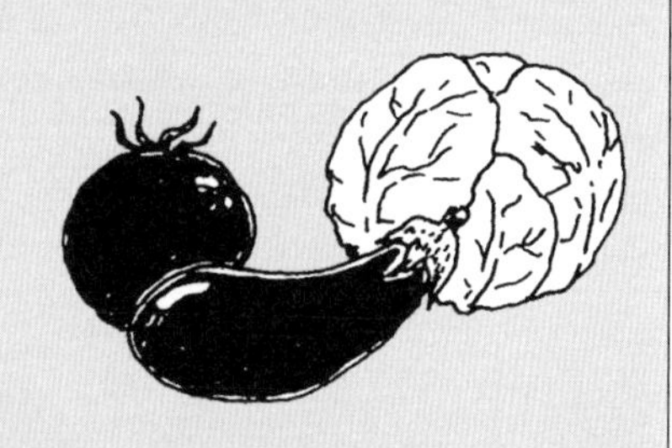

● 煮了之后再洗比较好的材料

· 想让完成时颜色漂亮的蔬菜类，在长时间加热后，叶绿素会产生变化。如果只是煮好放着，那么余热会让绿色褪色。所以煮好后用水洗一下不只是为了洗去脏污，而是降低温度，避免出现煮过头的颜色。

· 蜂斗菜或竹笋等需去除杂质的蔬菜，在煮好后也要用水充分清洗。

· 芋头也是煮过要清洗，但目的是除去表面的黏性。

· 面类如果煮完直接放入面汤里，表面的淀粉就会溶解在汤里，让汤变得混浊。此外，如果煮好直接放着，面也会因为余热而膨胀失去弹性。为了防止这两个现象发生，就要用水清洗。

农药·添加物的去除法

弯曲的黄瓜才是自然的，叶子有被虫咬的痕迹才安全，颜色太鲜艳的食品，就要持保留态度等，尽可能选择对身体好的食品是对的，可是，就算这么说，要取得无农药又无添加的食品，在现今也是非常不容易的……因此，来想想自己至少能做到的事情吧。

● 去除农药的基本方法

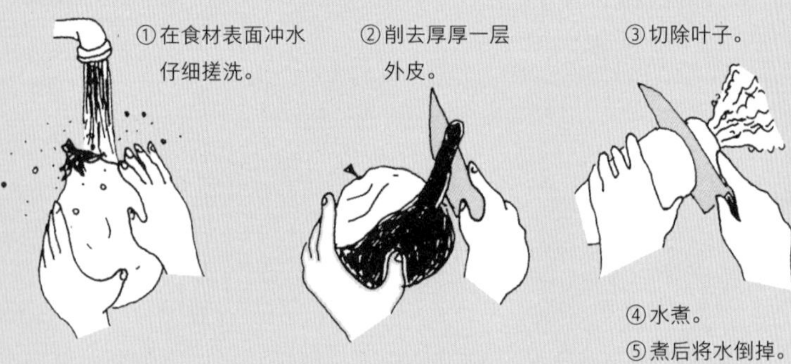

● 依食品类别的去除法

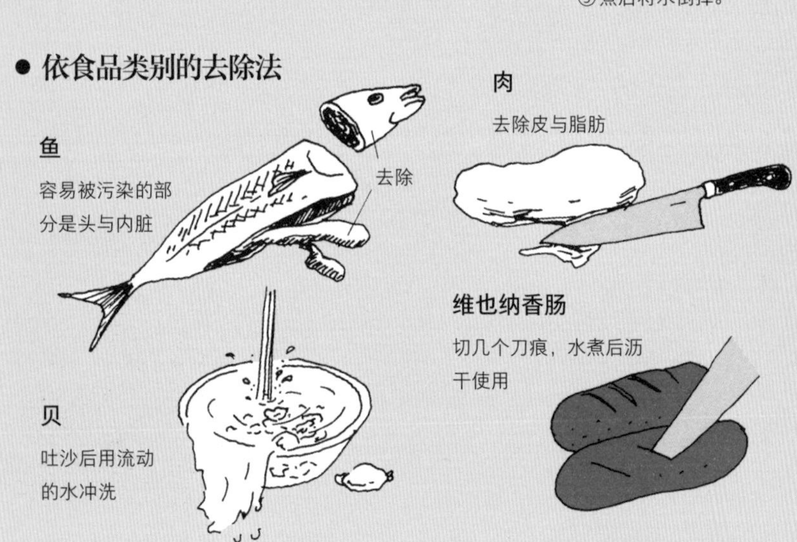

蔬菜

尽量将外层去除，如果要连皮一起使用时，要用海绵刷洗干净

叶菜类要放置在流动的水下冲洗超过5分钟。水煮沥干后冷水冲洗

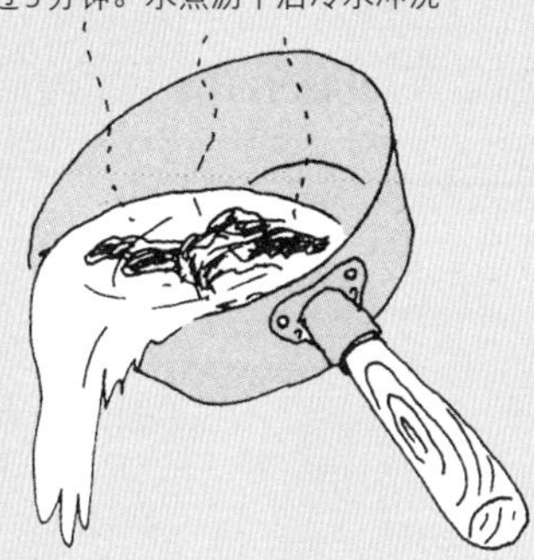

抹一层盐后，在砧板上摩擦均匀，接着用水冲洗。盐分的作用是将农药给引出来

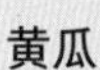

黄瓜

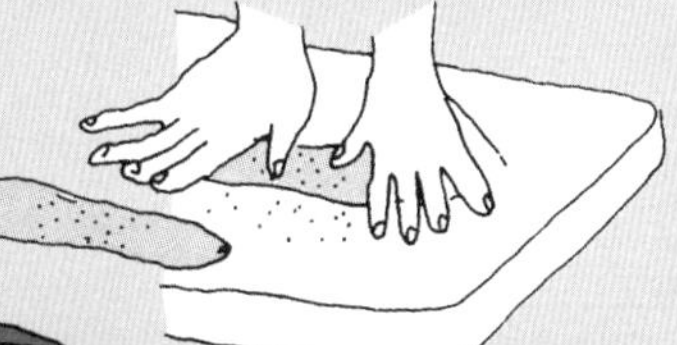

香蕉

从梗的下方2厘米处断掉

番茄

皮用热水烫掉。
放入热水中，待外皮卷起时
放进冷水，外皮就能简单撕去了

● 水也被污染了

被工厂排水、化学肥料及农药所污染的水，含有许多有机物（腐殖质）。这些腐殖质会与用于消毒自来水的氯结合，产生有害的致癌物质三卤甲烷。更糟糕的是，每年的水质污染越来越严重，因此消毒用氯的量也就越用越多。

● 去除三卤甲烷的方式

水至少要煮沸15分钟以上，对于去除氯与三卤甲烷很有效。

因环境污染所造成的水源污染，只靠一般家庭解决是有限的。最重要的是朝根本的解决方式迈进。

添加物品表

● 令人担忧的合成添加物

显色剂	亚硝酸钠
保存料	安息香酸、山梨酸、去水醋酸钠、对羟基苯甲酸酯（异丁醚、异丁酯、乙基、丁基、丁酯）
防霉剂	邻苯基苯酚（OPP）、邻苯基苯酚钠、腐绝（TBZ）
甜味料	阿斯巴甜、糖精、糖精钠盐
杀菌漂白剂	过氧化氢
接着剂	酸性焦磷酸（钙、钠）、焦磷酸（钾、钠、氧化铁、氧化亚铁）、聚磷酸（钾、钠）、偏磷酸（钾、钠）、磷酸（一、二、三钠）
面粉改良剂	溴酸钾
着色料	红色2、3、104、105、106号，黄色4、5号，绿色3号，蓝色1、2号
酸化防止剂	二叔丁基对甲酚（BHT）、丁基羟基茴香醚（BHA）

● 被认为是安全的天然添加物

着色料	稠化剂
叶绿素	水溶性阿拉伯胶
β 胡萝卜素	海藻酸
铁丹	酪蛋白
红曲色素	三仙胶
虫漆酸	华豆胶
核黄素	纤维素
	果胶

添加物的安全性依国家、调查机关的不同，这些资料也会不尽相同。我们的饮食生活综合了环境与体质等各种复杂的要素，也因此与添加物之间的因果关系很难有具体的例证。也有目前尚未有结论的部分，例如是否受DNA遗传因子影响等。

这里所整理出的，是综合了许多资讯举例出来令人担忧的合成添加物，以及被认为算是安全的天然添加物。但无论哪一项，都无法断言它们是绝对危险或绝对安全，即使如此，还是把它们当作是选择食品的标准之一吧。

制 作

煎烤、蒸、煮、炒、炸——料理的方式何止千万，但基本的做法就这5种。首先，就从这里选出一样，作为自己的看家本领吧。

切——基础与装饰切法

光是蔬菜就有很多种切法。记住料理中常用的切法，烹调时就会十分方便。至于装饰切法，就得看手下功夫和煮菜时的心情了！

● 基本切法

切一口大小

从材料的底部开始切薄片

切丝

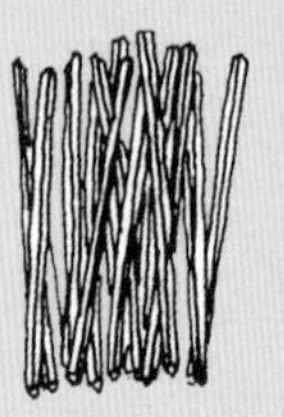

将已经切过的材料再切得更碎

切长方薄片

切成长方形的薄片

切半圆形

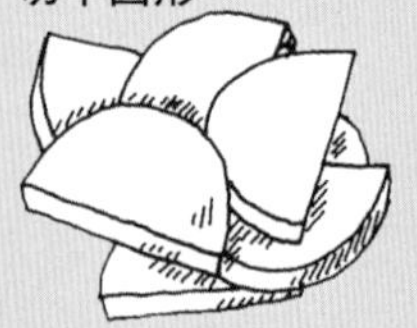

先将圆筒形材料切对半，再从底部切成薄片

斜切

菜刀斜抵着材料切下

滚刀

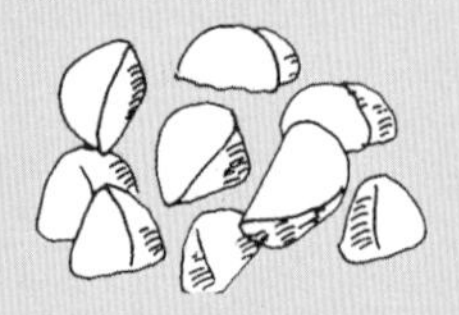

虽然形状不同，但是大小都相同

切条

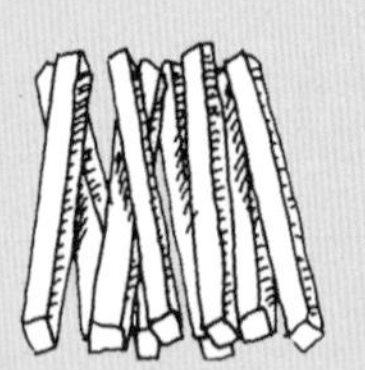

切成四角柱状

切丁

切成骰子一样的小立方体

切厚块

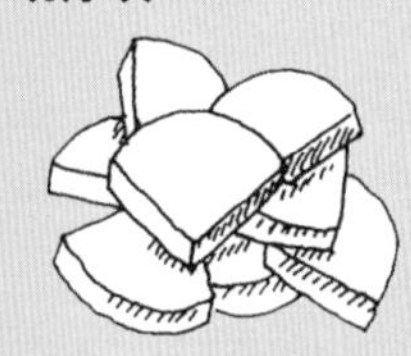

将圆筒状的材料直立切成四等分，再从底部开始切片

切屑

像在削铅笔一样将材料小片削下来

切末

将切薄片的材料叠在一起切成细丁

去皮

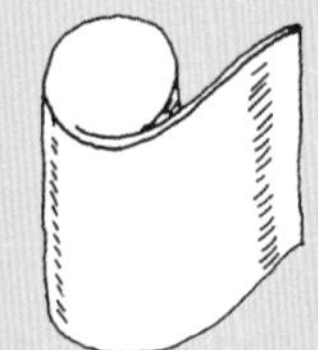

将5 ~ 10厘米的白萝卜等，削下一层薄薄的外皮

● 装饰切法

黄瓜绣球

将两片切成圆形薄片的小黄瓜各切开一个半径，然后相嵌组合起来

蓑衣黄瓜

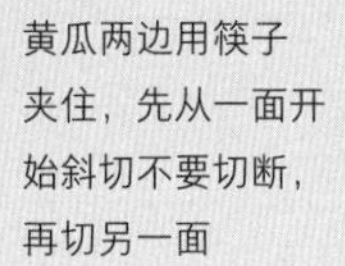

黄瓜两边用筷子夹住，先从一面开始斜切不要切断，再切另一面

苹果小白兔

直立切六等分后，在皮上划刀，皮削一半

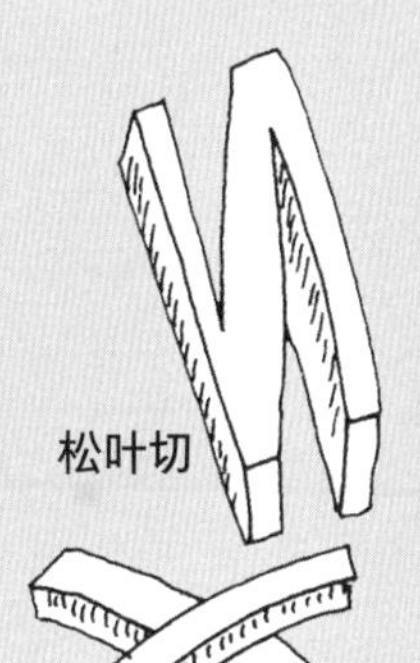

松叶切

将整块鱼糕等切成长方形并重叠组合起来

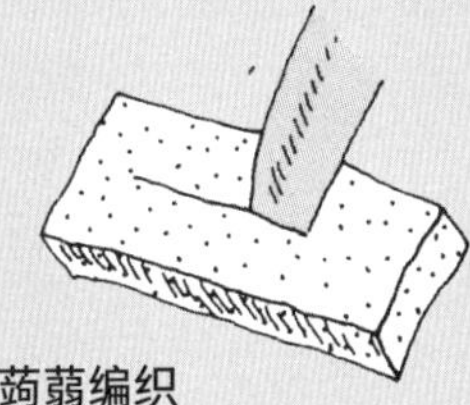

蒟蒻编织

将切成长方薄片的蒟蒻中央割开，接着把其中一端塞进中央切口，从另一面拉回来

菊花杯

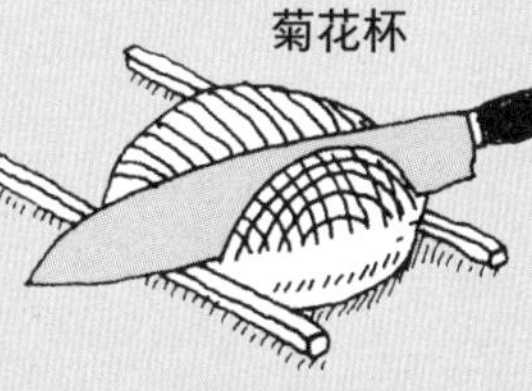

用筷子夹住两边，直立地切丝

香菇装饰

香菇上方用刀切十字、星状等

小花萝卜

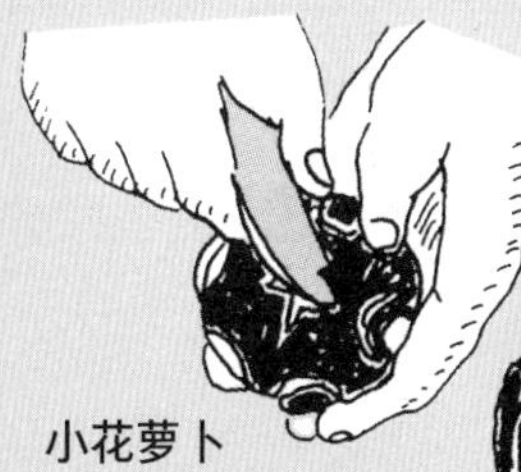

在根部切5个小洞，中央刻出星形

煎烤——基础与诀窍

虽然是非常简单的料理法，但要彻头彻尾熟练煎烤的方法，也是需要一点小技巧的。要记起来哦！

● 基本煎烤法

①煎烤前，要先预热烤网或平底锅。

②要从摆盘在上方的那一面开始煎烤。

③要一口气出现微焦的色泽，用大火。要慢慢连内部都熟透，需用小火。

④要煎干一点，就不加盖。要煎出较有水分的成品，加盖。

● 煎烤的诀窍

烤鱼用大火的远火

鱼的表面充满了一加热就会香味四溢的成分。想让表皮适当地呈金黄色，且内部全熟，就必须让鱼的四周都被高温空气包围，所以大且距离较远的火是最好的。

在烤网上涂上沙拉油，就比较不会粘连

煎肉

一开始用大火将美味锁在肉里，接着用中火慢慢煎熟

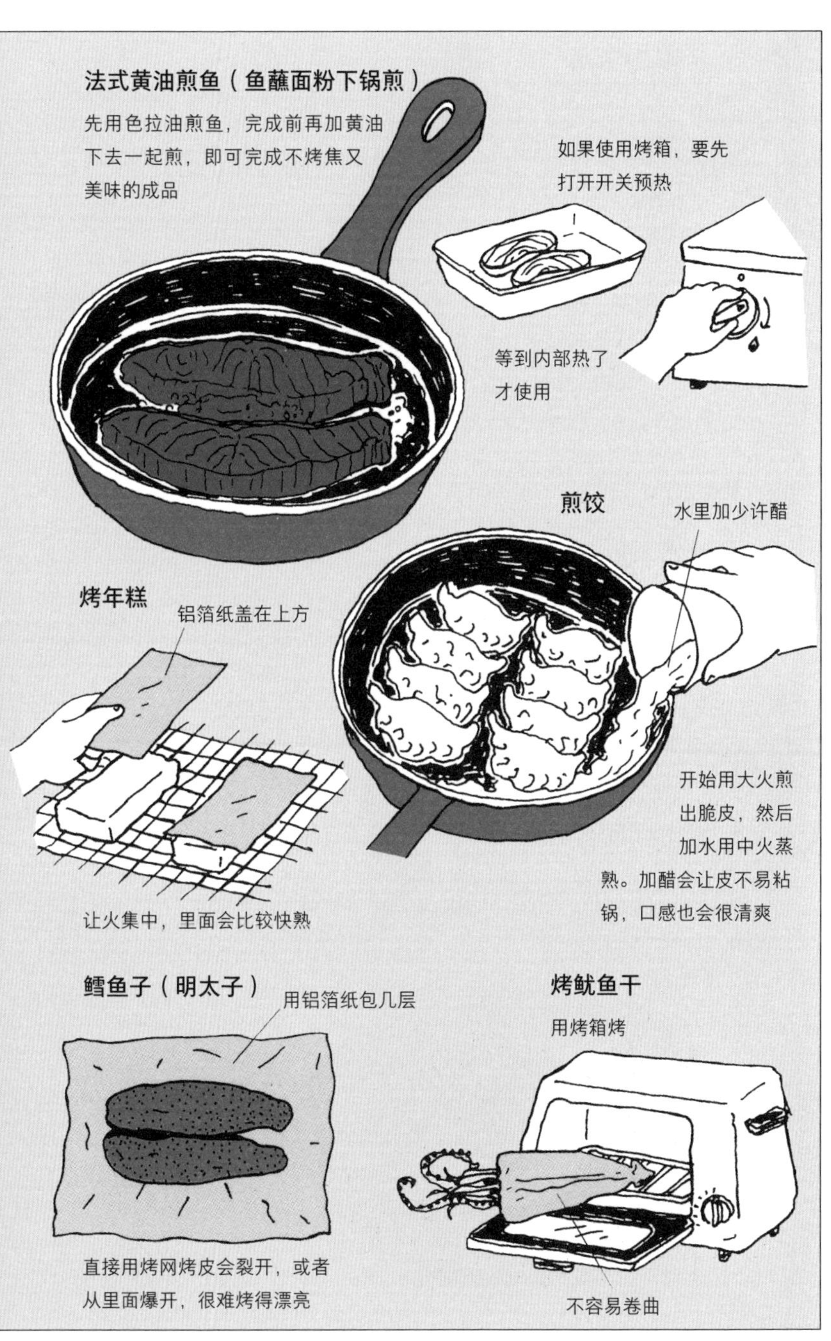
法式黄油煎鱼（鱼蘸面粉下锅煎）
先用色拉油煎鱼，完成前再加黄油下去一起煎，即可完成不烤焦又美味的成品
如果使用烤箱，要先打开开关预热
等到内部热了才使用
煎饺
水里加少许醋
烤年糕
铝箔纸盖在上方
让火集中，里面会比较快熟
开始用大火煎出脆皮，然后加水用中火蒸熟。加醋会让皮不易粘锅，口感也会很清爽
鳕鱼子（明太子）
用铝箔纸包几层
直接用烤网烤皮会裂开，或者从里面爆开，很难烤得漂亮
烤鱿鱼干
用烤箱烤
不容易卷曲

只是翻炒两下，增添的美味就足以令人惊讶，是非常方便的料理方法。跟着家人一起试试看，直到自己能掌握放油的诀窍。

● 基本炒法

①基本的油量，大约是材料的5%左右。在材料下锅之前，一定要先热油。

②事前准备都做好后，用大火快速翻炒完成。如果用低温长时间慢慢炒，会失去材料的口感与独特的美味。

③均匀炒熟。因此，切的材料大小要一致。如果比较难熟的食材，要先煮或过油。

④不要一次在锅子里放太大量，会让温度降低，变成煮的了。材料的量视需求分数次炒。

⑤为了让香气转移到油里，有香味的蔬菜先下锅。

⑥难熟的材料先炒。

炒菜的顺序是：①肉（鱼）、②蔬菜、③鸡蛋。

蔬菜里会有水分出来，所以要先将肉或鱼炒到稍硬，将美味锁在肉里，再放蔬菜，趁蔬菜还没出水的时候，用蛋汁包住。

● 炒菜的诀窍

热油锅

炒菜前要先有热油锅的动作，就是空烧锅直到油烟即将冒出来时。先将1杯多的油倒进锅子里，让锅子的内侧全部均匀沾上油。之后要将多余的油沥出来，另外倒入炒菜用油。

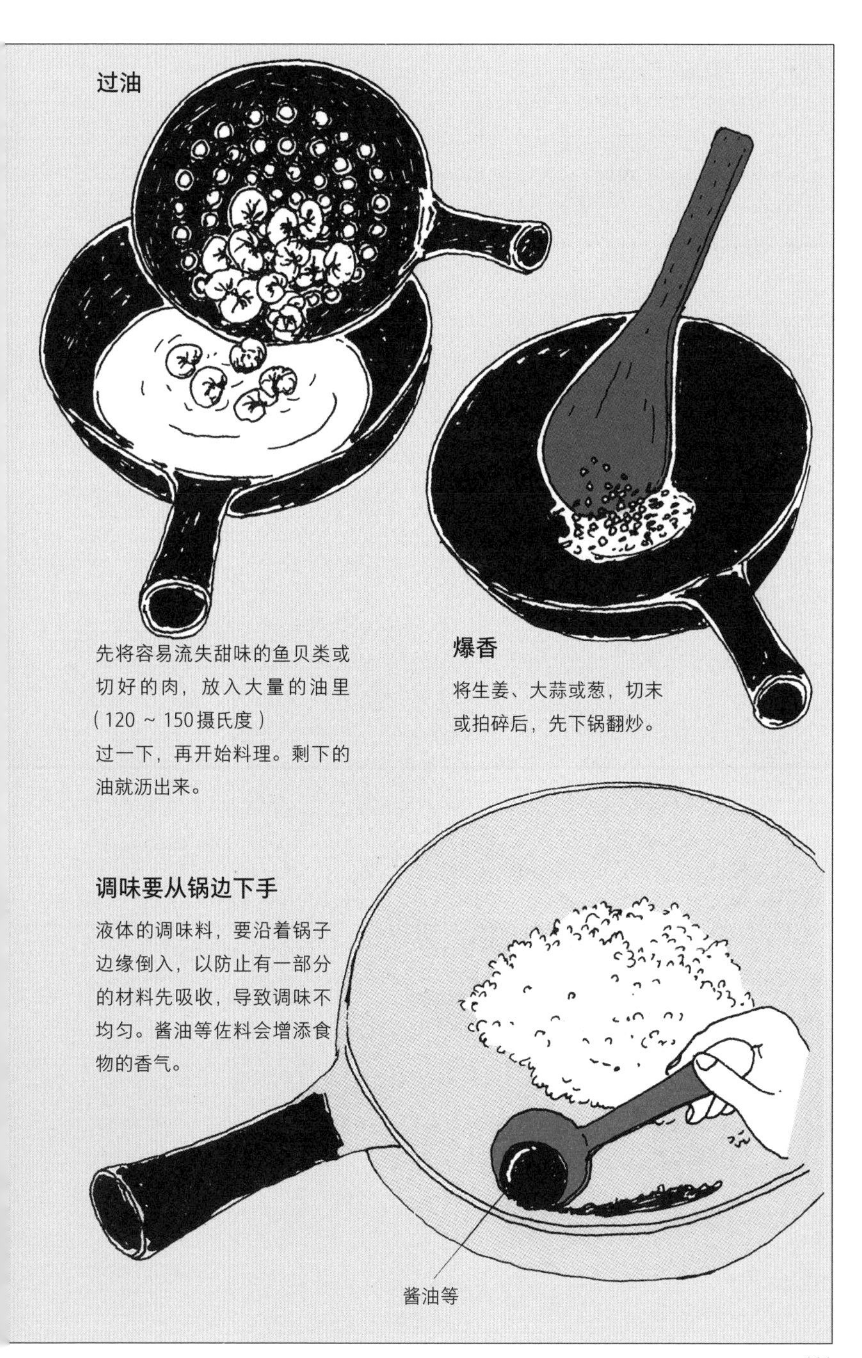

过油

先将容易流失甜味的鱼贝类或切好的肉，放入大量的油里（120 ~ 150摄氏度）
过一下，再开始料理。剩下的油就沥出来。

爆香

将生姜、大蒜或葱，切末或拍碎后，先下锅翻炒。

调味要从锅边下手

液体的调味料，要沿着锅子边缘倒入，以防止有一部分的材料先吸收，导致调味不均匀。酱油等佐料会增添食物的香气。

蒸——基础与诀窍

先了解蒸法的原理，然后用身边的道具做做看吧。

● 基本蒸法

①蒸即是利用水蒸气加热。因为水蒸气不会超过100摄氏度以上，所以稳定是这种方法的特性。且热气是均匀地传递，所以香气与味道也不易流失。

②水倒入隔板下煮约7分钟。要蒸的材料等蒸气充分地升起后再放入。

③先是用大火，让蒸气持续冒出，一口气把料理蒸好。

④蒸蛋之类如茶碗蒸等，用大火表面会起泡。要用蒸笼时，一定要隔着布巾盖上盖子，以防水蒸气凝结在锅盖，滴入锅中。

● 蒸的诀窍

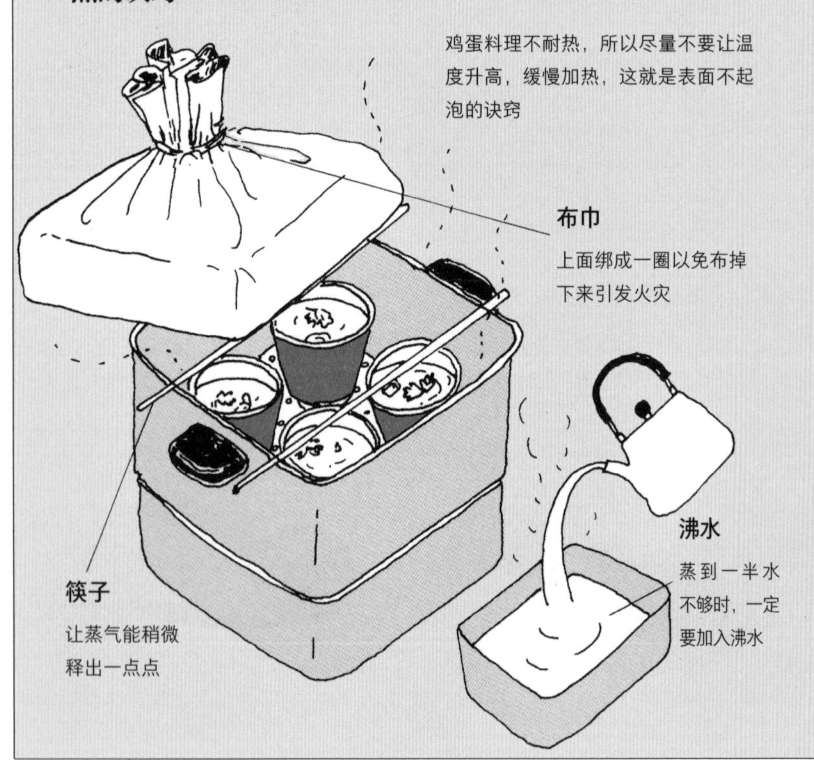

● 蒸茶碗蒸时，为什么会有空洞？

好不容易做了茶碗蒸，但是表面却有许多小洞，也有裂痕，吃起来口感很差，这就是起泡了。

鸡蛋中的蛋白质在60摄氏度以上就会开始凝固，如果一下子用100摄氏度的蒸气加热，那么鸡蛋中的水分就会沸腾，泡泡就会在表面上变成小洞，留在凝固的鸡蛋上。为了预防起泡，尽量不要让水沸腾，用小火缓缓加热，让蒸气慢慢释出抑制温度上升。

● 蒸的程度

肉、鱼　大火
鸡蛋　小火
谷物　大火
蔬菜　大火

● 试着做做看

把电锅当简易蒸笼

电锅中放入一杯水，然后放进马铃薯或红薯，按下开关，就能简单完成蒸红薯了。

莴苣或白菜

要蒸烧卖的时候将菜叶垫在下方，烧卖的皮就不会粘连底部，而且菜叶也可以一起食用。

煮·水煮 I ——基础与诀窍

连里头都能够充分入味，煮食的美味有其独特之处。而其秘密就在这一篇，连妈妈也得甘拜下风！

● 基本煮法

①想不流失鱼、贝、肉类的美味，就要在汤汁滚后才放入锅中。

②煮蔬菜的时候，白萝卜、胡萝卜等根茎类要在一开始放入，叶菜类则是煮滚后放入。

③如果根茎类已经切成易熟的薄片，那么在煮滚后放入也可以。

④容易起杂质的水煮蔬菜，煮好后要过冷水去杂质。而且用冷水冲洗后，能呈现鲜绿美味的样子，也能防止煮得过烂。包括菠菜、菜花、芦笋、四季豆等都是。

⑤没有杂质，而且容易变烂的西蓝花或豌豆等蔬菜，煮好后沥水放凉即可。

过冷水

不过冷水

● 煮食的诀窍

煮鱼时鱼肉容易散，所以不可以重叠放置。放入锅中时，盛盘时朝上的那一面也要在锅里朝上。

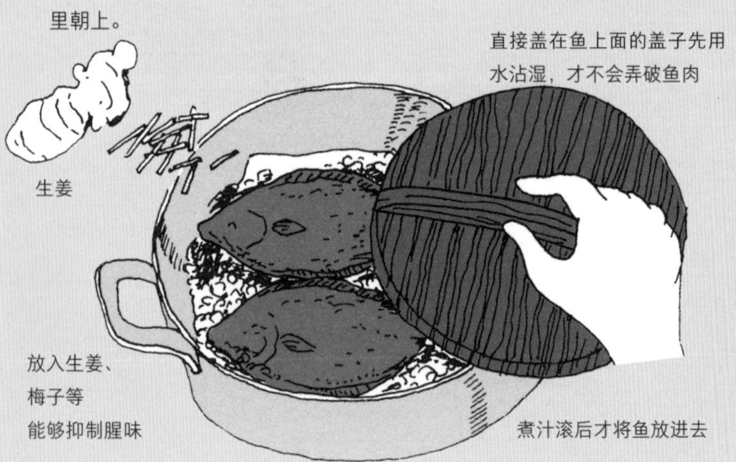

切面

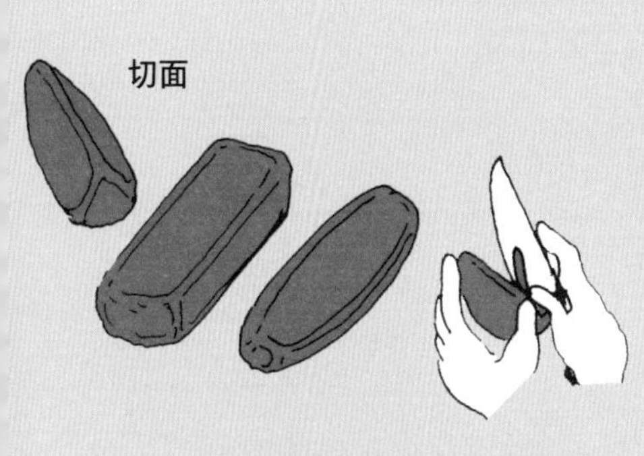

指的是削出蔬菜的角，增加其表面积，让热量容易均匀渗入，也容易入味，而不会煮太烂

煮肉的时候，为了不让甜味跑掉，要先炒一下

煮开后才放入的叶菜

菠菜、小松菜、芦笋、菜花、切薄片的根茎类

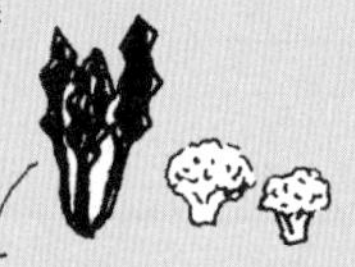

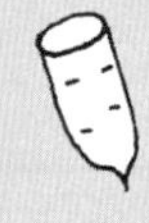

开始就要放入的根茎类

白萝卜、马铃薯、胡萝卜、牛蒡等

料理用语

一次煮开

一次煮开是指直接沸腾一次。沸腾后，将火关小或关掉，不要使其一直处于沸腾状态。

持续煮滚

持续煮滚汤汁，是去除杂质或滑滑的外部常用的方法。

挥发

使用味淋和酒的时候，为了消除酒精而使其沸腾。

煮·水煮II——各类材料重点

● 水煮菠菜法

一般来说要先放入茎部，但这么一来叶子松散就很难拿。所以这里我们先放入叶子，软了之后再煮茎。叶子与茎部可以依喜好控制软硬度，但并不是一定要这么煮。

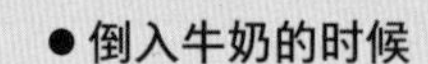

● 倒入牛奶的时候

西式浓汤等汤品要加牛奶的时候，直到最后才倒入就不容易与汤底分离。

● 有趣的南瓜煮法

①开始时在锅中倒扣一个汤碗。

②依次倒入砂糖、高汤、酱油等，正常地煮。

③煮开后关火，就这么静置一会儿，多余的煮汁会被吸进汤碗中。

● 放入贝类的时候

● 面类的水煮法

①先煮沸比面多7～8倍的水，然后放面。

②煮滚后，再稍微加一点水，消除沸腾状态，称为加水。挂面因为比较细，加一次水后，再沸腾就要捞起。
乌冬面、荞麦面要加3遍左右水。

③在流动的水下冲洗，除掉外层滑滑的物质。

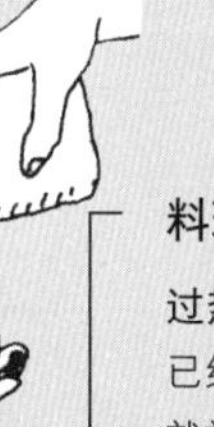

料理用语

过热水

已经煮熟却冷却的面，想要蘸温热的汤汁食用时，就放入热水中烫一下，马上就会让面变温。

隔水加热

将加了材料的锅子或碗等放入加了热水的锅中，可以间接加热碗里的材料。比起直接加热，热度能更温和地传递。在加热黄油、巧克力等容易烧焦的材料时使用。

炸 I ——基础与诀窍

最初要挑战炸东西的时候，可能需要一点勇气。为了预防油爆，或意想不到的事故，一定要将基本的方法掌握住。跟着家人一起做做看吧。

● 基本炸法

①使用新的油。
②使用适合材料的油温。
③材料上的水分要仔细拭干。
④不要一次放太多材料。因为这会使油温下降，无法炸得酥脆。
⑤当次放入的材料，要全部起锅后，再放下一批。
⑥炸好的标准，是浮到油的表面，用筷子戳有松脆感。面衣呈金黄色。

撒一点面衣观察油的温度

高温

稍微沉下去一点
马上就浮起来。
170 ~ 180摄氏度

中温

沉到一半后
浮起来。
160 ~ 170摄氏度

用长筷子观察油温

放入干的长筷子
①筷子的前端缓缓冒出泡泡，约150摄氏度。
②整双筷子缓缓冒出小小的泡泡。160 ~ 170摄氏度。
③整双筷子啪一下冒出很多泡泡。约180摄氏度。

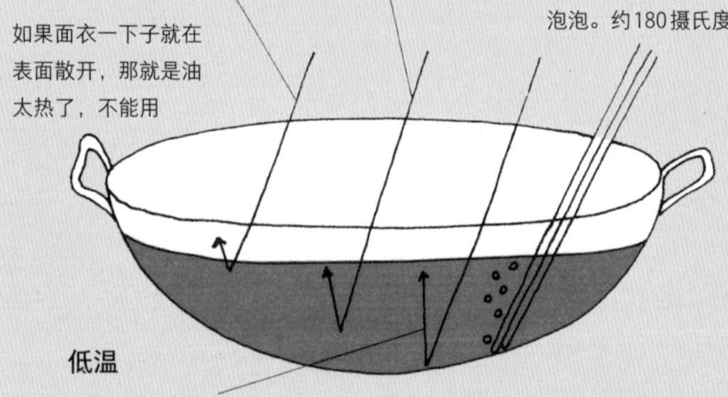

● 炸的食品与温度

低温（150 ~ 160摄氏度） 油炸青椒、马铃薯、年糕等。
中温（160 ~ 170摄氏度） 油炸什锦、中式炸鸡、炸蔬菜天妇罗、炸猪排等。
高温（170 ~ 180摄氏度） 炸鱼天妇罗、炸鱼片、花枝、可乐饼等。

● 油的重复使用法

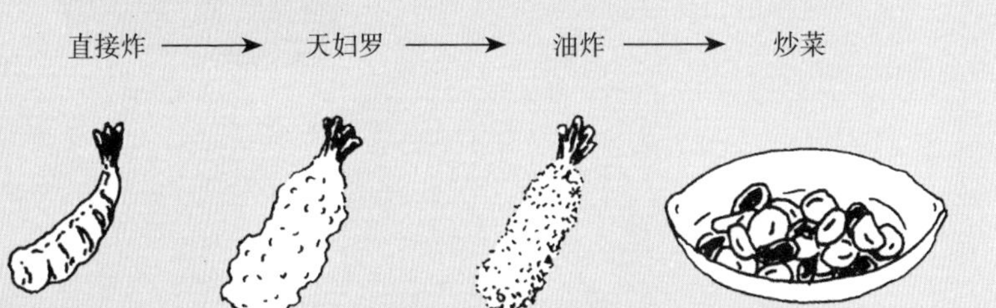

译注：直接炸是指不裹粉，天妇罗则是裹天妇罗调制粉炸，油炸则是裹上面包粉。

● 用过的油如何善后？

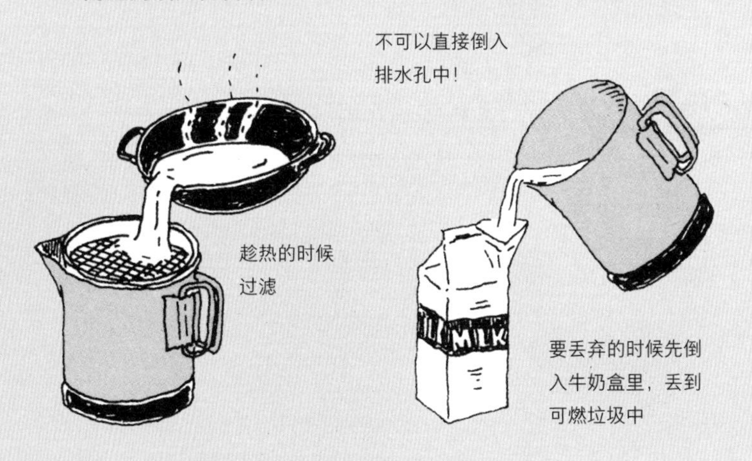

● 猪排　基本的做法

材料　猪肉（里脊、腰内肉等）、面包粉、鸡蛋、面粉

①鸡蛋搅拌均匀。

②将肉筋切断，蘸上盐与胡椒，然后均匀裹上薄薄一层面粉。

③浸入蛋汁里。

④全部仔细蘸上面包粉，然后轻轻拿住让多余的面包粉掉落。

⑤色拉油与猪油各半，加温到170摄氏度以后油炸。

炸得酥脆好吃的诀窍

面包粉里喷一点水，让面包粉微湿。

肉先腌渍10分钟。
放入冷藏库降温，
就能炸得很酥脆

● 中式炸鸡　基本的做法

材料　鸡腿肉、面粉、淀粉、酱油、生姜、酒

①将鸡肉切成容易入口的大小。厚一点的部分要划几刀，才能炸得平均。

②放入酱油、生姜、酒混合均匀的腌酱里，腌10分钟。

③要下锅炸之前，先用纸巾拭干鸡肉上的酱汁，可以蘸面粉与淀粉混合的面衣，也可以只蘸淀粉。

④以170摄氏度以上的油来炸，要炸到里面全熟。淀粉在低温下容易脱落。

● 天妇罗　基本的做法

材料　面粉1杯

水1杯（鸡蛋1个与水混合成1杯）

①先将蛋打入水中充分混合。（有时间可以放入冰箱冰一下，会更容易炸得酥脆。）

②放入面粉，筷子上下左右，以十字的方式搅拌。

③以纸巾拭干材料的水分，裹上面衣。

④放入锅中，等浮到油上方且颜色漂亮的时候，翻面再炸到熟。

● 油炸的创意

替代面衣

将薯片或挂面放进袋子里压成小块，代替面衣来做做看吧

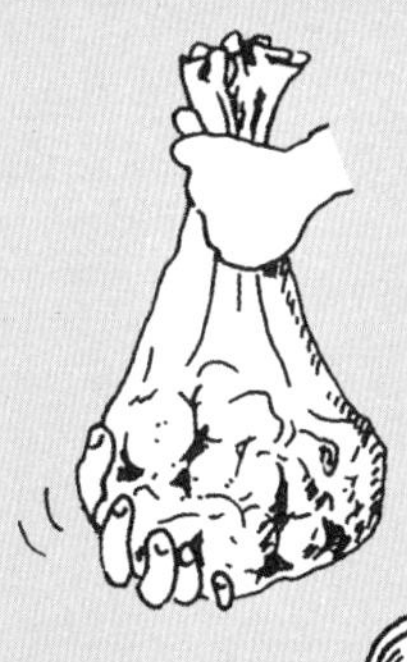

中式炸鸡不粘手的裹面衣法

在塑料袋里放入调味料，充分混合后加入淀粉

不让面包粉剩下的方法

一边倒面包粉一边做

干货还原——各种类的复原法

对为了方便长久保存而干燥的食品，首先就从将它们“还原”后开始料理。

高野豆腐

泡在大量温水中，变软了之后，在温水里挤压几次。换水，重复上述动作直到水不会变白

译注：高野豆腐是指冷冻脱水后再干燥的豆腐。

裙带菜

泡在水里约5分钟，复原之后用水清洗即可

羊栖菜

① 在大量温水中浸泡6 ~ 7分钟。充分搅拌，让夹杂的脏东西落下。换水3 ~ 4次，重复一样的动作。

② 过一下热水，用网子捞起来。

葫芦干

快速清洗，撒盐后揉挤，
让纤维软化。
洗去盐分，泡水约30分钟后
水煮调味

为了不要让它们浮起来，
要压盖子

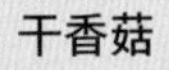

干香菇

泡进温水中加一小撮
砂糖，就会很快恢复了

浸泡用的水会有香菇甜
味，可以拿来烹饪

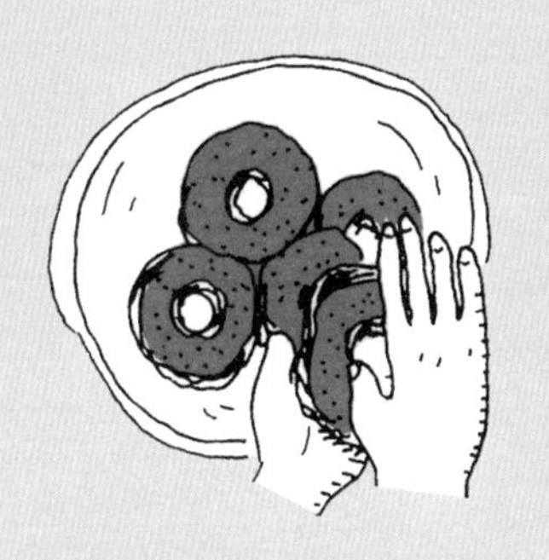

烤麸

泡水，连中心都变软之后
挤压，将水全部挤干

●干货还原后，量会增加这么多

	重量	干货的标准量
裙带菜	7 ~ 8倍	当味噌汤材料时，1人份约2克
羊栖菜	8 ~ 10倍	煮的时候1人份10克
干香菇	10倍	1个2 ~ 4克
葫芦干	6 ~ 7倍	葫芦卷4根的分量30克
切片干萝卜	5倍	煮时，1人份10 ~ 12克
高野豆腐	5倍	煮时，1人份1块16克

冷冻 I——家庭冷冻的基础

● 冷冻是什么?

冷冻的原理，是将食品中所含的水分冻结。如果在短时间内急速冷冻，那么水分就会变成很小的冰结晶，所以不会改变原味。

市面上的食物都是在零下40摄氏度冷冻的，而一般家用冷冻库就只有零下20摄氏度左右，所以要想快速结冻就得要下一点功夫。

● 各种类的冷冻法

蔬菜

基本上都需要水煮过。但是，白萝卜跟生姜只要直接磨成泥冷冻就可以了。
水煮蔬菜冷冻的诀窍是，先煮得稍硬，冷水洗后将叶子拭干水分。保存时间在一个月内。

汤类

冷冻后会膨胀约10%，所以要使用空间稍大的容器。

肉类

生的可以直接冷冻，但如果先调过味，肉的原味更能保留下来。容易坏的绞肉或鸡肉，要先加热过再冷冻比较放心。

● 家庭冷冻的诀窍

①减少食品的水分。

水煮，或是以盐、酱油、砂糖、醋等脱水。

②做下列动作让食物能在短时间内冷冻。

· 分装成小袋并压平。

· 为了便于传递冷空气，使用金属容器。

· 袋里的空气用吸管等物吸干，让袋子内几乎成真空状。

· 温的东西要冷却后再放进冷冻库，以防冷冻库里的温度上升。

· 放进冷冻库后，至少1小时内都不要打开冷冻库门。

● 动手做做看

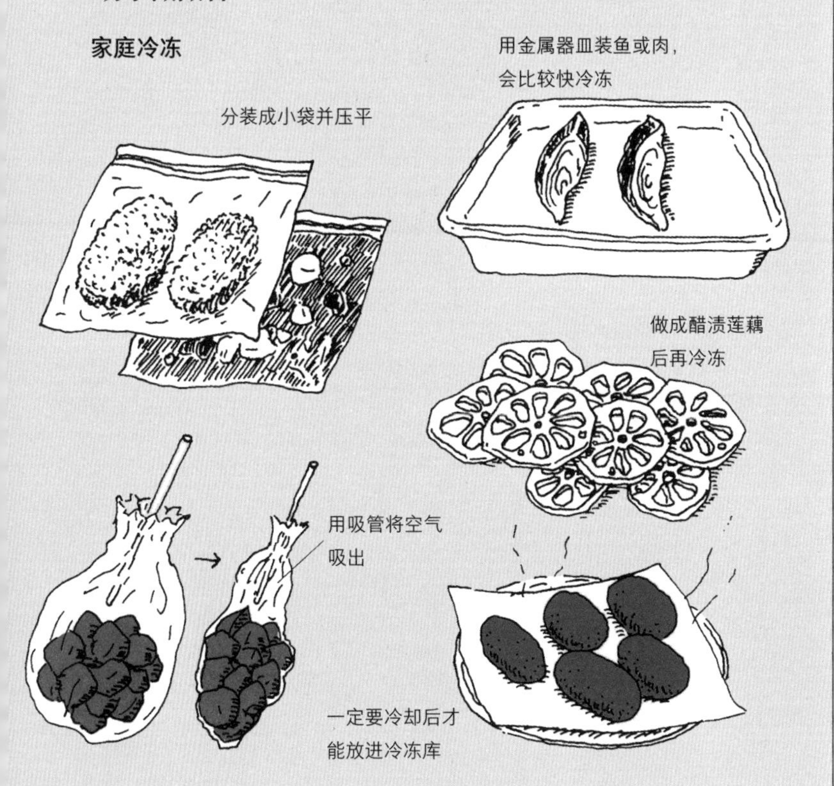

● 什么都能冷冻？

并不是所有东西都适合冷冻。也有很多东西是解冻后就不能吃或是很难吃。

①纤维多的蔬菜冷冻后会变得很粗硬，如竹笋、莲藕、蜂斗菜等。

②生蔬菜会变得黏黏的，如莴苣、卷心菜、白菜等。

③豆腐、茶碗蒸、蒟蒻、果冻、布丁等水分很多、柔软有弹性的食物，冷冻会变质成海绵状。

④脂肪多的鱼或肉，脂肪会氧化而失去原来的味道。

⑤牛奶、酸奶、沙拉酱等，里面的脂肪与水分会分开。

⑥鸡蛋壳会破掉。

⑦玻璃瓶装饮料，玻璃瓶会破裂。

● 冷冻与营养

维生素C很耐低温，所以冷冻也没关系。蛋白质与糖类也不会有太大变化。可是，脂肪较多的鱼等食材，大约1周脂肪就会氧化。吃了氧化的脂肪，有些人会拉肚子。

解冻——美味的解冻法

● 解冻方式不同，味道也会不同

解冻的重点在于不要让食品中重要的养分，例如蛋白质或维生素等流失。因此，要尽可能减少融化而流出水分。有四种解冻的方式如下。

●用微波炉解冻

生鲜食品要解冻，用微波炉最好。尽可能地快速让食品升到–5 ~ 0摄氏度之间，是不会降低品质的诀窍。可是，如果冷冻状态本身不好，急速解冻反而会让品质变得更糟糕。

肉或鱼等的生鲜品

①除去保鲜膜

电波会在所有能溶解的地方作用，所以如果包着保鲜膜，水分会集中在表面，可能会只有外侧解冻而已。

②使用解冻架或筷子

把要解冻的食品用解冻架或筷子架起，可以减少接触面而较快解冻。

③从冷冻库直接拿进微波炉里

趁表面还没有自然解冻的时候，从冷冻库拿出来直接放进微波炉，这是防止解冻不均匀的小秘诀。

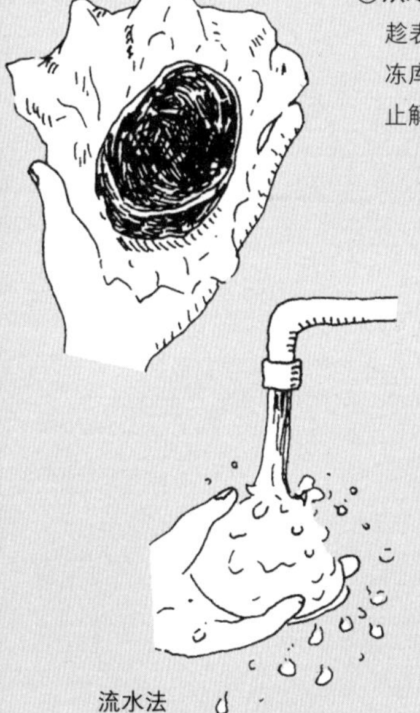

流水法

表皮很薄，看起来几乎干燥的东西（包子、烧卖等），在水下冲2 ~ 3秒，会让表皮吸收了水分而有弹性。在外皮上包保鲜膜，不要太过贴合

搅拌法

咖喱或西式浓汤要分成小部分解冻。加热中途要搅拌2 ~ 3次

腥臭味——去除法·消减法

讨厌吃鱼或吃鸡肉的人，有些是因为不喜欢那种味道。来了解一下如何降低或消除材料特有的臭味吧。

● 各种材料的除臭法

鱼杂的各种去腥法

译注：鱼杂，指切除鱼肉后所剩的头或骨等部分。

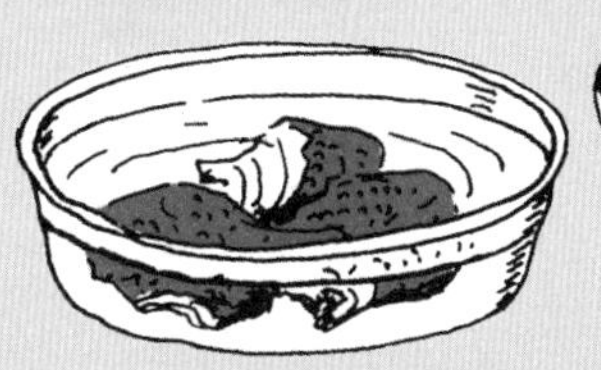

②抹盐静置15分钟。
冲水，再快速过热水。

①用稍微浓一点的盐水浸泡10分钟，再用水清洗。

用这些方法事先处理，烹煮时腥味就会比较淡

③用流水清洗，过热水，形成霜降的状态。

盐分多的切片鱼

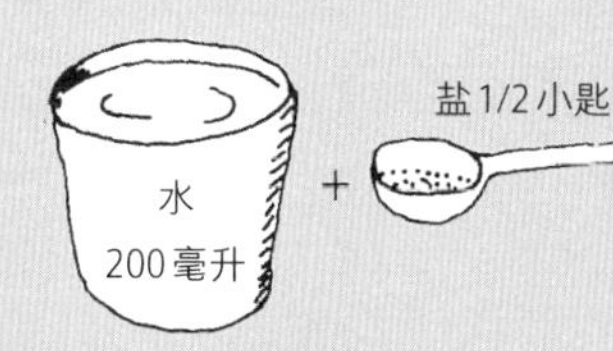

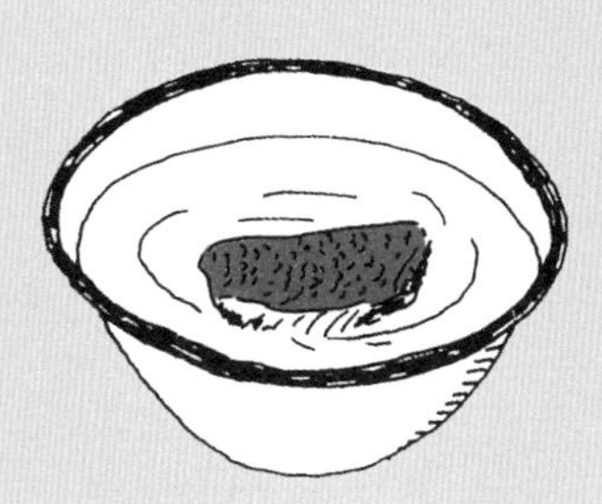

预备盐

泡在淡盐水里约3小时后，在水渗入鱼肉之前盐分就会先稀释出来。这些预备盐又称迎接盐。只会去除与水接触的鱼表面的盐，水则不容易渗入

杂质——去除法·消减法

● 什么是杂质?

杂质是指含腥臭、苦味或涩味的东西。在料理中将这些杂质捞起消除，称为去杂质，会让口感更好。

野生蔬菜的苦涩味比较强烈，随着蔬菜的品种改良与温室培育，杂质少的蔬菜越来越多。杂质的主要成分来自钾，如果大量摄取对身体有害，所以有杂质的蔬菜不要忘了去除。

● 蔬菜的去杂质法

菜花

放入加了面粉的热水里煮。杂质会跟面粉结合变白

马铃薯

切好用水清洗

红薯

削掉厚厚一层皮

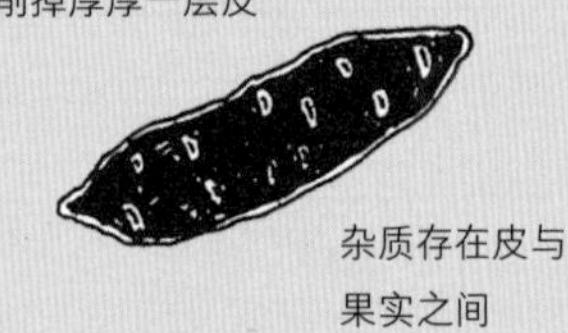

杂质存在皮与果实之间

莲藕

用加了数滴醋的水清洗

要烹煮杂质多的蔬菜时，在锅子周边涂上一层色拉油，杂质就不会附着上去

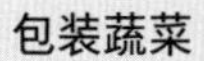

包装蔬菜

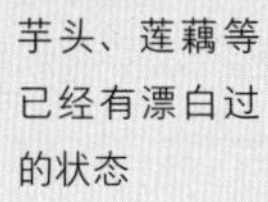

芋头、莲藕等已经有漂白过的状态

泡在水里10 ~ 15分钟

珍珠菇

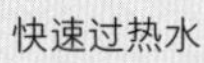

快速过热水

牛蒡

切好后泡在水里10分钟左右

云蕈（舞茸）

在热水里涮一涮

不容易变黑

蜂斗菜

去皮，放入冷水煮滚，汤倒掉，调味

栽培的蜂斗菜杂质较少，所以不在砧板上铺盐后搓揉也可以

可能有些家庭中，小孩子要负责磨白萝卜泥。虽然很简单，却是一种很深奥的方式。重点就在按压，大展身手让大家吓一跳吧。

● 基本研磨法

萝卜泥

使用靠近叶子，甜味多的部分

● 红叶泥

白萝卜

用辣椒、胡萝卜混白萝卜泥的菜色

辣椒

在水里把籽取出

用筷子在白萝卜上戳洞，把辣椒塞进去，一起磨成泥。加入胡萝卜的时候要同时加醋

山葵泥

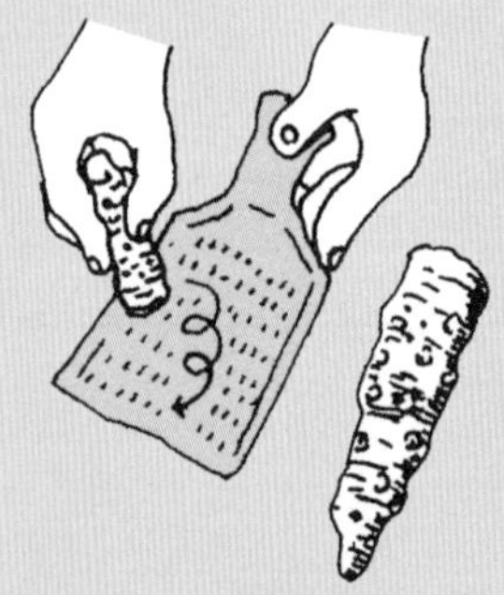

山葵的辣味来自异硫氰酸盐这个物质。它会被山葵中别的酶分解而变成辣味，因此要慢慢磨把辣味引出来。如果边磨边加些砂糖，酶的作用会更大，更增添辣味

柚子

将带有香气的皮磨成泥使用。不马上磨，皮会变黑

胡萝卜会破坏维生素C？

白萝卜泥中的维生素C会因为加入胡萝卜而流失95%。因为胡萝卜里有维生素氧化酵素，会破坏维生素C。所以胡萝卜煮过再加，或是在红叶泥里加醋都可以。

姜

辣味或香气多留在皮上，因此要稍微留下一些皮。即使加热过后辣味都还会残留，所以也可用于炖煮

● 基本压碎法

简易压碎马铃薯的方法

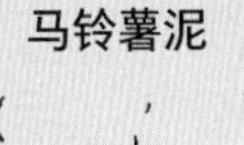

马铃薯泥

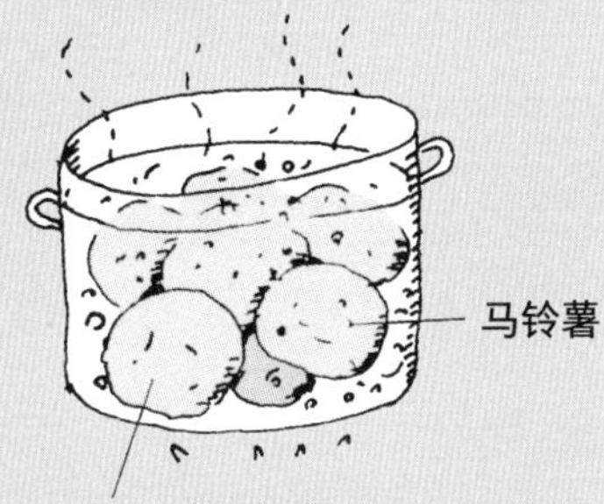

连皮放进冷水一起煮

手用水泡冷后，趁着马铃薯还热时可轻松剥皮

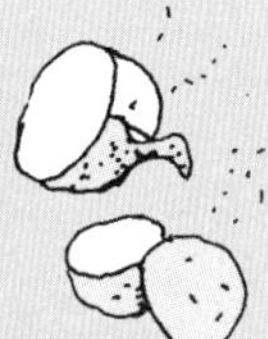

趁马铃薯热的时候，从塑料袋外面用空瓶子慢慢压碎

马铃薯一定要趁热压碎！
冷却就不容易破坏，而且会从细胞里释出糊状的淀粉，变得很难吃

过筛

使用筛子边磨边让材料变细碎，磨碎食材后，料理的成品会更顺口。

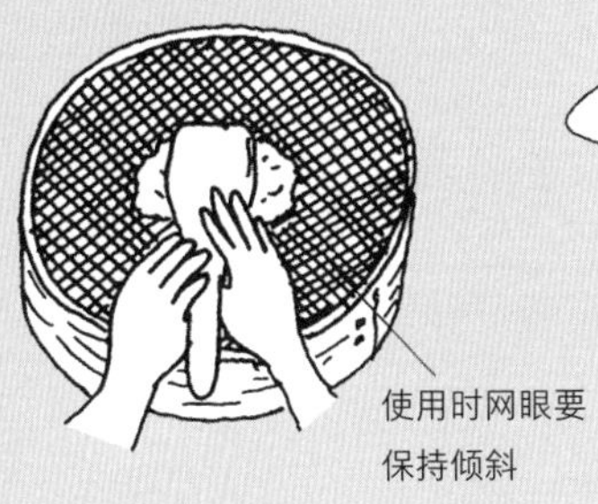

使用时网眼要保持倾斜

大蒜

用刀面压碎

用铝箔纸或保鲜膜包住，砧板才不会沾上味道

凝固——各种类的使用法

糖醋猪肉之类的快炒、螃蟹芙蓉上方黏黏的一层芡汁、甜点中的果冻、葛饼等，使用于凝固的材料如下。

● 基本使用法

淀粉

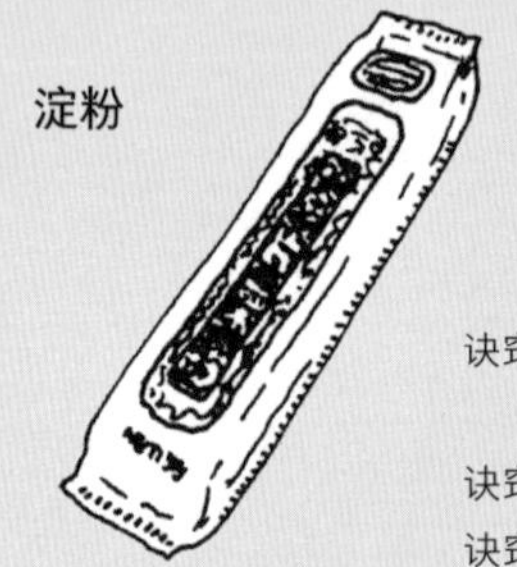

以前的淀粉是由树薯的块根所制，现在则是用马铃薯淀粉当原料。

适合勾芡。要在水里溶化。料理调味之后将淀粉水均匀淋上煮熟。变透明就表示熟了。

诀窍1　勾芡一定要先将粉放在水里搅匀。如果直接倒粉会结成块。

诀窍2　一定要煮熟之后才能放淀粉水。

诀窍3　倒入后要迅速搅拌。

玉米粉

原料是玉米的淀粉。黏性是最低的，所以多用来做蛋糕或甜点。

葛粉

以野葛藤的根作为原料。

适合做和式甜点、葛饼、葛汤。

● 动手做做看

葛饼

将葛粉1/2杯、水2/3杯、砂糖1大匙倒入锅中，充分搅拌后开火。变透明且稍微凝固之后将火关掉。倒入用水沾湿的便当盒等容器。放入冰箱冷却后，蘸黄豆粉或黑糖浆食用。

寒天

用石花菜煮过后做成的无热量食品。用手撕碎后，一根用2杯水泡至少30分钟，然后将其煮到溶化。如果有杂质浮出需捞掉。如果是寒天粉，一杯水大约加入2克浸泡使用。在制作羊羹、蜜豆、凉粉时使用。

35摄氏度以下就会凝固。

诀窍　想加入酸酸的果汁里时，要冷却到60摄氏度以下再加，不然太热加进去会化掉。

明胶（吉利丁）

由动物的皮或骨头做成，原料为蛋白质。
使用时要加入4倍的水，浸泡约10分钟后跟食材混合。
适合做果冻或布丁等。

加热温度为40 ~ 50摄氏度。
冷却至13摄氏度以下才能凝固。

诀窍　新鲜菠萝里面含有蛋白质分解酶，如果直接加入会无法凝固。要使用罐头菠萝或煮过的菠萝。

● 动手做做看

简易酸奶果冻

明胶粉1大匙溶于4大匙的水里。在锅中倒入牛奶1杯、砂糖60克，煮开关火之后，加入明胶搅拌溶解。
冷却后，加入小于1杯的酸奶搅拌，倒入造型容器里放进冰箱。
食用的时候，可以加一点果酱等。

● 防止容易坏掉

①食物要等冷却才装盒。

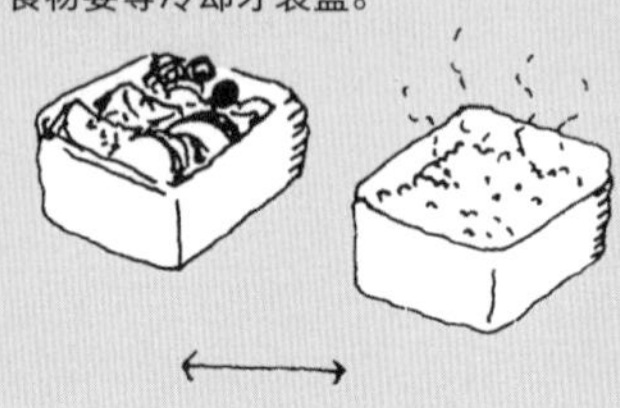

冷的菜肴与热腾腾的白饭要分开装，等到都冷却后再装一起

②热的时候不要盖上盖子。

不只是因为热食蒸发出来的水蒸气会让便当水水的，冷却的过程所维持的一长段温暖的时间，也容易滋生细菌

酸梅也要等冷却后才放

③生鲜蔬菜或水果，尽可能保持完整或炒过。

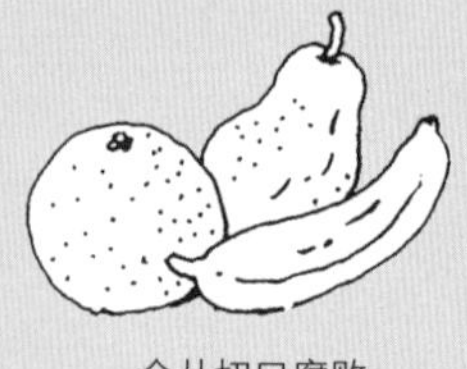

会从切口腐败

炒蔬菜之类的处理，因为有放油，所以水分减少，也不易腐坏。而且量也会减少而容易存放，是个一石二鸟之法

④保存下来的食物，食用当天一定要热透。

绞肉料理容易腐坏，要特别注意

⑤盖子四周的软垫也要仔细清洗。

橡胶部分也要取下清洗

⑥竹饭盒的透气性很好

● 做便当的一点小功夫

夏天可以用冷冻的湿巾或冰果汁抑制便当腐败

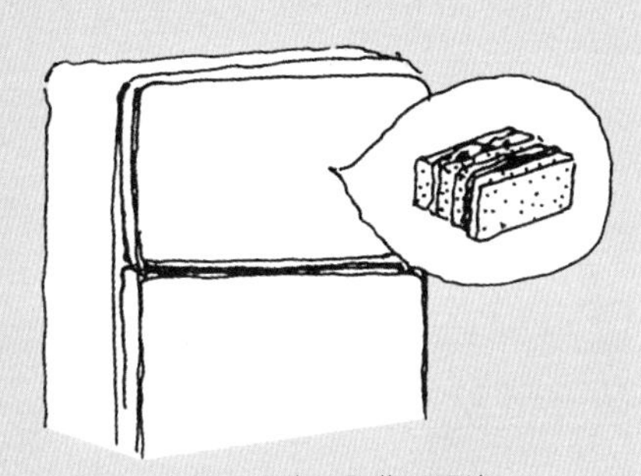

火腿三明治、果酱三明治等要冷冻保存

生鲜蔬菜可以用纸巾包着携带，要食用时再夹进面包里

不用蘸盐的水煮蛋

舔一下就会感到刺激的浓盐水

泡一个晚上后直接煮开

沙拉酱或番茄酱用包装袋装起来，要吃的时候再用牙签戳个洞

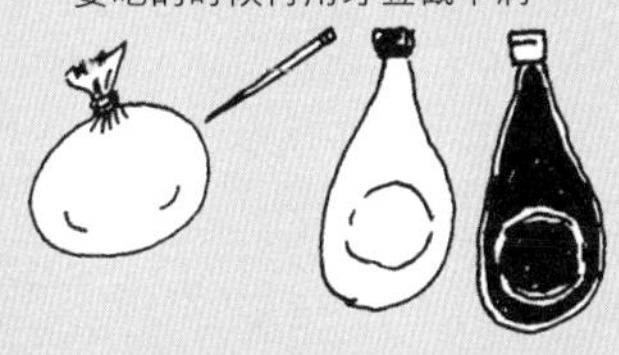

比起天妇罗，油炸较适合放便当

会走味

味道更持久
中式酥炸也可以

意大利面煮得稍硬，滴入色拉油，之后不会黏黏的，也不会变硬

混合调味料——简易笔记

调味料的混合比例，大致上依不同的料理而有其固定方法。其余就要看所居住的地方，不同地区的家庭会稍微有点差异。表内的标准，有适合自己口味的要牢牢记得。

调味料	醋	盐	酱油	砂糖	高汤	味噌	其他
醋类							
二杯醋	3大		1.5大				
三杯醋	5大	1/3小	1.5大	1.5大			
甘醋	3大	1/3小	1大	1大			味淋1大
甘醋馅	5大		5大	5大	水5大		淀粉1大
辣椒醋	3大	1/3小		1/2小	3大		辣椒1小
蘸酱							
味噌（淋）			1/8杯	1/2大	1杯		
味噌（蘸）			1/3杯	1.5大	1杯		味淋1小
天妇罗酱			1/4杯	1大	1杯		
寿喜烧			1杯	1/3杯	3杯		味淋2/3杯
芝麻酱			1/2杯	3大	1～3杯		芝麻1/2杯
味噌糊				1/2杯	1杯	1杯	
凉拌调味							
芝麻凉拌			2～3大	1～2大			芝麻5大
芝麻味噌醋拌	4大	1/5小		2大		5大	芝麻5大
白拌		1/2小		1大			芝麻3～5大、豆腐1/2个
红叶凉拌	3大	1/2小		1大			白萝卜、胡萝卜泥100克
山椒叶凉拌				1大	2～3大	5大	山椒叶芽1把
辣椒凉拌				1大	4大	5大	辣椒1小
西式酱汁	黄油	面粉	牛奶	盐	胡椒	其他	
白酱	1大	2大	1杯	1/3小	1/10小		
番茄酱	2大	1大	水2杯	1小	1/2小	鲜番茄酱1杯 胡萝卜、洋葱50克	
	醋	油	辣椒	盐	胡椒	其他	
沙拉酱	2	3/4～1杯	1小	1小	1/2小	蛋黄1个分量	
法式酱汁	1/2杯	1/2杯	1小	1小	1/4小	油与醋1:1或2:1或3:1	

“大”为大匙，“小”为小匙，1杯为200毫升

礼 仪

指的是为了能够更有趣、更美味地享受美食而存在的礼仪。简而言之就是“体贴的心意”。为了身边的人，以及自然或地球，稍微留心想一想吧。

● 基本礼仪

礼仪常被认为既生硬又困难，可是，基本上却是很简单的。

①留意自己的行为，让周遭的人也能舒适地进餐。

②不要制造或发出各种干扰的声音。

③不做转筷子、玩食物、给人添麻烦的动作。

④大家一起享受餐点。

虽然也有从前便流传下来的用餐法，但如果太重视形式，反而会看起来很愚蠢。再怎么说，如果不能吃得很美味，一切就都没有意义。采用其中好的部分，遵守基本原则，然后做点改变吧。

● 筷子的握法

以握铅笔的方式握住其中一只，另一只则夹在无名指与中指之间。

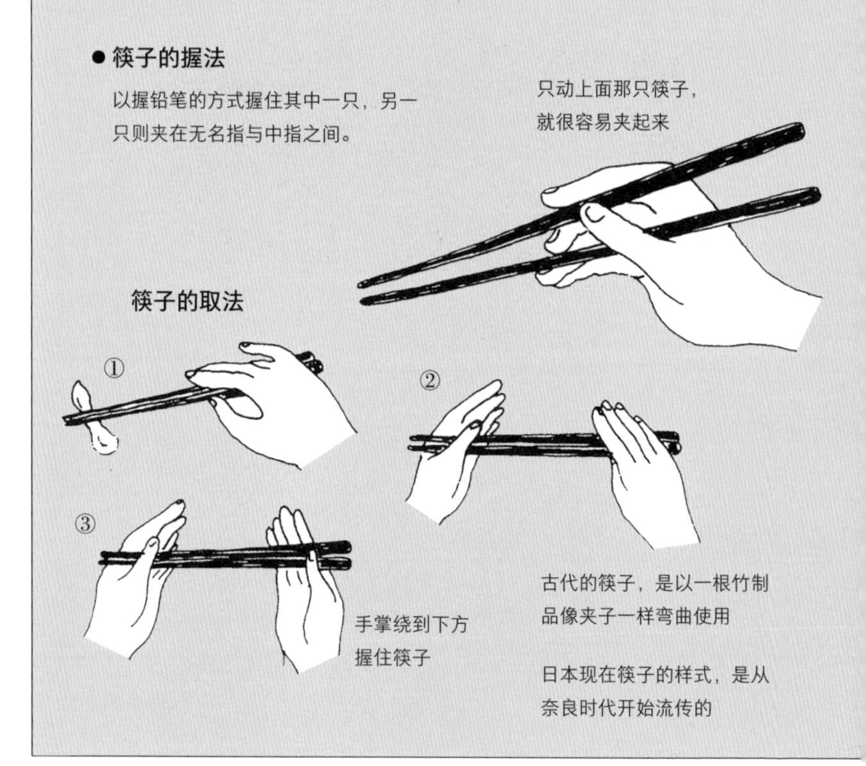

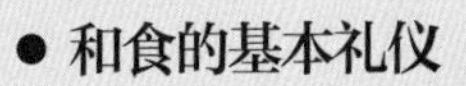

● 和食的基本礼仪

〈三菜一汤的顺序〉

①先喝一口汤。

②白饭与配菜交互食用。不要一直吃同一道菜。尽可能热菜趁热、冷菜趁冷食用。

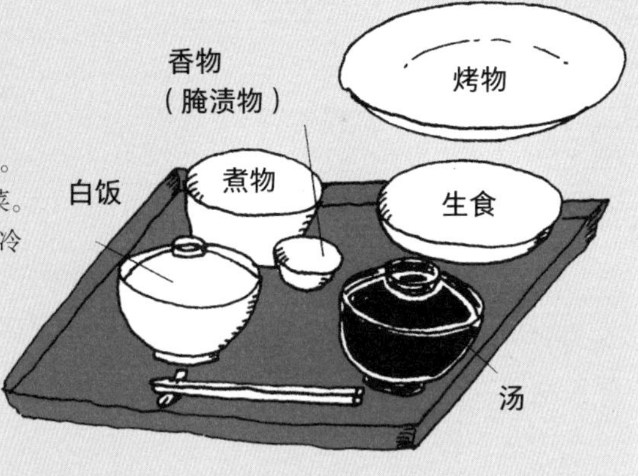

煮物的食用法

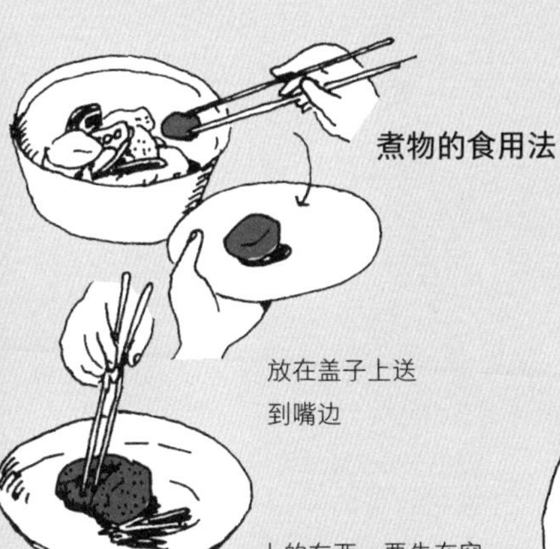

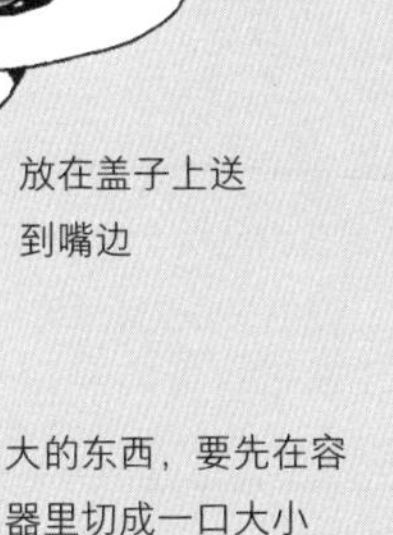

揿汤碗的方法

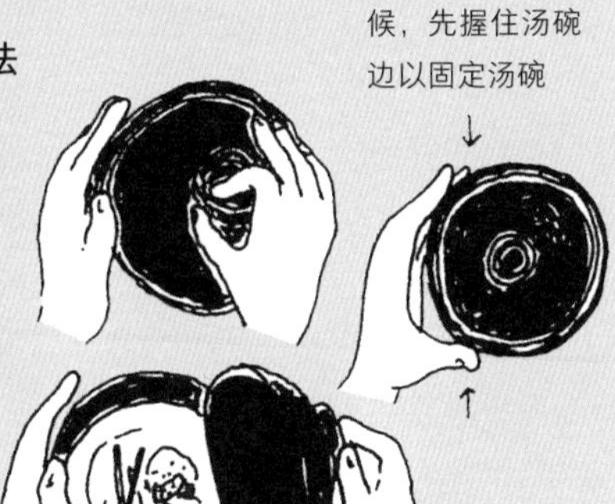

使用筷子时须注意

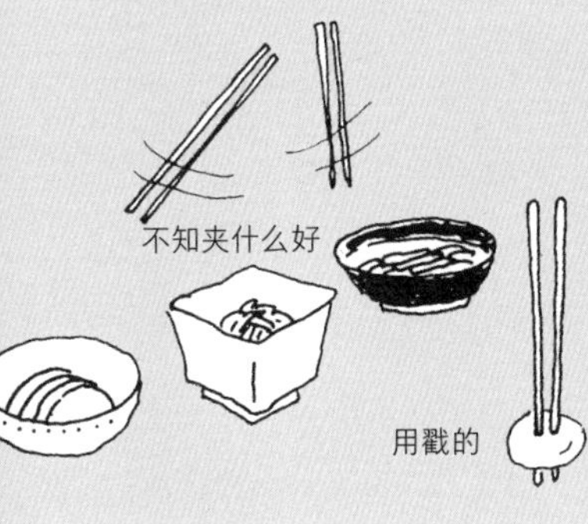

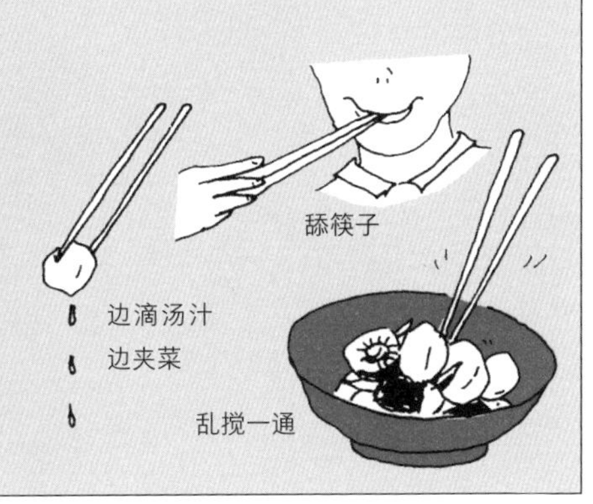

西餐——基本的用餐法

刀叉早就已经是我们熟悉的道具。可是，跟长辈们一起去餐厅或饭店用餐时，会不会有点紧张而食不知味呢？西餐的基本礼仪跟和食一样，剩下的就是了解西餐特有的规则即可。这么一来，你就会成为小绅士或小淑女。

● 就算再一次去餐厅，也没问题了

优雅地就座。

①等待服务人员将椅子拉开后，慢慢地坐下。

②身体与桌子之间的距离，大概是一个拳头宽。

● 西式餐具的基本排列法

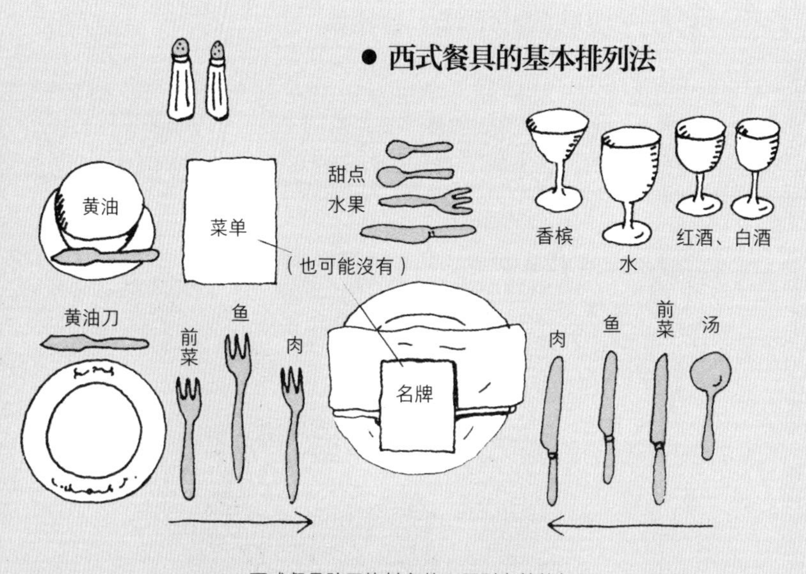

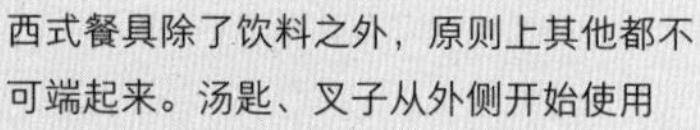

西式餐具除了饮料之外，原则上其他都不可端起来。汤匙、叉子从外侧开始使用

● 刀、叉、汤匙的使用法

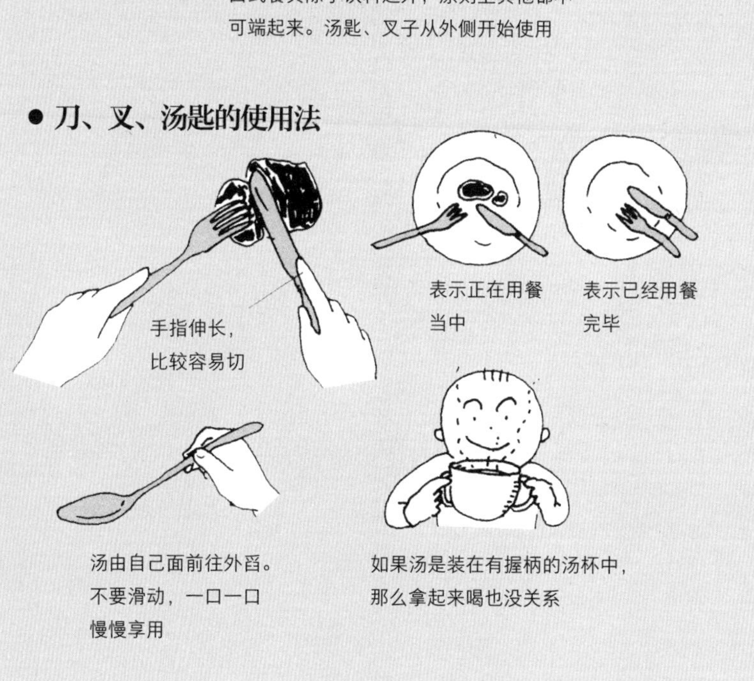

汤由自己面前往外舀。不要滑动，一口一口慢慢享用

如果汤是装在有握柄的汤杯中，那么拿起来喝也没关系

日本茶——美味的冲泡法·饮用法

茶依种类不同，有各种让它好喝的冲泡温度和方法。喝了好喝的茶，连心里都暖洋洋的，或许是因为同时感受到泡茶的人“想要泡得好喝”的心意吧。那么，我们也来泡杯好喝的茶吧。

● 煎茶的泡法

喜欢涩一点，用80～90摄氏度的高温水冲泡。想要突出甜味，秘诀是用50～60摄氏度的水冲泡。连最后一滴都倒进杯子里。

注入茶壶的八分满

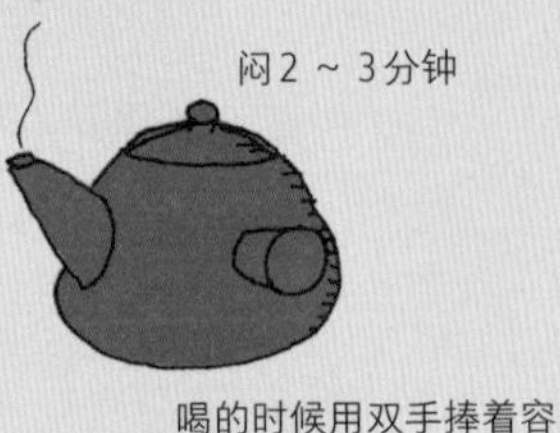

喝的时候用双手捧着容器慢慢喝

● 玉露

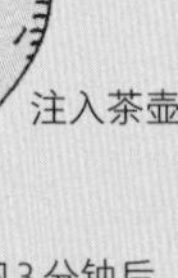

注入茶壶

闷3分钟后倒入茶杯

味道与香气让它拥有茶中白兰地的美称。以低温（人体表面温度）缓缓冲泡是诀窍。

●烘焙茶

四溢的香气是重点。关键就在使用高温热水提出香气。从热水壶里直接将沸水倒入茶壶。

●抹茶

比想象中还要简单且好喝。先不管详细的步骤，只要有只茶筅，任何人都能做到。手腕仔细地前后移动，是起泡的诀窍。

喝的时候，要先吃一个日式甜点，接着用3口喝完一杯。如果杯子上有漂亮的彩绘，要先将彩绘转向外，喝时避开图案

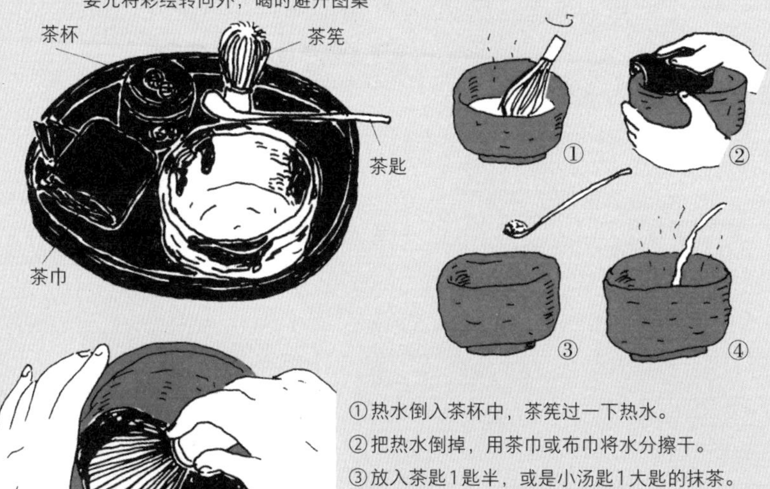

①热水倒入茶杯中，茶筅过一下热水。
②把热水倒掉，用茶巾或布巾将水分擦干。
③放入茶匙1匙半，或是小汤匙1大匙的抹茶。
④注入热水（80 ~ 90摄氏度）50 ~ 60毫升（以3口就能喝完的量为准）
⑤茶筅垂直立在杯中，手腕握住前后搅动，让茶起泡。

红茶·咖啡——美味的冲泡法·饮用法

想要喘口气休息一下的时候，你会想喝什么呢？别老是喝果汁等甜甜的饮料，偶尔喝点红茶如何？另外，如果能泡杯咖啡为家人服务，那就再好不过了。

● 红茶的基本冲泡法

使用弱碱性的水，沸腾后注入是诀窍。

● 咖啡的基本煮法（过滤式）

滤纸比起滤巾更容易让热水通过，慢慢地注入热水，慢慢蒸就是诀窍。

餐巾——各种叠法

餐巾是在用餐时铺在膝盖上，以免食物掉落，同时还可以用来擦拭嘴角跟手指。在餐桌上，餐巾也能当作炒热欢乐用餐气氛的小道具。试着在各种餐巾的叠法上下点功夫吧。

● 基本叠法

刀叉口袋

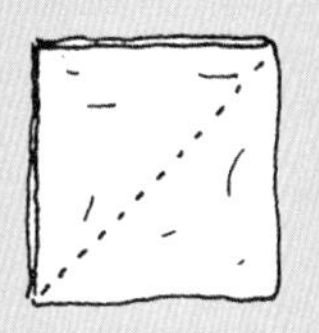
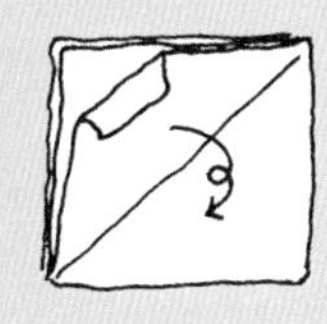

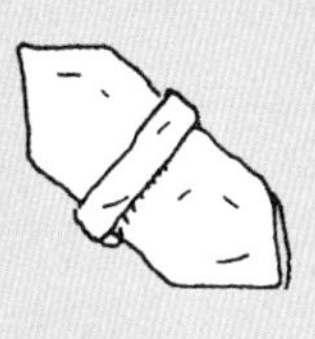

皇冠（主教帽）

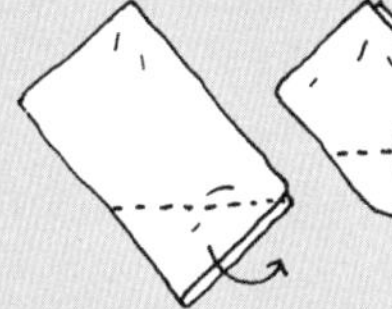
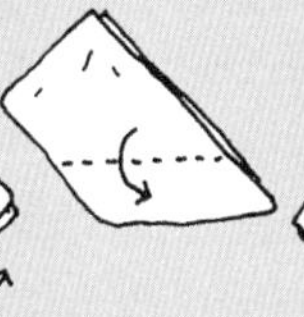
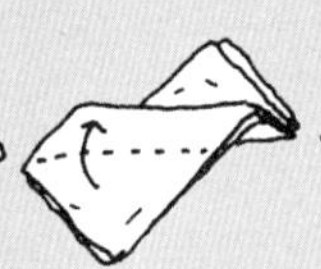
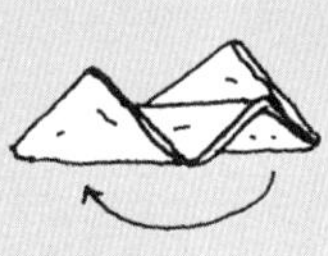

金字塔

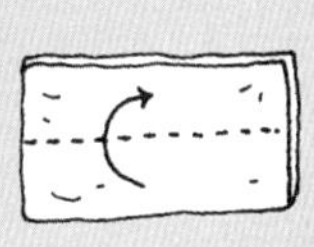
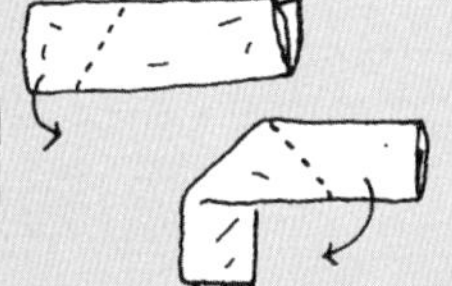

竹笋

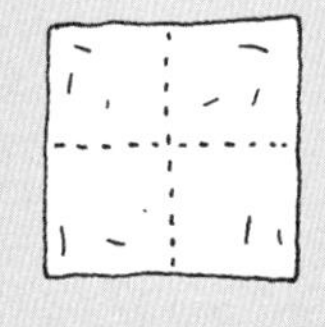

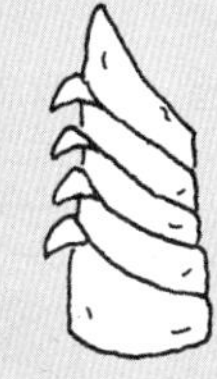

包酒瓶

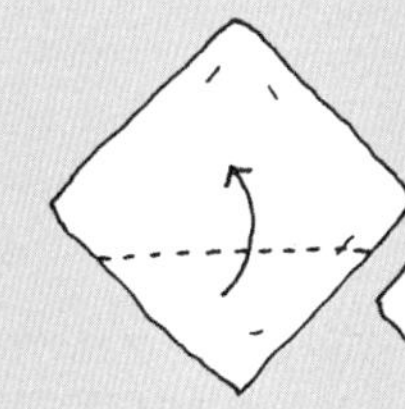
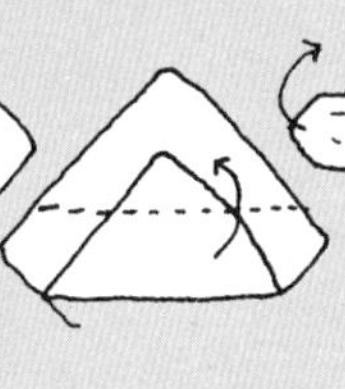
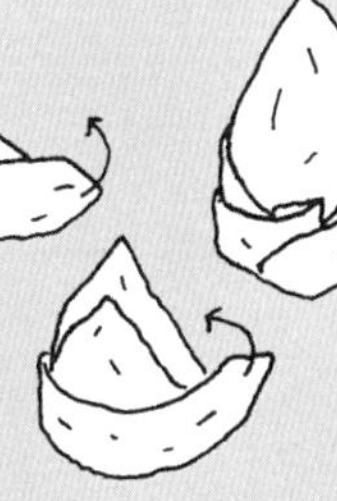
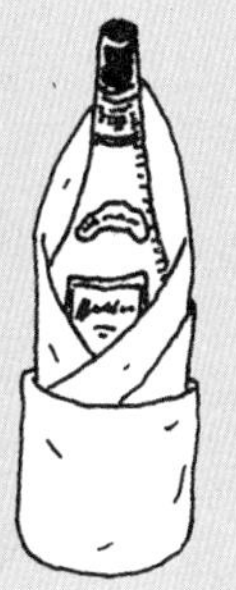

营养——基础知识

因为觉得很难，就会跳过不看。可是为了健康的身体，这是很重要的事情，所以努力读一遍吧！

● 六种基本的营养

蛋白质

我们身体的蛋白质，是由几千几百个叫作氨基酸的物质像链条一样组成的。氨基酸共有20种，其中异亮氨酸、亮氨酸、赖氨酸等8种无法在体内作用，称为必需氨基酸，需要从饮食中摄取。

脂肪

要维持身体的运作，或运动身体，都必须要有能量。而能量的来源靠的是脂肪的燃烧。虽然也有其他营养可以成为燃料，但是脂肪的特质，就是像存款一样积存着。有许多人很排斥脂肪，但是适度的脂肪摄取，仍是不可或缺的。

矿物质

钙、磷、钠、铁……这许许多多的元素，就是矿物质的主要成分。在我们身体中含量最多的矿物质就是钙。成人的体内，大概含有1公斤的钙质。不只是形成牙齿与骨骼，还能够抑制肌肉的兴奋及身体对刺激的过度反应，是重要机制运作的推手。

碳水化合物

糖类与食物纤维，是碳水化合物的两种呈现。糖类能提供身体能源。而食物纤维则能够促进肠胃蠕动，预防便秘、大肠癌及高血压等。无论哪一个都有很重要的功用。

维生素C

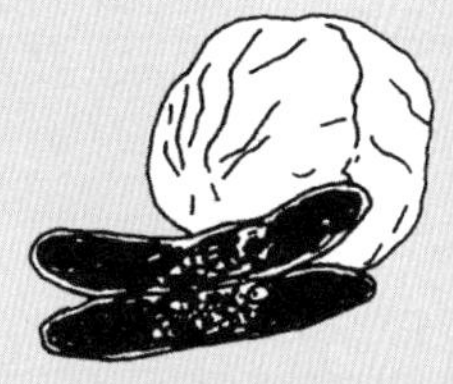

20种以上维生素的其中一种。浅色蔬菜里面含量丰富。负责运作身体机能维持良好状态。因为是水溶性而无法储存，必须要每天摄取。

胡萝卜素

黄绿色蔬菜等颜色深的蔬菜中含量多。摄取进入体内会变成维生素A，是牙齿与骨骼发育的必需品。如果摄取不足，也会成为患夜盲症的主因。

●健康饮食生活检查表

① 每天食用30种以上的食材。 是 · 不是

② 喜欢低脂食品。 是 · 不是

③ 很少食用果汁或甜点。 是 · 不是

④ 控制自己不吃太咸的东西。 是 · 不是

⑤ 不勉强自己减少吃东西的量。 是 · 不是

如果有三项以上的“不是”，就要注意了！

问题1 ·1天适量的盐分是？ [ ] 克

·1杯泡面的盐分是？ [ ] 克

问题2 ·罐装果汁一罐换算成的砂糖是？ [ ] 克

·一天适量的砂糖是？ [ ] 克

问题3 ·薯片的热量，与拉面或炒饭的热量谁高？

答案1. 10克以下，5～6克　答案2. 25～30克，约20克　答案3. 都差不多

收拾——餐具的洗涤法

吃完饭后，一定得清洗餐具。每个人都希望能在短时间内迅速完成。但重要的是你能不能花点心思。如果可以做到，那洗碗就不再是件万分痛苦的事情了。

厨房用洗洁精要按照标示稀释

0.1%以下的浓度，真的只要一点点就可以了

● 基本清洗法

餐具的脏污要尽可能去除，这样子污垢才不会附着，引起霉菌繁殖增生。餐具的污垢要先用水冲洗过，再放在装了水的器皿中清洗。

● 厨房用洗剂与道具的使用法

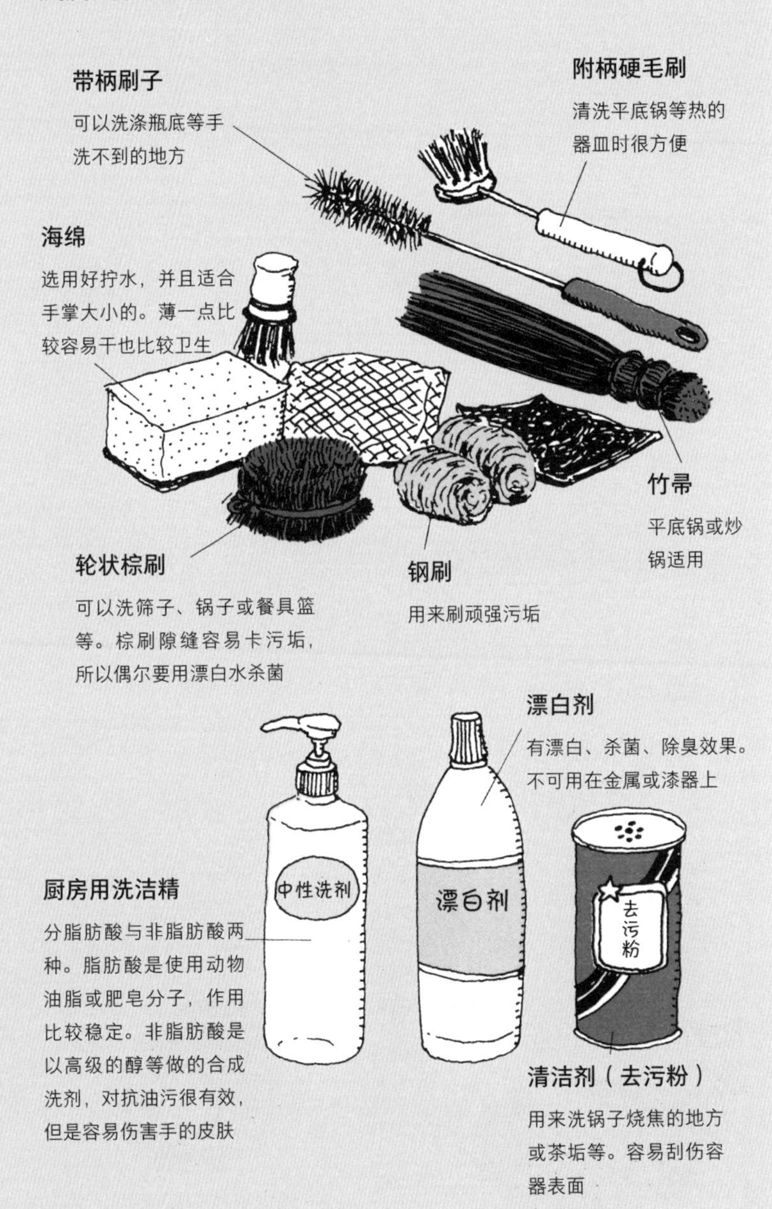

各种类的聪明清洗法

砧板
要使用的时候，
先用洗洁精洗过
细微刮痕里的污垢
就用清洁剂
玻璃杯的油污
撒少许的盐
摩擦，之后
用洗碗精洗
布巾
倒入漂白剂静置一个晚上
洗碗篮
倒入漂白剂静
置一个晚上
打亮汤匙与叉子
用小苏打粉擦
平底锅的黏着污垢
将厨房洗碗精倒
在刷子上刷洗
铁弗龙加工的
平底锅（不粘锅）
倒入热水，以软刷子刷洗。
先加热烧焦处，
再用汤匙刮除
铁锅的锈
刷子上蘸清洁剂
刷洗
平底锅底部的烧焦处

研磨器

用牙刷清洗

水壶的油污

倒入漂白剂跟洗碗精放置一晚。拿沐浴用香皂来擦洗

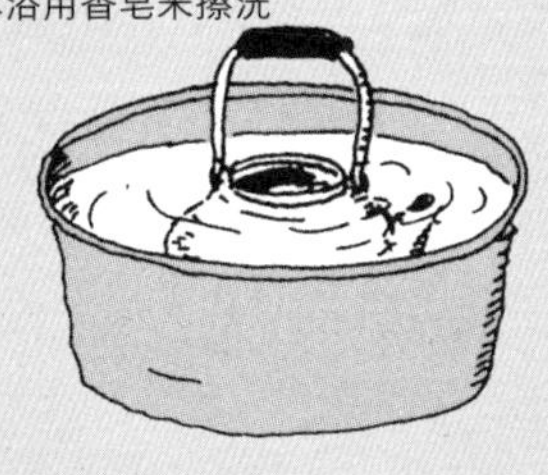

木制饭匙的黑色污垢

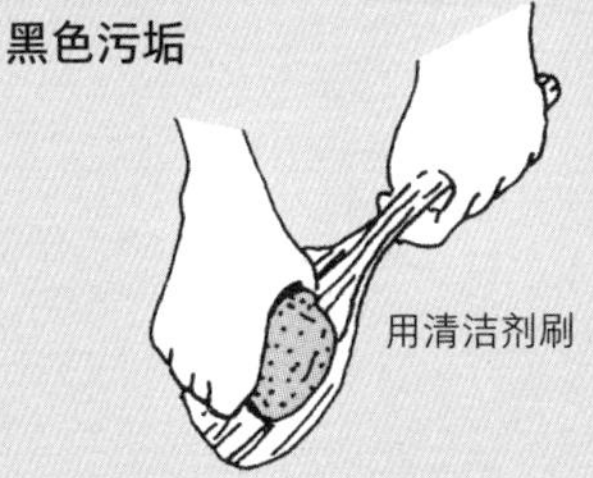

用清洁剂刷

竹筛子污垢

用清洁剂刷

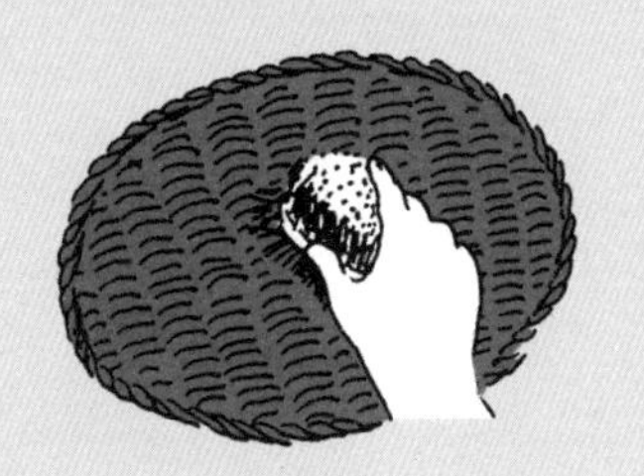

烤网的烧焦处

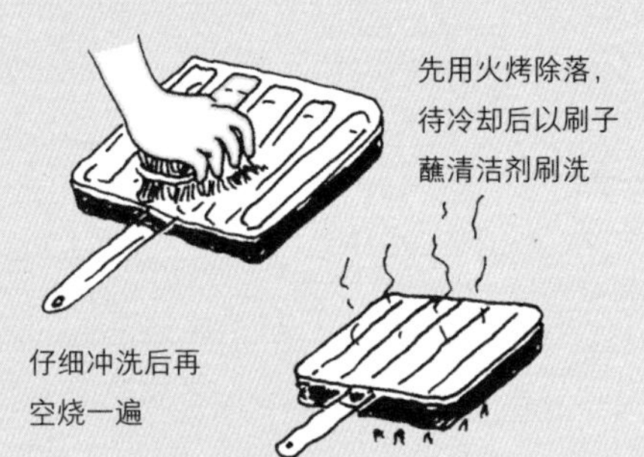

先用火烤除落，待冷却后以刷子蘸清洁剂刷洗

仔细冲洗后再空烧一遍

沥油器上黏浊的油垢

酒精与洗碗精等量倒入热水中，放置一个晚上

使用洗洁精或漂白水之后，一定要彻底冲洗干净。

塑胶容器的黏着污垢

在稀释的漂白水里泡一晚

垃圾——丢弃法与礼仪

你是怎么丢垃圾的呢？可能什么都不想，只是扔进垃圾桶里，但是只要每次稍加留意，就能够减少垃圾了。

● 丢弃垃圾的基础

①干净的。

②安全的。

③小的。

④遵守秩序。

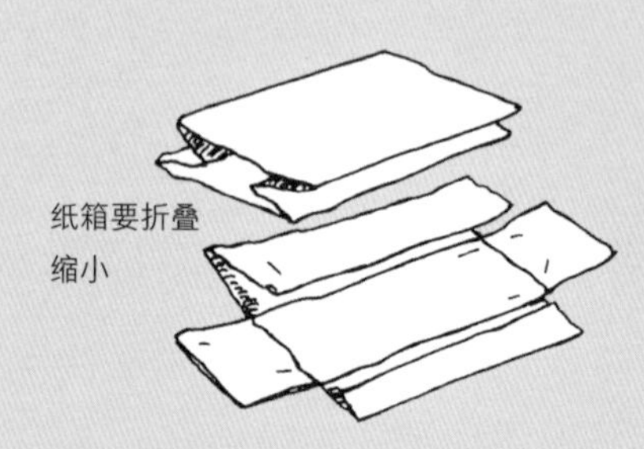

● 可燃垃圾

跟厨余一样，可燃垃圾的丢弃重点在于消除水分。

● 罐、玻璃瓶、塑胶等不可燃垃圾丢弃方法的重点

①冲洗后再丢。

②危险的垃圾，要用看得到内部的袋子装，或是在外面写上内容，以免回收人员受伤。刀刃或尖锐物品要用胶带卷一卷再丢。

锋利物品要处理到不伤害人

③为防止喷雾瓶爆开，要先将内容物用完，再凿一个洞释出剩余的气体。

④能够缩小的东西，一定要缩小体积再丢。

⑤可燃与不可燃垃圾混合的情形下，能分开的尽量分开，如果没办法分，就都当作不可燃处理。

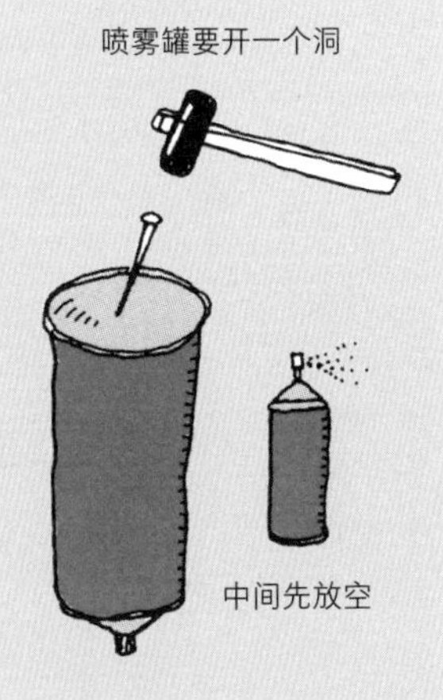

分类垃圾的丢弃法

每个人住的区域不同，垃圾的分类法与丢弃法就会因此不同。有些要依所装垃圾多寡花钱买垃圾袋，有些要依规定的时间地点丢弃。垃圾的分类法，也有分得仔细的与粗略的差异。如果不清楚，就去该地的乡镇市公所询问。

● **垃圾分类的基准**

①可燃垃圾

厨余、纸类、塑胶等。

②不可燃垃圾（掩埋垃圾）

玻璃、陶器、金属等。

③有害垃圾

干电池、体温计、镜子、灯管、打火机、刀刃类、喷雾罐、电灯泡等。含水银的东西、有爆炸危险的东西、会使人受伤的东西。

④资源回收垃圾

报纸、纸箱、杂志、纸类、玻璃瓶（取下瓶盖）、铁铝罐、服饰等。

⑤大型垃圾

桌子、柜子、冰箱等大型物品。许多区域都需要个别提出回收申请，有些则需要收费。

⑥回收品

有些区域也会回收食品盒、空瓶、空罐、牛奶盒等。都要洗净才能丢弃。

被归为可燃垃圾的厨余与塑胶制品，在有些地区是必须分开回收的，这一点要注意。

衣
生活图鉴

——纯熟地表现自我吧！

你穿衣服是为了什么？

“保护身体”“流行”“因为没有穿衣服很丢脸”……没错，衣服有许多的功用。保护身体、维持清洁，甚至依男女或职业来表现身份，而且随时代的不同，服装也扮演着各种角色。

例如在战争时期，为了当作区别敌我的标记，而出现了制服。还有在封建时代，为了迎合男性喜爱的纤腰，女性将束腹这种道具勉强地绑在自己身上。也曾有过连小孩都必须穿上这样的服装而妨碍成长的时代。而专为孩子设计的服装，其实是最近的事。

服装有这么长的历史，那么现在又是如何？

好不容易来到这样的时代，男女可以不受性别约束，而选择自己喜欢的颜色及款式，也能够自由地表现自我。既然如此，如果自己身上穿的都交由别人打理，那就太可惜了。

“想要穿那个”的想法，跟每次都把最流行的东西往身上穿，你不觉得这两者之间不太一样吗？

正因为衣服种类多不胜数，所以知道自己真正适合什么衣服，拥有各种材质的知识，靠自己的选择方法，买到并能自己保有等，这些都非常重要。不要被衣服耍得团团转，当“衣服的主人”，娴熟地表现自我吧。

当然，这并不是一开始就做得到的，只要留心哪些是自己能做的、不能做的……这就是新的开始。

那么，我们就来踏出“衣”事自主的第一步吧！

洗 涤

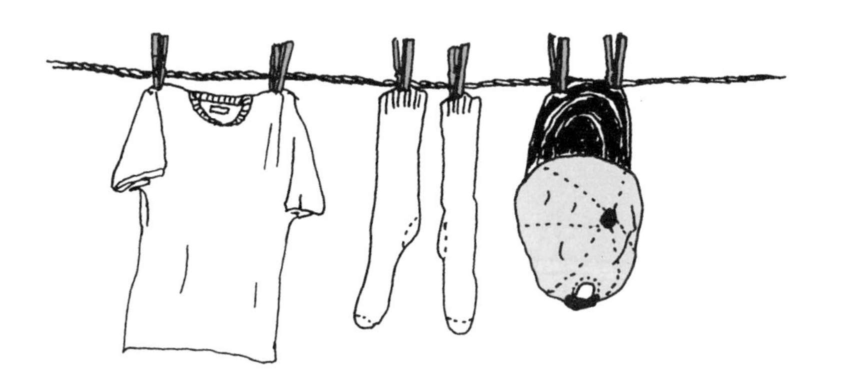

亮亮的衬衫、笔挺的西装、一尘不染的袜子都令人感到舒适。可是，如果是自己要洗，那可就很麻烦了……应该有人会这么想吧。就算是“洗衣白痴”的你，也不要烦恼了。只要能掌握诀窍，洗衣不过就是小事一桩。来吧，边哼歌边开始吧。

洗衣——去污与原理

衣服的脏污，是由汗水、体脂、身体的污垢、灰尘、泥土、细菌、滴落的食物等等各种污染混合在一起。这些脏污如果放置不管，就逐渐产生化学变化，变成难以清洗的“顽垢”。如何在顽垢出现之前洗干净，就是洗衣服的诀窍。

● 洗衣的原理

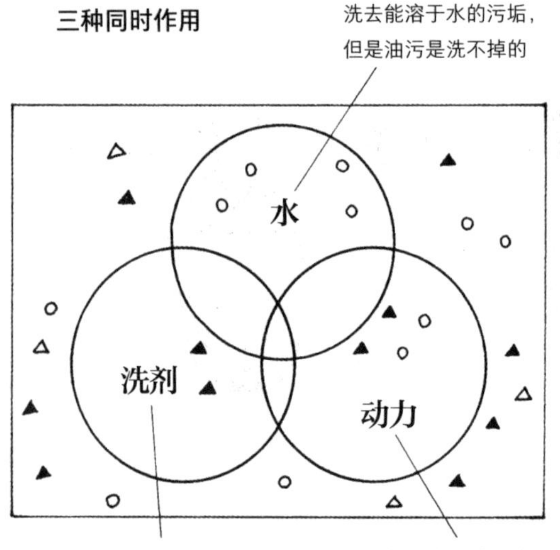

污垢是“酸性”？

衣物上的污垢，含有身体分泌出的皮脂等脂肪酸，呈“弱酸性”。此时使用弱碱性的洗涤液，对于去除污垢很有效果。可是，对不耐碱性的醋酸纤维、毛料、丝则须使用中性洗剂。

● 洗剂的擅长、不擅长

肥皂粉

○污泥。
○脂肪垢。
○淡色衣服。

洗衣液

○易溶于水，适用全自动洗衣机。

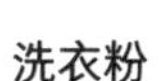

洗衣粉

○加入酶，所以适合清洗脂垢、蛋白质污垢。
× 因为添加了荧光剂与漂白剂，所以浅色或原色服装很容易变色。
△添加了LAS（烷基苯磺酸钠）或POEP（表面活性剂）等，也有人认为对人体及环境有不好的影响。

洗剂的性质

	原　　料	表面活性剂	液　　性	易　溶　度	洗　净　力
肥皂	动、植物油脂	脂肪酸钠（石碱）	弱碱性	低温下不易溶解	在高温（热水）下很好
合成洗剂	石油、油脂	直链烷基苯、磺酸盐等	中性（依加入成分不同，会变成碱性或酸性）	易溶	低温也可以

1　2　3　4　5　6　7　8　9　10　11　12 —— 酸碱度（pH值）

酸性 ｜ 弱酸性 ｜ 中性 ｜ 弱碱性 ｜ 碱性 —— 液体性质

中性：醋酸纤维、毛、丝遇碱会收缩，所以适用中性洗剂

弱碱性：体脂、油污等适用

手洗——基础与重点

说到洗衣服，是不是就想到洗衣机呢？可是用手洗，也有许多不需要洗剂，就能洗得很干净的衣物哦。仔细看看洗衣标示，试试自己来挑战手洗吧。

● 基本手洗法

压洗

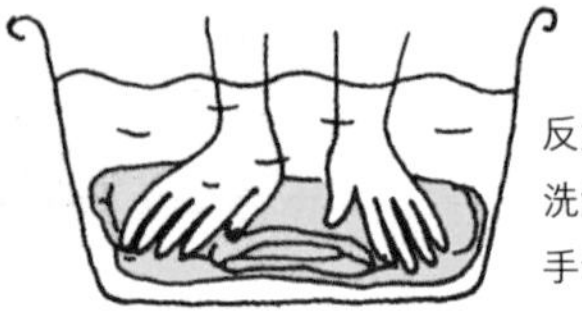

反复20 ～ 30回。洗涤物不动，手动

羊毛、毛衣、麻、羽毛

振洗

前后左右振动

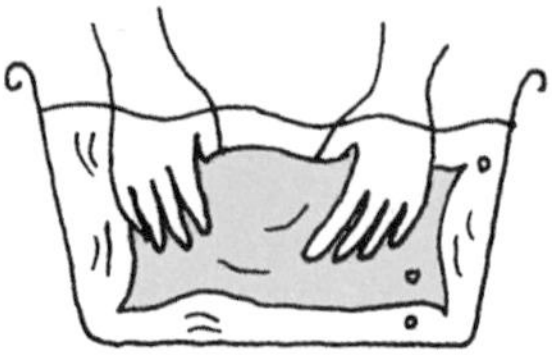

丝巾、聚酯纤维等，薄的衣物

抓洗

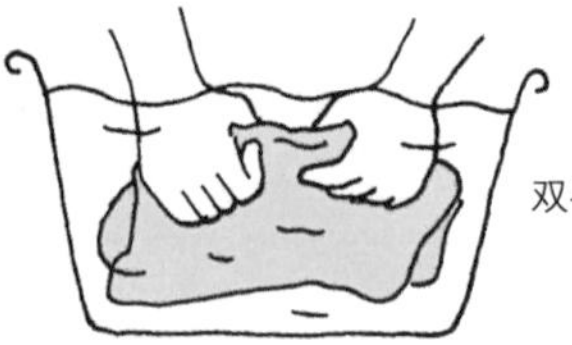

双手反复抓放

轻柔的衣物

揉洗

双手抓住挤压

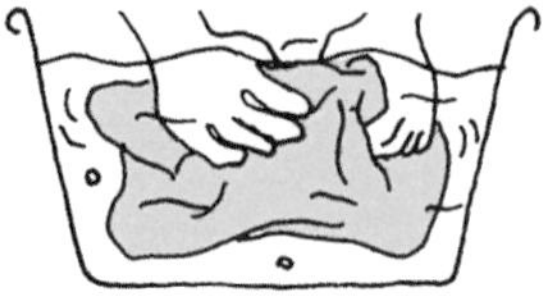

脏污严重，但韧性好的衣服

踏洗

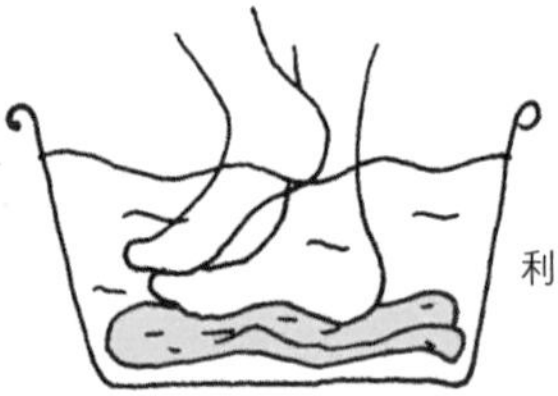

利用体重踩踏

毛毯、窗帘、暖炉桌被等大型洗涤物

刷洗

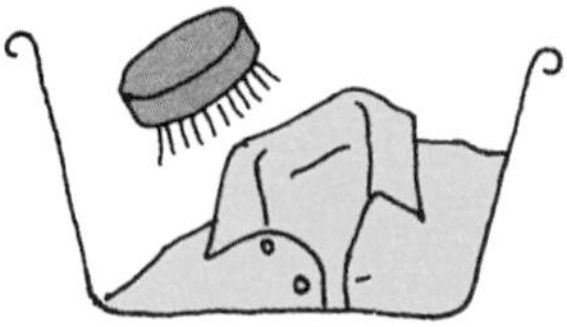

牛仔裤、工作服等脏污较严重的时候

捏洗

用指尖将污垢搓掉

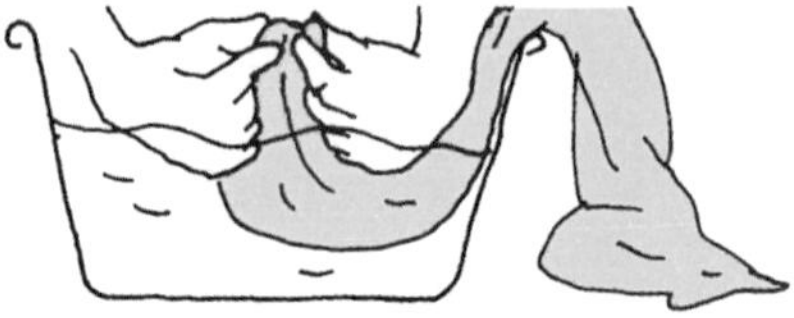

适合木棉，较厚的化学纤维。羊毛或薄的衣物不可

煮洗

可以结合热水消毒

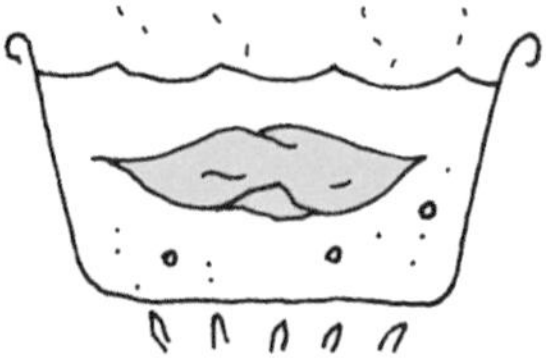

可用于抹布等。深色的衣物会褪色

● 试着做做看

超简单手洗，泡澡时就能洗袜子。
第一步就是将自己每天穿的袜子用手洗看看。

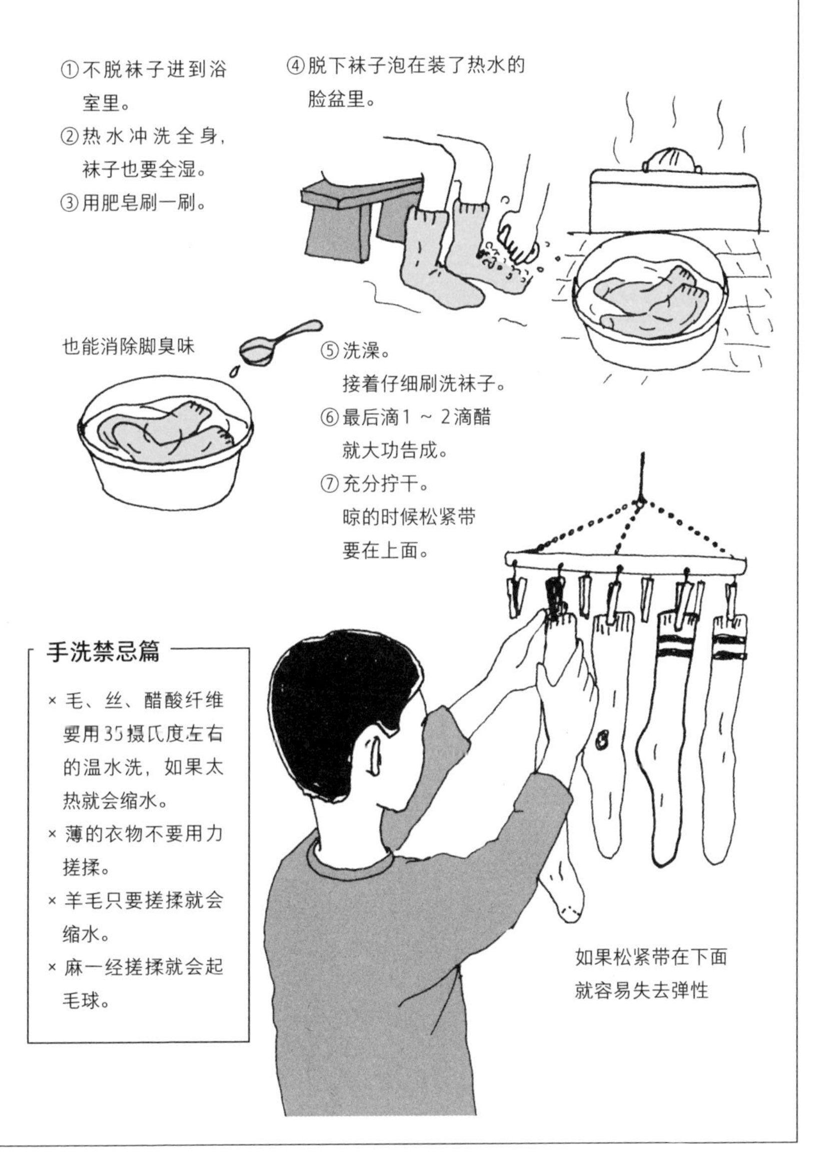

洗衣机——洗衣的诀窍

虽然说到洗衣，就认为洗衣机帮了我们很大的忙，但如果连基本的常识都不了解，那么就可惜了。现在，就来练习如何纯熟地运用洗衣机吧。

其1 欲速则不达。

洗衣服前，要依下列基准来仔细分类。

①脏污严重的衣物，先整理在一起另外洗，或者事先清洗脏污严重的部分。

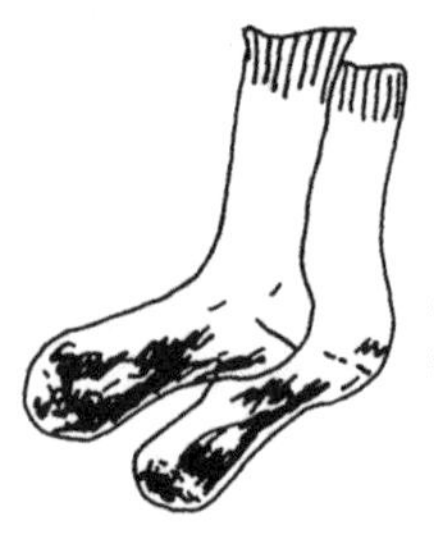

脏污用肥皂搓掉

②看标示，容易褪色的衣物要单独洗。（参阅第170页）

③质地纤细的物品。（内衣、丝袜）

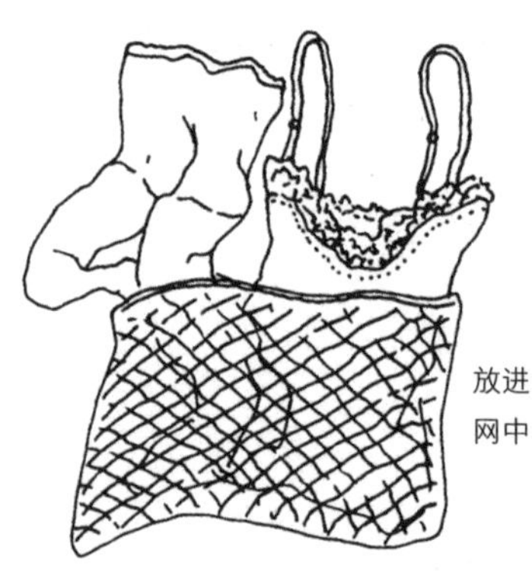

放进洗衣网中

其2 不可以放太满！

不要硬塞衣物，轻轻放入衣服，直到注水线之前

其3　衣服内外侧分类。

- 沾污泥的正面洗涤。
- 容易受损的质料就翻成反面洗涤。
- 容易沾东西的也反面洗涤。
- 扣子扣好，拉链要拉上。

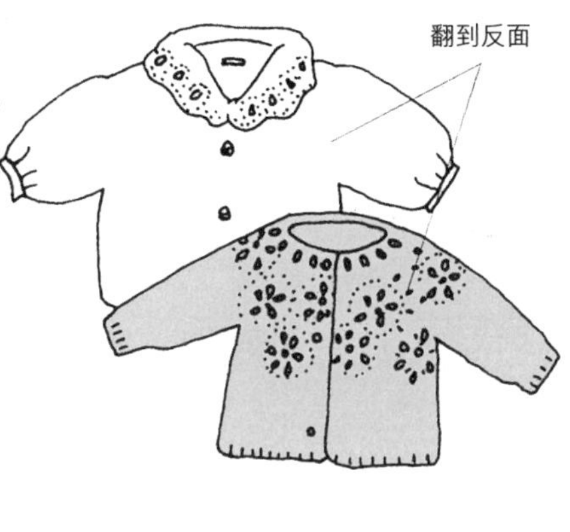

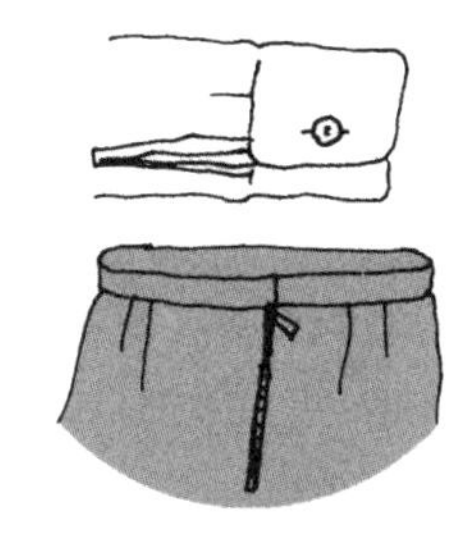

其4　小心别倒太多洗剂。

你知道自己使用的洗衣机水量吗？试着测量一次吧。用大桶子当计算水量的量杯，看看共会测得几桶

只要测量过一次水量，接着就是看洗剂标示上的对应水量，就会立刻知道洗剂的用量了

其5　洗剂溶化后，再放入衣物。

按照洗剂→水→衣物的顺序放入

如果皱了，就再水洗一下晾干

其6　脱水不要过头。

木棉　1分钟
毛　30秒
化学纤维　15秒为准

防止褪色与漂白的方法

“喜爱的白色短袖衬衫染到颜色了”“颜色褪色或消失了”……为了不要发生上列的惨事，该怎么做呢？

● 防止褪色的诀窍

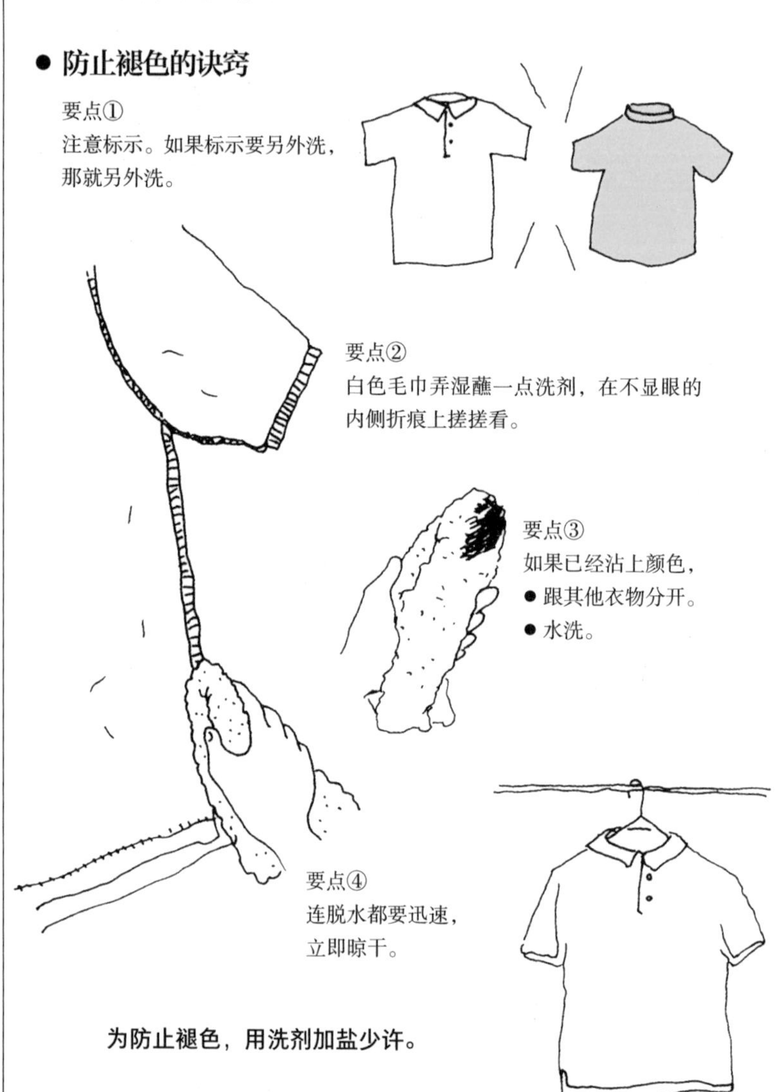

要点①

注意标示。如果标示要另外洗，那就另外洗。

要点②

白色毛巾弄湿蘸一点洗剂，在不显眼的内侧折痕上搓搓看。

要点③

如果已经沾上颜色，

- 跟其他衣物分开。
- 水洗。

要点④

连脱水都要迅速，立即晾干。

为防止褪色，用洗剂加盐少许。

● 漂白的诀窍

要点① 依据顽垢、黄变的程度，配合衣物使用漂白剂。

氧化型：将污染的色素氧化脱色。

还原型：将污染的色素还原脱色。

衣物漂白剂的种类与使用方法

	氧化型		还原型
	氯系漂白剂 （次氯酸钠）	氧系漂白剂 （碳酸氢钠）	还原系漂白剂 （连二亚硫酸钠） （硫代硫酸钠）
特点	漂白力最强	深色、花色衣物也可以使用	能恢复因铁分或氯系漂白剂引起的黄变
可使用	●白色衣物质料是麻、棉、丙烯、聚酯、人造纤维	●白色、深色、花色衣物材质为棉、麻、化纤等在衣服内侧测试不会变化的衣物	●只有白色衣物材质是所有的纤维
不可使用	●深色、花色衣物质料为毛、丝、尼龙、醋酸纤维、聚氨酯 ●金属纽扣等 ●铁分含量多的水	●毛、丝与其混纺品 ●金属纽扣等 ●铁分含量多的水 ●会因为水或洗剂而褪色的衣物	●不能水洗的衣物 ●深色、花色衣物 ●金属纽扣等
使用方法	温度 时间 注意：水或温水浸泡30分钟左右原液不要碰到衣物或皮肤	热水（35 ～ 45摄氏度）30分钟到2小时内要充分溶解后再浸泡衣物	热水（40 ～ 45摄氏度）浸泡15 ～ 30分钟要充分溶解后再浸泡衣物

因为会根据制品不同而有所差异，所以一定要确认标示。

要点② 先洗净脏污，最后才漂白。

①先用洗剂将脏污去除。荧光剂会让漂白水丧失效果。

②最后清洗时，再加入漂白水。要确认使用方法，并在使用后充分洗净衣物。

上浆与柔软剂的使用法

上浆与柔软剂并不是非用不可的东西。但是，只要明白目的与使用诀窍，那么想要让衣服笔挺，或是想防止讨厌的静电时，就可以临机应变使用了。

● 上浆的五个目的。

①让质料更有弹性。　②增添光泽。　③让衣服更挺。

④污垢容易去除。　⑤不容易皱。

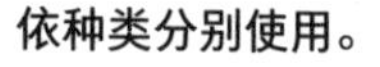

依种类分别使用。

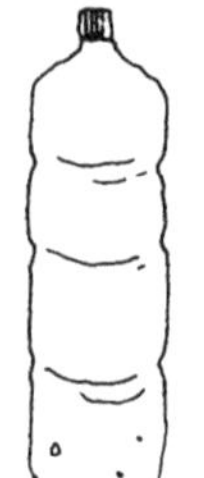

淀粉浆

连衣物中心都能变得坚固，看起来会很笔挺。

○白布。

× 深色衣服会因为浆而变白。

× 容易发霉，有虫臭味。

将衬衫反过来晾，衣领反而会更挺直

化学浆

只能帮衣料的表面变硬。

○保留触感。

○深色的衣物也可以。

○防虫、防霉。

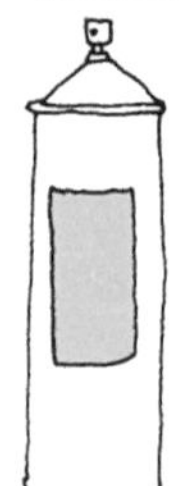

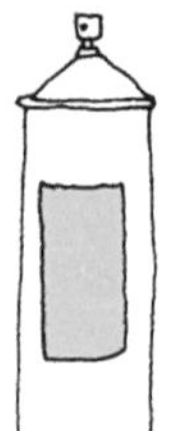

喷雾式

○部分上浆用

使用时遵守使用准则。

浆并不是越浓就越好，要依照使用说明来溶解，揉进衣服里。要弄干的时候要轻轻脱水。

喷雾浆一点一点少量使用。

一次不要喷太多。每次喷一点，干后再喷。

● 讨厌的噼里啪啦，原来是静电。

在空气较干燥的季节里，衣服上也有因为摩擦而产生并容易积存的电。这些无处可去的带电离子，要逃离衣服的时候，如果速度太快就会噼里啪啦作响了。

为了预防静电，除湿性要高。

纤维中含有水分的话，电会更容易传递。如果借助某些物质，就能预防静电。有这种作用的，是衣物柔软剂跟防静电喷雾。

柔软剂与洗衣液要分开放入。

洗衣后，充分清洗，然后每30升的水放入20毫升柔软剂，搅拌3分钟。

防静电喷雾使用于干衣服上。

距离20厘米左右平均地喷洒。如果有喷渍，洗了就会掉。但只要拿去清洗，效果就会消失。

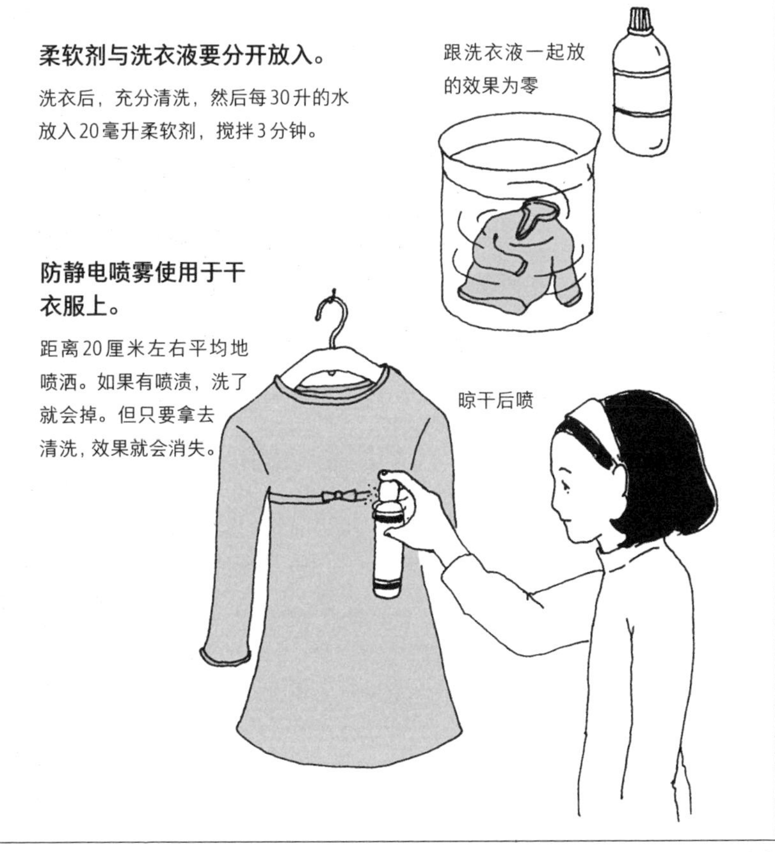

晾干——基本做法与诀窍

你是不是觉得怎样晾衣服都是一样的？可是，光是晾法的不同，就会让干燥的方式，以及随后的处理有很大的改变。讨厌使用熨斗的人，更是该好好记住晾衣服的诀窍。

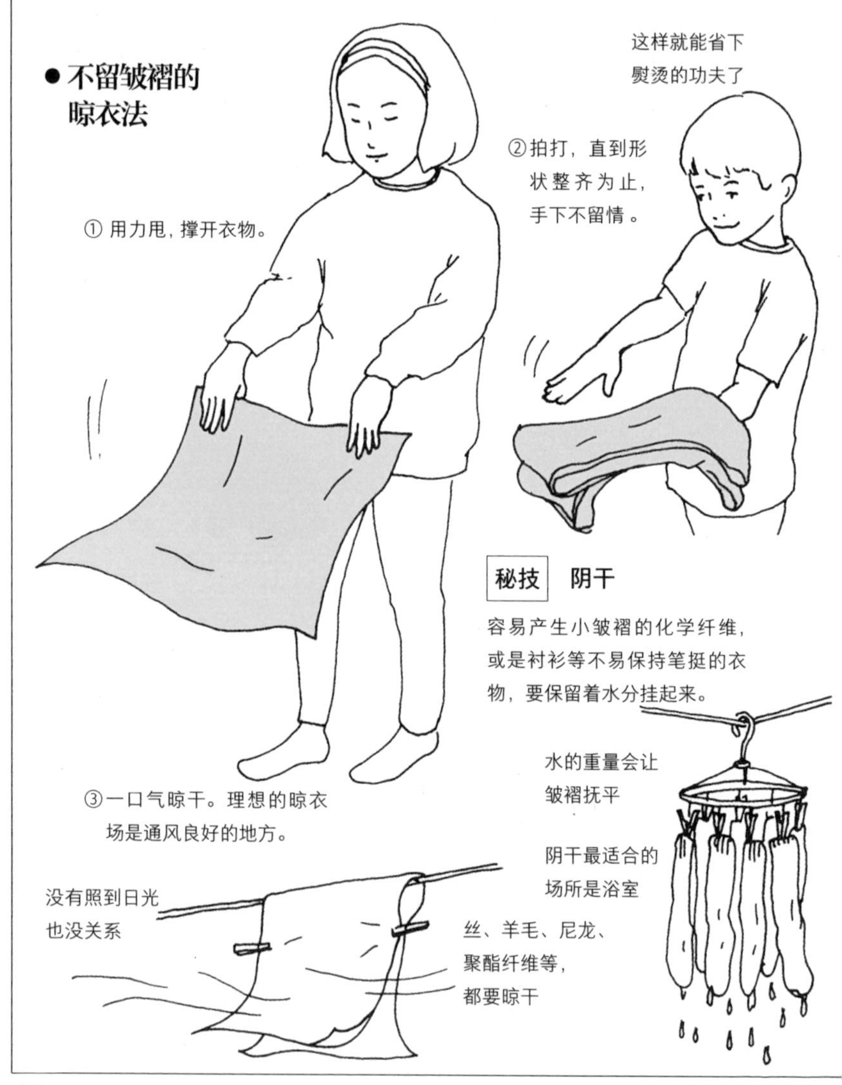

● 快点干的诀窍

①化学纤维（聚酯等）与天然纤维（丝、羊毛等）要分开晾干

②床单等大型物，要在两根晾衣架上挂成M字形。

③脱水后再用浴巾包住，充分去除水分后晾干。

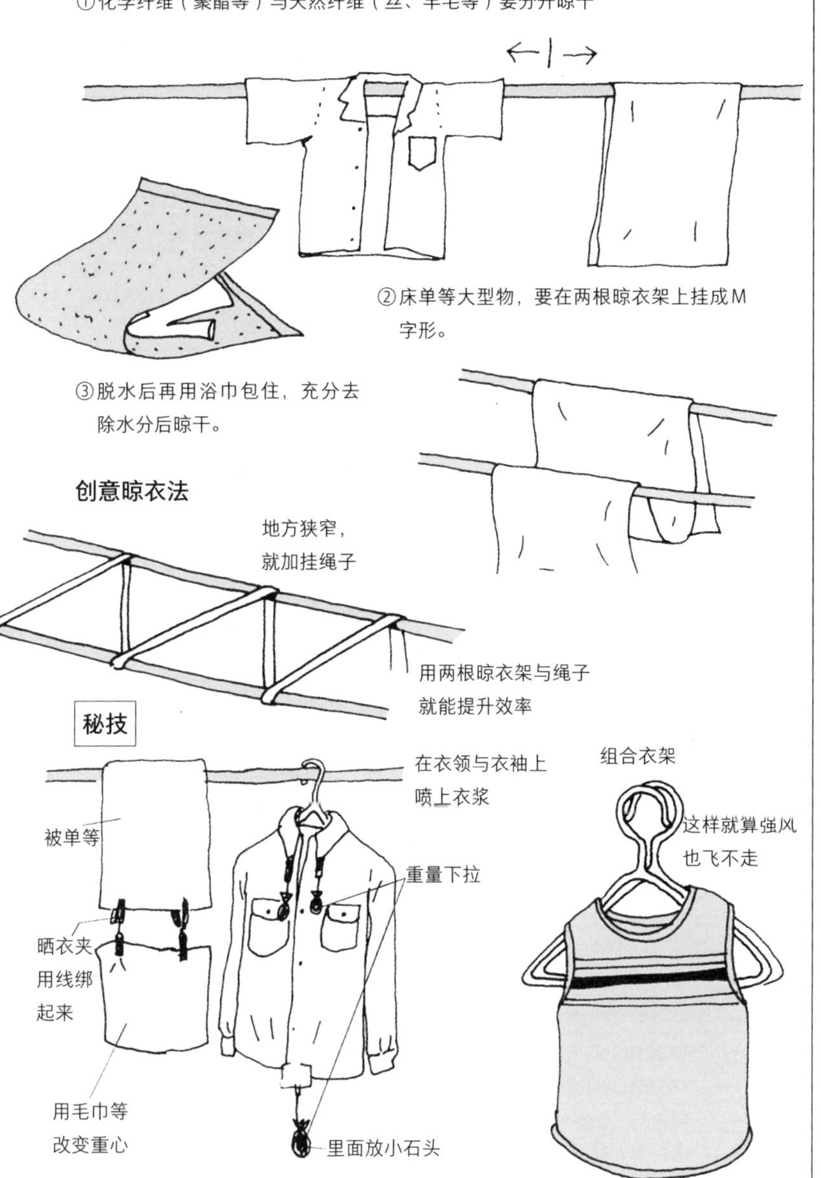

熨烫——基础与诀窍

你似乎对烫衣物很不拿手，其实我也一样。本来打算烫平皱褶的反而烫了很多新的皱褶出来。防止失败的诀窍，就让我们来问问洗衣店的老板吧。

● 熟练熨烫的三个重点

① 温度　要配合熨烫衣物上的标示。如果覆上隔垫布，那么就会低 30 ~ 50 摄氏度。最重要的就是温度。

② 压力　温度适当，即使小力熨烫也没问题。放松肩膀的力道，好像在握生鸡蛋一样，轻轻握住熨斗是诀窍。

③ 湿气　全部均匀地传递。

熨衣服的节奏很重要，唱首自己喜欢的歌，就能熨得很顺利了♬

瓦数大的熨斗，只要维持温度，迅速熨完即可

标志的看法

记　号	记　号　的　意　义
高	熨烫限 210 摄氏度，用高温（180 ~ 210 摄氏度）熨烫最佳。
中	熨烫限 160 摄氏度，以中温（140 ~ 160 摄氏度）熨烫最佳。
低	熨烫限 120 摄氏度，以低温（80 ~ 120 摄氏度）熨烫最佳。

温度标准

麻、棉　180 ~ 200 摄氏度

丝、羊毛　120 ~ 150 摄氏度

化学纤维　120 ~ 150 摄氏度

氯乙烯　120 ~ 130 摄氏度

● 熟练熨烫的七个诀窍

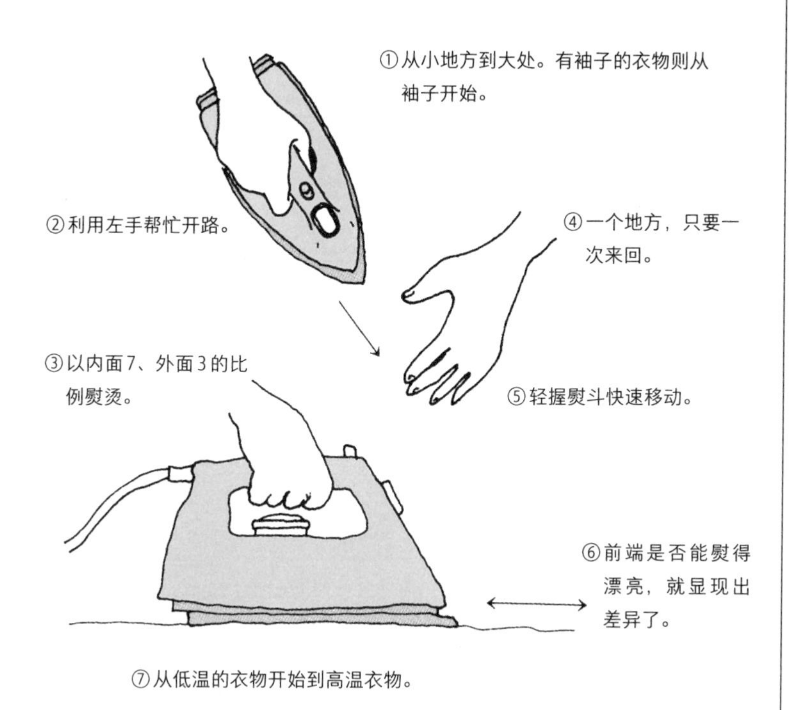

⑦从低温的衣物开始到高温衣物。

● 蒸气与干熨的使用分别

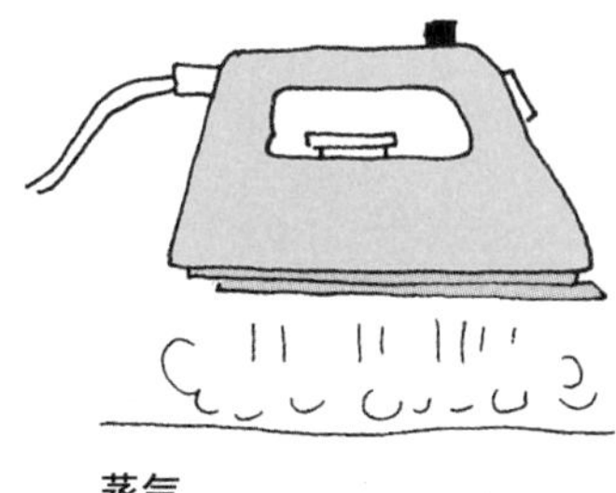

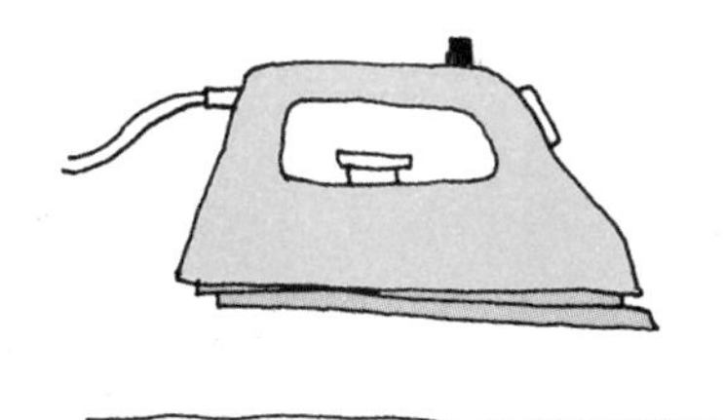

蒸气

毛料、编织物等。轻轻地抚过去并用蒸气熨。要熨叠痕，就要隔垫布熨。

干熨

棉、混纺、麻等。已经干燥的衣服表面要全部都熨到没有水分。

手帕

试着洗洗自己的随身衣物吧。从洗的方式、晾干方式，还有熨烫的方式，尽可能用简单又利落的方法完成。那么，我们就从手帕开始练习吧！

● 简单的全套工作

①用洗衣网装着丢进洗衣机。如果有污渍，就先用液体洗剂清洗。

②和缓地脱水。

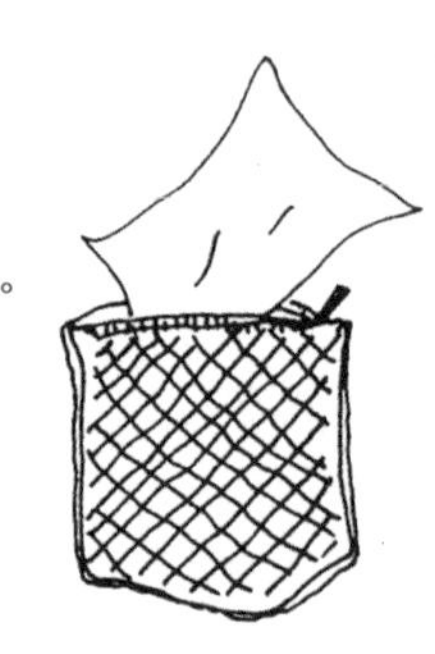

④叠成四折或八折，用夹子晾干。

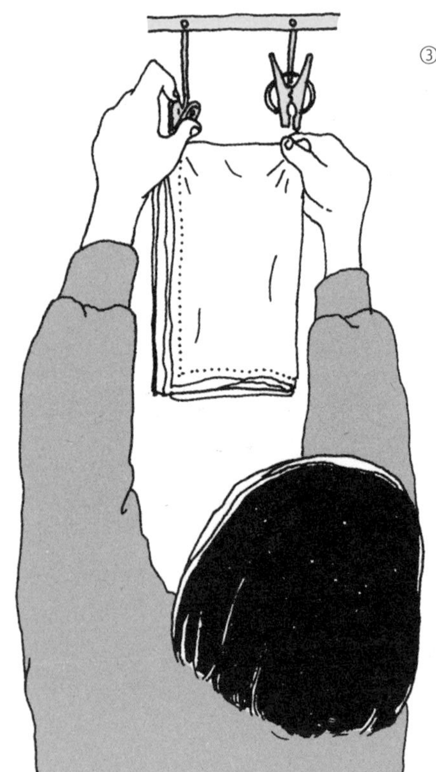

③纵向叠成四折，仔细拍打。

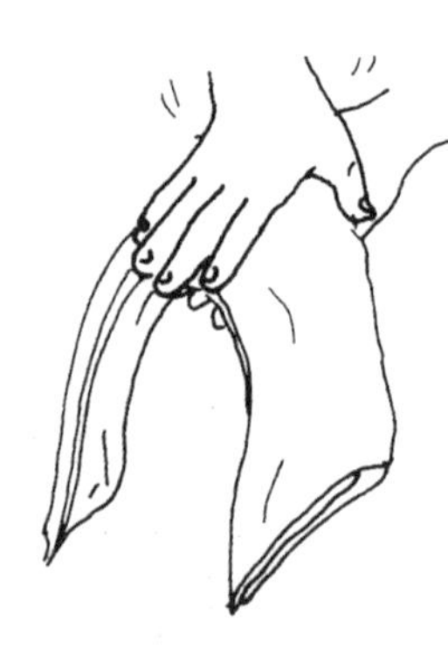

⑤以叠好的样子，用熨斗烫。

● 熨衣物的诀窍与创意

①要熨烫得没有皱褶的诀窍，是从中央开始横向上下移动。手帕边缘也是横向移动。

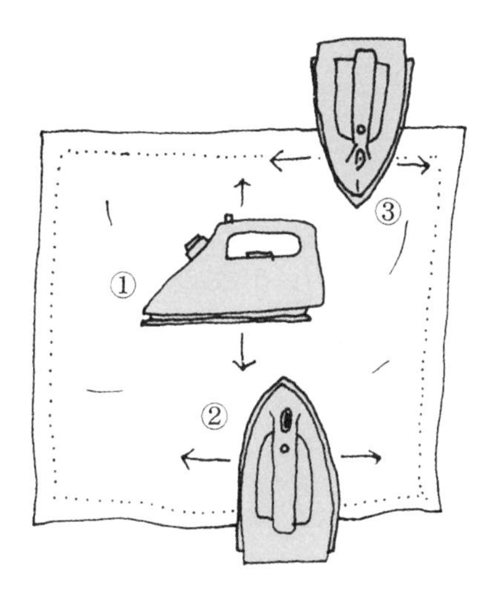

加速

从大手帕至小手帕逐渐重叠，从上面开始一条一条烫。下方因为已经重复熨过，只要将剩下没熨到的部分弄好就行了。

②从中央熨到对角线。

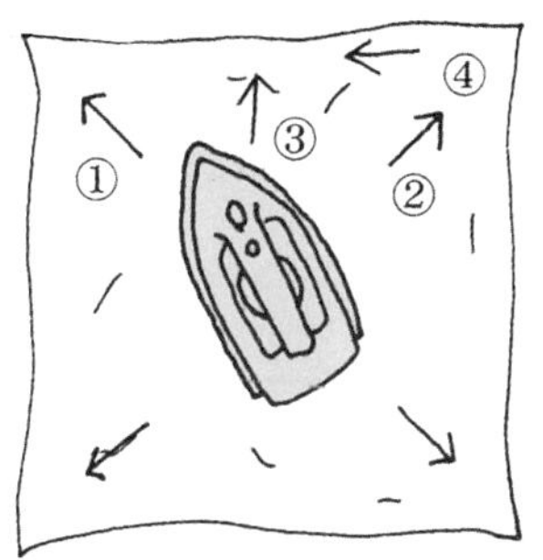

找出自己做起来最方便的方式！

③上点喷雾浆。

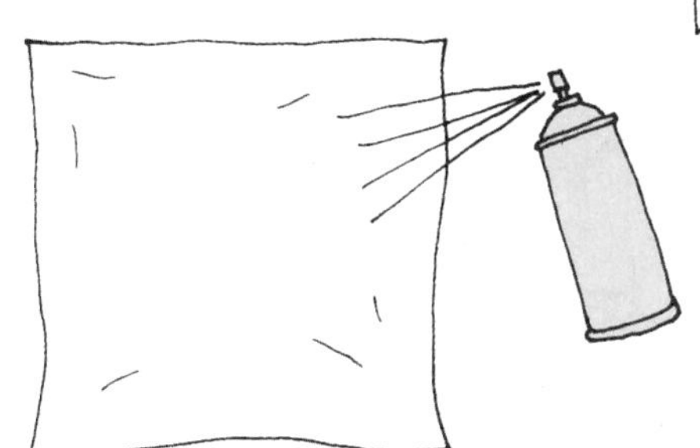

丝制或者是有绣蕾丝的手帕，要泡在溶了中性洗衣液的30摄氏度温水中按洗。然后上一点浆，就会很挺直漂亮了。

内衣

只要贴身衣物还必须让别人洗，不管装得再了不起，就是不能独当一面。至少自己的内衣要自己洗，这才是独立的第一步……你不这样认为吗？

● 女用

有钢圈或蕾丝的，尽可能用手洗。
如果要使用洗衣机，一定要放入洗衣网内。

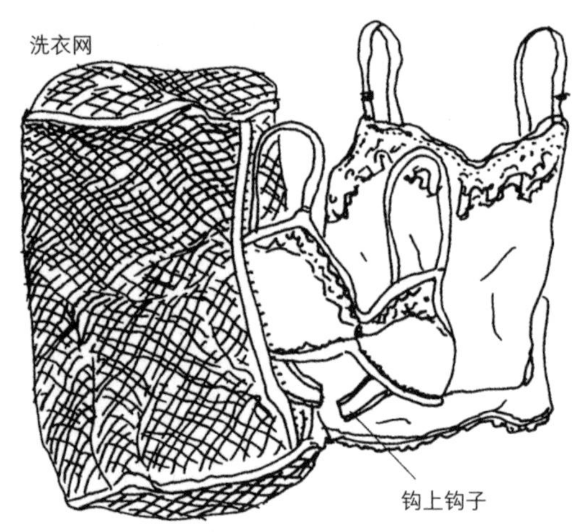

①放入洗衣机

洗涤时间为3 ~ 5分钟。脱水10秒。

蕾丝或丝绸的部分叠进内侧。用周围的布料包住

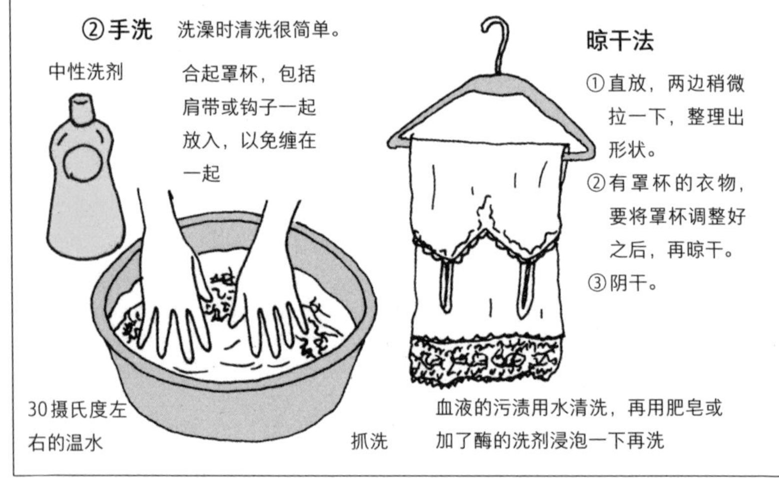

②手洗　洗澡时清洗很简单。

合起罩杯，包括肩带或钩子一起放入，以免缠在一起

晾干法

①直放，两边稍微拉一下，整理出形状。
②有罩杯的衣物，要将罩杯调整好之后，再晾干。
③阴干。

血液的污渍用水清洗，再用肥皂或加了酶的洗剂浸泡一下再洗

● 男用

体脂分泌旺盛的男生，内衣就算洗过之后，脂肪成分也还是会残留，因此容易变黄。特别是背部，比起其他部位体脂分泌更为旺盛，所以要好好清洗。

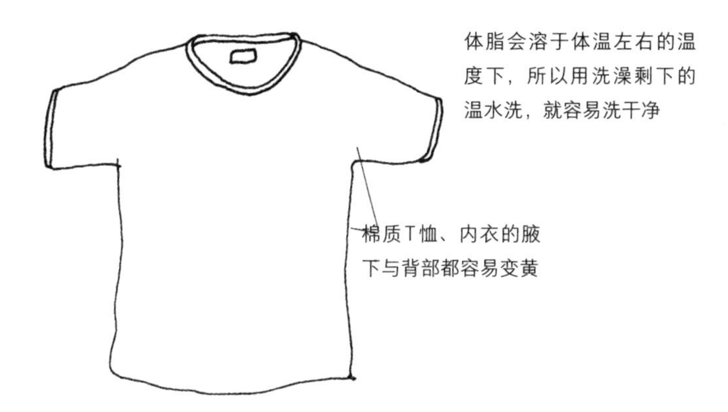

①洗衣机清洗

用中性洗剂正常清洗。需要时要加入氯系漂白剂清洗。

②手洗

洗澡时用肥皂来洗。

黄变或有污渍的地方，可以泡在加了氯系漂白剂的40摄氏度左右温水中，静置30分钟到1小时。之后就像平常一样用洗剂洗涤即可。

不需要熨烫

晾干法

叠好用力拍打，然后整理出形状，晾干

衣架要从下方放进去。在潮湿状态下拉开领口放衣架，容易干了以后领口变松弛

女用衬衫

身为女孩子，一定会拥有几件短上衣。有没有自己洗过呢？追求流行只穿过几回就没再穿的衣服，如果只拿一些出来洗，也能够很愉快地再度穿上。至于每一种的做法，就来了解一下吧。

● 部分清洗法

只是穿一下下，但每回都要洗，很快衣服就会没有型了，是不是很伤脑筋？这时候，只穿一次还不太脏的衣服，就用部分清洗的方式来处理。

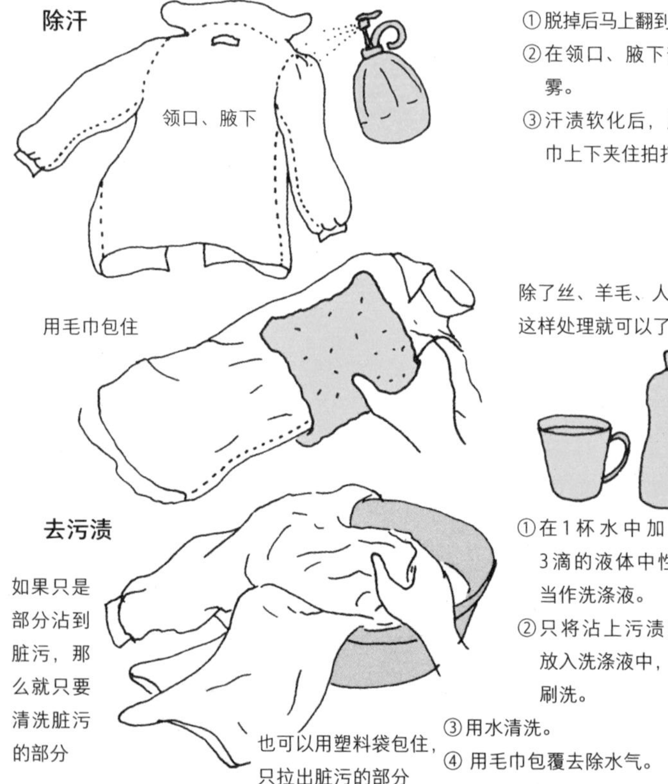

除汗

①脱掉后马上翻到内面。

②在领口、腋下部分喷雾。

③汗渍软化后，用干毛巾上下夹住拍打。

除了丝、羊毛、人造丝以外，这样处理就可以了

去污渍

①在1杯水中加入2～3滴的液体中性洗剂，当作洗涤液。

②只将沾上污渍的部分放入洗涤液中，用刷子刷洗。

③用水清洗。

④用毛巾包覆去除水气。

● **洗衣机清洗**

①一定要放洗衣网。

不破坏纽扣的方法

镀金或有装饰的漂亮纽扣

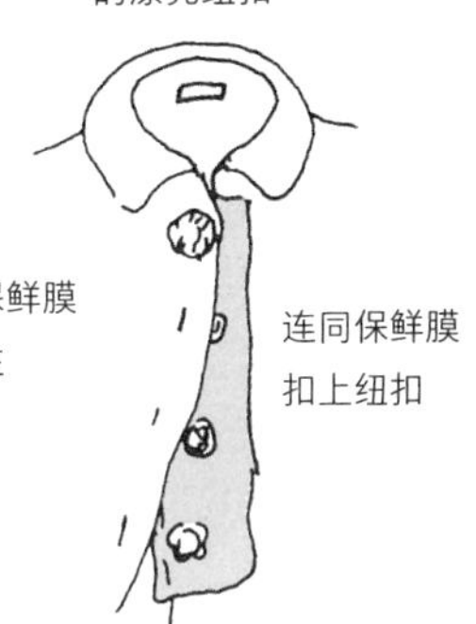

②放入洗衣机清洗，然后小力脱水。
聚酯、丙烯、尼龙等化学纤维15 ~ 20秒，
棉1 ~ 2分钟，醋酸纤维5 ~ 10秒。
这是不会留下小皱褶的重点。

有荷叶边或蕾丝的衣物，要翻面后放进洗衣袋中

③要用衣架晾起时，先用毛巾包住衣架，就不会破坏衣服版型。

● **熨衣服的诀窍**

只要能晾得好，那么只熨部分就很足够了。
荷叶边的部分，用熨斗的前端来熨是重点。

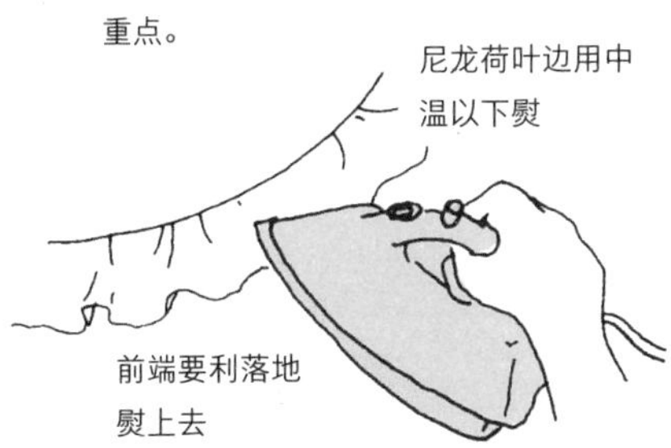

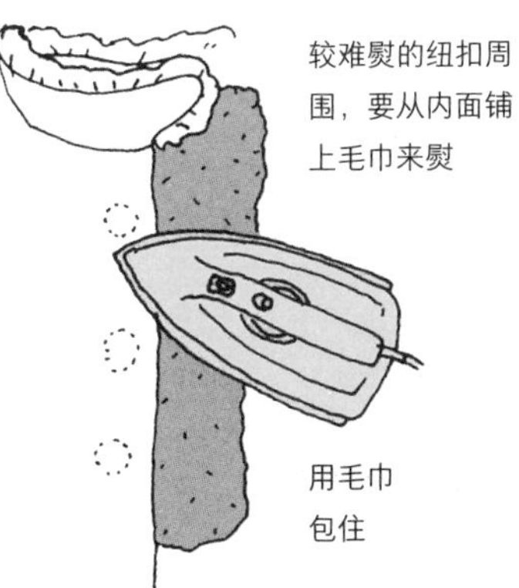

男性最基本的穿着，就是纯白衬衫了。这点即使长大都不会变。包括如何熟练熨烫的诀窍，我们都一起来听听专家的说法吧。

● 用洗衣机清洗的诀窍

①将垃圾从口袋取出（如果爸爸胸前的口袋是黄色的，那就是香烟。香烟粉会造成黄色的污渍）。

②领口、袖口等容易沾上污垢的地方，先用牙刷刷上一点洗剂，放置1分钟。

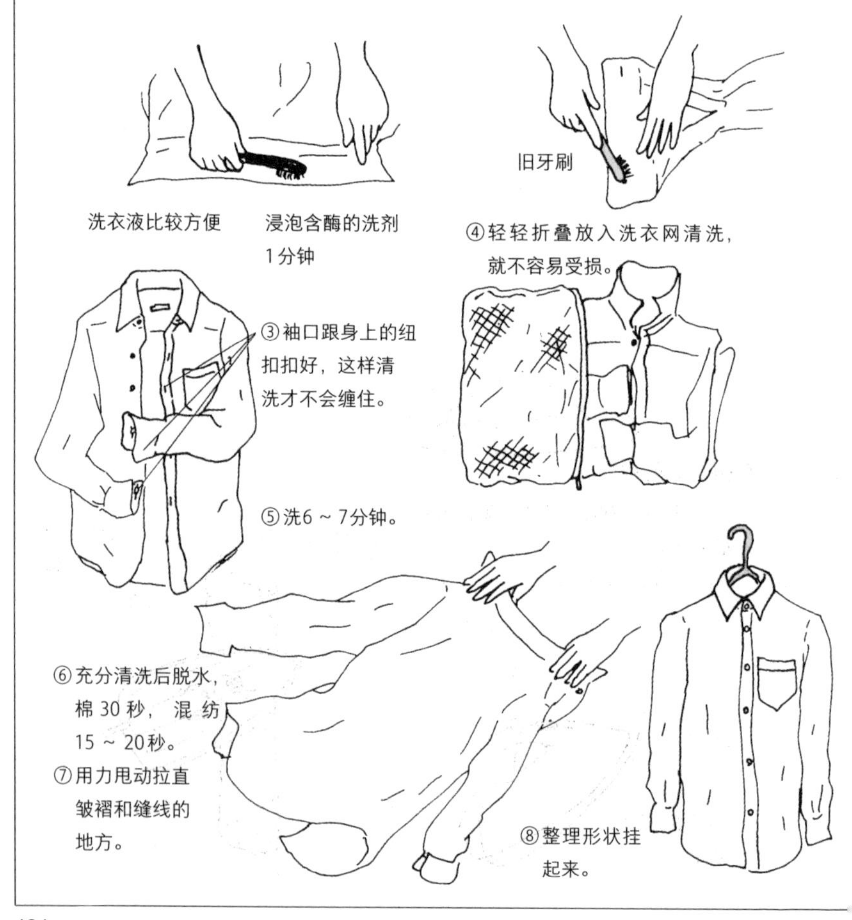

● 熨烫的诀窍

在熨衣台上一边熨一边叠好是诀窍。

①依袖口、内面、外面的顺序熨。比例是内7:外3。

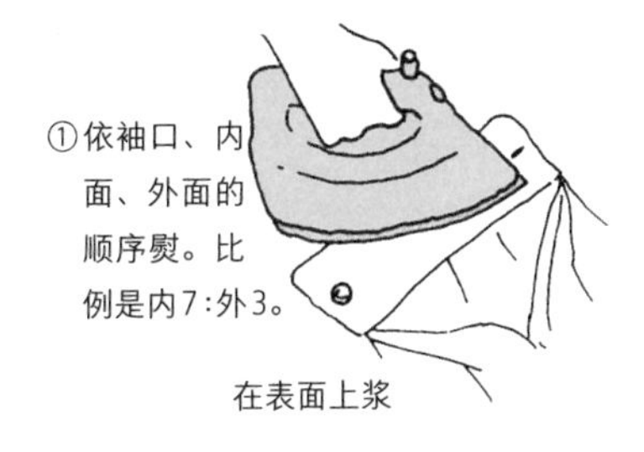

在表面上浆

⑤前身的衣料在中心线会合，纽扣四周要按压。

②纽扣和纽扣孔重叠握住，轻拉袖子后，袖口的叠痕就会出现。用熨斗压住叠痕，重叠后内面也要压住。两边袖子都如此做。

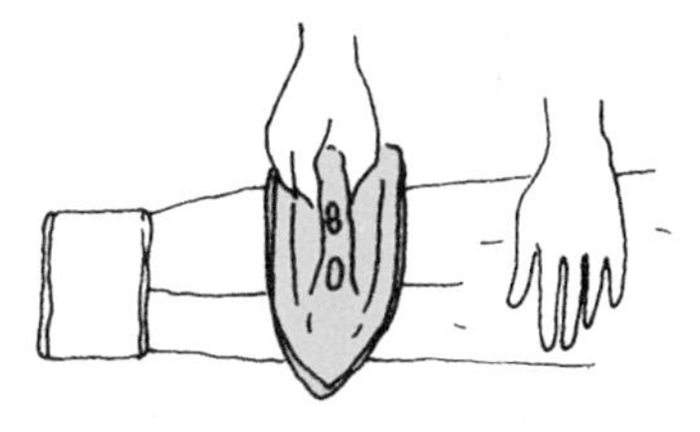

⑥扣上一个纽扣，前身以及腋下都以中、上、下的顺序熨过。

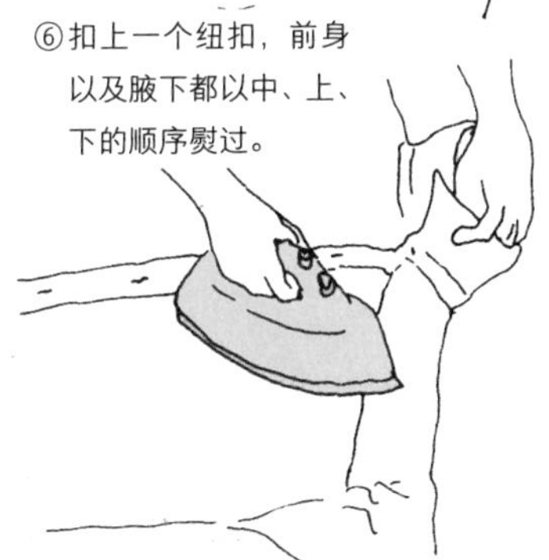

③领口的比例也是内7：外3。

⑦整理领子，扣上第一颗纽扣，反叠，袖子藏进去。

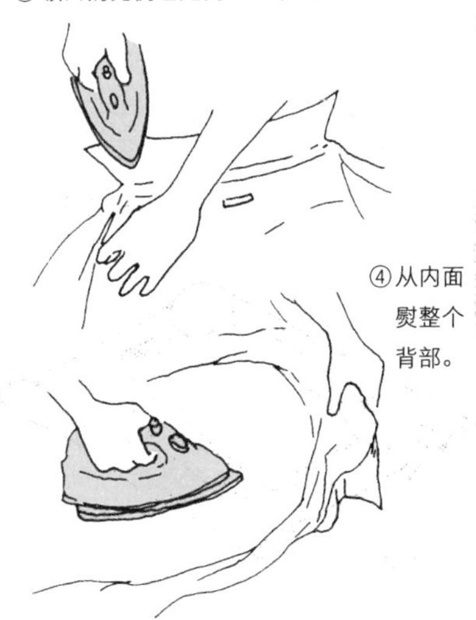

④从内面熨整个背部。

整件衣服喷雾。领子、袖口的地方喷雾上浆后熨烫，这样就会非常笔挺了。

毛衣

你也许会担心，如果自己洗毛衣的话，似乎会缩水……可是，依质料的不同，也有能在洗衣机中简单清洗的毛衣。这么一来，就算弄脏也可以安心了。

● 直接放进洗衣机清洗

只要含有50%以上的聚酯纤维，那么就没问题了。如果是波西米亚、安哥拉羊毛等100%毛织品，那可就要等等了。

①一定要放进洗衣网。

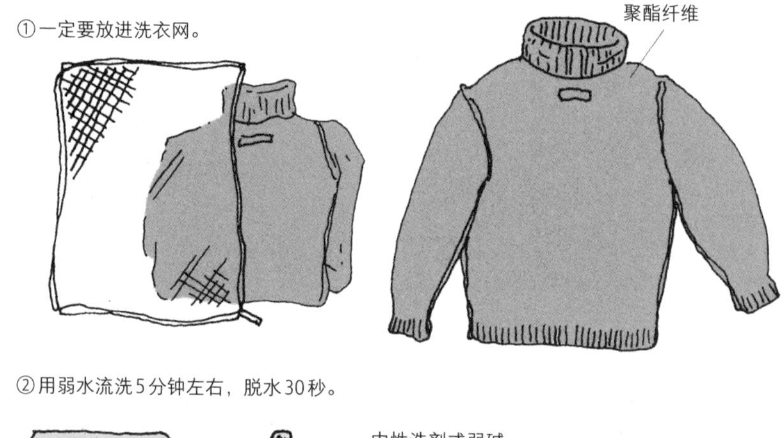

②用弱水流洗5分钟左右，脱水30秒。

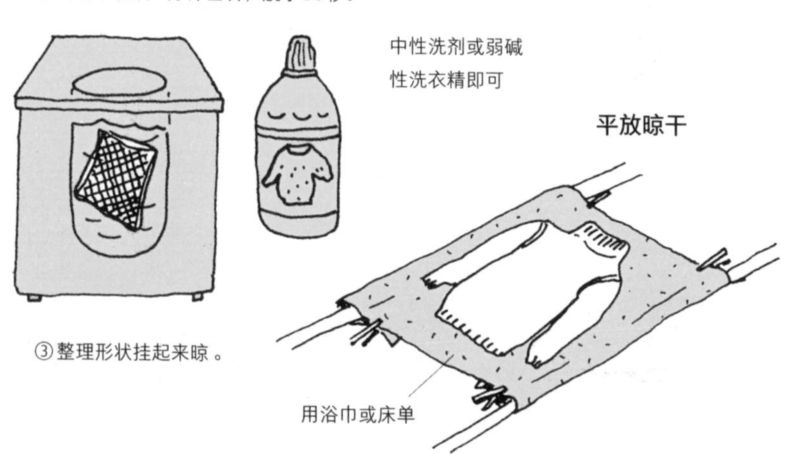

③整理形状挂起来晾。

● 手洗　挑战羊毛衣

羊毛的特质
羊毛的表面有鳞状物，这些鳞状物放在水里搓揉，就会纠结在一起导致缩水。
无法抵抗碱性。如果日光直射，或使用氯系漂白水就会变黄。
①先画下原大小的形状。
②叠起时，容易脏污的前身要置于上方。放入洗衣袋。
③压洗20 ～ 30回。
④清洗前先脱水，20 ～ 30秒。
⑤清洗要用温水轻压冲洗。大概要换2次温水。
⑥脱水30秒。
⑦整理形状。要用力拉直，如果缩水，要重叠在纸型上拉。晾干。
⑧平放阴干。
⑨完成后，轻轻用蒸气熨烫。

长裤·牛仔裤

男生就不必说了，就算是女生也应该有好几条长裤。除了100%毛料之外，都可以用洗衣机清洗。如果再知道一点点小秘诀，那么就简单多了。

● 棉、混纺长裤的洗涤

①检查口袋。

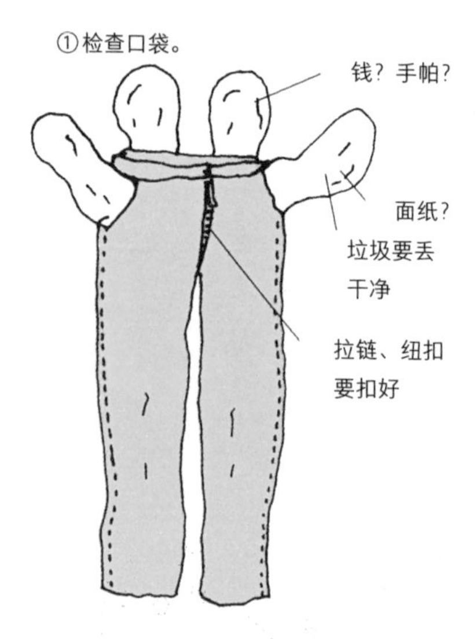

②先去除部分污渍。泥沙要在弄湿之前用刷子清理掉。接着蘸上家庭用洗剂后拍打。其他的脏污，用洗衣精去除。

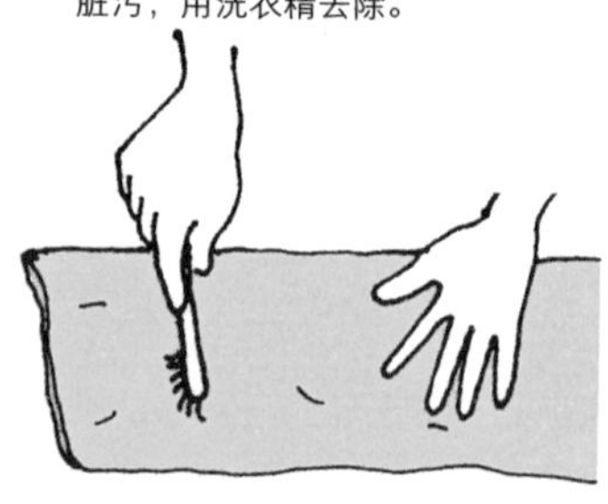

③脏污的部分面对外侧叠起，放入洗衣网。洗涤与清洗如平常一样。脱水30秒。要仔细拍打拉直皱褶。

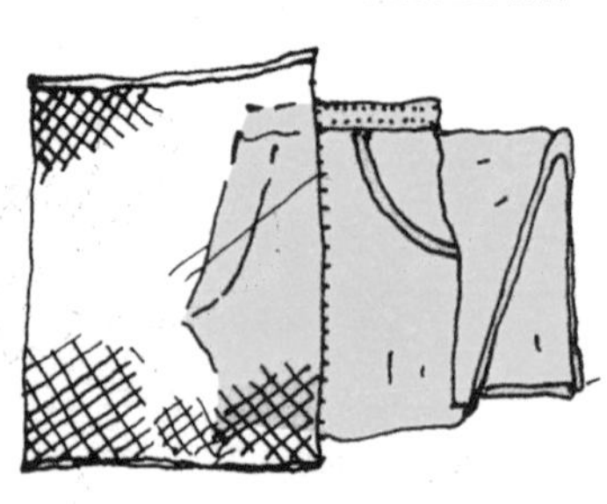

④翻到反面晾起。

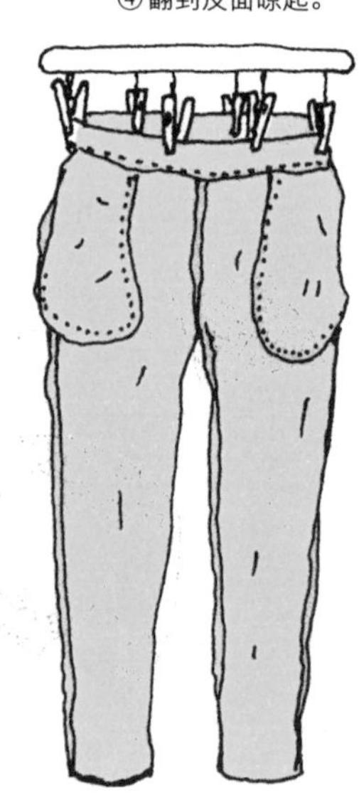

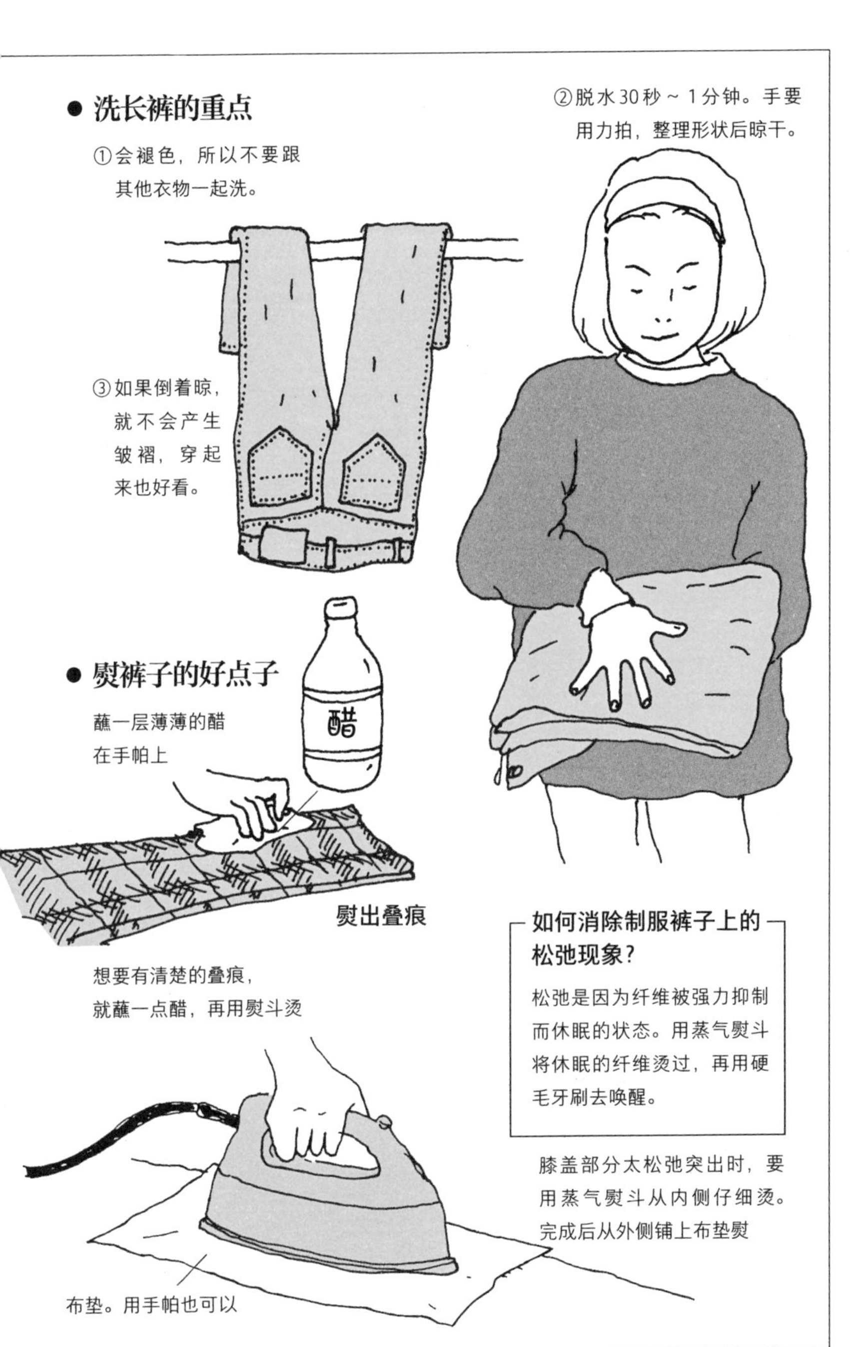

● 洗长裤的重点
①会褪色，所以不要跟
其他衣物一起洗。
②脱水30秒～1分钟。手要
用力拍，整理形状后晾干。
③如果倒着晾，
就不会产生
皱褶，穿起
来也好看。
● 熨裤子的好点子
醋
蘸一层薄薄的醋
在手帕上
熨出叠痕
想要有清楚的叠痕，
就蘸一点醋，再用熨斗烫
如何消除制服裤子上的
松弛现象？
松弛是因为纤维被强力抑制
而休眠的状态。用蒸气熨斗
将休眠的纤维烫过，再用硬
毛牙刷去唤醒。
膝盖部分太松弛突出时，要
用蒸气熨斗从内侧仔细烫。
完成后从外侧铺上布垫熨
布垫。用手帕也可以

裙子

有洗过平日在穿的裙子吗？如果是棉或聚酯纤维，那么放进洗衣机洗就可以了。如果是羊毛，即使麻烦也都要用手洗。而且你会很惊讶地发现，连干洗店没帮我们洗净的污垢，自己都能洗得掉呢。

● 手洗羊毛

● 洗衣机洗涤棉、聚酯纤维

脏污的部分朝外放入洗衣网，大约洗5分钟。
脱水、晾干的方法跟手洗一样。

● 熨衣服的顺序

①翻到反面，拉紧侧边缝线，然后从裙摆朝腰部熨烫。

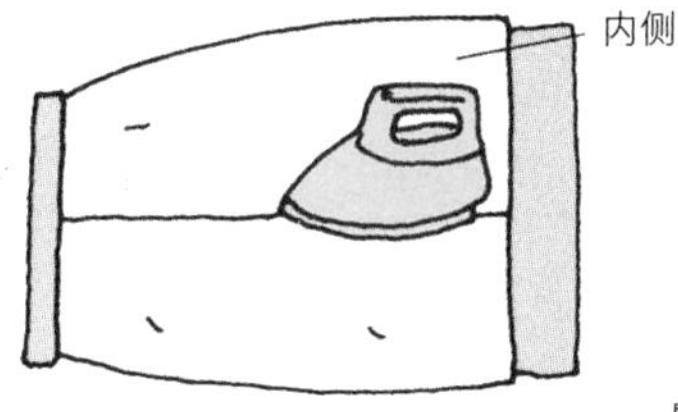

②腰部要迅速地熨过去。

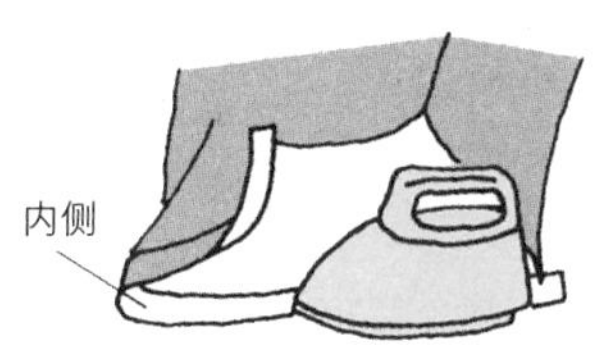

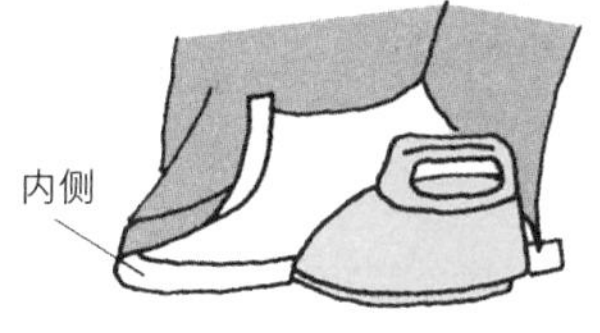

③熨臀部的时候，使用小熨衣台，可以熨出弧形。

外侧
小熨衣台

④全体熨一遍。

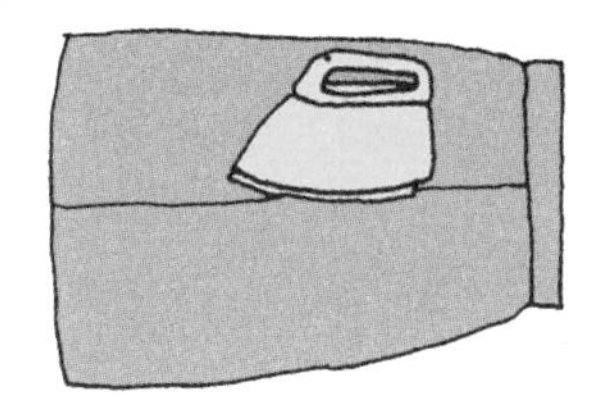

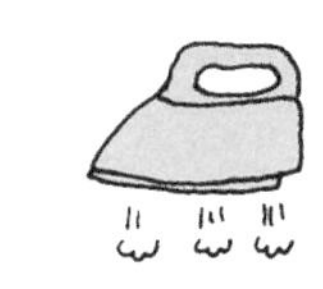

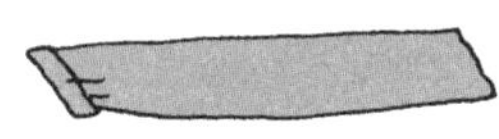

百褶裙的诀窍

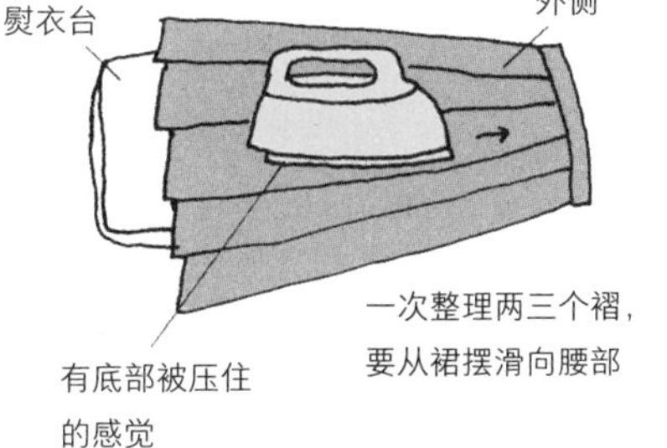

打褶裙的诀窍

表面朝上通过熨衣台，从裙摆熨到腰部。上方的皱褶不要破坏，用熨斗的前端滑进皱褶中央烫。

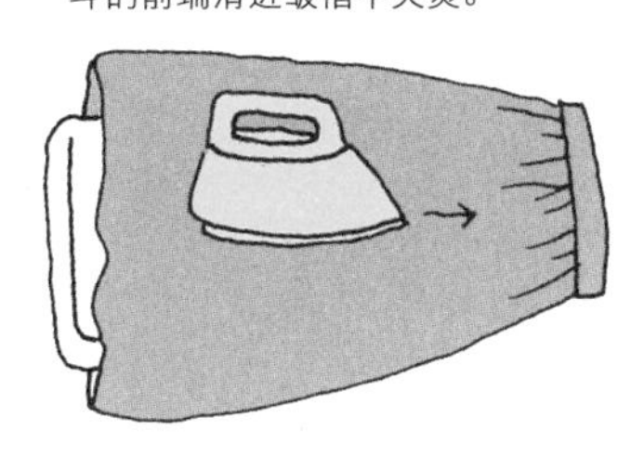

运动鞋

据说脚部每天流的汗，是身体其他部分的50倍。鞋子并不是只有外面会脏，里面也容易脏污。来洗洗脏掉的球鞋吧。

● 帆布制、尼龙制、人工皮革制运动鞋

①抽掉鞋带，用刷子将泥泞与灰尘刷掉。有鞋垫的话也拿掉。

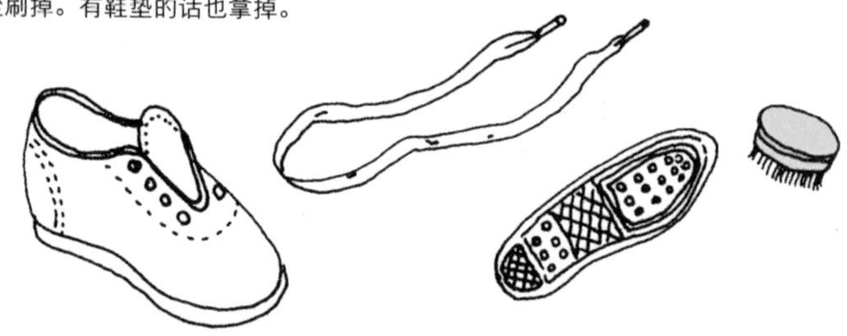

②含酶的洗剂放入温水中，浸泡鞋子15分钟左右。

鞋子专用洗剂

③用棕刷等刷洗，里面也要洗到。

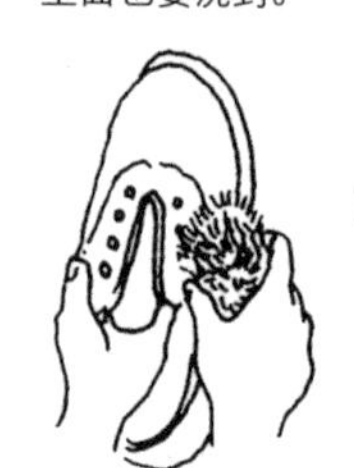

④清洗干净。

⑤脚尖朝上晾干。晾干后上浆，就会很挺直。

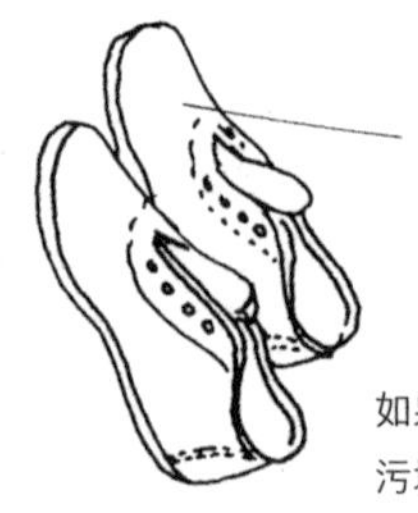

有加防水片的较不容易弄脏

装在洗衣网里放进洗衣机洗也可以。放入比标示还要少的洗剂，充分清洗。脱水完毕后，整理形状晾干

如果白色运动鞋洗了之后还是残留污垢，那就涂一点白色牙粉

● 皮革制运动鞋

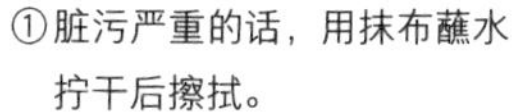

①脏污严重的话，用抹布蘸水拧干后擦拭。

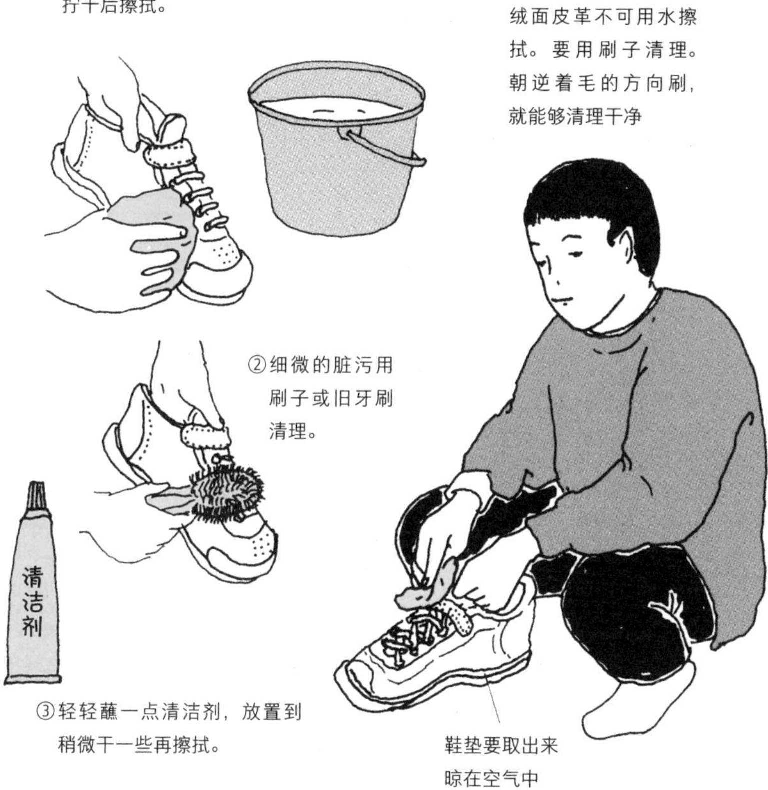

绒面皮革不可用水擦拭。要用刷子清理。朝逆着毛的方向刷，就能够清理干净

②细微的脏污用刷子或旧牙刷清理。

③轻轻蘸一点清洁剂，放置到稍微干一些再擦拭。

鞋垫要取出来晾在空气中

● 第一次穿上前

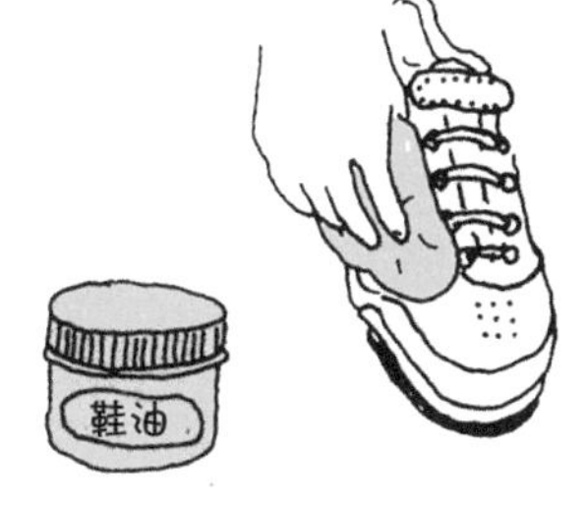

①轻蘸一点鞋油，仔细擦拭全部的表面。
②鞋油干了之后，喷上一点防水喷雾。

袜子、丝袜

我们几乎每天都要穿袜子。但是每天早上，还是会有人为了“少一只袜子”而东找西找的吧？觉得每天手洗很麻烦的人，也许会丢到洗衣机清洗。其实如果能掌握诀窍，也就能洗得很干净了。

● 用洗衣机洗袜子的诀窍

①线头或垃圾用海绵刷一刷就很容易刷掉。

②为了不要粘上线头，丙烯酸纤维、羊毛质料的袜子要翻过来洗。

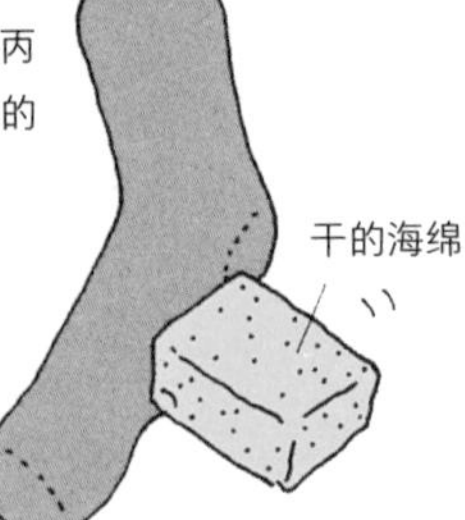

③将袜子单独整理起来装进洗衣网里。

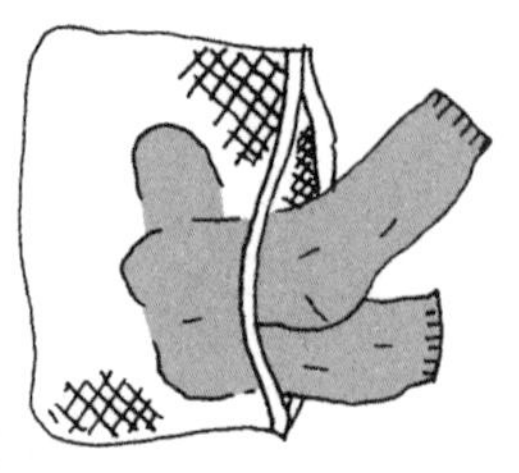

袜子内面的脏污

棉制品以氯系漂白剂浸泡，而尼龙、深色系的则放入添加酶的氧化系漂白剂浸泡，大约1个小时后再开始清洗。

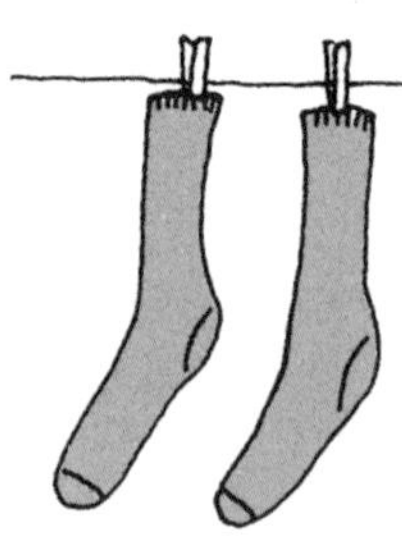

④脱水后，将松紧带部位朝上晾干，松紧带就不易失去弹性。

● 用洗衣机洗丝袜的诀窍

①放入洗衣网，选择网纹较密的较好。

②洗好时加入柔软剂，就能预防静电作用或抽丝。

③晾的时候连洗衣网一起晾较轻松。

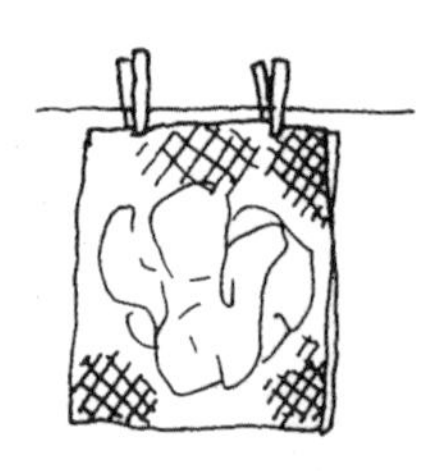

● 创意洗法

将旧丝袜当成洗衣网的替代品。

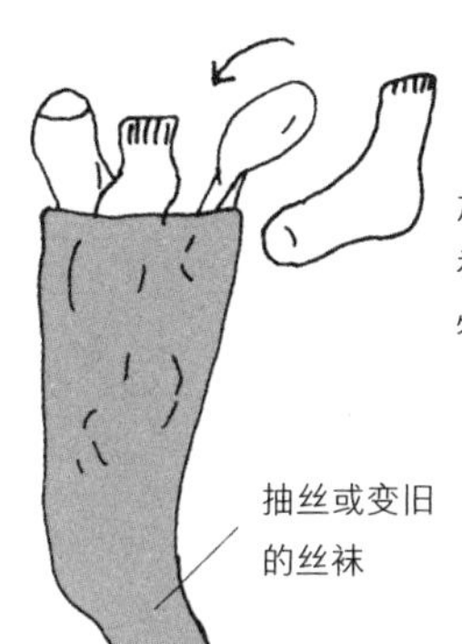

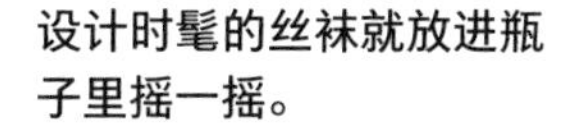

设计时髦的丝袜就放进瓶子里摇一摇。

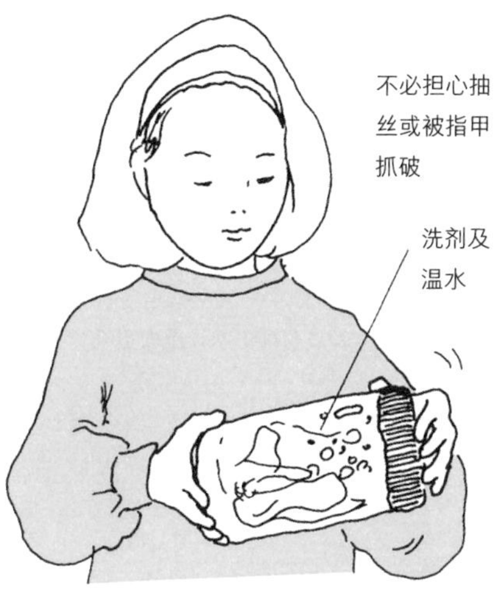

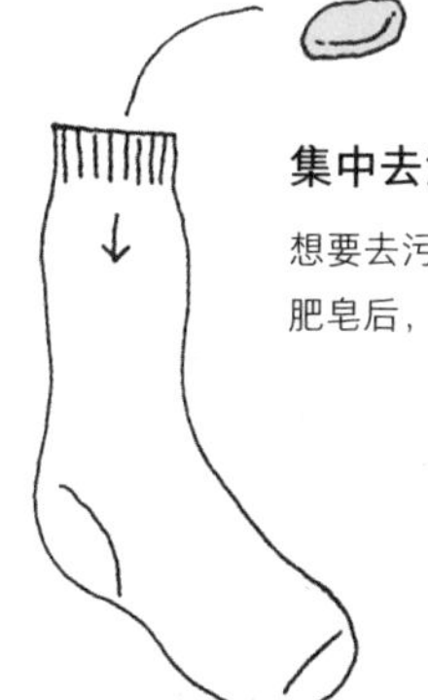

集中去污办法

想要去污的地方放入小块肥皂后，以橡皮筋圈住

清洗前取出，以一般的方式清洗即可

袜子除臭

将满满5小匙的硼酸，放入1升的温水中，充分溶解。将正常洗好的袜子，浸泡在里面10分钟左右后再晾干（硼酸在一般药店皆可买到）

终极去污

放入洗剂与漂白剂的时候，煮5～10分钟。煮太久脚踝的松紧带会损坏，所以适当就好。泡在热水里也会有效果

各类小物品

最喜爱的帽子、除了下雨之外就放着不管的雨伞、每天都要穿的室内拖鞋……身边的小物品，偶尔也要洗涤一下让它们清爽地改头换面吧。因为不知不觉中，它们就变得很肮脏了。

● 拖鞋

①用刷子蘸些洗衣精或家用清洁剂，诀窍是以画圆的方式刷。
接着用毛巾浸水拧干后仔细擦拭。

②要用洗衣机洗时，一定要放进洗衣网中。脱水1分钟。整理形状，里面塞纸张等，挂起来晾干。

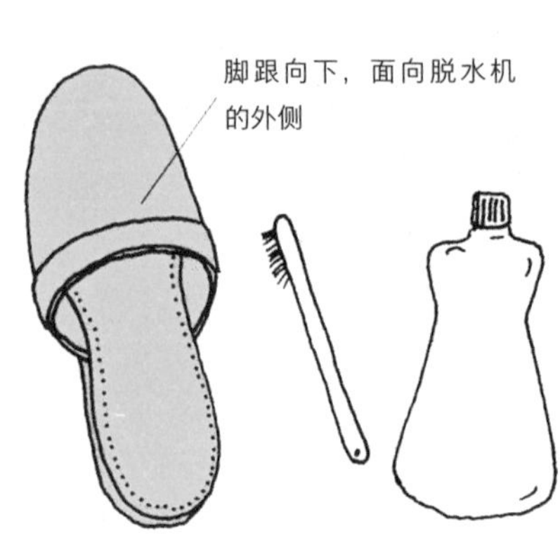

● 雨伞

中性洗剂放入温水中溶解，用刷子蘸取后，刷洗脏污的部分。
清洗时用莲蓬头冲洗。
挂起来晾干后，喷上防水喷雾。

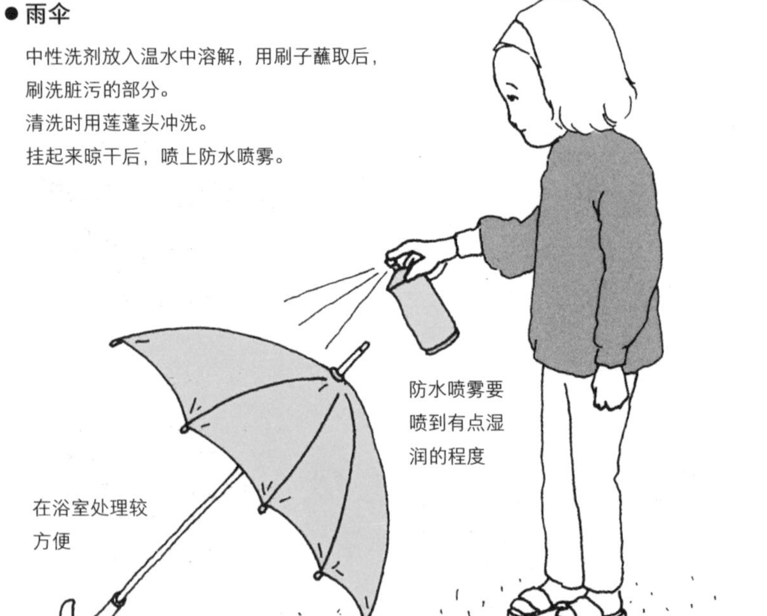

● 帽子（棉、聚酯纤维制）

圆洗法

①浸泡在加了洗衣精的水里。

⑤蘸上溶了浆的稀释液。帽檐要浓一点，从四周到内侧都要涂上。

②内侧用旧牙刷或指尖刷来清理，接着依序洗外侧跟帽檐。如果有难以清除的脏污，就蘸家用清洁剂的原液刷洗。

③仔细清洗。

④脱水的时候，头顶圆形部分朝下，帽檐朝上放进洗衣机，脱水10秒。

⑥盖在网子上晾干后，形状就不会走样了。

● 布娃娃

①将中性洗剂或洗发精倒入温水中溶解，以旧牙刷等蘸取，顺着毛刷洗。

②毛巾浸热水后拧干，仔细擦拭。

③置于通风良好的地方。让毛的里面都充分晾干。

啊！失败了——这时该怎么办？ 问与答

难得自己洗衣服了，可是却“咦，怎么会这样……”每个人都可能会遇过这样的失败，所以不必慌张。只要学习常见的失败与处置法，就可以了。

问　衣物上沾满了面纸屑……口袋里放一包面纸，就这样丢进洗衣机洗了，这种事是常有的。这时怎么办？

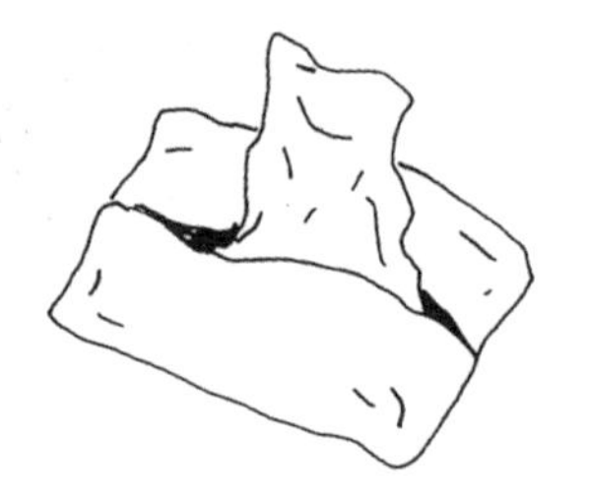

答　使用胶带。去不掉的面纸屑就放着直接晾干，接着就用胶带贴一贴粘下来，或用吸尘器吸除。衣服干了之后反而比较容易去除。

问　毛衣又硬又皱，好像还起了毛球？

答　洗完时再润丝。清洗完毕后，在水里加入柔软剂，如果没有就用润发乳。接着轻轻脱水后晾干。

问　洗衣机长黑黑的霉菌？

答　用醋或家用洗剂清洗洗衣机。如果置之不理会让衣物也沾上脏污。倒入1杯醋或1瓶盖的家用洗剂，将水放满后转动30分钟。1个月大约做1次即可。

问　裤子上的松弛现象如何消除？

答　用蒸气熨斗与氨水。首先将熨斗的蒸气充分熨上。（参阅189页）如果还不行，就在布上蘸氨水或醋，擦在光秃秃的部分，再干熨。接着静置直到湿气消失。

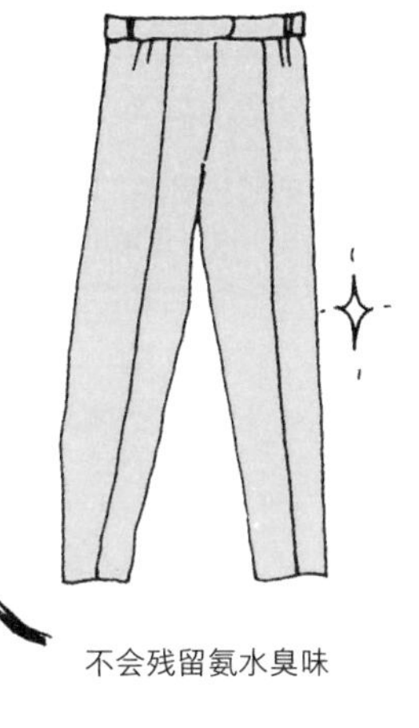

译注：裤子上的松弛现象，是指拉链常接触或坐着膝盖常摩擦桌下，而使纤维失去活力，因此出现光秃秃的状态。

不会残留氨水臭味

问　白色衬衫上有焦痕？

答　用过氧化氢脱色。将蘸有过氧化氢的脱脂棉轻拍上就会变淡。日照晒干后就会变得不明显了。

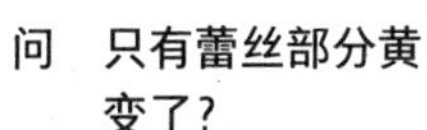

问　只有蕾丝部分黄变了？

答　聚氨酯或尼龙在日光直射下会造成变色或褪色。晾干时要注意，如果变黄时要用氧化系漂白剂。如果是白色衣物，就浸泡在加了还原型漂白剂的40摄氏度热水里30分钟。用氯系漂白剂也能恢复黄变的情形。

问　T恤上有一堆小皱褶怎么办？

答　用熨斗烫也很麻烦的时候，就再度用足够的水打湿衣服，不要拧干挂起来，整理形状后晾干。

衣物送洗——聪明的送洗法

新的质料越多，就有越多种衣物没办法在家里清洗。那么就来了解一下送洗的标准，以及能顺利应付的方式吧。

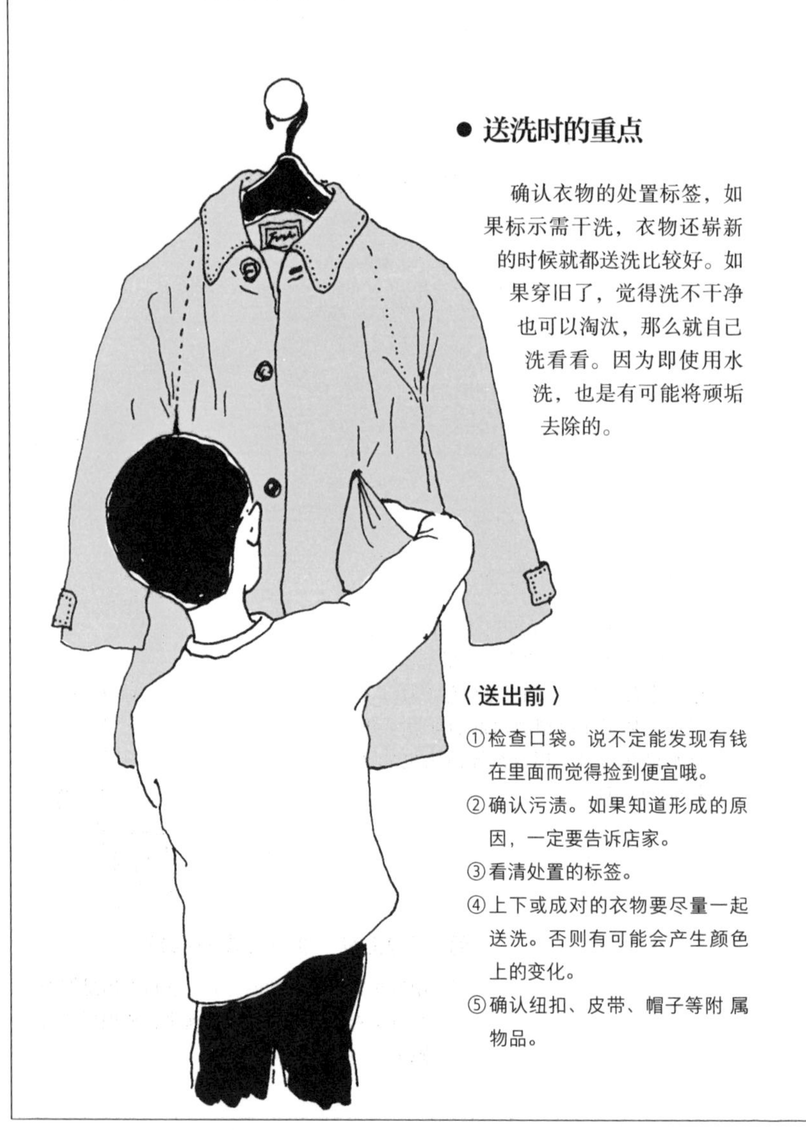

● 送洗时的重点

确认衣物的处置标签，如果标示需干洗，衣物还崭新的时候就都送洗比较好。如果穿旧了，觉得洗不干净也可以淘汰，那么就自己洗看看。因为即使用水洗，也是有可能将顽垢去除的。

〈送出前〉

①检查口袋。说不定能发现有钱在里面而觉得捡到便宜哦。

②确认污渍。如果知道形成的原因，一定要告诉店家。

③看清处置的标签。

④上下或成对的衣物要尽量一起送洗。否则有可能会产生颜色上的变化。

⑤确认纽扣、皮带、帽子等附 属物品。

干洗与水洗的不同

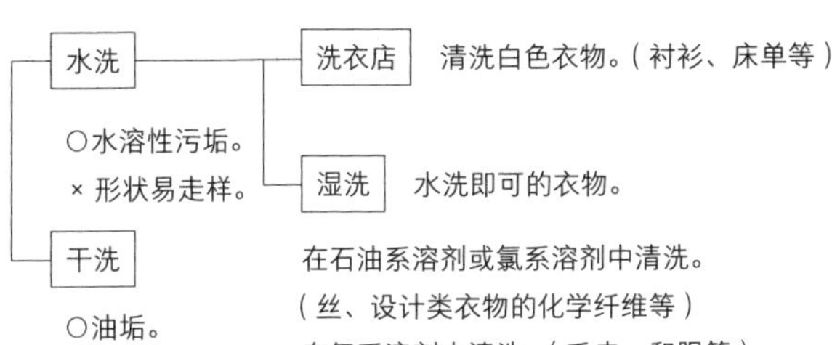

〈取回后〉

①确认是否去除污垢。
②确认纽扣或附属品。
③确认是否有污渍或变色。
④确认是否有破洞或抽线。
⑤一定要从塑料袋中取出后保存。
那可能是变色、发霉、变质的原因。

● 万一有问题

要尽快联络洗衣店。
如果超过1年以上未取回，或取回后超过6个月才察觉，多数店家都不会愿意负起责任。
可以向当地消费者中心进行咨询。

去除污渍——基础与诀窍

总是在不知不觉中发现衣服上早已存在的污渍。不知道怎么回事，老是只有自己喜欢的衣服会染到。你会不会因此而觉得懊恼呢？这种时候，如果能知道去除污渍的诀窍，那就放心多了。

● 去除污渍的基础

判断污渍的种类

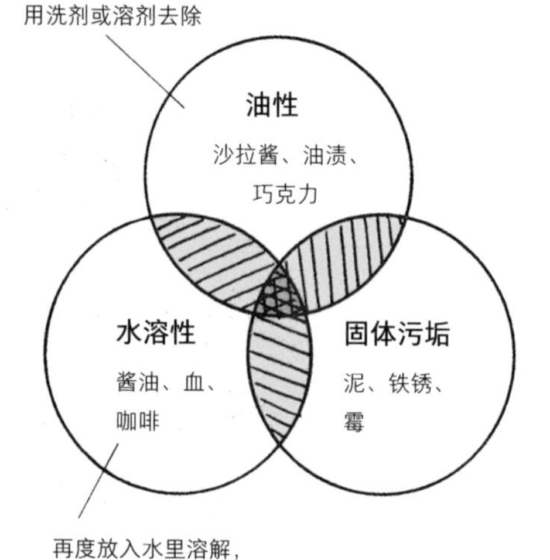

首先，滴一点水看看。

- 污渍的部分颜色更深时——水溶性
- 没有变化，觉得好像要扩散时——油性
- 其他

  污渍的成因，也包括色素、糖分、蛋白质、酸、铁等，可依需要使用漂白剂等。

羊毛或丝所染上的污渍，交给专家解决比较好。

去除污渍的诀窍

① 尽快去除。

② 不要搓揉，用拍打的方式。

③ 参考处置标签，配合质料与污渍的去除方法。

④ 四周不要弄湿，以防污渍扩散。

⑤ 不到最后绝不放弃。

● 染上污渍时的紧急处置

用面纸轻轻压住，让污渍移到面纸上，这是最基本的。

①水溶性　面纸蘸多一点水，放在污渍上方，稀释污渍后以干面纸压住，移除污渍。

②油性　以干面纸移除污渍。

③黏黏的东西尽量用干面纸去除。口香糖要用冰块先冷却。

④泥泞　小小滴就用手拨掉，再轻轻地移除到面纸上面。
接着等回家后，再仔细地去除污渍，就没问题了

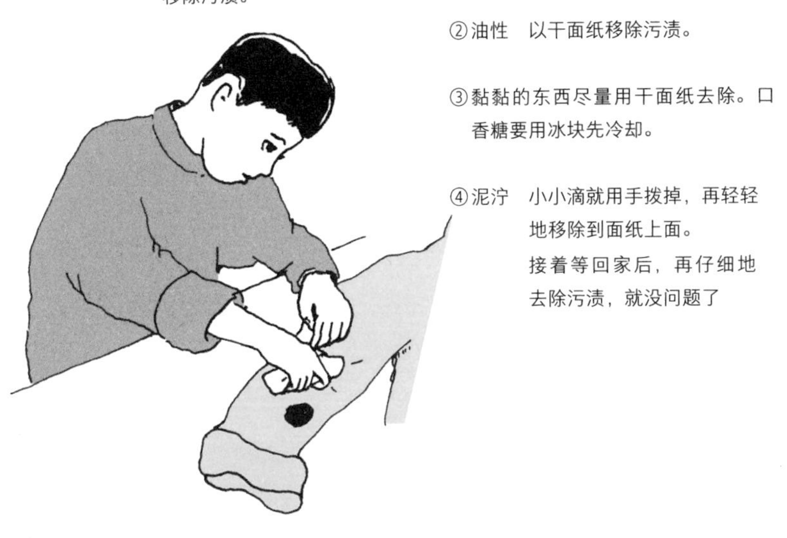

● 很方便的除污渍工具

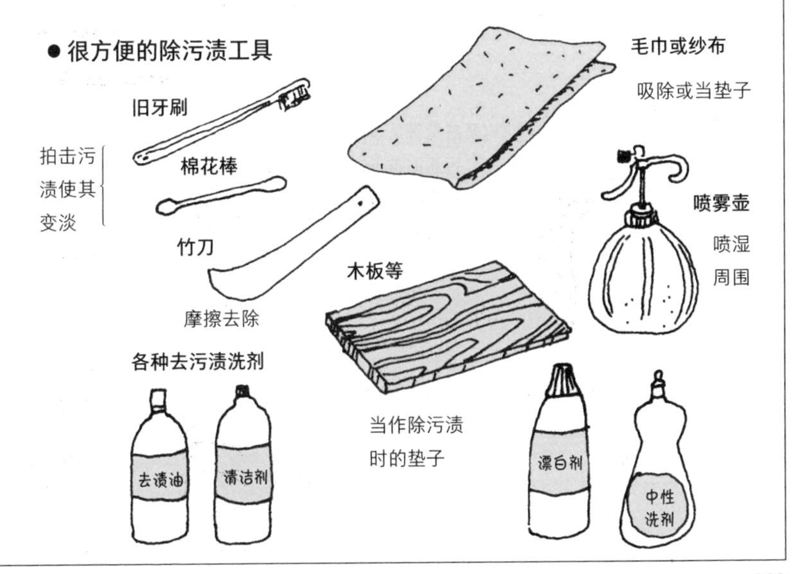

各种污渍的去除法

一旦发现了污渍，就以“实验”的心情，试着挑战如何去除污渍吧。顺序很简单。如果能如预期般除掉污渍，就能享受名侦探破案时的快感哦。

● 基本的顺序

①在污渍下垫着毛巾或面纸。

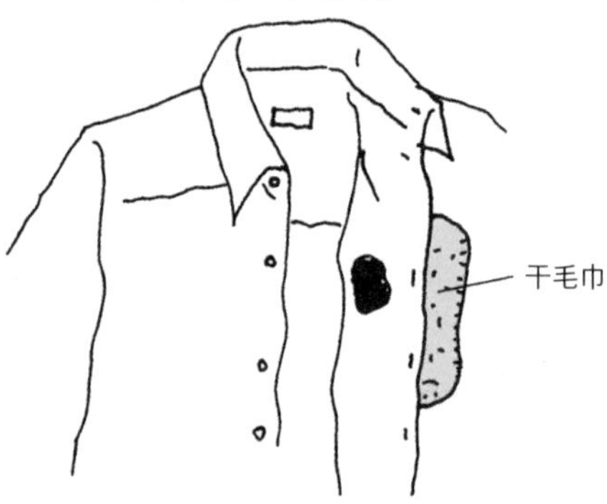

④轮状污渍很容易残留，所以四周也要仔细用喷雾喷湿，然后用毛巾拭除。

②首先，以蘸了水的牙刷或棉花棒，试着拍击污渍的四周。

⑤慢慢地自然干燥衣物。如果使用熨斗反而更容易形成轮状污渍。

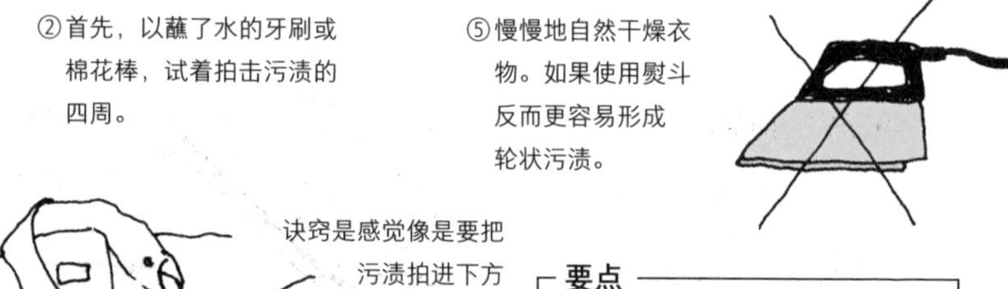

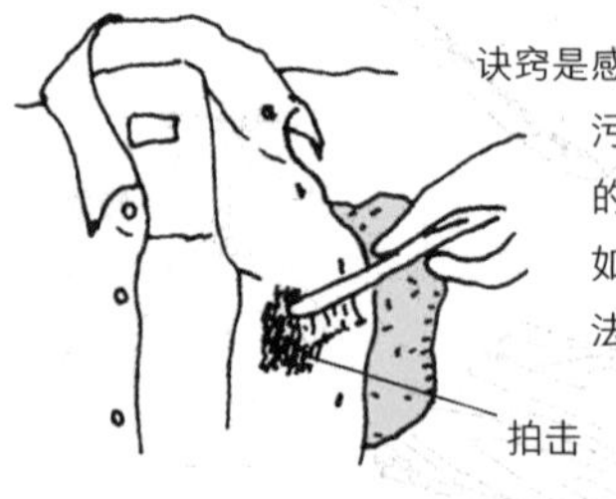

③如果水像是要弹开，那就是油性污渍。使用药品或洗剂，以相同的方法将污渍拍击出来。

要点

为了去除污渍而使用药剂时，要从较弱性的开始，慢慢尝试。

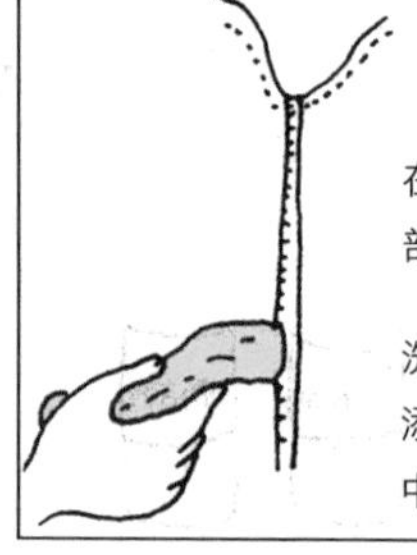

● 去除常见污渍的方法

味噌汤、酱油、酱汁

①用水轻拍。

②已经很久的污渍要蘸洗剂轻拍。

③白色衣物使用氯系漂白剂清洗。

蜡笔

①蘸汽油或酒精轻拍。

②以家用洗剂捏洗。

水彩颜料

①用水轻拍。

②蘸洗剂轻拍。

③漂白。

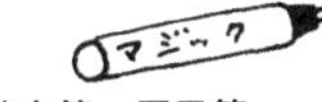

签字笔、原子笔

①以汽油或酒精轻拍。

②蘸洗剂轻拍。

墨汁

①用水轻拍。

②蘸洗剂轻拍。

③漂白。

牛奶

①去除蛋白质千万不可以用热水。以冷水清洗。

②用中性洗剂或加入酶的洗剂轻拍。

咖喱

①以厨房用洗剂拍击。

②漂白。

冰激凌

用水充分打湿，以蘸了洗剂的刷子拍击

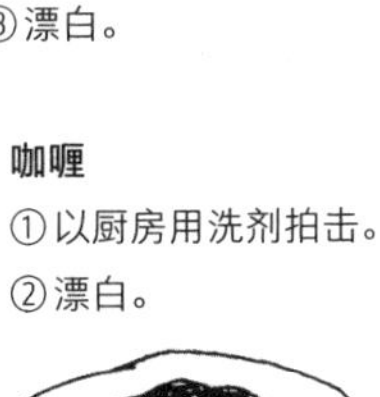

鸡蛋

用加入酶的洗剂轻拍。

果汁

①用水轻拍。

②蘸洗剂轻拍。

③过氧化氢、酒精、柠檬 } 用脱脂棉蘸取后揉捏清除

沙拉酱

①以汽油或酒精轻拍。

②用家用洗剂或加入酶的洗剂轻拍。

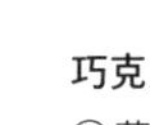

番茄酱

①用水轻拍。

②蘸加入酶的洗剂轻拍。

③漂白。

巧克力

①蘸洗剂轻拍。

②以汽油或酒精轻拍。

③用过氧化氢轻拍或漂白。

洗净身体——入浴的顺序

最后，当然不能忘记“洗涤”自己的身体啦。身体也会因为汗水或灰尘而脏污。有好好地泡个澡吗？只是哗啦哗啦泼个水了事，可不算“洗涤”身体。想想该如何高明地洗个澡，以及入浴时的礼仪吧。

● 泡澡的方式

①首先冲洗掉最低限度的污垢。
用热水冲一冲手、脚、臀部、身体全部。
洗干净才能泡进浴缸里哦。

②将香皂搓出泡沫，洗脸。
耳后与发根也要洗到。

③用毛巾蘸香皂，清洗头、身体、手臂、手、脚。
脚底和趾缝也不要忘记清洗。

④用毛巾蘸水清洗身体所有沾上香皂的细微处。

⑤用干净的热水冲洗全身，冲掉香皂泡。

⑥泡进浴缸中，让身体暖起来。

⑦拧干毛巾擦干身体的水滴。如果用冷水拧毛巾或毛巾没拧干就擦身体，毛孔就会因此紧缩而无法张开。

入浴礼节

不要污染大家共用的浴池里的水。
莲蓬头或香皂不要溅到周遭的人。
不要在浴池里游泳或在浴场四处奔跑。

维护·整理

好不容易洗好的衣物，你是不是丢在一旁堆得跟山一样高呢？还是全塞进衣柜抽屉里呢？等到打算拿出来穿时，都皱皱的了。或是找不到放在哪里，因而一阵混乱……虽然心里也明白这样不行，可是不知不觉就这么做了呢。其实，只要稍微用点心，就能好好跟这种失败经验说再见啰。

衣服的维护——每日的重点

外出时所穿的衣服，回家以后该如何处置呢？换回轻松的居家服后，如果立刻维护外出服的话，那么下次要穿时，就能穿得很舒适了。可没有必要每天每天都洗涤一番啊。

● 脱下外出服后

①将口袋里的东西拿出来。

②用衣架挂起，放在通风良好的地方。

③用刷子从领子处往下刷。

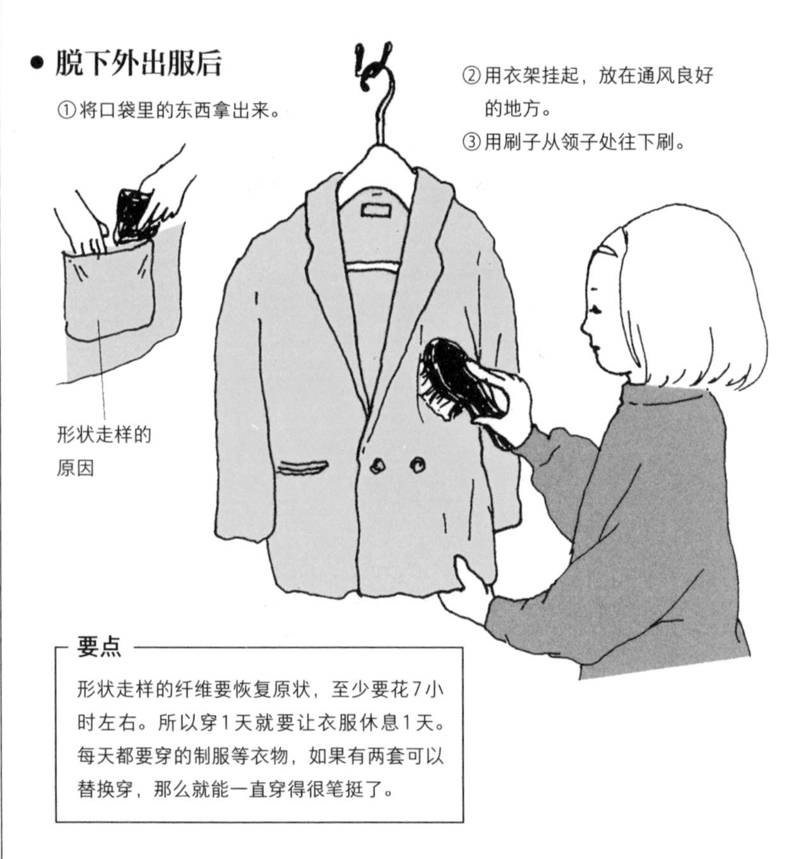

要点

形状走样的纤维要恢复原状，至少要花7小时左右。所以穿1天就要让衣服休息1天。每天都要穿的制服等衣物，如果有两套可以替换穿，那么就能一直穿得很笔挺了。

〈雨天〉

①用干毛巾按压湿掉的部分，去除湿气。

②用衣架挂起来，自然干燥。

③如果溅到泥泞，等干掉后用刷子刷、用手揉一揉，再用吸尘器吸掉。

● 如果有流汗

①下方垫着干毛巾，用蘸水拧干的毛巾在上方轻拍。

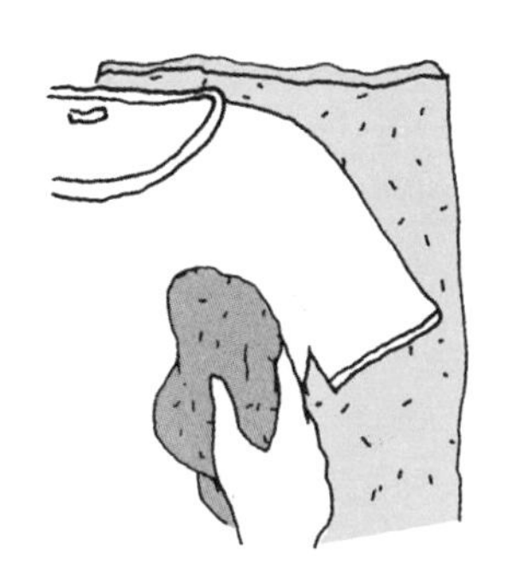

②用水喷一喷湿掉的周围，再用另一条干毛巾按压。

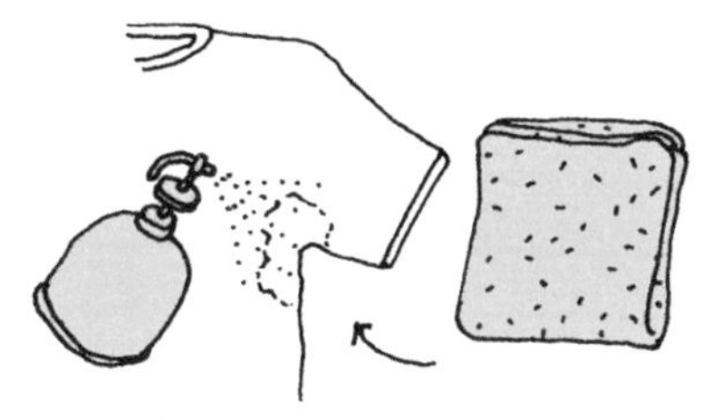

喷雾之后，用干毛巾在周围按压

③挂在通风良好的地方晾干。

● 沾上宠物毛

用胶带或有黏性的滚筒去除

● 出现叠痕

浴缸的热水不要放掉，让衣服挂在浴室里一晚。让衣服自然干燥即可

擦鞋——基础与诀窍

不管打扮得多么时尚，只要鞋子脏了，一切就是白费功夫。正因为是每天都要穿的鞋子，所以只要稍微维护一下，就会产生很大的差异哦。

● 买鞋之后立即做

布面、绒布面的鞋子要喷上防水喷雾。
皮鞋要在表面擦上一层无色的鞋油。

● 皮鞋的擦法

④ 干了之后，用软布或旧丝袜用力擦拭。
⑤ 脚跟及边缘都别忘了要擦拭。

被雨淋湿

①用抹布把泥泞擦掉。

②以干布除去水分。

③里面塞报纸，晾干。

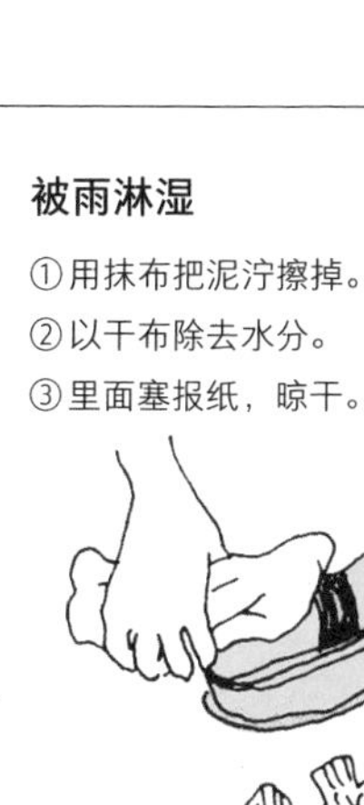

赶时间，
下方也要垫着报纸

绒布鞋的维护

①以专用的尼龙刷或牙刷去除污垢。

②喷上喷雾式的鞋油。

③风干后，用刷子梳理绒面。

专用橡皮是鞋子用橡皮擦，能去除严重污垢

漆皮鞋的维护

①用干布擦。

②用凡士林或婴儿油擦拭出光泽。

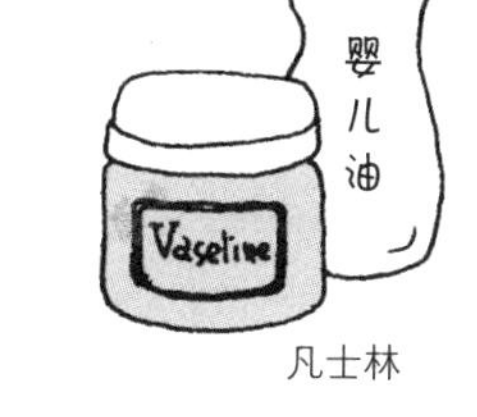

婴儿油

用润肤乳液也可

凡士林

创意擦鞋

如果鞋油变硬，加入一点橄榄油或芝麻油

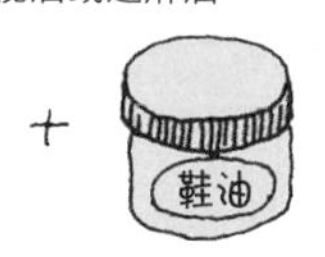

万一非立刻擦鞋不可，
就滴几滴牛奶在鞋蜡里

没有鞋油的时候

用香蕉皮的内侧擦拭，
干了之后用软布摩擦

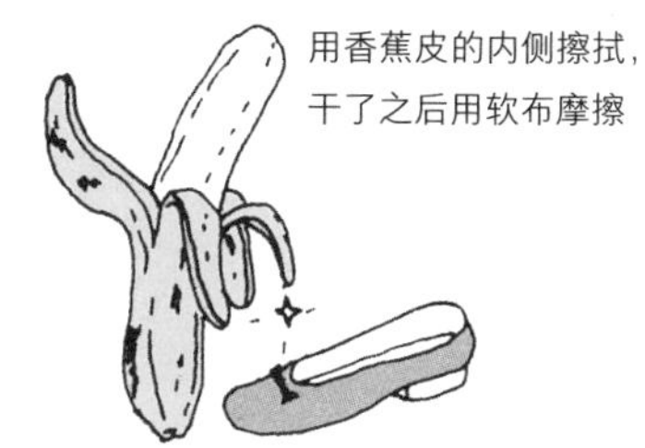

对付鞋子的恶臭

①换鞋垫。

②里面擦上清洁乳霜。

③里面喷上酒精喷雾。

④放入加了甜点味的干燥剂。

衣物的防虫·防水·防霉

打算拿出来穿的外出服上，居然发现被虫蛀过或发霉了……为了预防发生这种惨事，如果懂得防虫、防霉，甚至是防水的基本知识，那么就安心多了。

● 四种防虫剂

樟脑

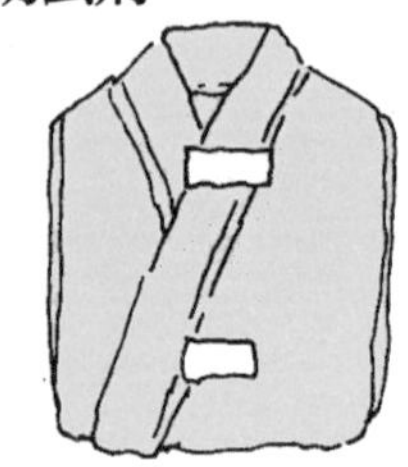

原料是樟木，带有香气的防虫剂。虽然效果较慢，但是缓缓地会出现成效，也不伤质料。适用和服、毛皮等高级衣料。虽然能够防虫甚至杀虫，但也会对人体造成影响。如果感到不舒服就要停止使用。防虫效果不会因为增加用量而有所改变

巴拉剂

金线、银线会变黑

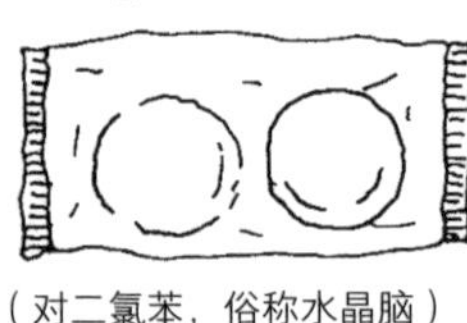

（对二氯苯，俗称水晶脑）

挥发性高，很快就会消失，所以要时常补充。如果跟其他的防虫剂一起使用，容易使衣物产生变色污渍

奈丸

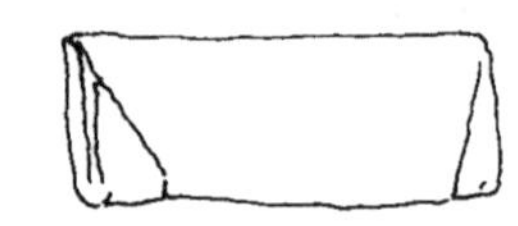

杀虫效果强，能维持很久，所以开始需要多放一些。适合用来保存人偶

除虫菊酯

避免使用于含铜的衣物

没有味道是其特点。跟其他防虫剂混合使用也没问题。虽然不必担心衣物会起污渍，但因不容易看出用量消耗的情形，所以别忘了确认有效期限

〈使用的诀窍〉

①每种都要放在衣物上方。防虫剂的气体比空气重，会往下沉。

②如果用玻璃纸包装，就剪掉袋子的一小角。可一次剪开1个、2个或3个角，剪开的位置不一样，挥发消耗的地方也不同，不会一次用完。补充时从量少的部分补充即可。如果是和纸包装的，就直接使用。

③有味道的种类不要混着用。

● 防水

不只能防止下雨淋湿，还能防止沾上污垢。只要使用防水喷雾剂，就能轻松做好防水的效果。喷雾分氟类与硅类，氟类防止污垢的成效很好，而硅类则价格较高。

〈喷雾时的诀窍〉

①趁衣物新颖时，洗一洗晾干后喷上。先试着在不显眼的地方喷一喷。

②如果有皱褶，会造成喷雾不均匀，所以要拉平后再喷。

③打开窗户让空气流通时再喷。人体吸入喷雾会有危险。

● 防霉

衣物发霉来自于湿气重。从洗衣店取回的衣物，一定要从塑料袋中取出。

在衣柜的抽屉底部铺上一层报纸，就能吸收湿气，而且不止可以防霉，墨水的味道也有防虫效果。容易发霉的皮革制品不要收纳，直接挂着就好了。

浅色衣物下方不要直接铺报纸，多垫一层白纸比较放心

容易潮湿的地方放入除湿剂

曝晾

指梅雨季过后的夏季晒，和冬季2月的寒晾。在天气良好的日子里，把衣物放在通风良好的地方晾着，以去除湿气并防止虫害，是从前流传下来的智慧。

寝具——保持舒适的诀窍

软绵绵、刚刚晒干的被子，有一种吸引人马上跳上去躺下来睡的魅力。人一个晚上在睡眠中流下来的汗水，大约有1杯水的分量。这样每天累积下来的话……为了睡得香甜舒适，一定要经常晒晒被子。

● 晒棉被的重点　干燥与消毒

①用两根竹竿晒，两面都要通风一次。

②如果套着被单一起晒，就能够防止棉被直接日晒以及帮助被单干燥。

③上午10点到下午2点是黄金时间。在这期间晒2 ~ 3小时。

④若前一天是雨天，湿气会太重，不适合晾晒。

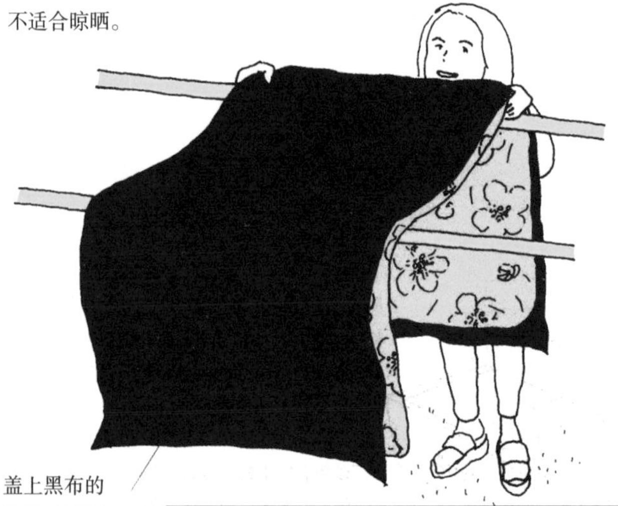

盖上黑布的效果会更好

⑤比起拍打，使用吸尘器去除尘螨或灰尘更有效果。

质料	晒　　干　　法
棉	因为很容易吸收湿气，如果放晴，最好每天都拿出去晒。晾2 ~ 3小时后，在下午3点前收进来。
羊毛 羽毛	两种都含有脂肪成分，不易吸收湿气。积存在里面的湿气，即使只是打开窗通风，也能够去除。如果要晒的话，只要做到日光杀菌的程度晒1个小时就好了。在有风的日子晒，对于去除湿气有更大的效果。

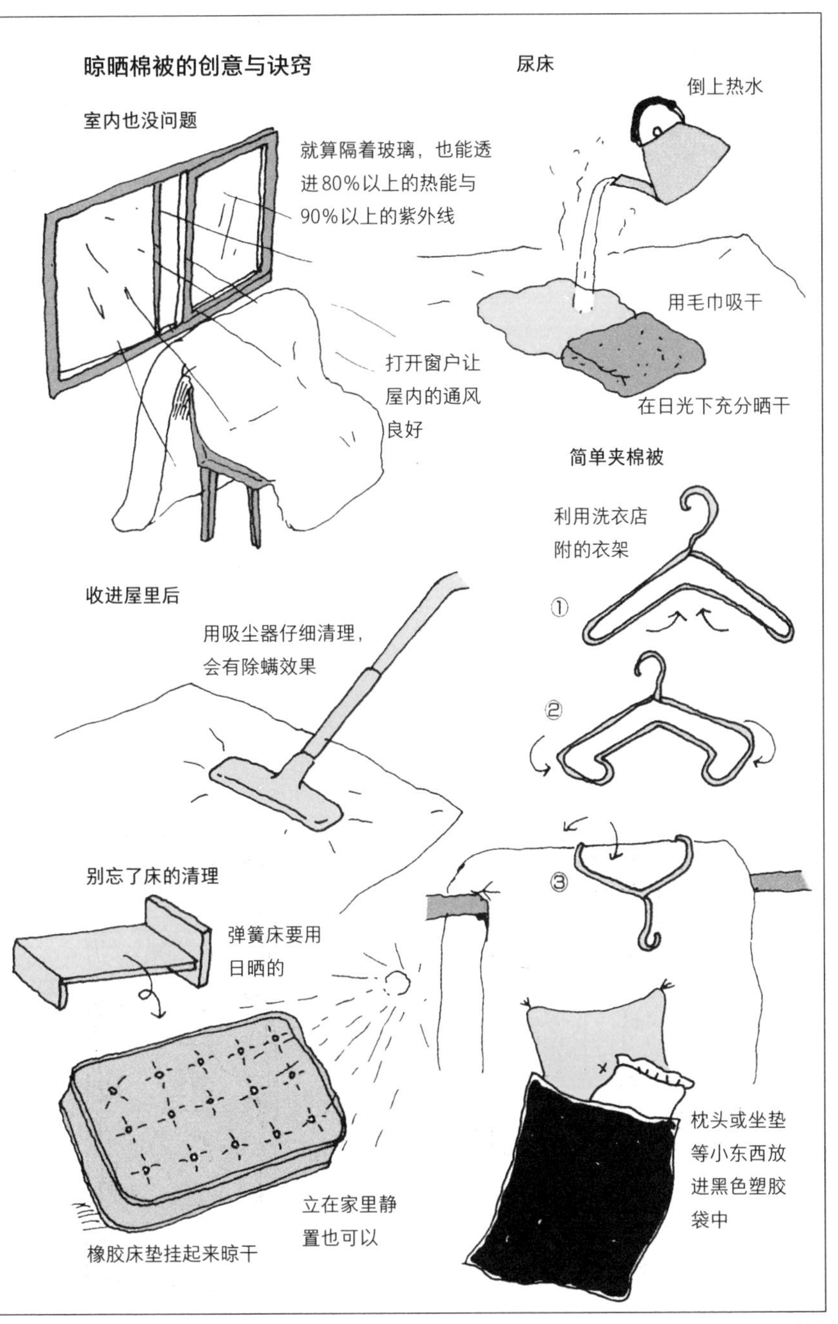
晾晒棉被的创意与诀窍
室内也没问题
就算隔着玻璃，也能透
进80%以上的热能与
90%以上的紫外线
打开窗户让
屋内的通风
良好
尿床
倒上热水
用毛巾吸干
在日光下充分晒干
简单夹棉被
利用洗衣店
附的衣架
①
②
③
收进屋里后
用吸尘器仔细清理，
会有除螨效果
别忘了床的清理
弹簧床要用
日晒的
立在家里静
置也可以
橡胶床垫挂起来晾干
枕头或坐垫
等小东西放
进黑色塑胶
袋中

衣物整理——10点诀窍

衣橱的门关不上。抽屉塞不下。整理衣物时只要稍不留意，就变得无法收拾。在你打算放弃前，先试着学会聪明整理的诀窍吧。

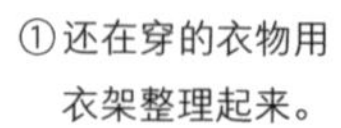

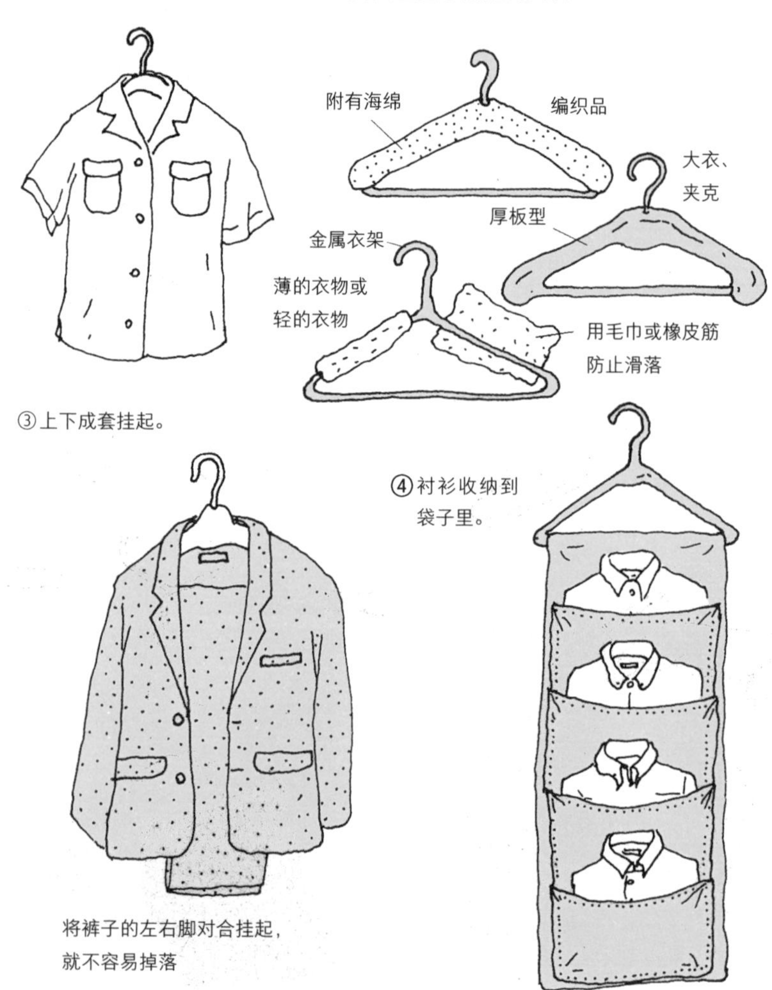

⑤怕起皱褶的衣服就
卷起来收好。

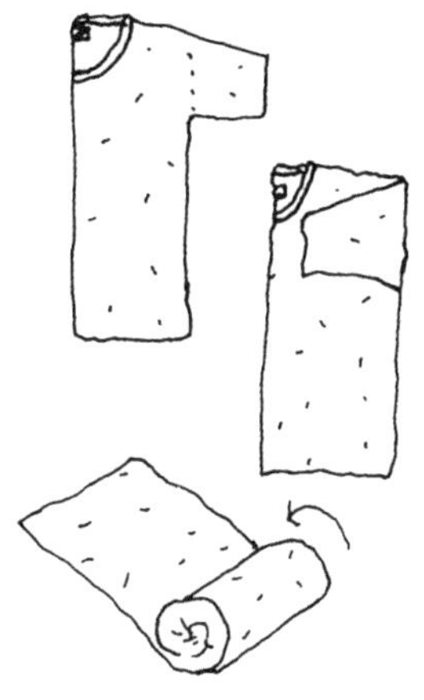

⑥用不同颜色的衣架
区分所挂的衣物。

⑦小衣柜更要勤
于更换衣物。

⑧小东西要用隔层来
放置。

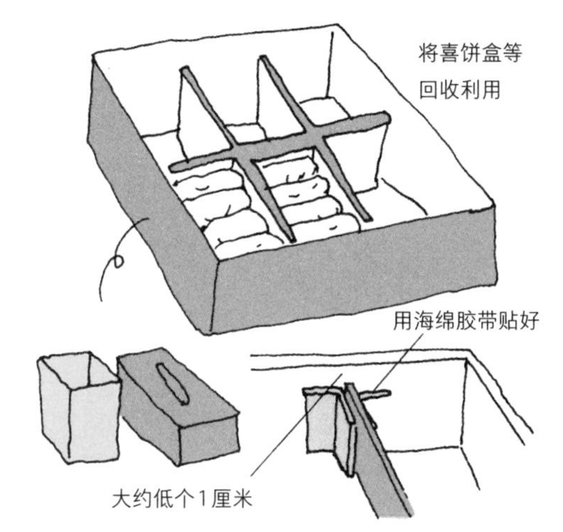

⑨门上吊挂袋
子，以便整
理小物品。

⑩有层次地叠在一起，
以便容易看到。

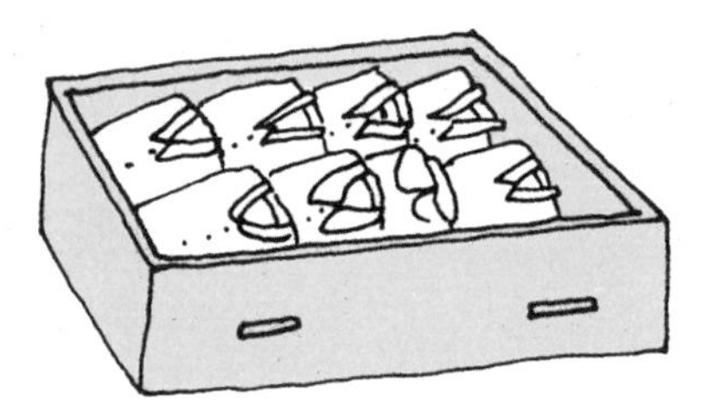

叠法Ⅰ——衬衫·女用上衣·裙子·大衣

如果能够将衣服叠得很漂亮，像店里的柜子上所摆放的衣物一样，那么你一定也能成为整理专家。来学习最简单的折叠法吧。

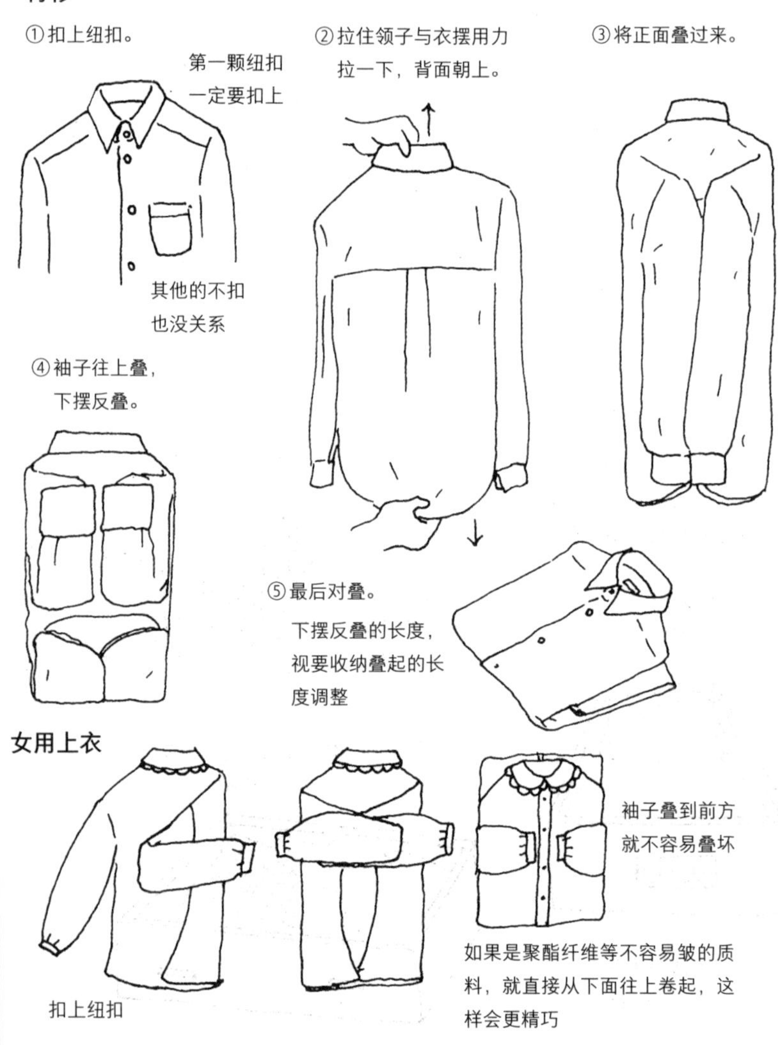

衬衫（外套）

①领子立起来，袖子放前面。

②对叠。

简单叠叠

①将其中一只袖子塞进另一只袖子里。

②将袖子收在中央后对叠。

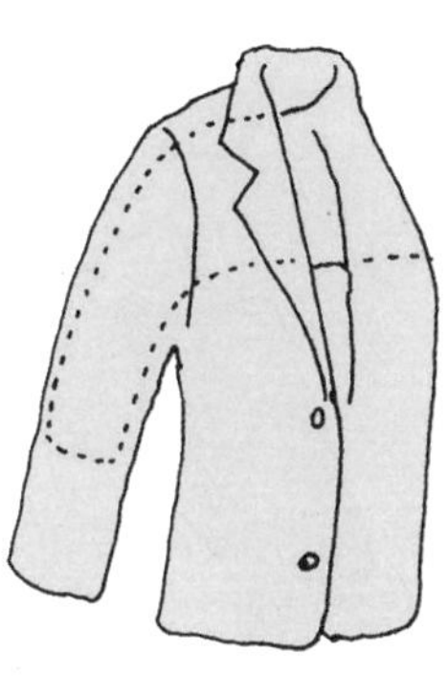

裙子

①用洗衣夹压住褶纹，纵向对叠。

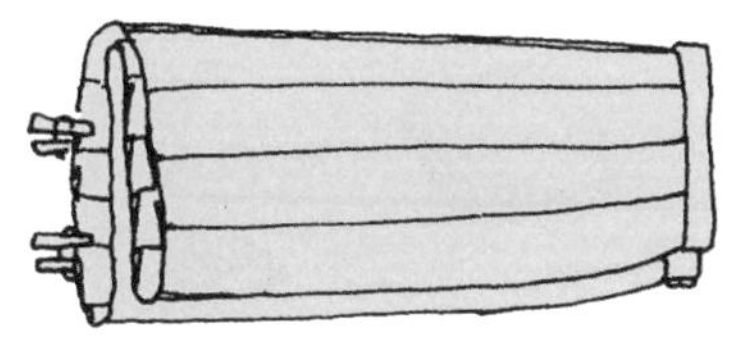

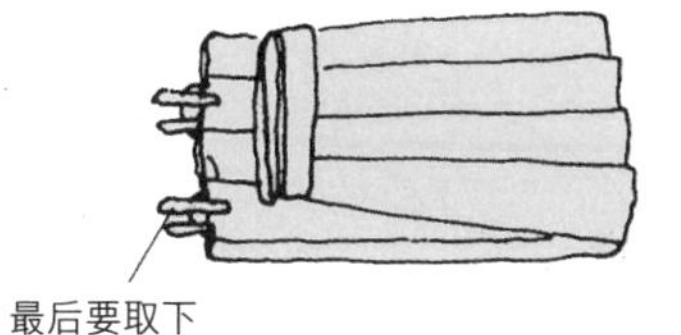

大衣

②下摆反叠。

③对叠。如果领子比较容易塌，那么对叠时要向外。

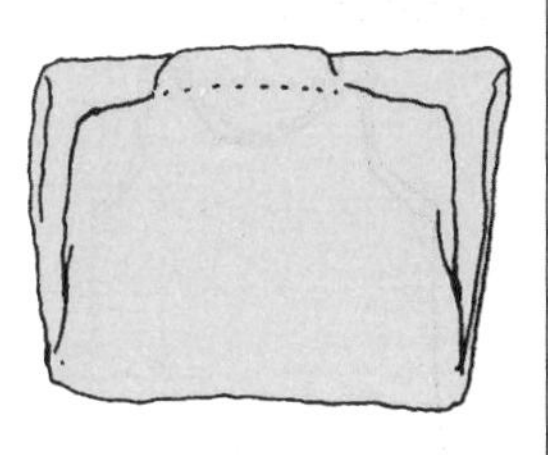

叠法II——贴身衣物·毛衣·T恤

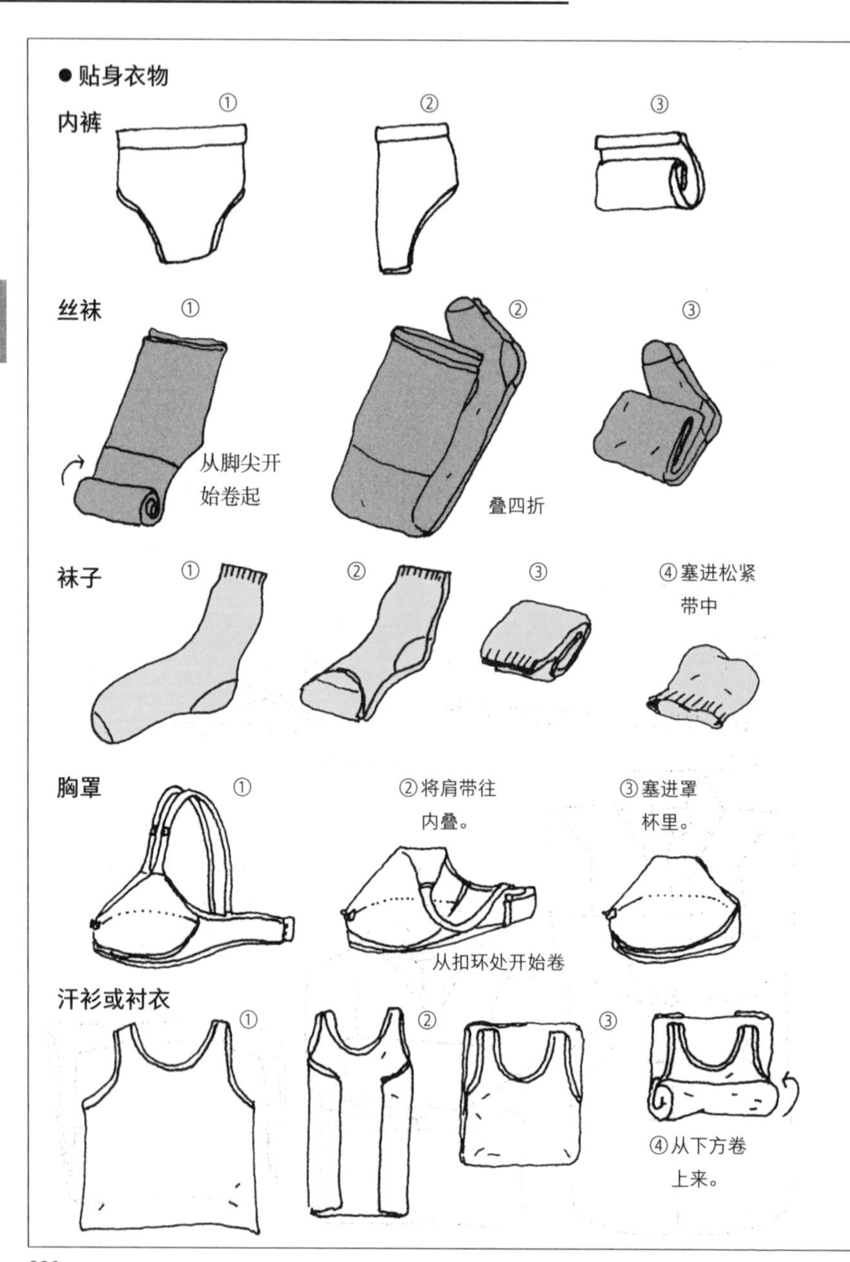

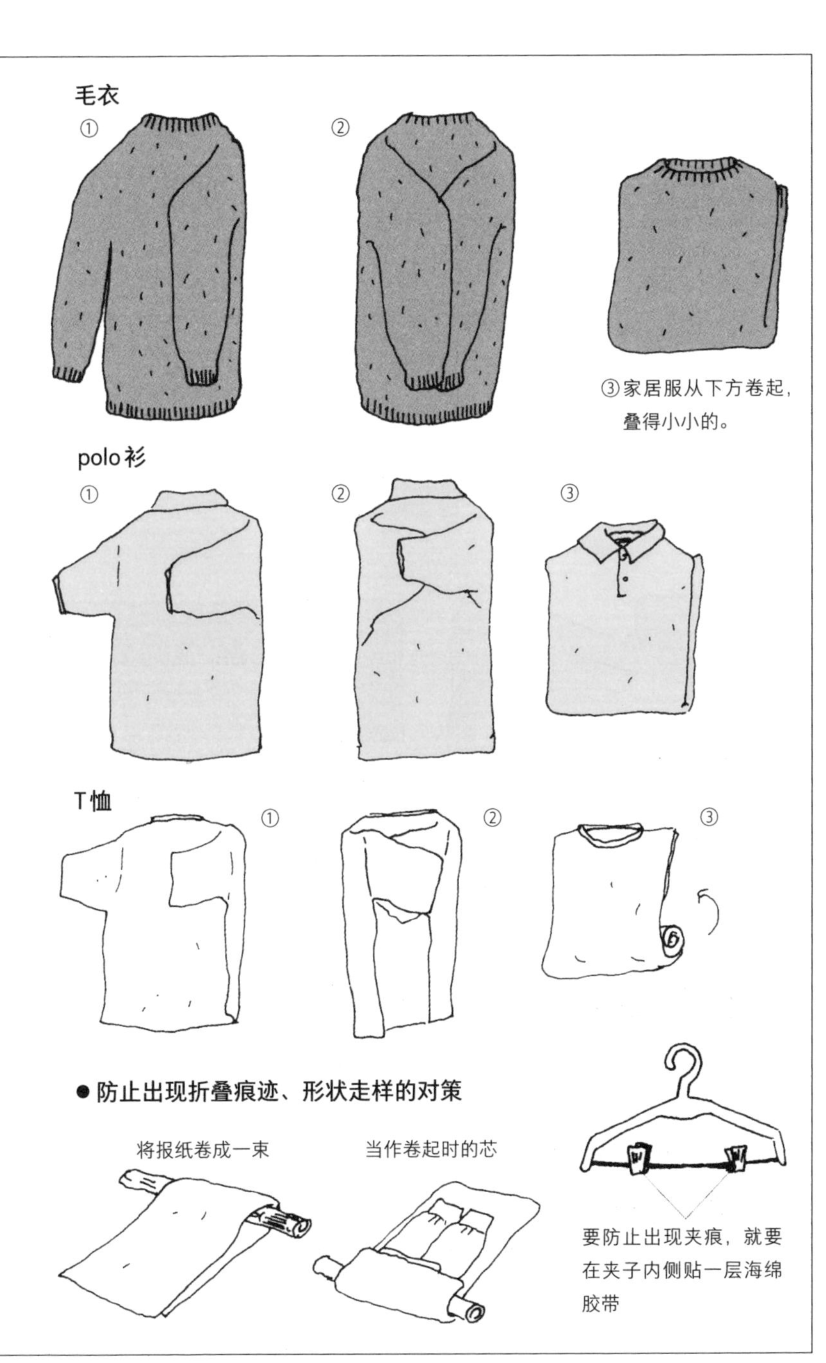
毛衣
①
②
③家居服从下方卷起，
叠得小小的。
polo衫
①
②
③
T恤
①
②
③
● 防止出现折叠痕迹、形状走样的对策
将报纸卷成一束
当作卷起时的芯
要防止出现夹痕，就要
在夹子内侧贴一层海绵
胶带

叠法Ⅲ——和服

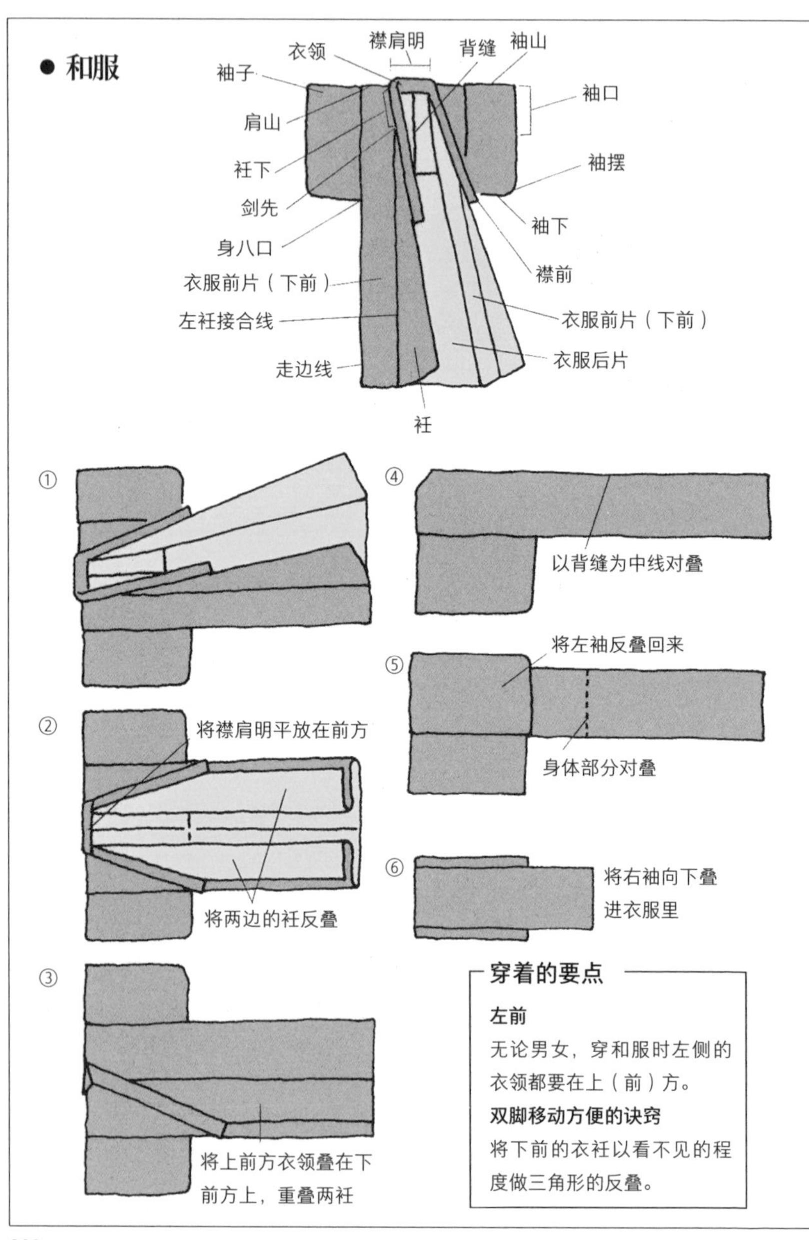

穿着的要点

左前

无论男女，穿和服时左侧的衣领都要在上（前）方。

双脚移动方便的诀窍

将下前的衣衽以看不见的程度做三角形的反叠。

缝・修补

纽扣掉了？下摆脱线垂下来了？该怎么办？如果要拜托别人替我们缝好，好像有点不好意思。接下来，不管是男生或女生，如果自己的衣物不会自己修补可不行。当然，爸爸跟爷爷也一样。

不熟练也没关系，但是，首先你得试试看。

裁缝工具——种类与使用法

说到缝纫的必需品，那就是针与线。再加上一些其他的裁缝工具就很足够了。对了，还有最重要的一点，就是你的干劲！只要能具备这点，那更是如虎添翼了。

● 基本的裁缝工具

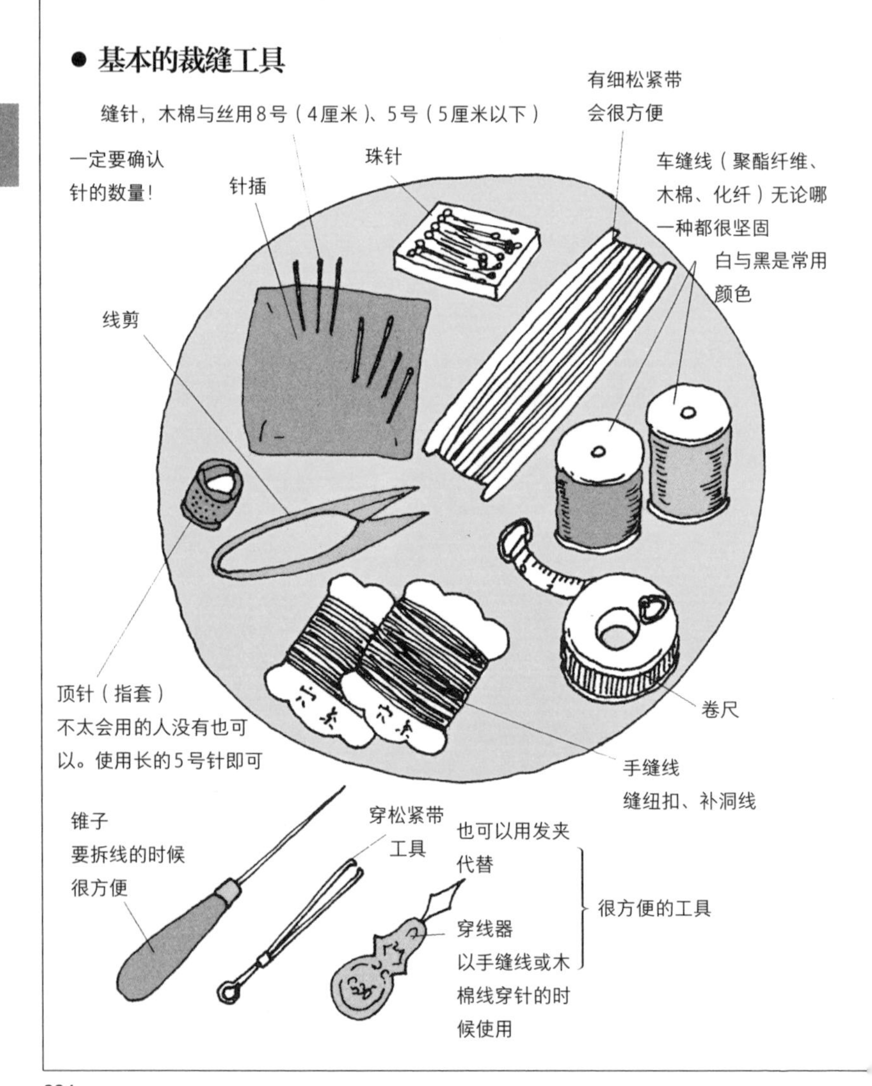

● 西式裁缝用，针与布的组合标准表

种类	号码	粗细（毫米）	长度（毫米）	主要的布料
美式规格针（洋服针）	6	0.78	31.8	羊毛、厚的木棉（丁尼布、绒布）
	7	0.71	30.3	木棉、羊毛、麻
	8	0.64	28.8	薄羊毛、薄木棉
	9	0.56	27.3	丝、薄木棉

美式规格的针是西式裁缝用的手缝针，号码越小，就越粗越长。
粗的针适合厚的质料，细的针适合薄的质料。

● 和式裁缝用的缝针的标示

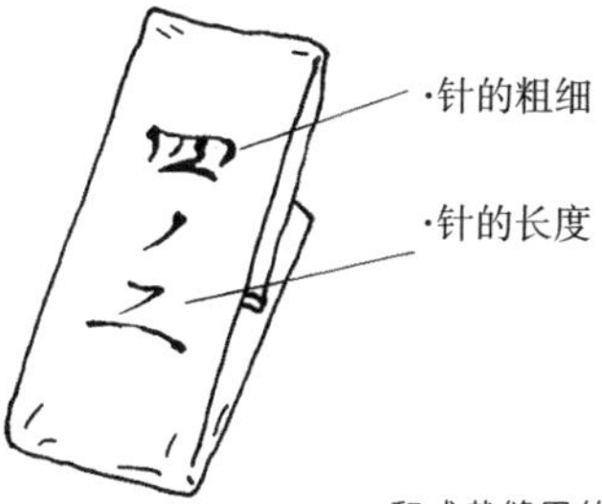

·针的粗细　四：丝针（丝用8号就是四之三）
三：木棉针（木棉用8号就是三之三）
·针的长度　二：1寸2分＝3.6厘米
五：1寸5分＝4.5厘米
1寸＝3厘米

和式裁缝用的针不管长度或粗细的种类都很多，所以要配合缝纫方法跟手的大小选择容易使用的。当然也可以用在西式裁缝上。

裁缝高手的口诀

“不会的人用长线，会的人用短线”
为了怕麻烦而让线过长，线容易缠在一起，反而要多浪费时间。
“今日一针，明日十针”
缝补如果多放一天让破洞扩大，就会更花时间。
“出针，朝针”
临出门之际或早上匆匆忙忙的时候，不要拿针。

手缝——基本缝法

将线穿过针后，就开始了手工缝纫的第一步。可是，如果忘了在一开始打个结，线就会滑掉了。好好练习缝纫的基本方法吧。

● 打结（缝纫开始的时候）

①抓住线。

②将线绕过食指。

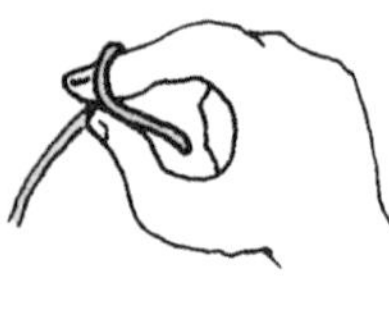

③将食指与大拇指合上，并将线捻进圈圈里。

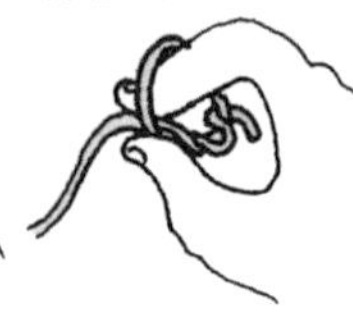

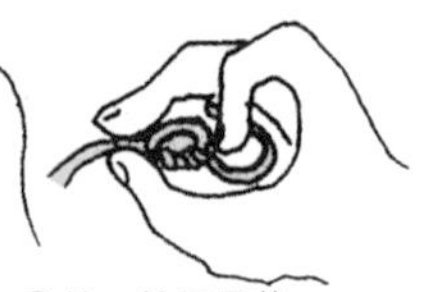

④捻一捻圈圈将结打起来。

● 打结（缝完时的收线法）

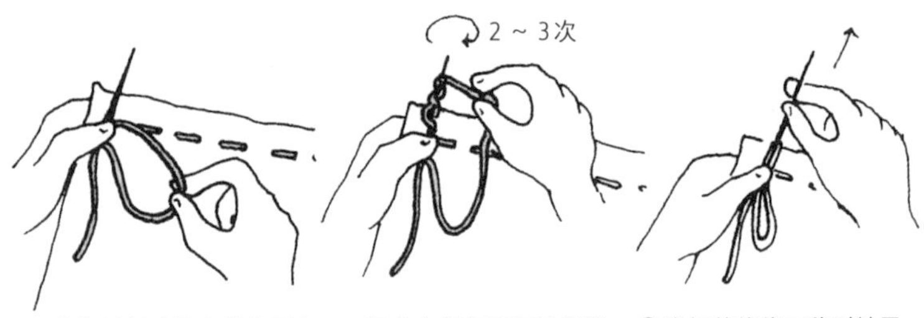

①把针放在缝完的位置上用大拇指压着针尾。

②从布里穿出来的线卷上针头。

③卷好的线往下移到针尾，以大拇指压住，然后把针抽出来。

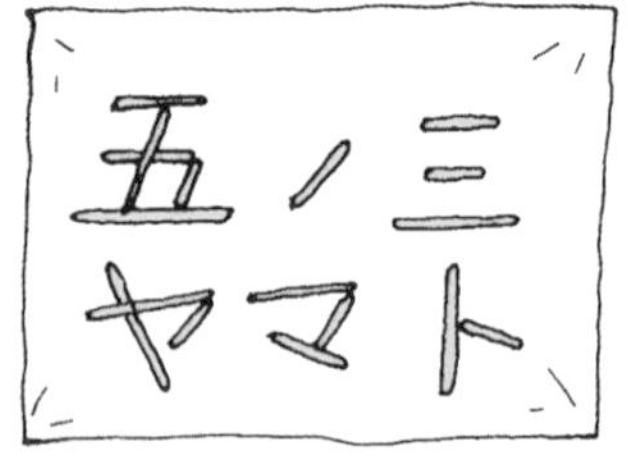

● 缝字

①用铅笔轻轻地描出字的边缘。

②线穿针，长度在50厘米左右。

③较长那一边的线打上开始的结。

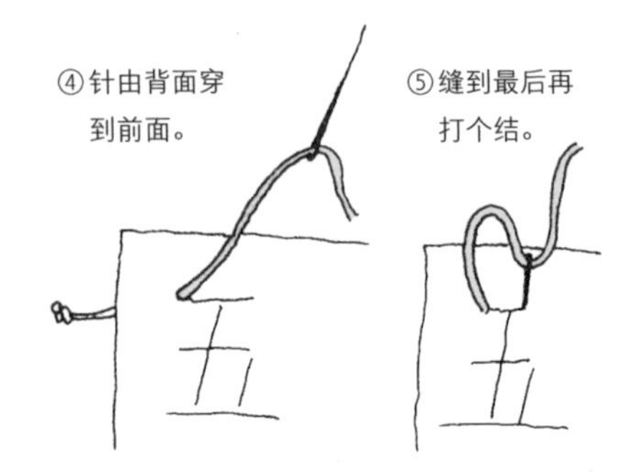

④针由背面穿到前面。

⑤缝到最后再打个结。

● 平针缝　用破布试缝看看吧！

最初的一针穿出后，接着不要整根针拔出来，以顶针按住，接着缝下一针，到最后再将针抽出。

①缝一针，针尾抵着顶针，以拇指跟食指夹住针。

②左右手往不同方向移动，前后移动右手拇指与食指让针往前进。

③将线整好不要让缝的地方不平整。

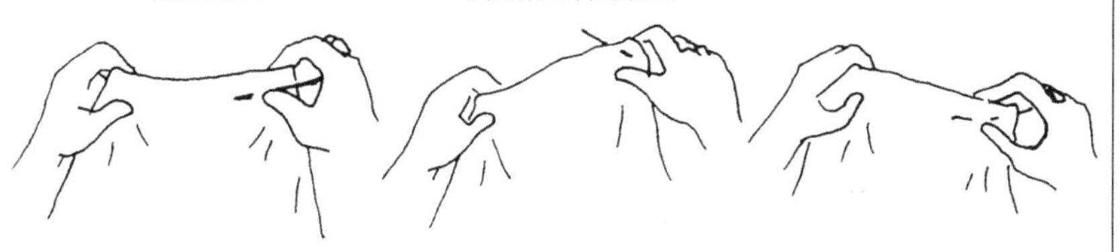

● 线的接续法

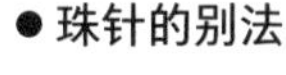

中途如果线不够长的话就先打结，然后于重复3厘米左右的地方再开始

● 顶针的套法

短针的情况下

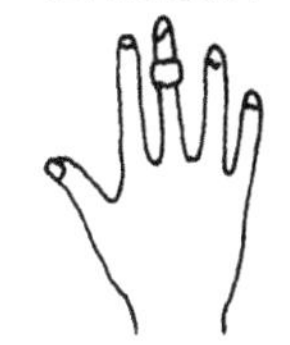

长针的情况下

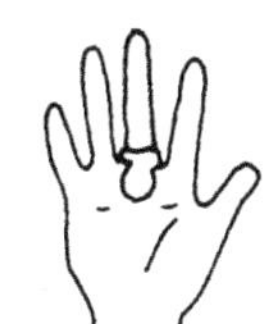

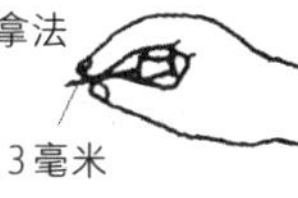

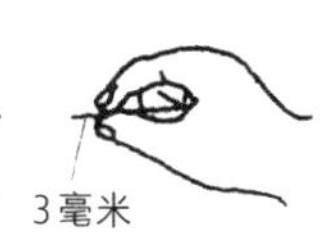

● 珠针的别法

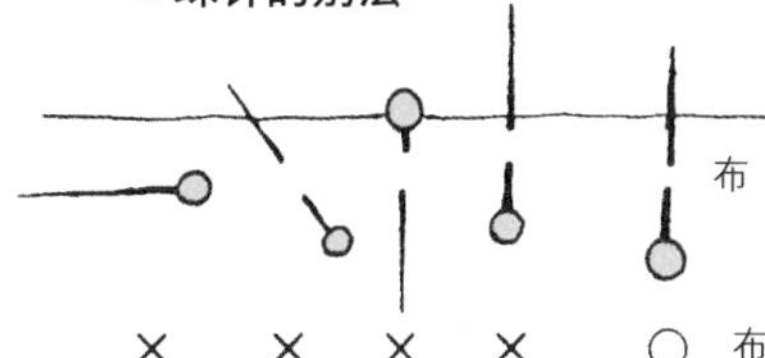

布要固定好，在缝的时候也不能成为阻碍

● 布纹的观察法

使用纸型的时候，有“↕”记号的就要配合布的直纹。布耳要在布幅的两侧，这样布才不易绽开

缝纫机——基本操作

许多人家里就算有缝纫机，到最后也是摆着不用。等到打算要使用的时候，线的穿法与操作方法早就忘光了。再复习一次基本的操作吧。

●针的装法

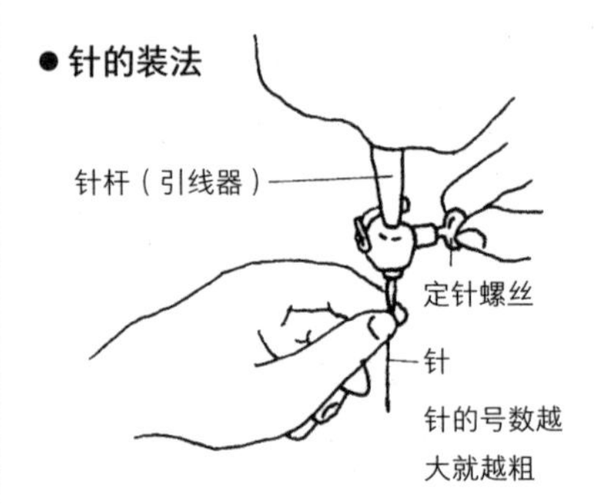

①将针杆推到最上方，定针螺丝稍微调松一点。

②将缝纫机针较平的那一面对准上沟槽，往上压一直顶到底。

③锁紧定针螺丝。

④缓缓转动手轮，确认针有放进针沟槽里。

●穿线练习、空缝

①先提起压布脚，将布放进去，针则插入要开始缝的位置。

②压布脚压下将布固定。

③两手轻轻压住布料开始缝纫。

要改变布料方向时，针仍旧保持插着的状态再旋转

压布脚

布	厚的布（牛仔裤等）	薄的布（纱等）	普通的布（棉、丝等）
针	16号	9号	11～14号
线	30、40号	70、80号	40、50号

针的号码越大就越粗

●下线（梭子）的卷法

①线头穿过梭子上的孔。

②将线与梭子装上。

③以卷线器固定住梭子。

④旋转手轮，把线卷到梭子上。

缝线（上线）

卷线器

梭子

手轮

好的卷线法

坏的卷线法

坏的卷线法

● 下线的穿法

①将梭子放进梭壳中。

②线通过梭壳的沟槽后，从缺口拉出约10厘米。

③针往上提，握着梭壳的枢纽，将突出的角对合大釜的凹槽。

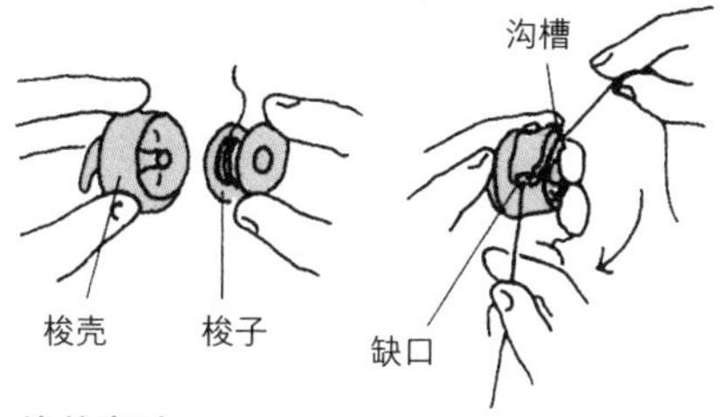

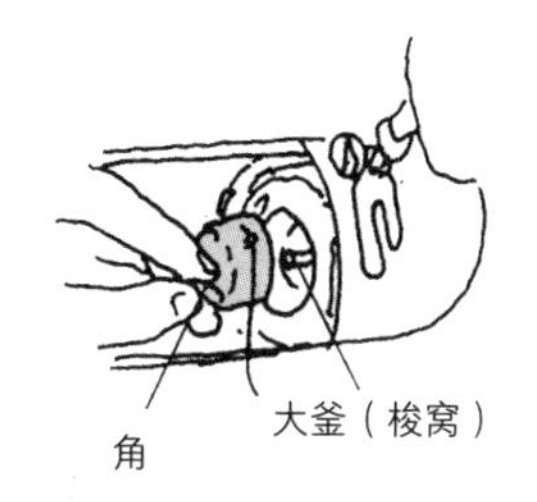

● 上线的穿法

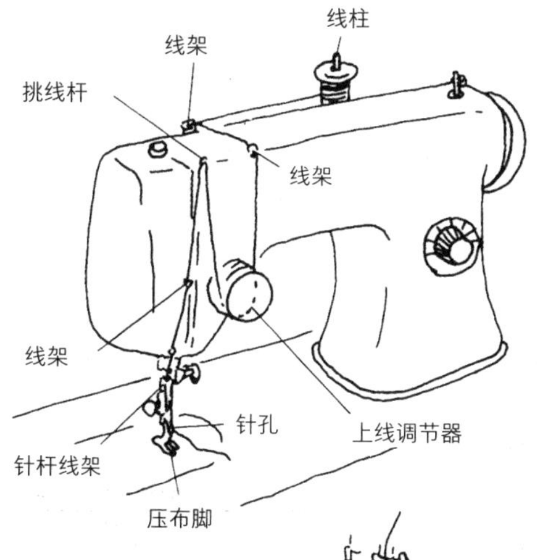

将线插入线柱，提起压布脚与挑线杆。再按照下列的步骤穿线

线柱→上线调节器→挑线杆→针孔这几个顺序，不管哪一台缝纫机都一样

● 拉出下线的方法

①左手拉着上线的一端，以免线跑掉。

②手轮往前旋转，让针往下压一次，提起后拉开上线。

③把被拉提起来的下线拉出来。

④上、下线一起往压布脚外的方向拉出约10厘米。

● 上、下线的接合

刚好平衡

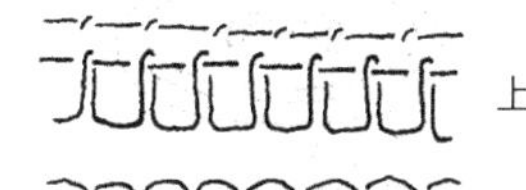

上线较强

上线较弱

缝纽扣——基础与诀窍

当纽扣快掉时，才一天不理会它，宝贵的纽扣就不见了，你曾遇过这样的情形吗？有时候因为一个纽扣不见，就必须整排全都换掉。如果不知道如何简单又牢固地缝纽扣，那就可惜了。

● **两孔纽扣的缝法**

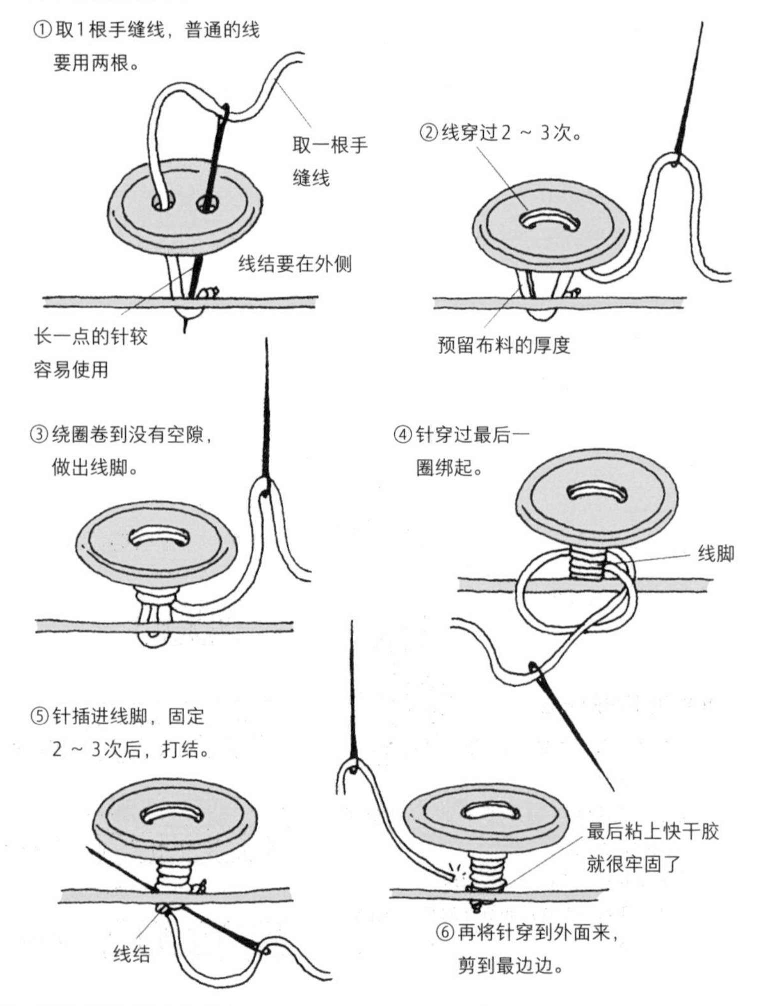

● 四孔纽扣的基本缝法与两孔相同

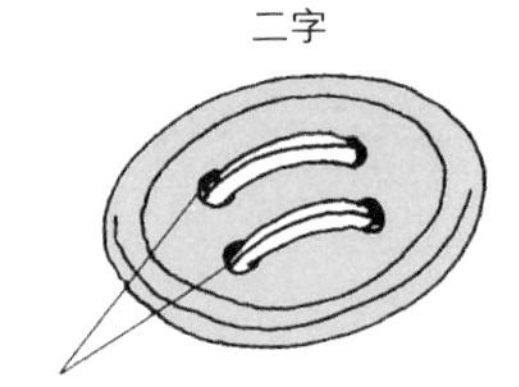

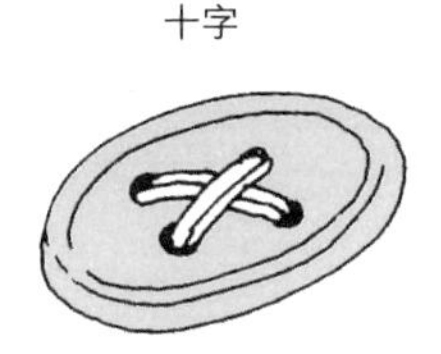

重叠到的地方，容易耗损

● 带脚纽扣的缝法

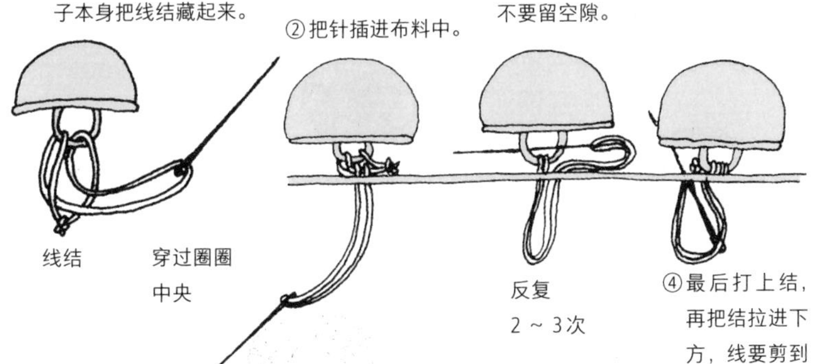

● 装饰纽扣

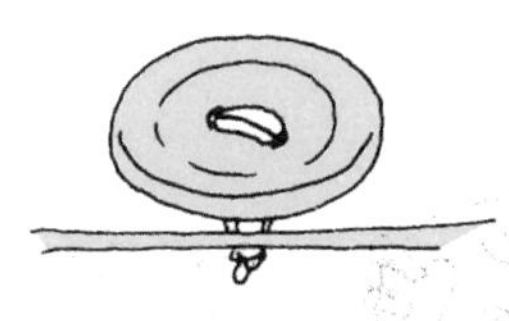

实际上并不扣上，只是装饰用的纽扣，不需要做线脚

● 施力纽扣

如果纽扣太大让质料受力太重时，在反侧缝上一样孔数的施力纽扣即可

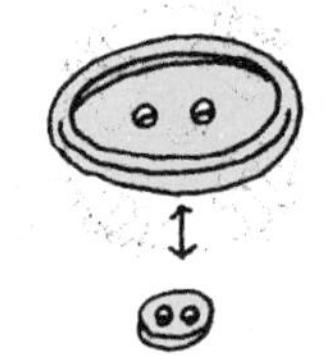

暗扣・裙钩的缝法——基本操作

毫不逊于纽扣，也是我们经常倚赖的，就是暗扣或裙钩了。又漂亮又坚固，但不是那么简单就能正确缝上的方法，你晓得吗?

●暗扣的缝法

·薄的布料要选用小颗的。
·要配合质料的颜色，也有暗扣是黑、白或彩色。
·覆盖那一侧的布要缝上凸型，下方的布缝上凹型。

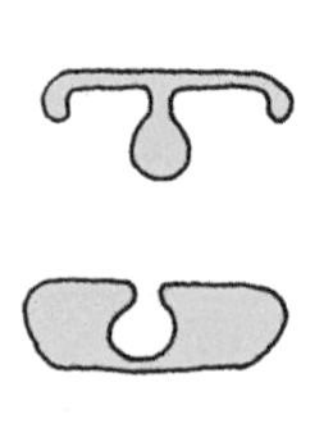

①打好线结后，将要缝暗扣的位置拿好，针从孔中穿出。

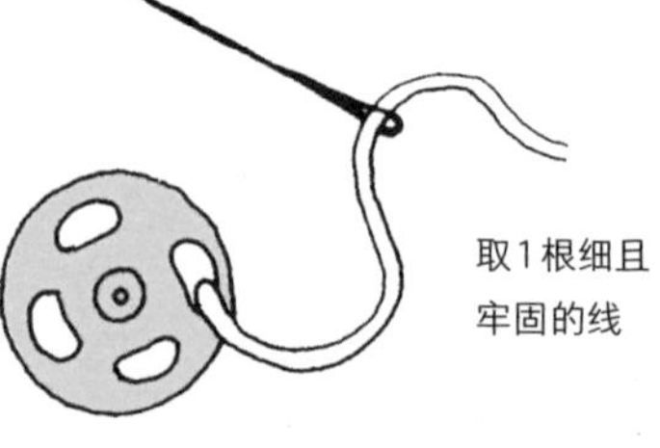

②固定好布料，针再度从同样的孔里穿出来。线不全部拉出且针从线圈中穿过即是坚固的缝法。

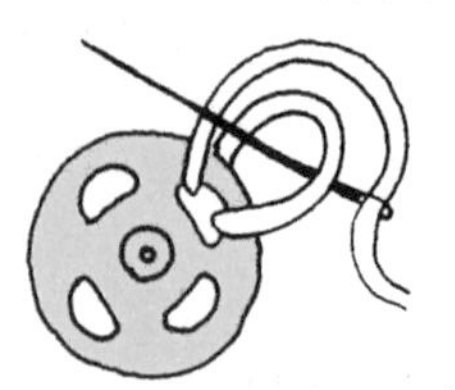

③一个孔重复2～3回上述动作，接着移到下一个孔。

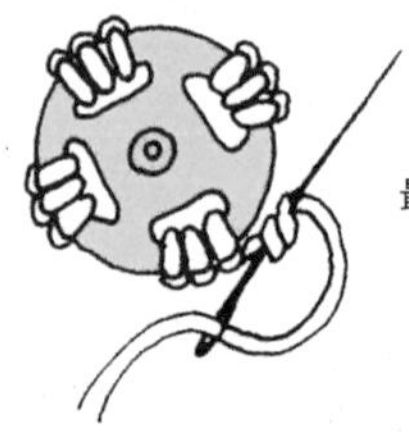

最后打上线结

④针穿过暗扣的下方后将线剪断。

布料不会松开

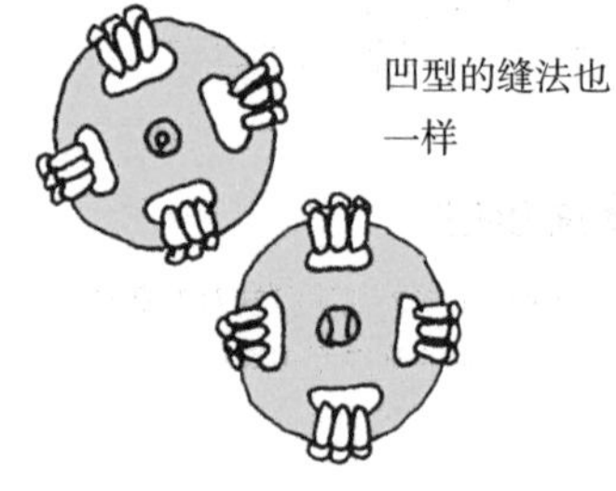

● 裙钩的缝法

①取1根细且牢固的线，打上线结。

缝在要下方的那一侧
（下钩扣）

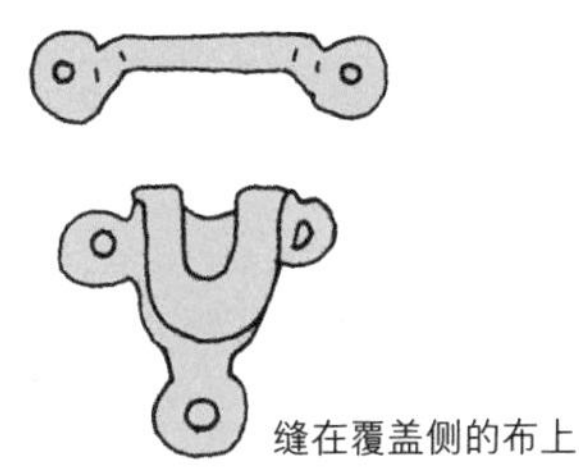

缝在覆盖侧的布上
（上钩扣）

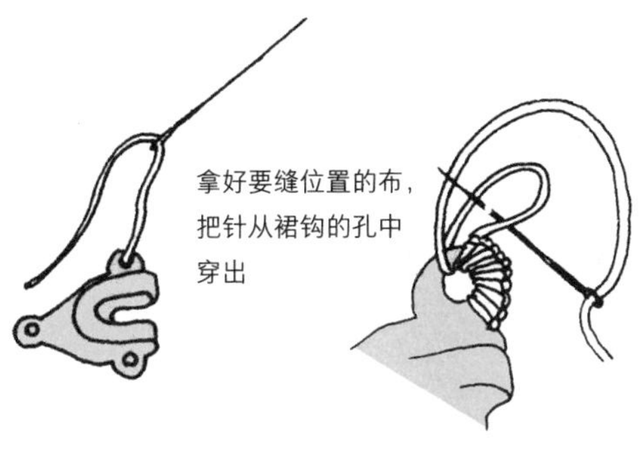

拿好要缝位置的布，
把针从裙钩的孔中
穿出

小型的裙钩

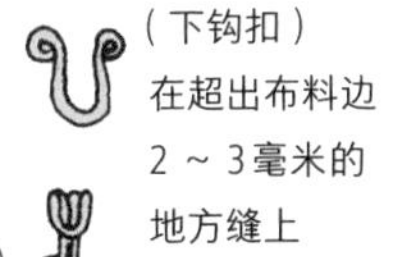

（下钩扣）
在超出布料边
2 ~ 3毫米的
地方缝上

（上钩扣）
在布料边往内2 ~ 3毫米的地方缝上，这样钩上钩子的时候，就会漂亮地密合了

下钩扣特别会施力，
要仔细一点固定

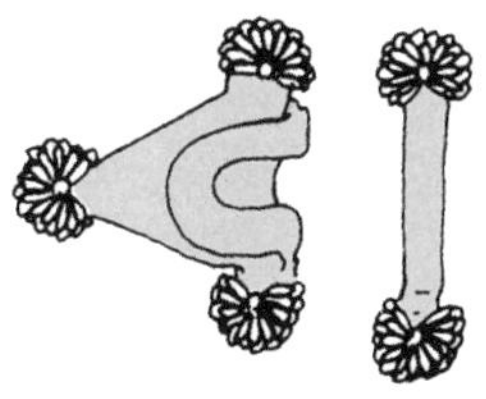

②布料拿好，把针由孔中穿出，线不要全部拉出，针从圈圈穿过后才拉紧。不只是布料表面，如果有绳芯也要一起固定。

③完成其中一孔后，针要通过裙钩下方，从下一个孔穿出。接着重复同样步骤。最后打上线结，把针穿过裙钩内侧，将线剪断。

● 线绳的做法

在缝上小型裙钩的时候，下钩扣有时并不是用金属，而是缝上线绳。这种做法，也能用在皮带圈、纽扣用套圈，或固定裙子等的外侧及内衬。

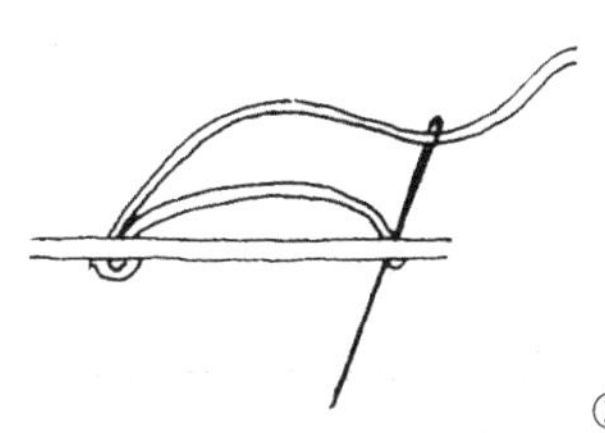

①线要跨缝2 ~ 3次。

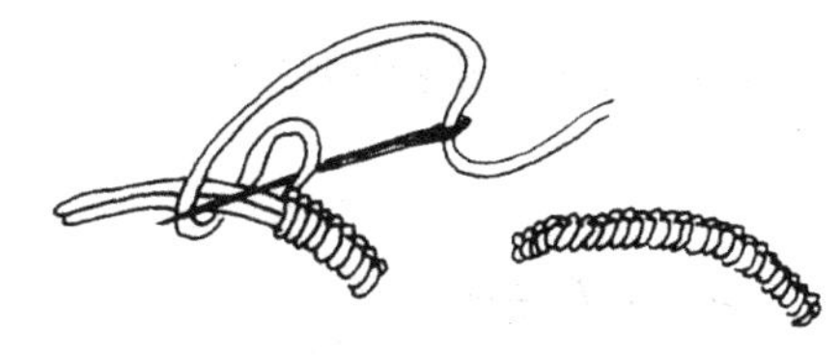

②针钻过跨缝的线，接着通过拉出来的线圈后拉紧。

③到最尾端都缝牢后，在内侧打上线结。

不只是踢足球或打棒球，只要玩得忘我，制服或衣服有时就会破洞或裂开。熟练地将它们缝补好，好好爱惜穿惯的衣服，享受新衣服所没有的舒适性与帅气吧。

● 衣摆脱线了（裤子、裙子、袖口）

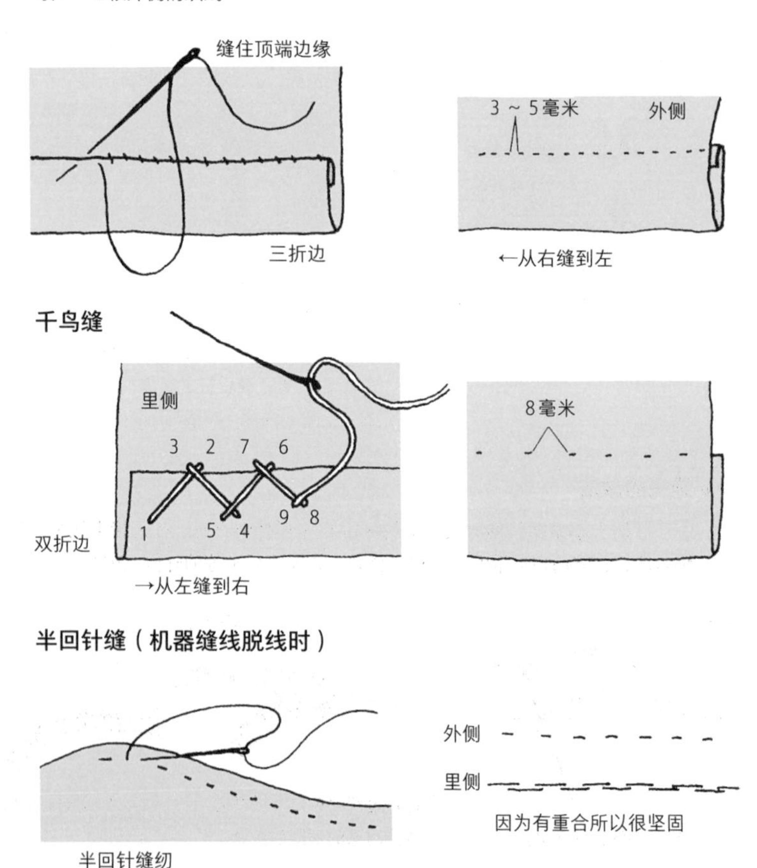

● 绽开或勾破

缝补最重要的，是要趁破口不大时就要处理。有破洞与布料很薄弱时的缝补法不一样。如果很难缝补得不显眼，就反过来，使用显眼的新对比色吧。

● 布料损害情形与缝补方式

布料损害情形	缝补方式
● 布料变薄弱 裤子的腰部或膝盖 手肘部分 袖口或领口	● 线缝 （仅用线来补强） ● 色纸缝 （贴上布料缝补）
● 钩破 被铁钉等拉破	● 重合缝 （质料厚的衣物） ● 补洞
● 破洞 布料被擦破 虫咬破 火烧或药品造成	● 补洞

色纸缝

贴上比变薄部分还大一点的布料，补强。

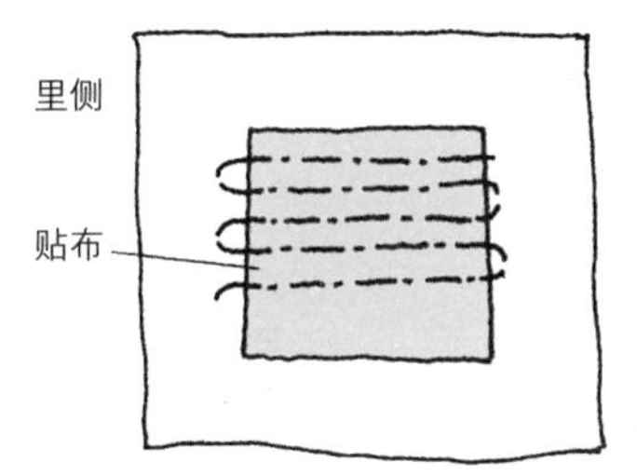

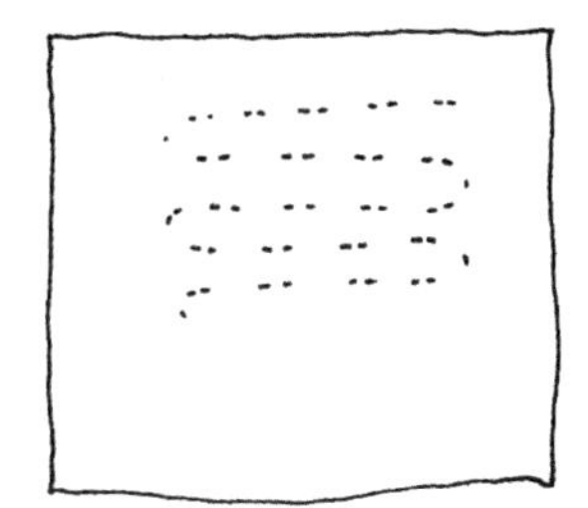

贴上的布料，要用原布料或颜色相似的布料

重合缝

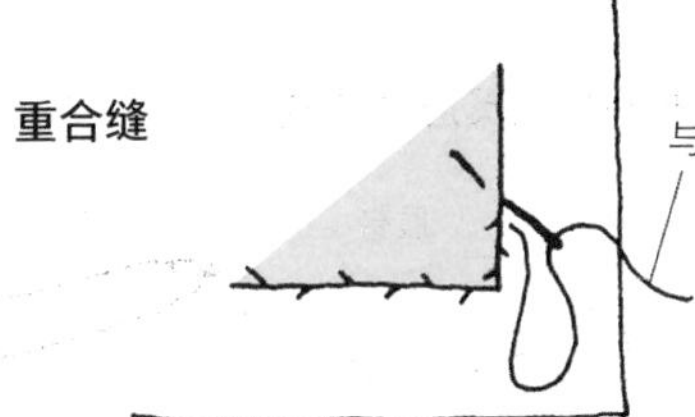

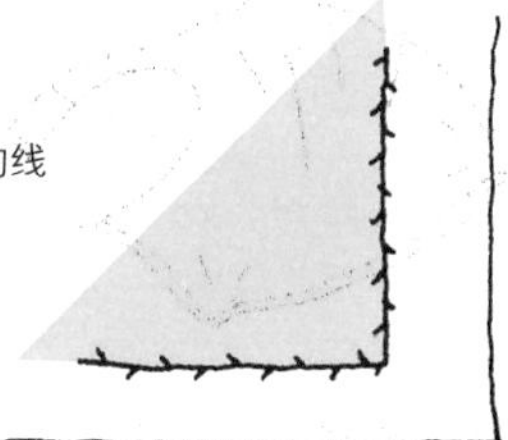

补洞 没有原布料的时候，从衣摆或内侧取下。

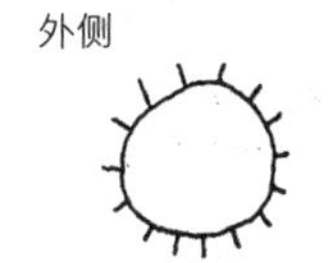

往内裁4毫米

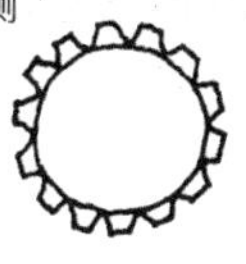

反叠

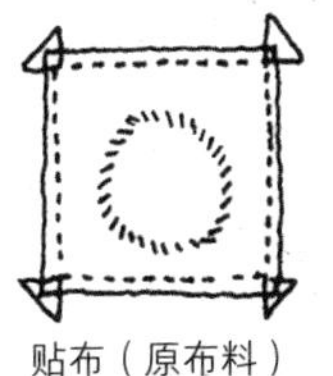

贴布（原布料）

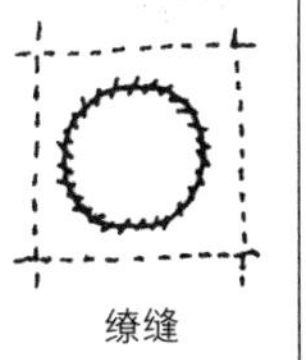

缭缝

简单的缝补创意

有时候很想快点补好，但是因为太忙，只好又多放了1天。这段时间里，脱线或破裂的地方越来越大，甚至无法挽救……就算没法仔细缝补，只要知道缝补的应急处置，或聪明省事的方法，那么就方便多了。

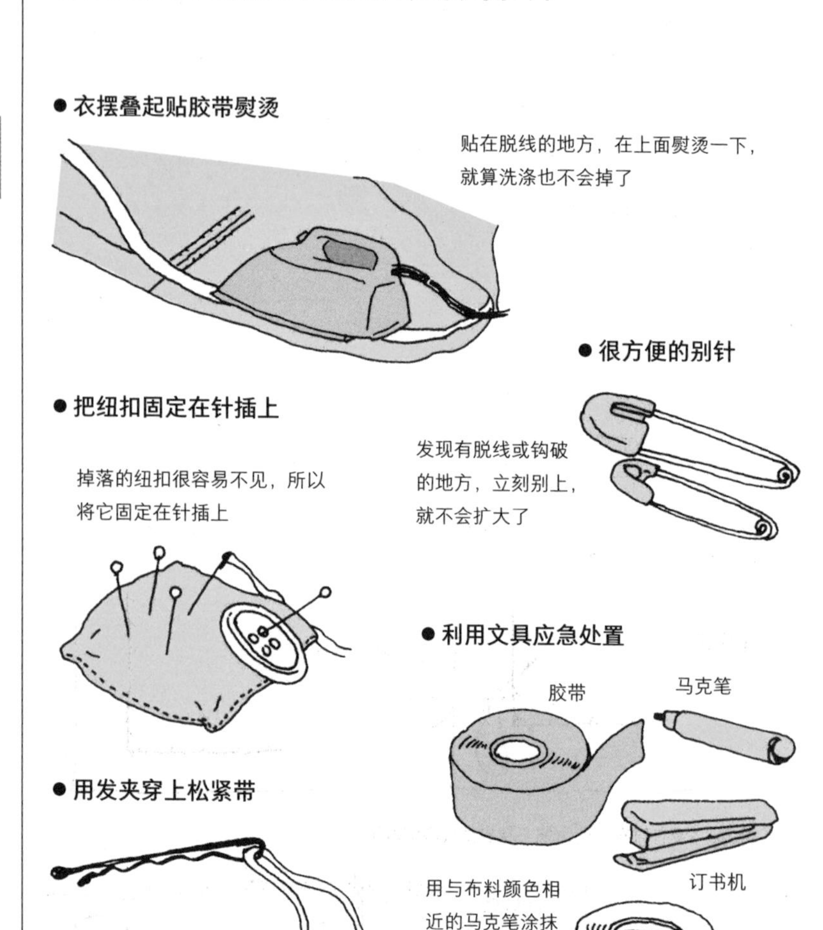

选择·穿搭

无论中式或西式，选择任何穿在身上的衣物时，你是以什么为基准呢？虽然尺寸与设计很重要，但是质料、做法及缝制法等，往往反而容易忘记去确认。为了不要买了以后马上厌烦或后悔，该怎么做比较好呢？来想想看吧。

衣物的选择——聪明的购买法

稍微穿一下就脱线。只洗一次就不能穿了。怎么穿都不舒服……为了防止这类事情发生，不要被外观所迷惑，了解一下仔细选择衣物的重点吧。

● 十项选择重点

①观察缝线

如果有16针就更好

④配合成长来选择

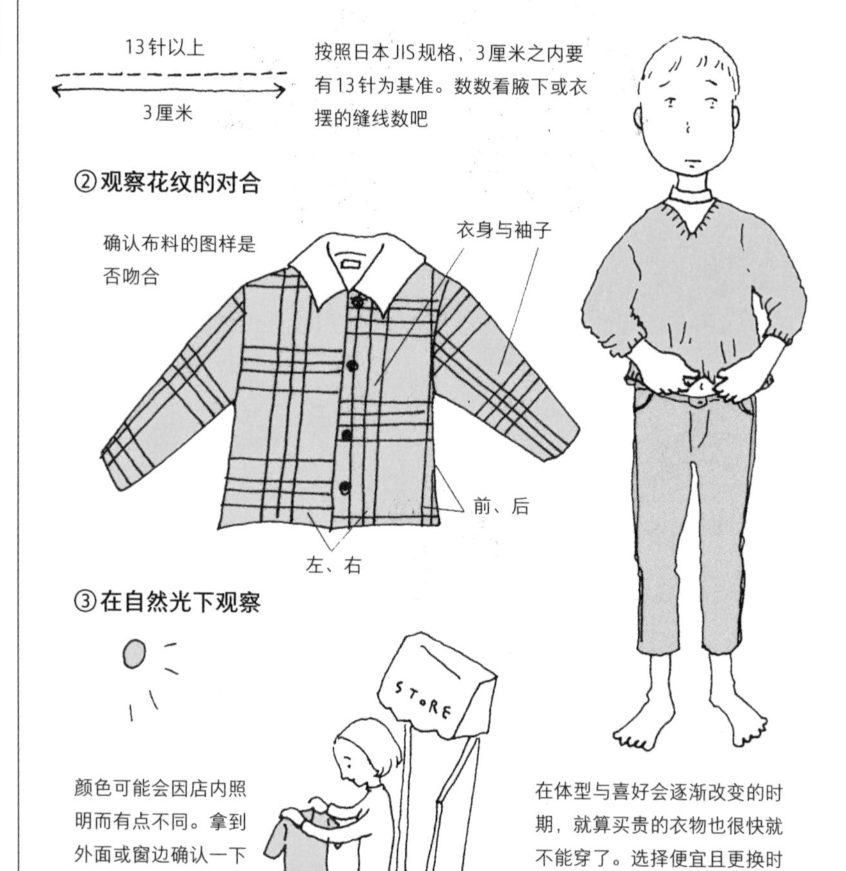

⑤观察缝份

翻到里侧，如果缝份在1.5厘米以下，那么就会容易脱线或绽开。

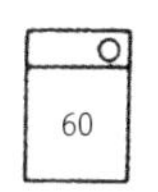

⑥观察处置标签

能够水洗、不需担心褪色的衣物较容易处理

⑦一定要带着便条纸

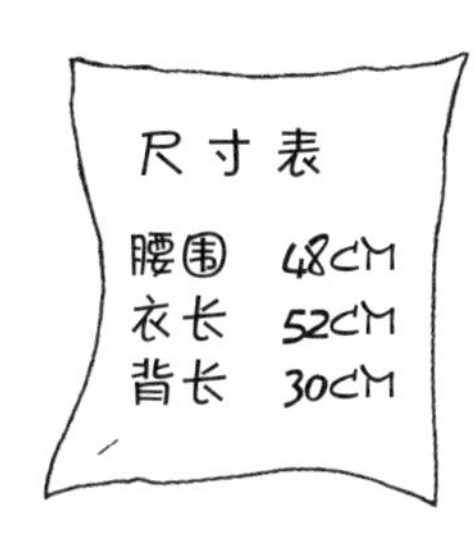

如果没法亲自去买，一定要请人带着写上身高、体重、胸围、腰围等的便条纸

⑧用小物品加上特色

太过奇特的设计很快就会看腻了

佩戴小物品如皮带、背包、袜子等来做变化

⑨ 选择让脸色看起来明亮的衣物

选择颜色的时候。将衣物在身上比一下，选择能让脸色变亮的颜色

⑩ 防止多买浪费的随身清单

颜色与数量要列出来

裙子		裤子		夹克		衬衫	
颜色	数量	颜色	数量	颜色	数量	颜色	数量
红	1	黑	2	红	1	白	3
黑	1	褐	1	:	:	:	:
:	:	:	:	:	:	:	:
:	:	:	:	:	:	:	:

牛仔裤就算是同一个尺寸，男女也有很大的不同

英寸	男性	女性
27	68厘米	58厘米
28	71厘米	61厘米
29	73厘米	63厘米
30	76厘米	66厘米

各式各样的纤维——种类与特质

选择衣服的重点中，还有一点是不能忘记确认的，就是质料的性质。最重要的是要综合质料处理的便利性、透气性、吸水性、保湿性等各种条件后，再做出选择。

● 看看成分标示

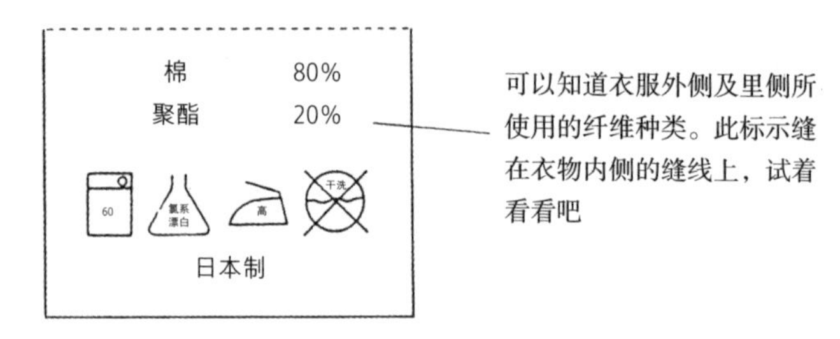

● 天然纤维与化学纤维

天然纤维的原料，包括棉、麻等植物，或毛、丝等蛋白纤维，以及皮革等天然物质。

化学纤维是将纸浆、棉等植物原料溶解后再处理，变成人造丝或铜氨纤维等再生纤维。而醋酸纤维是在植物原料中加入合成化学反应所做成的半合成纤维。另外还有石油系的合成纤维，包括尼龙、聚酯、丙烯醛等。了解其各自的特质，分别使用吧。

天然纤维的原料

合成纤维的原料

● 各种衣物纤维的优点（○）与缺点（×）

天然纤维	天然纤维	天然纤维
贴身衣物 **● 棉**  吸水○ 牢固○ 暖○ 皱褶 ×	夏季服装 **● 麻**  吸水○ 透气○ 皱褶 × 缩水 ×	毛衣 **● 毛**  保温○ 温度调节○ 吸水○ 弹力○ 缩水 ×
天然纤维	化学纤维（再生）	化学纤维（半合成）
外出服 **● 丝**  有光泽○ 柔软○ 保温○ 虫蛀 × 缩水 ×	内衬 **● 铜氨纤维** 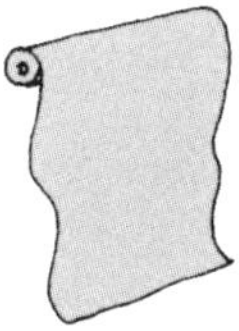 柔软○ 有光泽○	外套 **● 醋酸纤维**  轻○ 皱褶○ 吸水 ×
化学纤维（合成）	化学纤维（合成）	化学纤维（合成）
● 尼龙 袜子  轻○ 牢固○ 缩水 ×	**● 聚酯**  吸水 × 皱褶○ 强韧○ 衬衫	**● 聚氨酯**  伸缩性好○ 弹性伸缩 长裤
化学纤维（再生）	化学纤维（合成）	其他
女性上衣 **● 人造丝**  色彩鲜艳○ 缩水 × 皱褶 ×	针织衫 **● 丙烯醛基**  色彩鲜艳○ 水洗○	绣金银线毛衣 **● 金银线**  金属箔线 的总称 铝变色 × 巴拉剂变色 × 金线不会变色○

内衣的选择——正确测量尺寸的方法

你会不会因为别人看不见，就随便穿穿呢？时髦的基本，要从聪明选择清洁、适合成长的内衣做起。成长因人而异这一点是毋庸置疑的。一开始就与家人一起去专卖店接受建议，才会比较放心。

●胸罩的罩杯与选择法

以下围与胸围之间的平衡来选择。

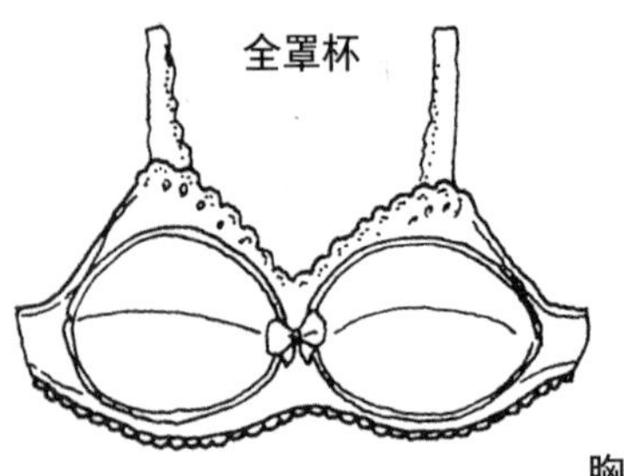

全罩杯是指包覆住整个胸部的款式。适合胸部发育很好的人

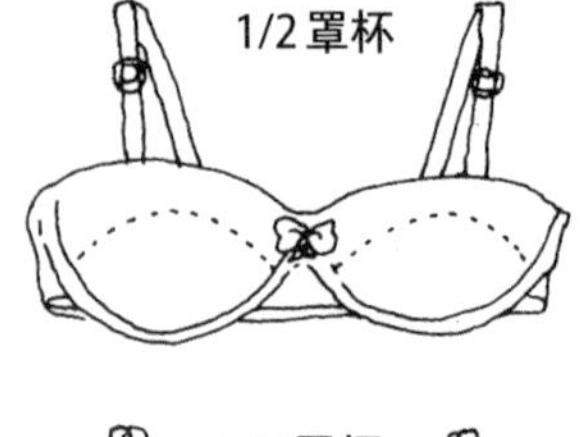

1/2 罩杯是全罩杯大小的一半。适合胸部较小的人

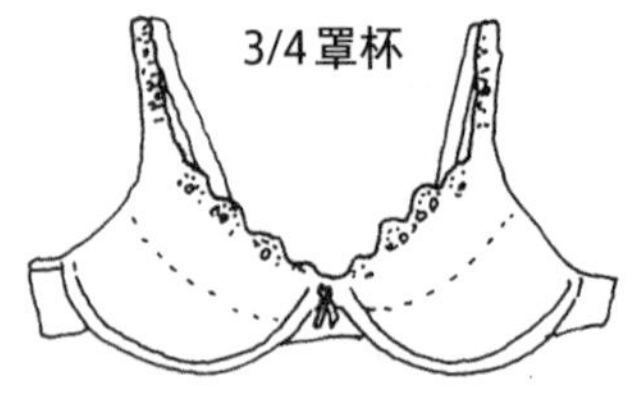

3/4 罩杯有集中胸部的效果。适合任何人

胸罩尺寸表

罩杯型号 \ 下胸围			60	65	70	75	80	85
上胸围与下胸围的差	约7.5厘米（AA罩杯）	上胸围	68	73	78	83	88	
		称法	AA60	AA65	AA70	AA75	AA80	
	约10厘米（A罩杯）	上胸围	70	75	80	85	90	95
		称法	A60	A65	A70	A75	A80	A85
	约12.5厘米（B罩杯）	上胸围		78	83	88	93	98
		称法		B65	B70	B75	B80	B85
	约15厘米（C罩杯）	上胸围		80	85	90	95	100
		称法		C65	C70	C75	C80	C85
	约17.5厘米（D罩杯）	上胸围		83	88	93	98	103
		称法		D65	D70	D75	D80	D85
	约20厘米（E罩杯）	上胸围		85	90	95	100	105
		称法		E65	E70	E75	E80	E85
	约22.5厘米（F罩杯）	上胸围		88	93	98	103	108
		称法		F65	F70	F75	F80	F85

内裤要依臀部尺寸来选择

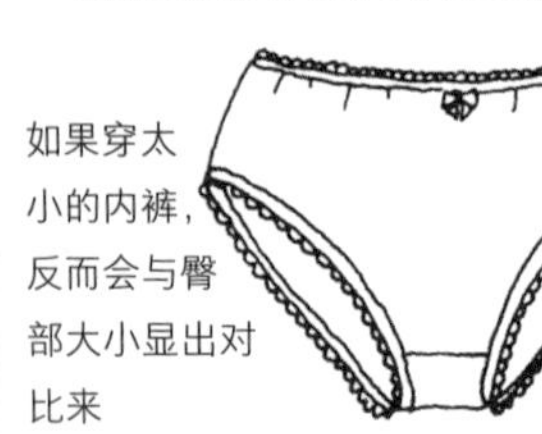

如果穿太小的内裤，反而会与臀部大小显出对比来

内裤尺寸

称法	S	M	L	LL	EL
臀围	80 ~ 88	85 ~ 93	90 ~ 98	95 ~ 103	100 ~ 108

●了解自己的尺寸

要选择穿在身上的衣物时，有时必须要仔细测量尺寸，如果能用笔记下来就方便多了。

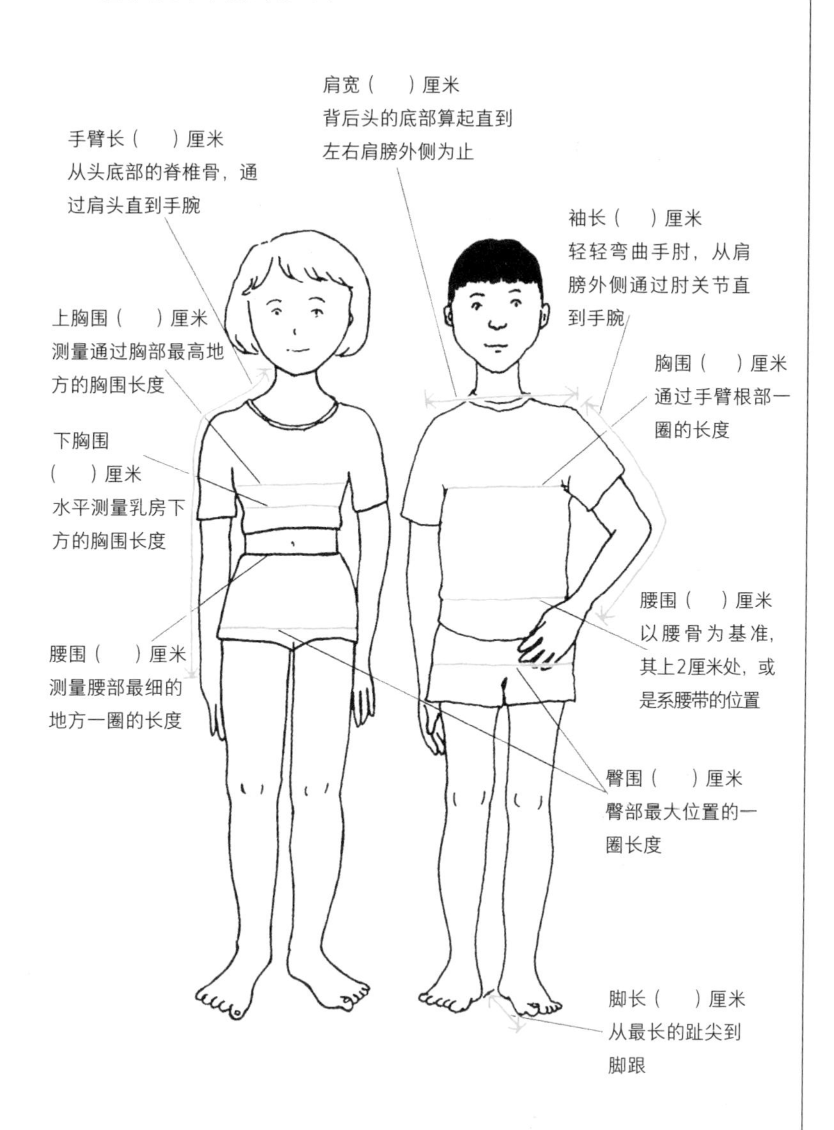

选择鞋子——聪明的购买法

如果若无其事地穿着有点紧的鞋子，或是穿着松垮垮几乎要掉的鞋子，不只是难走而已，甚至会让脚骨变形，也会影响身体的健康。选择一双合脚的鞋子，是关乎全身的重要事情。

● 观察鞋子尺寸的方法

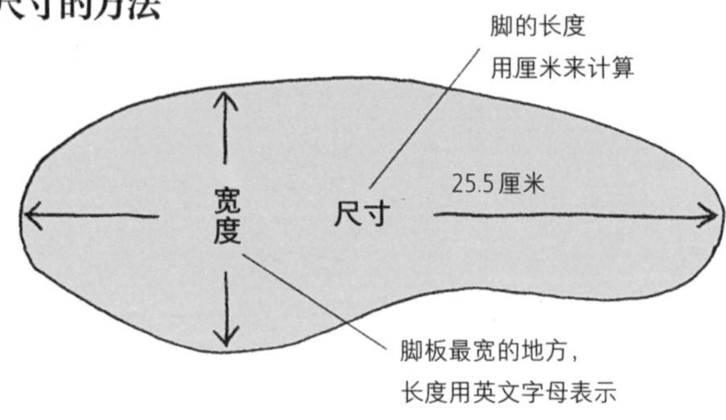

窄←A、B、C、D、E、EE、3E、4E→宽
（标准）

● 购买的诀窍

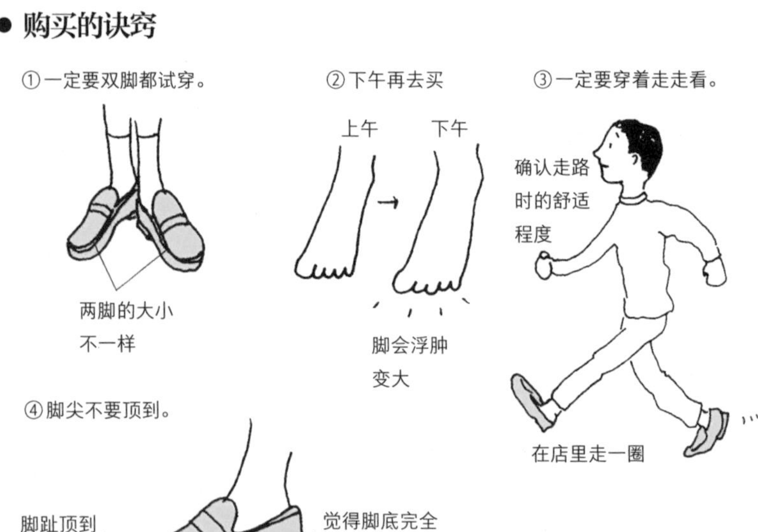

● 各种鞋子的设计

平跟船鞋（loafer = 懒人的意思）

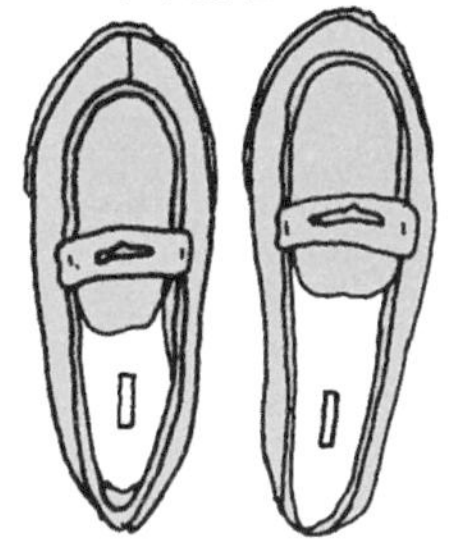

是穿脱简单的
学生鞋固定款

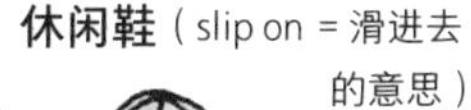

休闲鞋（slip on = 滑进去的意思）

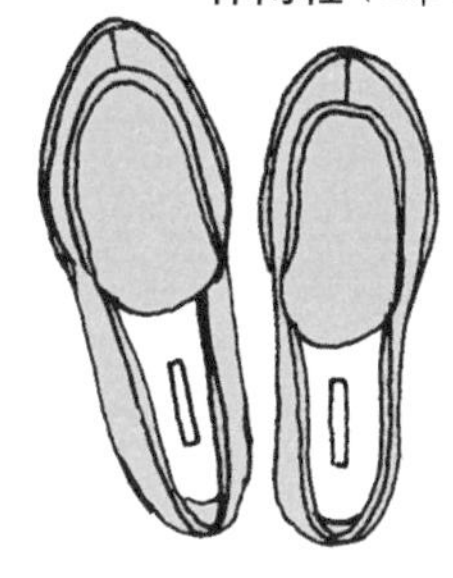

没有扣环或鞋带，套上去即可穿好的鞋子。平跟船鞋也是其中一种

帆布球鞋（sneaker = 无声无息走路的人的意思）

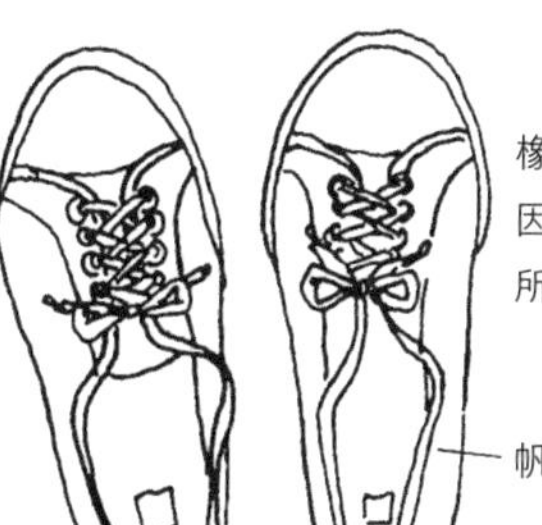

橡胶底的鞋子。因不会制造声音所以称 sneaker

运动用鞋

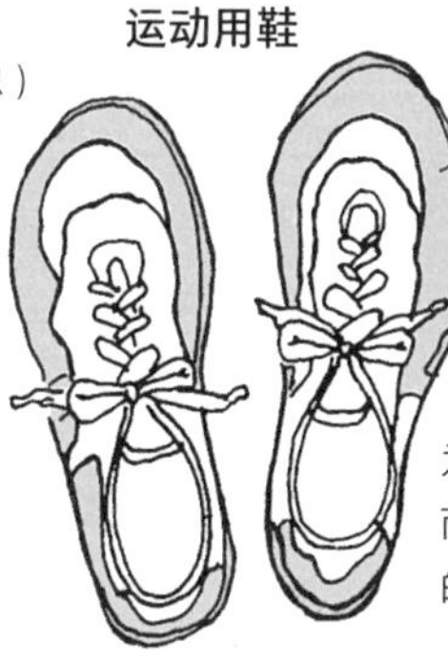

为各种运动而开发出来的鞋子

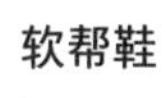

软帮鞋

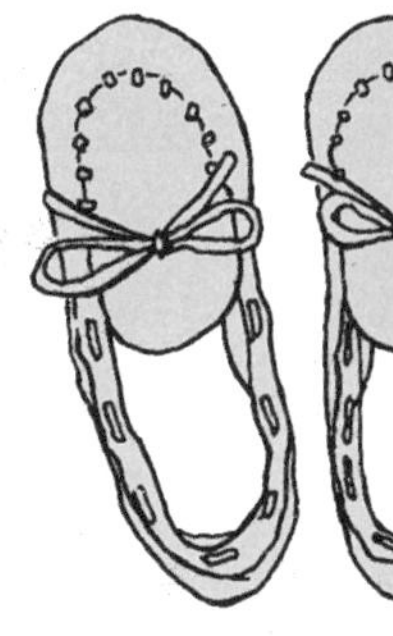

有北美原住民及挪威生产的两种。从底部以同一张皮制成

低跟鞋

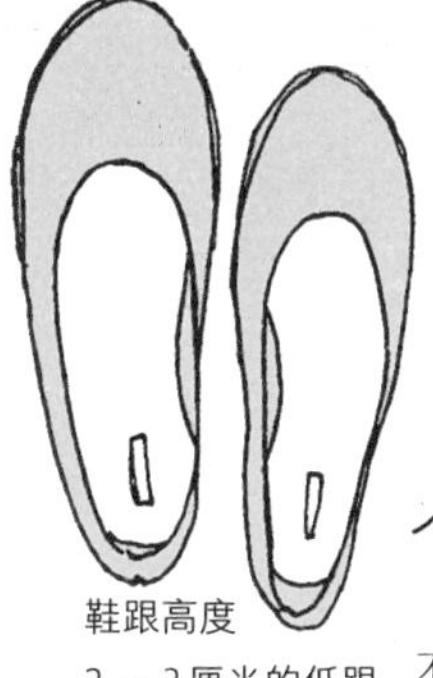

鞋跟高度
2 ~ 3 厘米的低跟

不要只考虑外形，要配合用途选择鞋子

平底帆布鞋

（deck shoes = 在船的甲板上穿的鞋）

橡胶底不易打滑

时尚的基本——T（时间）·P（地点）·O（场合）

时尚是什么？是跟所有人穿同样的流行服饰吗？还是顺着想法穿上自己喜欢的样子？的确，只要不给人添麻烦，不管怎么穿也许都没有关系。可是，时尚就是这么单纯的事情吗？你觉得呢？

● 时尚的基本守则是？

考虑T·P·O

明明去的是滑雪场，穿着日式浴衣很怪吧。去上学穿着小洋装也很怪。这些都是因为服装与“时间”“地点”“场所”不合。T· P· O是时尚的重要因素。

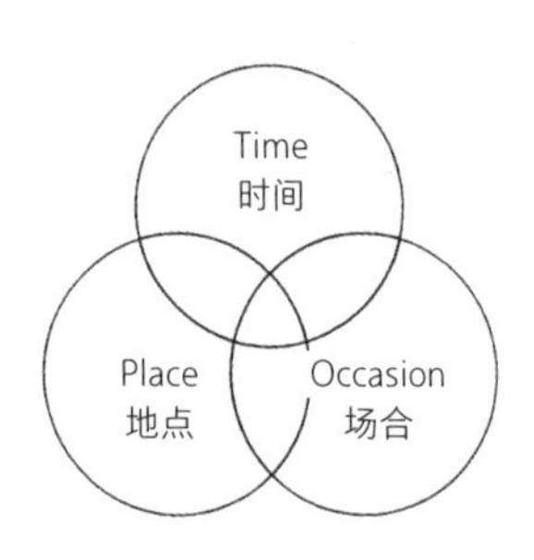

活用衣服的机能

衣服有保持体温、调节冷热、吸收汗垢等重要的功能。再怎么喜爱的毛衣，夏天穿也会热得要命；而冬天穿一件薄衫也会很冷。以配合自己的健康状况、体质与气温等各个机能面为出发点来选择服饰，这一点也很重要。

穿出自我风格

体形、年龄、性格、气质等，你有只属于你自己的美好与个性。不要光是模仿别人，也不要好高骛远，想想如何呈现出自己的优点。

纯熟地表现自我

如果只有自己一人，可能就不会去表现时尚了。希望别人怎么看自己，这种想法一瞬间所传递出来的也是时尚。人们会因为你的样貌而去感受、想象你这个人。也许你有其他令人意想不到的传达方法，不过站在别人的角度来看，确认一下这一点也是很重要的。

● 要出席正式场合时

如果有制服，当成小孩子的正式服装即可。

①不要造成周围他人的不良观感，至少要遵守这最底线的规则。

②服装要配合集会的场合。

别忘了带手帕或面巾纸

悲伤的场合要穿黑色或深蓝色。服装也会表现情感。肌肤部分不要露出太多

喜事的场合就穿较明亮的颜色。要有让周围的人也开心的那份体贴

裤管没有反叠的当成正式服装

× 运动鞋
○皮鞋
○合成皮革

发掘自我风格 I ——领子·领口设计

就算穿同一套衣服，也会有人很适合，有人不适合。这是因为衣服的颜色及设计不见得适合那个人。靠近脸部的领子样式会左右给人的印象，要特别注意观察。了解适合自己的型，给人有自我风格的感觉。

● 领子的设计

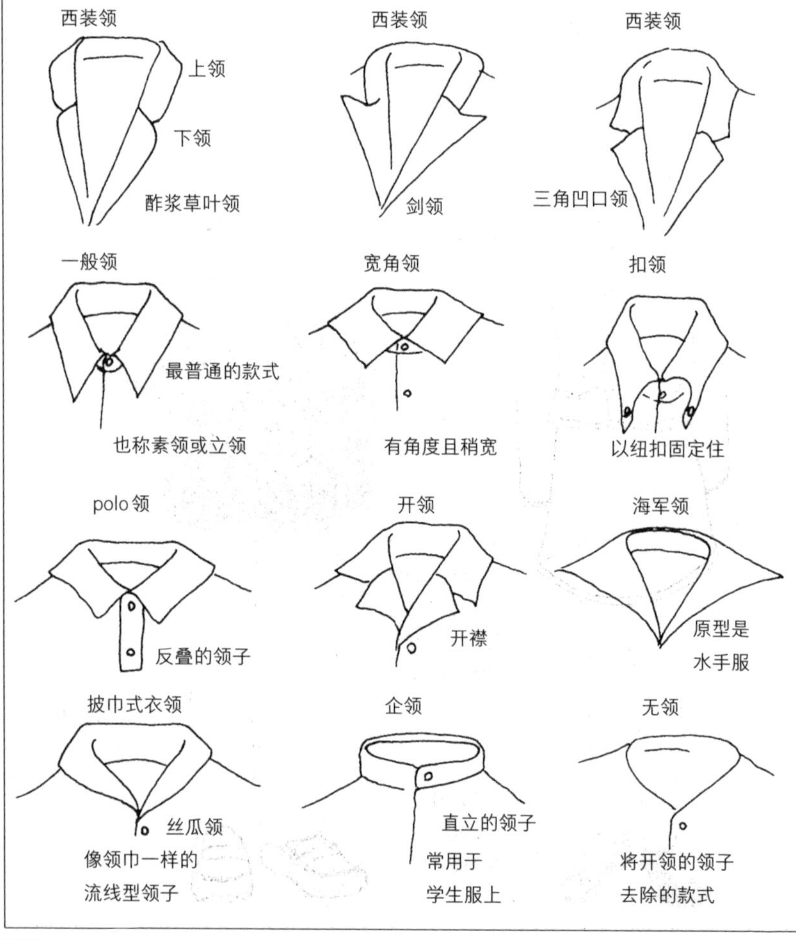

● 领口的设计　你适合哪一款呢？

贴颈圆领

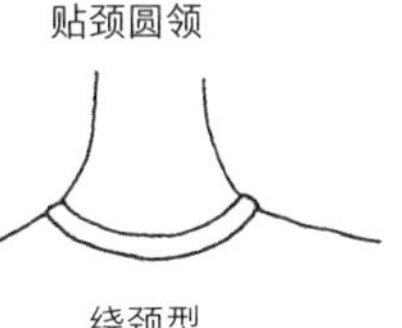

绕颈型

亨利领

前面开扣为其特征

V领

V字形

脸看起来会很清爽

U领

U字形

给人柔和的印象

一字领

像船底一样又长又浅

圆领

领口呈圆形。贴颈圆领也是其中的一种

方形领

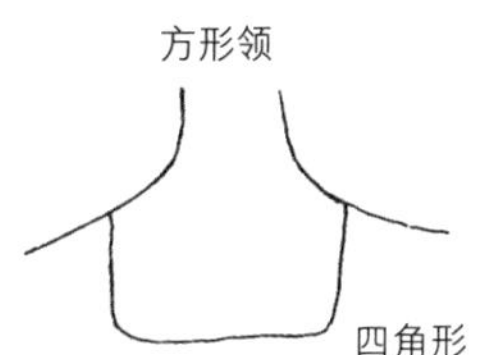

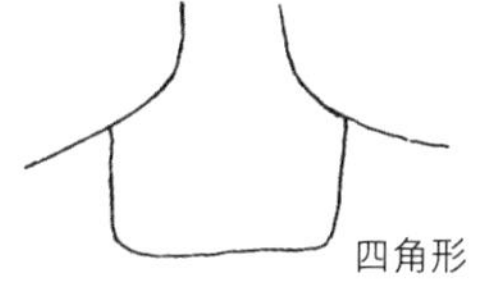

四角形

小翻领

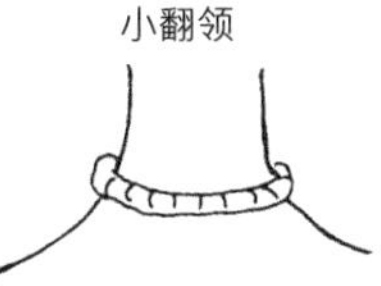

围绕脖子一圈并反叠

阔翻领

舒展后反叠

长高领

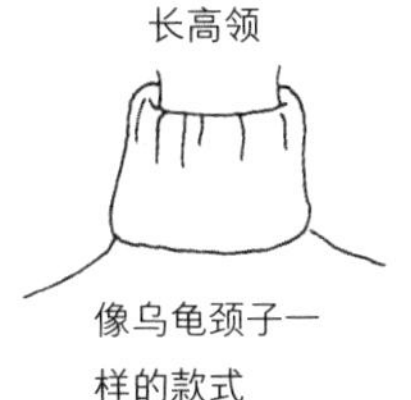

像乌龟颈子一样的款式

假领

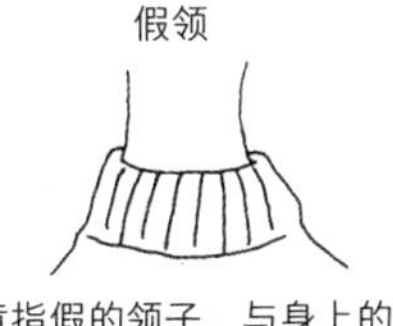

意指假的领子，与身上的衣服分属不同的织法或布料

扇贝领

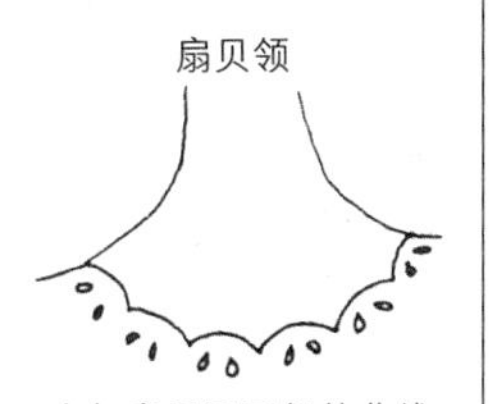

有如扇贝周围般的曲线

露背领

前胸的布料绕到后颈系起来的款式

汤匙领

介于V领与U领之间，像汤匙前端的款式

露肩领

露出肩膀的款式

发掘自我风格Ⅱ——袖子·帽子设计

袖子的款式之多，相较于领子不遑多让。从能让手臂更方便活动的机能款，到重视设计性的款式，各式各样都有。配合T·P·O（时间、地点、场合），考虑哪种才适合吧。

● 袖子的设计

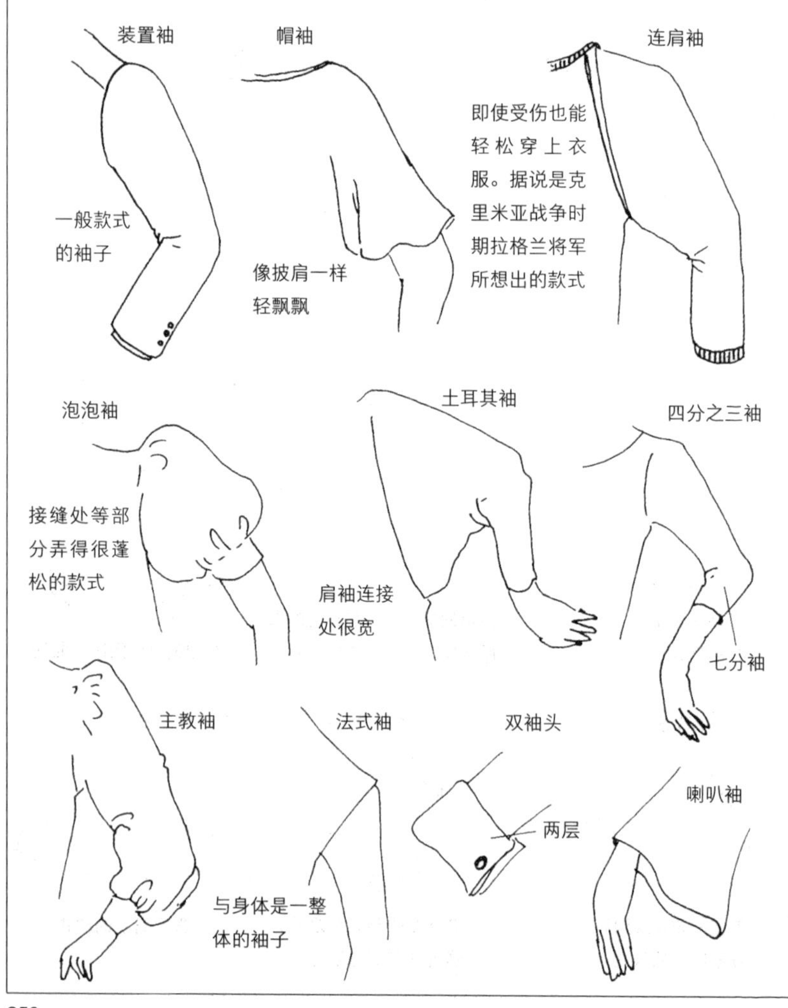

● 帽子的设计

夏季防晒时不可或缺的帽子，据说是从前中世纪欧洲，剃了头的僧侣为了保护自己的皮肤不被虫咬，而设计来覆盖头部的。帽子有各种用途，包括运动、为了彰显身份、时尚装饰等。

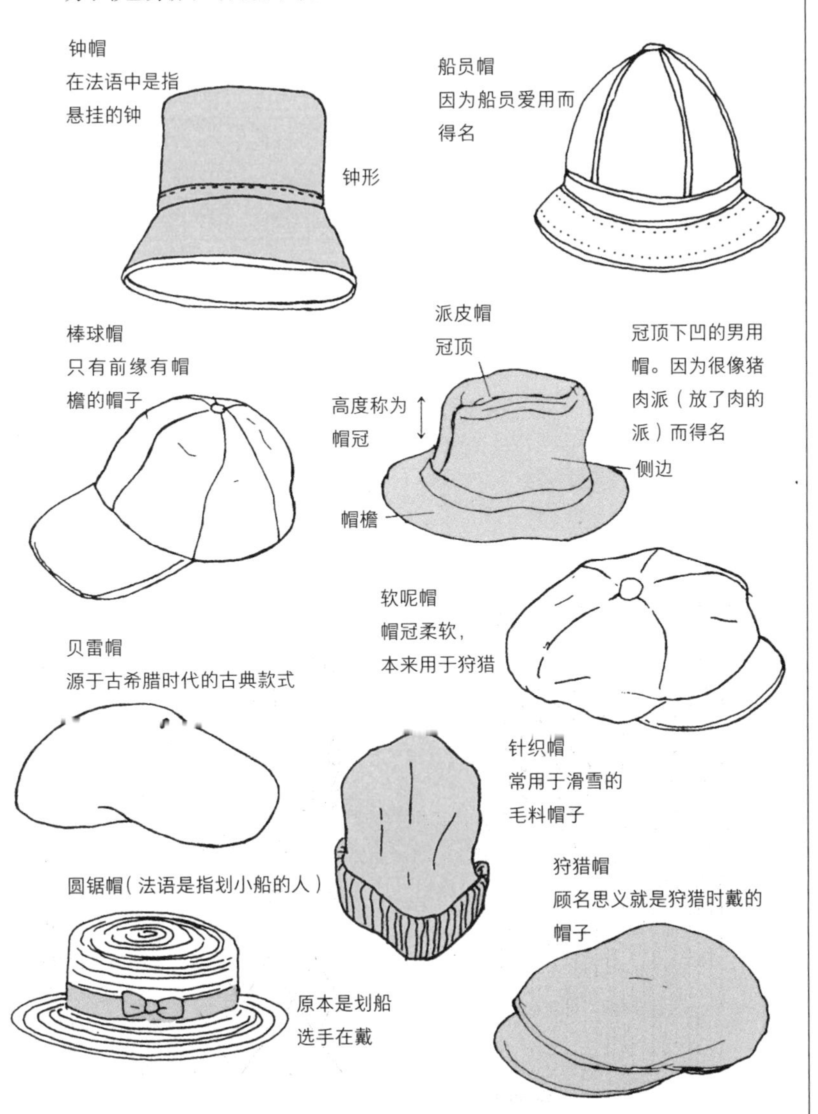

各种花色——和服·洋服

洋服有各种各样的款式。从以前就没有什么改变且一直广为使用的条纹或格子花色也有很多种类，只要知道这些名称，那么购买、选择洋服的时候就方便多了。换作是和服，就算是一样的款式或花色，名称也会不同，富有日本味儿的名称很有趣。

● 洋服的花色

苏格兰格纹

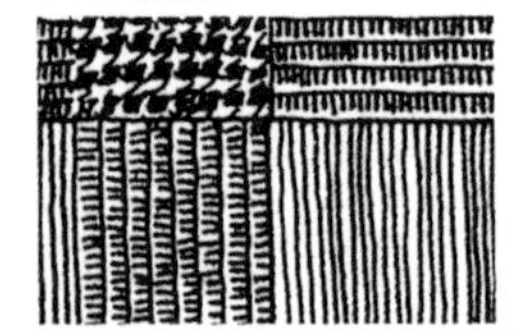

内含千鸟格子的大型格纹

棉布花格

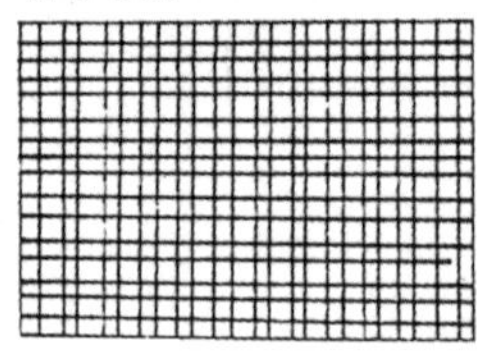

细格纹的花色

条纹

横线条纹款式

双条纹

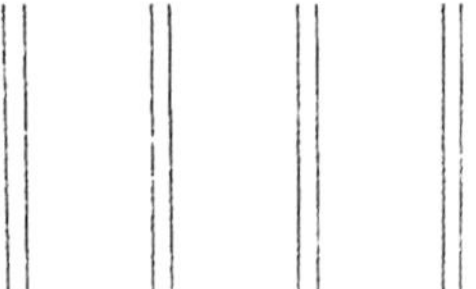

两线一组的直线条纹款式

圆点

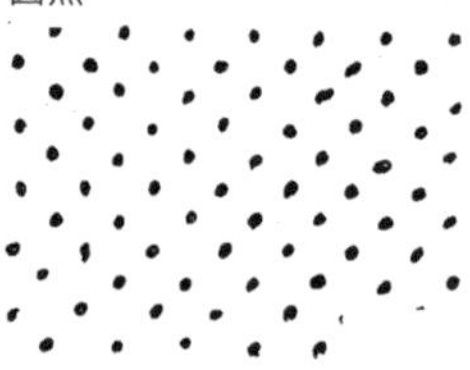

点状或水珠状的花色

涡纹

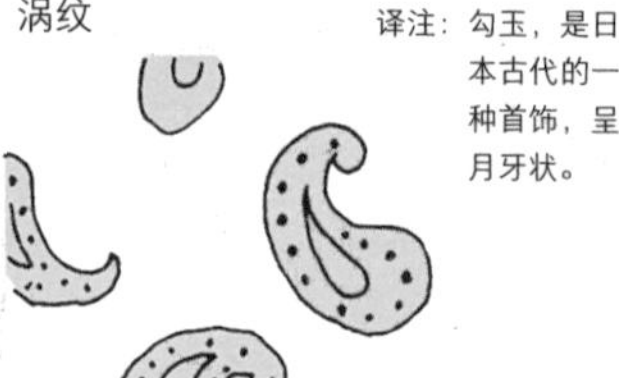

勾玉模样

译注：勾玉，是日本古代的一种首饰，呈月牙状。

铅笔条纹

很细的线

菱纹（阿盖尔纹）

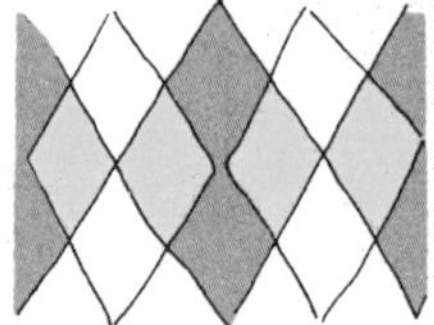

别名钻石格纹。名字由来是苏格兰阿盖尔郡

● 和服的花色

和服花色中占多数的也是条纹与格纹，其余还有一些称为古典纹样的花色。不只是和服，使用在洋服上也能够发掘一些新的乐趣。除此之外，还有各式各样的花色，试着找找看吧。

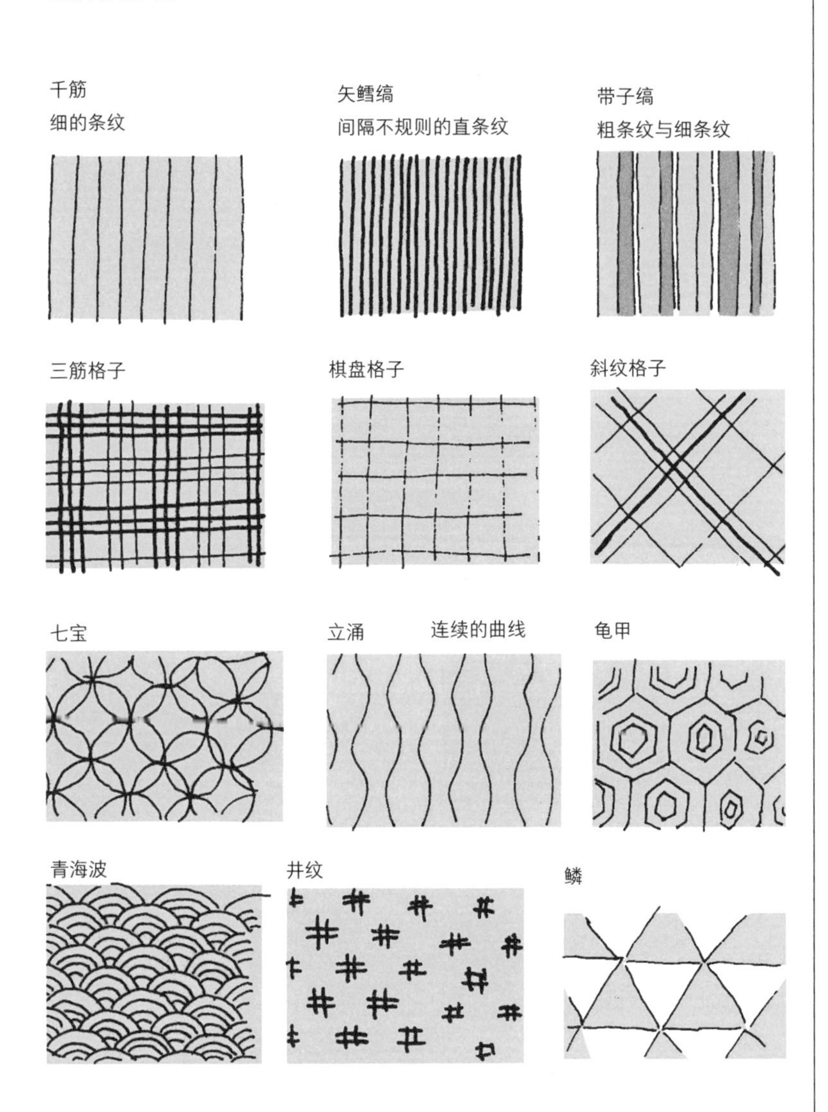

领巾的打法——基础与应用

如果能将一条正方形的布（领巾）变化自如地使用，那么你就是很出色的淑女啰。只要知道基本的打法，即使在野外活动时突然变冷，拿来保护颈子也是很有帮助的。可以试着应用在印花手帕或围巾上。也要教会妈妈哦。

● 基本的叠法

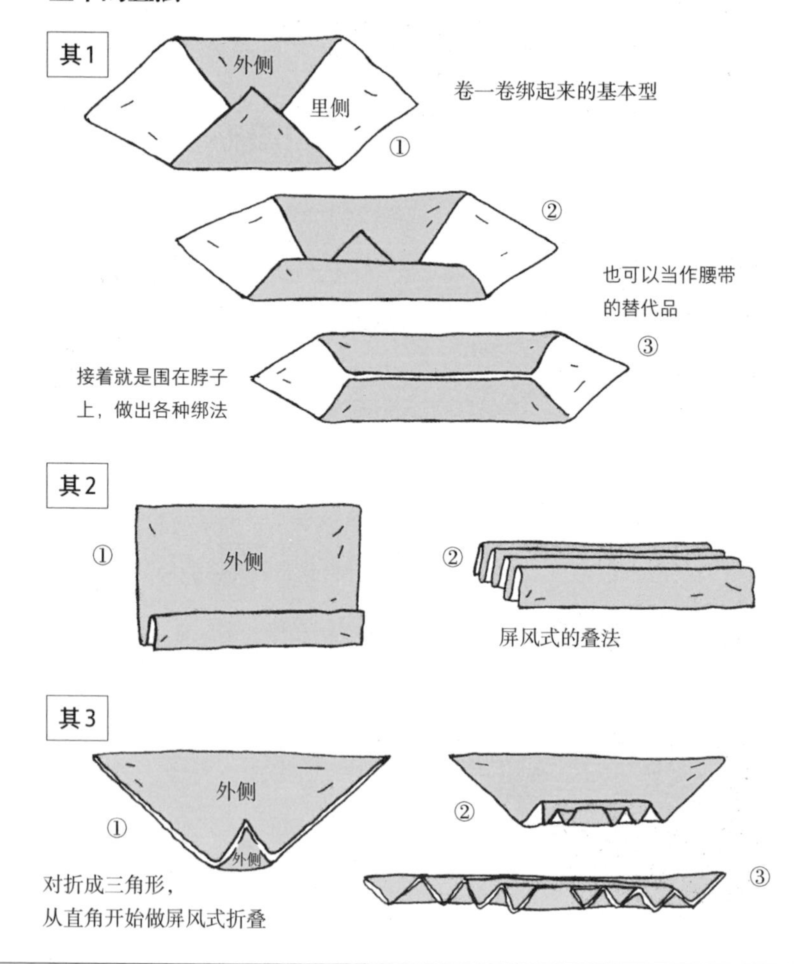

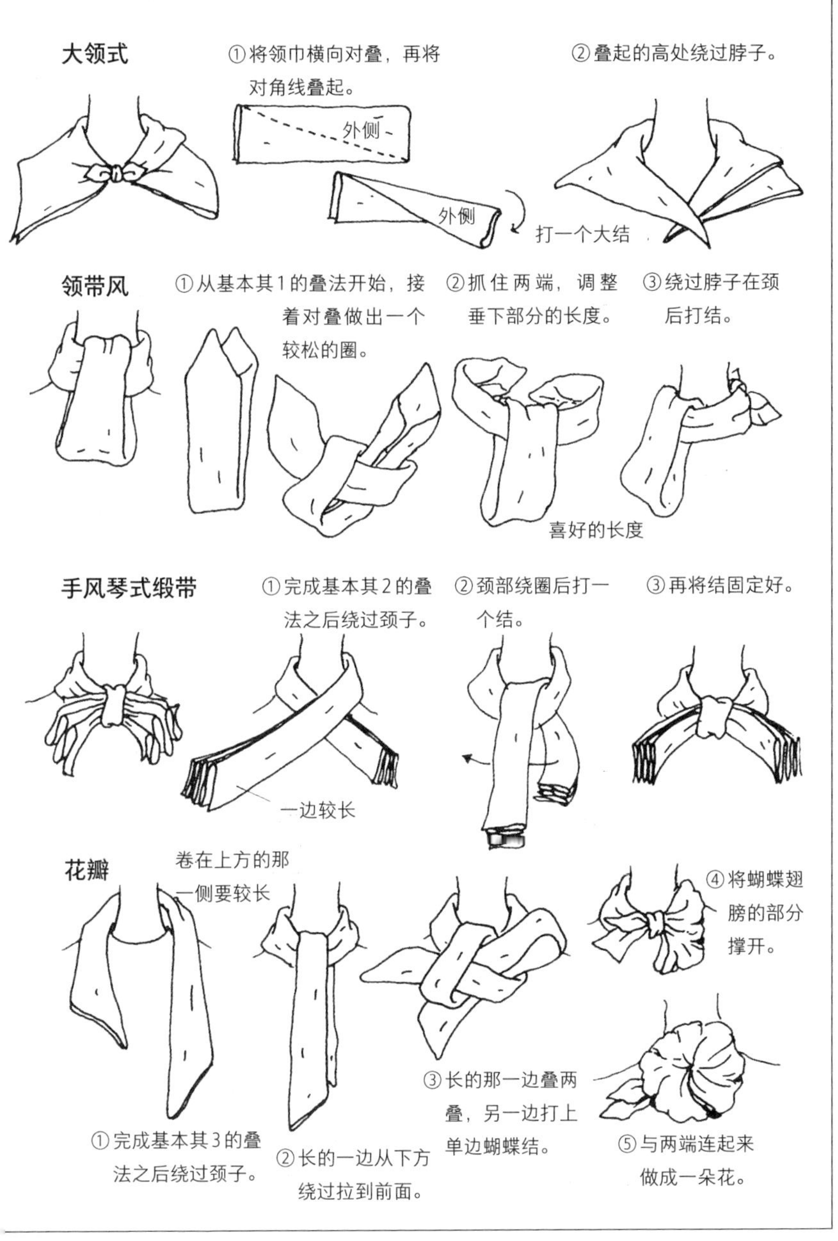
● 应用篇　其他还有叠、拧、拉宽等，在新的叠法上下点功夫吧。
大领式
①将领巾横向对叠，再将对角线叠起。
外侧
外侧
打一个大结
②叠起的高处绕过脖子。
领带风
①从基本其1的叠法开始，接着对叠做出一个较松的圈。
②抓住两端，调整垂下部分的长度。
③绕过脖子在颈后打结。
喜好的长度
手风琴式缎带
①完成基本其2的叠法之后绕过颈子。
②颈部绕圈后打一个结。
③再将结固定好。
一边较长
花瓣
卷在上方的那一侧要较长
①完成基本其3的叠法之后绕过颈子。
②长的一边从下方绕过拉到前面。
③长的那一边叠两叠，另一边打上单边蝴蝶结。
④将蝴蝶翅膀的部分撑开。
⑤与两端连起来做成一朵花。

领带的打法——基础与手帕装饰

不只是进入社会的人，你们接下来也有可能会进入必须穿制服的学校，或必须出席各种仪式场合，因而增加打领带的机会吧。如果能够记住领带的基本打法，就不会慌张失措了。跟爸爸的打法比较看看吧。

住
生活图鉴

住——想要住得舒适点！

虽然我们常说“有灰尘又不会死”，而生活中最常让我们排在最末顺位的问题也是“住”。可是，能让我们休息得很自在的环境与场所，对于做回我们自己是很重要的，其中之一就是你的住家。无论大小，那里的主人就是你。

如果家里很凌乱，布满灰尘、虫子、垃圾的臭味……这么一来，一定没有办法很放松吧，因为住起来不舒服。

当然，也许有人认为“虽然乍看之下很乱，可是我自己都知道什么东西放在哪里”。如果每天能生活得很自在，也不会感到焦躁或累积压力的话，那么这是你的生活方式倒也无妨。但是，前提是不要给其他人添麻烦。

如果一起住的家人或是生活在周遭的人，看了你的生活方式，觉得很不舒服，那就有点问题了。让彼此都能舒适地生活居住，这个规则是一定要遵守的。

这时，我们就必须了解一些常识，能让自己舒适地过生活。比如扫除、整理、修理，或是防灾、预防犯罪、健康管理……如果你觉得麻烦得要命，那一定是你不太懂得其中的要领吧？

对你而言，居住得很舒适是指什么呢？

为了住得舒服，首先最需要的又是什么呢？

在你翻开书页的时候，顺便想一想吧。一定能找到以自己当主角，又有自己风格的舒适居住法！

扫　除

讨厌扫除的人，会因为讨厌而完全不做。而不做的结果就是污垢越积越多，等到自己做不来的时候，又更加讨厌，像这种恶性循环真的不少。其实我也一样。这一篇，我就试着收集了一些提示与诀窍，可以让讨厌扫除的人也能拿出干劲。

不费力扫除入门——省事的诀窍

你可能认为像扫除这种事，即使不做也不会死。可是，比起脏乱不堪，干净的环境当然比较好。擅长扫除的人，到底有哪里和别人不一样呢？

● 扫除高手的共通点是？

① 将没用的东西减到最小、最少。“丢弃高手”。

② 认定摆放的地方，使用完毕后一定放回原位。“收拾高手”。

③ 请家人分担家务。“委托高手”。

④ 扫除工具能活用自如。“运用高手”。

⑤ 勤快。“齐头并进高手”。

● 轻松不费力地做扫除，这就是诀窍

① 不要一次打算把一堆事做完。今天就只有将这里“弹性打扫”。
② 如果增加了要找的东西，那么就做个扫除提醒表。
③ 利用胶带或湿纸巾，轻松简单地打扫。
④ 准备两个 YES 和 NO 的袋子，来分装需要的跟不要的东西。
⑤ 找出最有用的扫除用品，纸屑篓也很重要。
⑥ 利用可以使用后丢弃的扫除用具（破布、报纸等）。

今天只整理这里

要找的东西变多了，
就是该打扫的时候了

一开始要做
分类

轻松简单地打扫

喜爱用的工具

● 扫除的基本方法

- ·擦拭的时候　从最里面往外直线擦
- ·去除的时候　从上到下直线拂去
- ·磨亮的时候　曲线

● 就算是专业扫除，也只准备这些

- ·中性洗剂（家具、地毯专用）
- ·碱性洗剂（去油污用）
- ·酸性洗剂（厕所用）
- ·霜状清洁剂（玻璃用）
- ·海绵、棕刷、抹布、耐水纸巾

扫除的基础知识——禁忌集

以更白、更能去除顽垢为广告词的品牌种类繁多，而市面上也贩售了许多强力的漂白剂与清洁剂。虽然看似方便，但在使用漂白剂或清洁剂时，因一时大意而导致失明或丧失性命的人也有。所以一定要详细阅读标签上的警告标示。

● 混在一起用很危险，甚至可能危及性命

1. 氯系漂白剂 + 酸性清洁剂 = 有毒气体

混在一起很危险！（要仔细阅读警告标示）

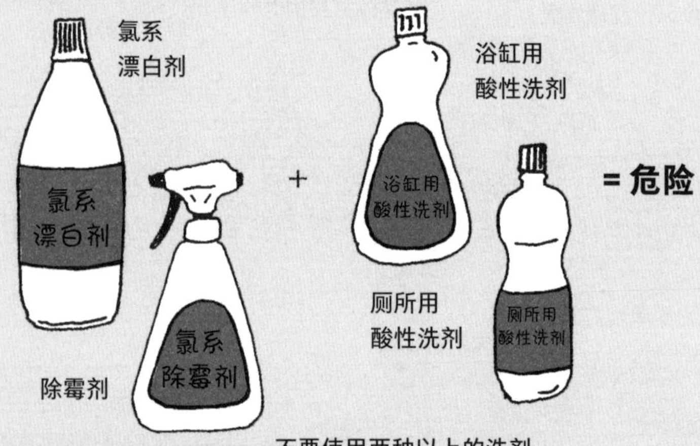

不要使用两种以上的洗剂

● 洗剂的种类与用途

1　2　3	4　5　6	7　8	9　10　11	12　13　14 pH值
酸性	弱酸性	中性	弱碱性	碱性
厕所用清洁剂	浴室用洗剂 强 ←	厕所用洗剂 厨房用洗剂	一般扫除用洗剂 玻璃清洁剂 → 强	家用强力清洁剂 煤气炉、微波炉用清洁剂 厕所用清洁剂 排水孔用清洁剂 抽风机用清洁剂

2. 依污垢的严重度，来区分擦拭法及清洁剂的使用。

第一步

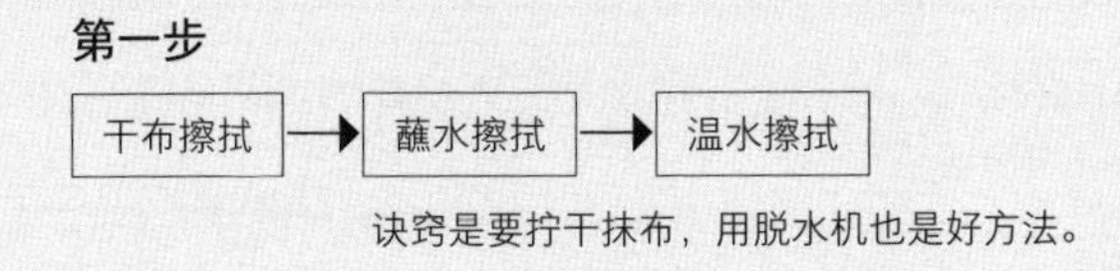

诀窍是要拧干抹布，用脱水机也是好方法。

洗剂

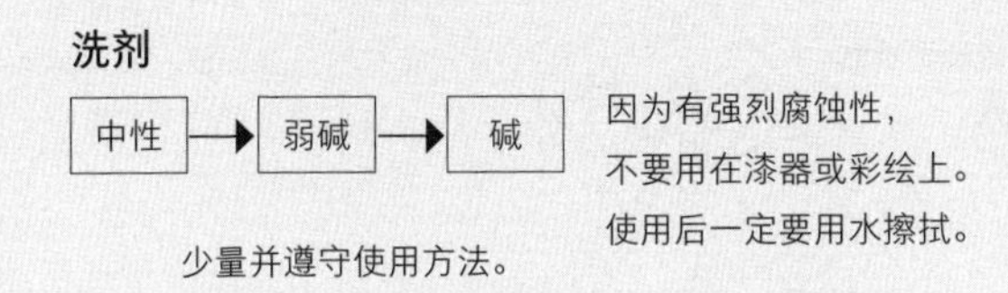

因为有强烈腐蚀性，
不要用在漆器或彩绘上。
使用后一定要用水擦拭。

少量并遵守使用方法。

3. 电器上绝对不可以使用石油醚、稀释剂、清洁剂。

会造成损坏或变色。将温水稀释中性洗剂后，
以抹布拧干擦拭。

4. 地毯、窗帘等住家用品的污渍，绝对不可用热水。

污渍中的色素反而会因为热气而固着。

身边小物品的扫除法

就算将房间打扫好了，但小物品的清洁却总是忘掉。不知不觉间，就积了一堆灰尘，变得十分肮脏了。

电器

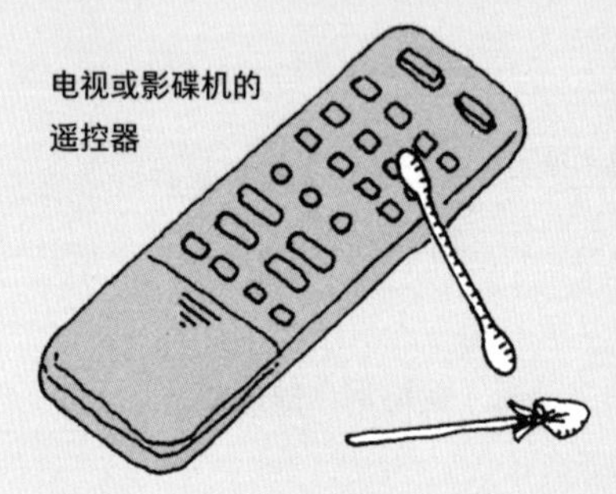

基本上，要用干布直接擦拭。如果这样还清不掉，就薄薄地蘸一些溶解了中性洗剂的温水，拧干后再行擦拭

用棉花棒蘸上洗剂后擦拭

牙签＋面纸也可以

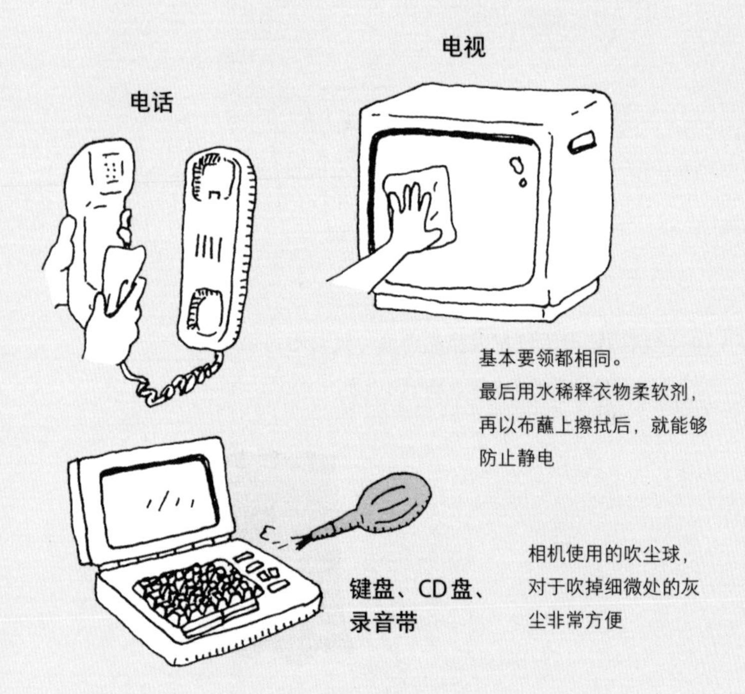

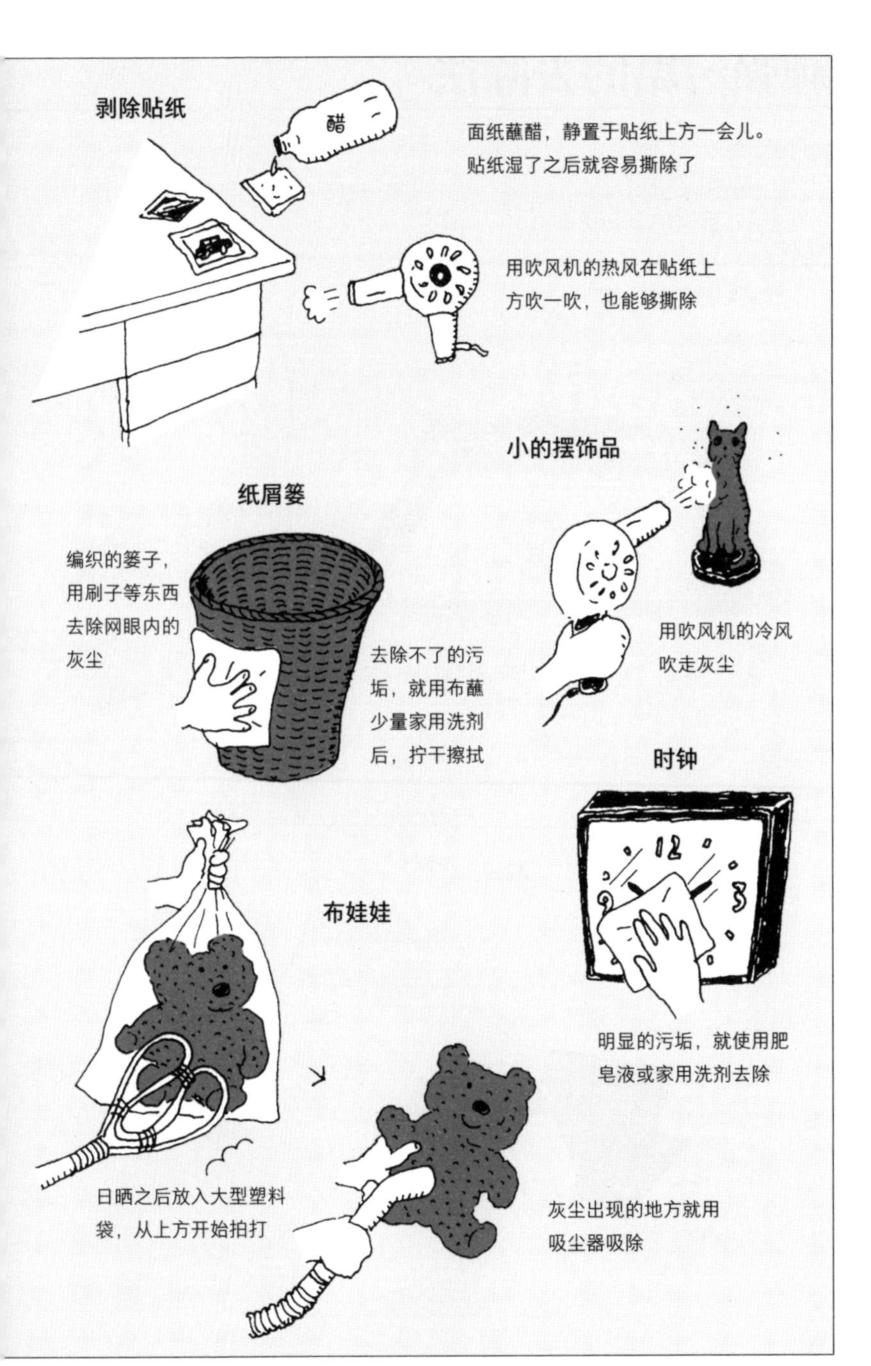
剥除贴纸
醋
面纸蘸醋，静置于贴纸上方一会儿。贴纸湿了之后就容易撕除了
用吹风机的热风在贴纸上方吹一吹，也能够撕除
小的摆饰品
用吹风机的冷风吹走灰尘
纸屑篓
编织的篓子，用刷子等东西去除网眼内的灰尘
去除不了的污垢，就用布蘸少量家用洗剂后，拧干擦拭
时钟
明显的污垢，就使用肥皂液或家用洗剂去除
布娃娃
日晒之后放入大型塑料袋，从上方开始拍打
灰尘出现的地方就用吸尘器吸除

顽强污垢的去除法

遇到顽强污垢，也不必苦恼了。可是，不要一年只清理一次，每个月都清理，污垢应该也不会累积那么多了。

充满油污的抽风扇

积满炉上食物油烟的网子

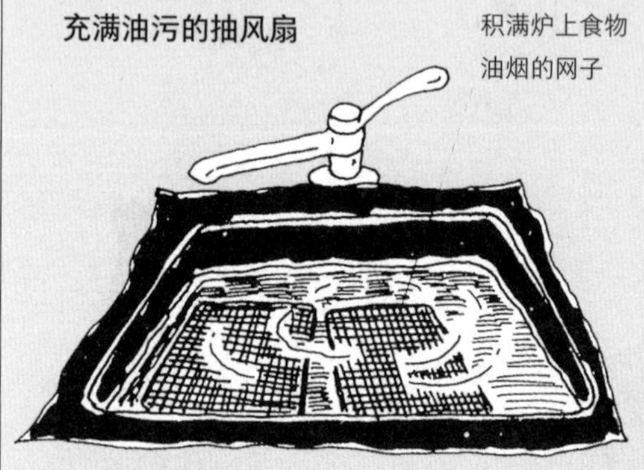

厨房水槽里，铺上一层黑色垃圾袋，然后倒入热水溶解洗衣肥皂，将网子置入浸泡2 ~ 3小时

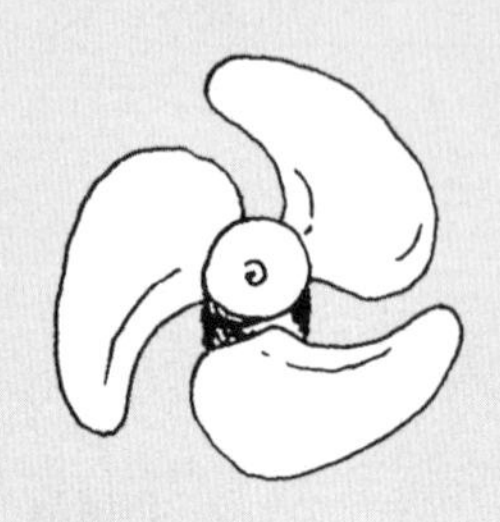

将稀释了氧化系漂白水的温水，倒入垃圾袋里，把风扇部分泡进去，封住袋口。静置一晚

厕所的污垢

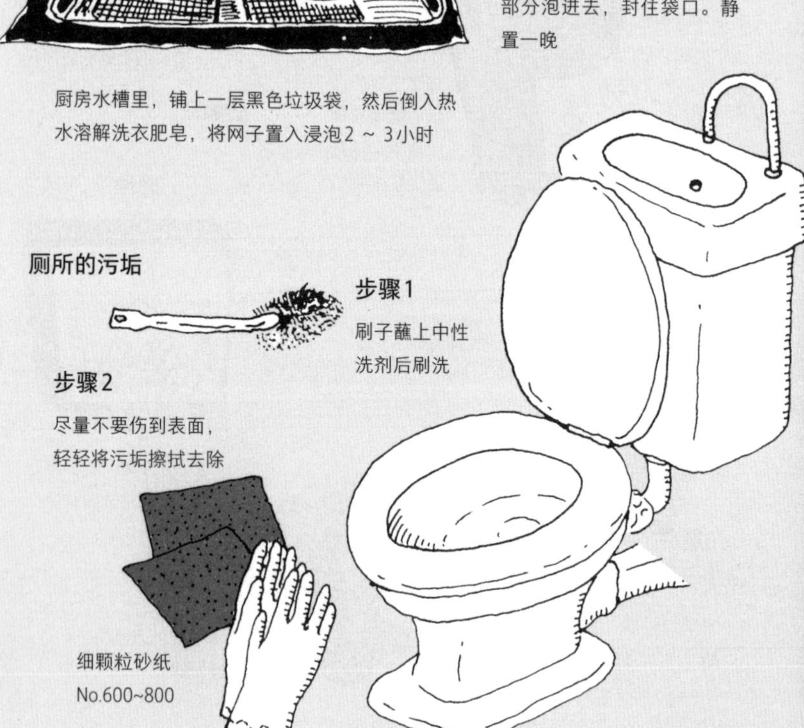

步骤1

刷子蘸上中性洗剂后刷洗

步骤2

尽量不要伤到表面，轻轻将污垢擦拭去除

细颗粒砂纸

No.600~800

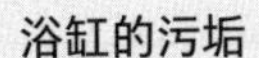

浴缸的污垢

污垢本身是蛋白质、脂肪、
香皂渣滓长的霉菌

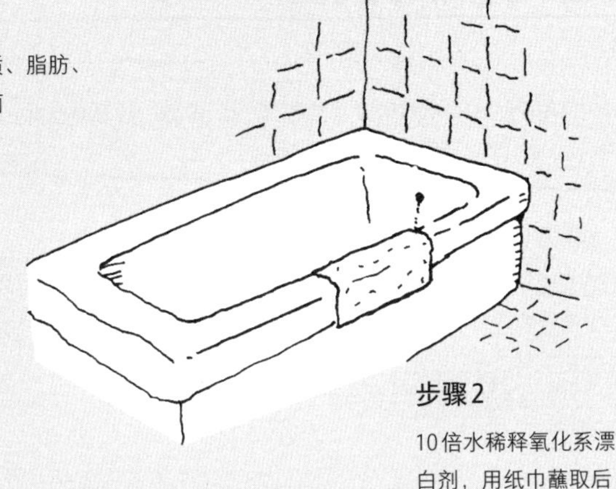

步骤1

用霜状清洁剂
刷洗

步骤2

10倍水稀释氧化系漂
白剂，用纸巾蘸取后
贴住污垢处浸润

水龙头或水槽

水龙头四周的白色物质，是充斥在自来水中的石灰。可用霜状清洁剂刷洗去除。水槽内的污垢，可以蘸上碱性洗剂后，用刷子刷洗。最后用干燥的抹布擦干后就不会湿乎乎的了

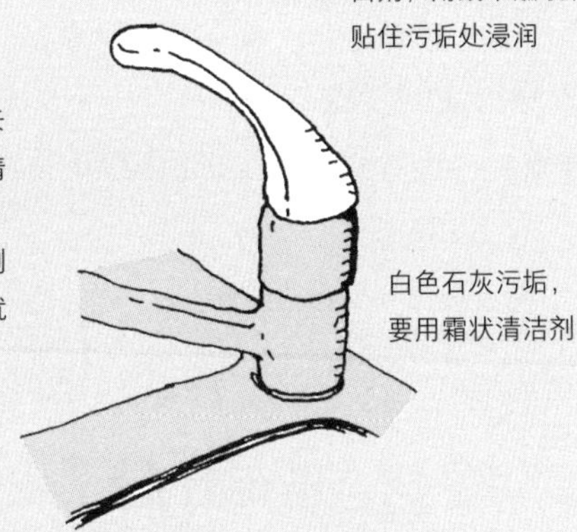

清扫细缝的小道具

竹签……细小的缝隙、栏杆

牙刷……旧牙刷2 ~ 4把，配合高度组装起来，再用橡皮圈绑起来就很方便了。

棉花棒…蘸洗剂后刷洗细微的部分。

免洗筷…用来刮除顽强附着的污垢。

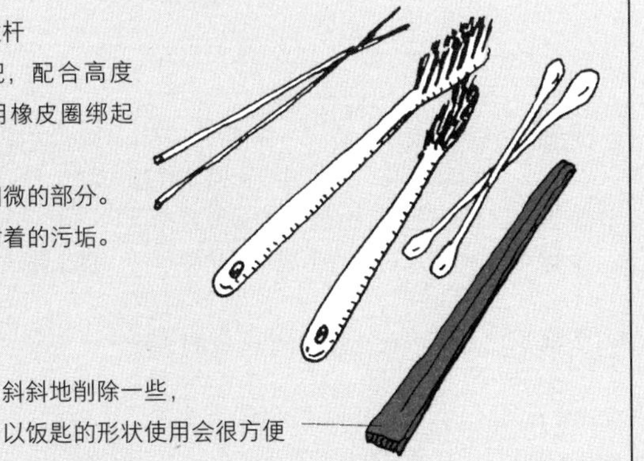

住宅污渍的去除——基础

扫除后也去不掉的居家污渍很烦人？其实，只要知道除污原理就能够轻易去除了。也让家里的人知道怎么做吧。

● 去除污渍的基础

①水溶性的污渍，用水去除。

②油性的污渍，用石油醚（顽强污渍）或酒精（弱污渍）擦除。

③色素则以洗衣肥皂、醋或漂白剂清理。

④热水是禁忌，千万不要使用。

● 去除污渍的步骤

步骤1　如果不知道污渍是水溶性或油性的时候，可以先蘸一点消毒用的酒精轻拍看看。

步骤2　污渍变淡一点……油性→就这样轻拍去除。

没有变化……水性→蘸水轻拍去除。

步骤3　去除色素……蘸洗剂或醋轻拍。

步骤4　含有蛋白质的污渍（牛奶等）……蘸上添加蛋白质分解酵素的洗剂后轻拍去除。

步骤5　最后用充分蘸水的抹布拍打去除。

● 实践篇

牛奶污渍

①将牛奶擦干。

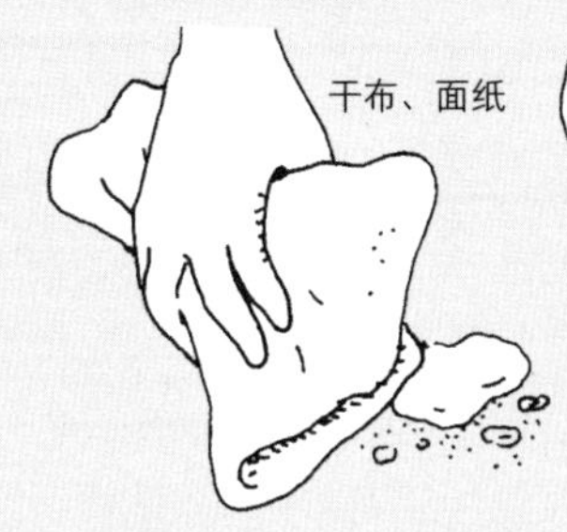

②抹布浸泡酒精后轻拍污渍。

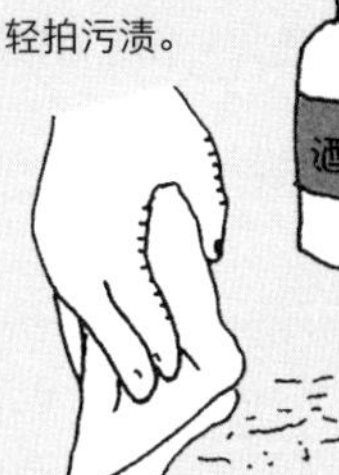

③牙刷蘸一些添加蛋白质分解酵素的洗剂，轻拍。

●家具上的涂鸦

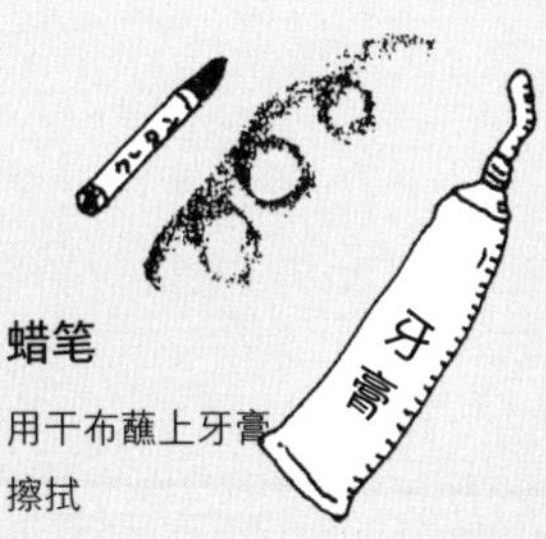

蜡笔

用干布蘸上牙膏擦拭

原子笔

喷上一点喷发剂后擦拭，会神奇地变得很干净哦

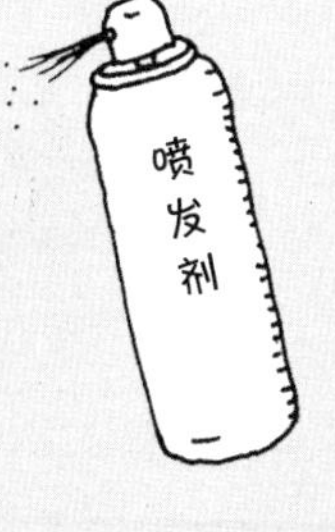

彩色笔、签字笔

用除指甲油的去光水或石油醚擦拭去除

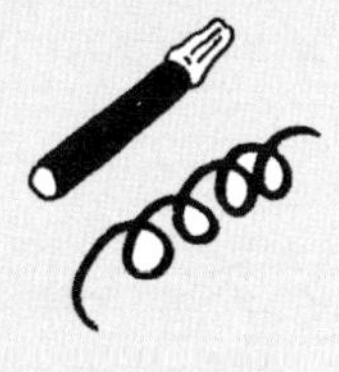

榻榻米的污渍

酱油、墨水

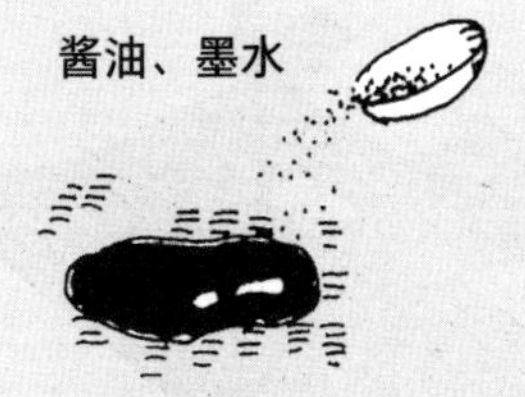

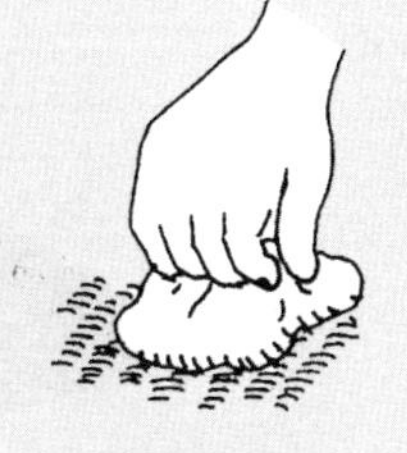

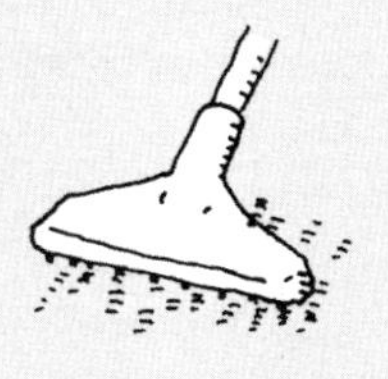

①先用面纸吸干，再把盐抹在沾污的部分。

②轻拍使盐将污渍吸除。

③用吸尘器将盐吸除。

收纳的时候，只要多下点功夫，明年就又能舒适使用了。别让它们发霉、损坏，来熟练地收拾吧。

● 夏季物品

空调

将滤网取下来，用吸尘器将网纹上的灰尘吸走。如果有清不掉的灰尘，就泡在溶解中性洗剂的温水中，以刷子刷洗，注意不要刷坏网眼。水洗之后，要放在太阳底下晒干

室内机出风口的灰尘，也要用吸尘器吸除

电风扇

扇叶盖以逆着风扇转的方向旋转，就能够拆卸下来

竹帘

竹制的就用布蘸上家用洗剂擦拭。然后晾干

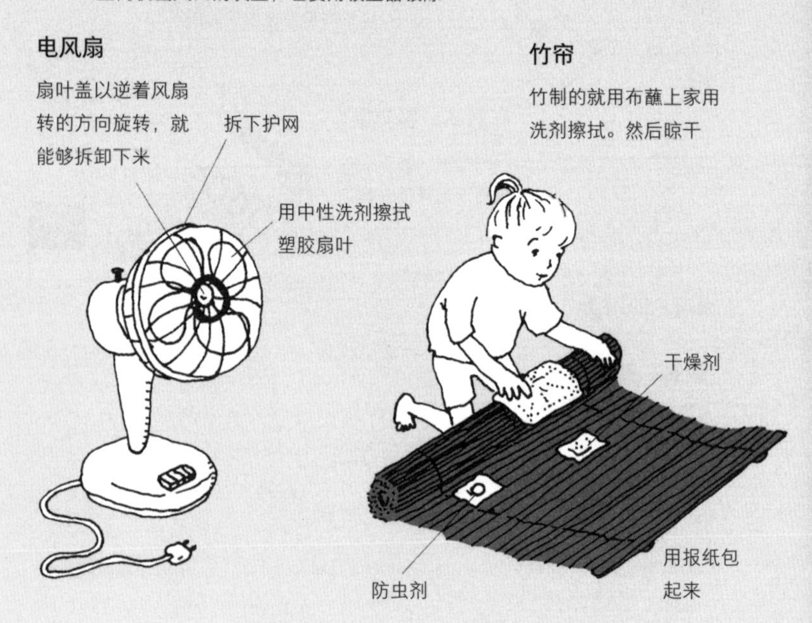

藤制品

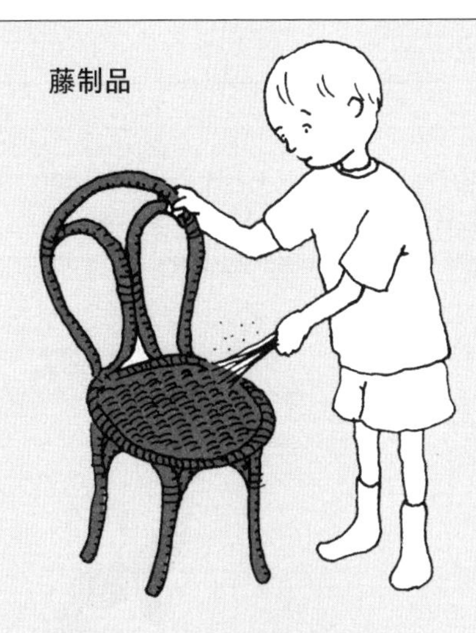

①用刷子将灰尘拂去。

②抹布蘸热水后拧干擦拭。

③擦不掉的污垢，就用家用洗剂擦拭。

④干布擦拭。

●冬季物品

电暖炉

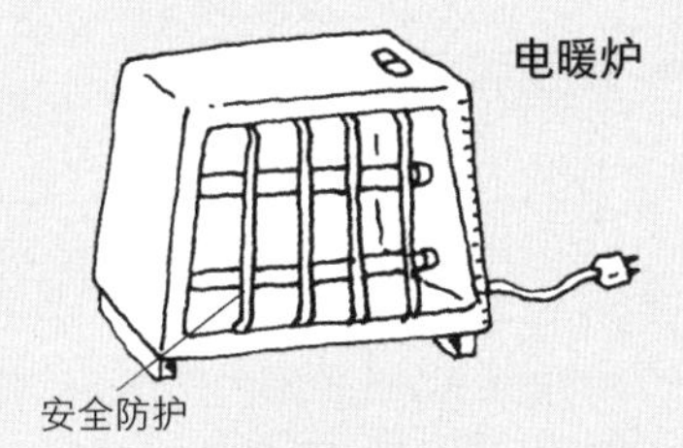

清除反射板上的污垢，要先拆除安全防护，然后以蘸了厨房洗剂的抹布擦拭后，再用干布擦拭

煤油暖炉

储油槽里的油全部都用破布吸干。就算容量计的指标已经归零，还是要仔细擦除

周遭则用中性洗剂擦拭

电热毯

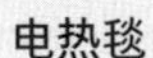

先用吸尘器将脏污仔细去除，有污渍的地方，以牙刷等物品蘸上中性洗剂轻拍，接着仔细擦去洗剂。高温通电2 ~ 3小时，使其充分干燥之后再收起来

大扫除——1天完成的秘诀

你可能认为每天的打扫，到最后都会偷懒，更何况是大扫除。可是大扫除跟平日的打扫，还是有些不同。若要说的话，就是“扫除的祭典”，是一年1～2次动员全家人，将堆积的污垢都去除的日子。平时无法独力完成的工作，也可以在这一天找家人一起帮忙。

● 大扫除的五个重点

其1 **一年至少要做1次。**

最常见的就是12月底的大扫除。将一整年的污垢除去，干净清爽地迎接新年，是一定要的。另外，3月冬天过去，伴随着春季强风的沙尘来袭，所以也有人趁春季将家里清洁一番。

其2 **大型垃圾收集日的前一天一口气完成。**

因为也会清出大型垃圾，所以要先确认收集大型垃圾的日子，定来得及的日程。而且当然要是晴朗的日子。

其3 **上午清外面，下午清屋内。**

玻璃、外墙、庭院、阳台等屋外的地方要在上午清扫。
下午则由上至下清扫家中常使用的区域。

其4 **别忘了前一天就要将清扫工具准备齐全。**

其5 **专家才能组装得好，所以不要勉强自己。**

地毯或抽风机等，有必要的话请专家来做。

● 场所的顺序

屋外一圈

①修补墙垣的破损处。
②清洗排雨用的水管里面。
③将防雨窗的水擦干。
④清洗纱窗。
⑤擦拭门牌。
⑥擦窗户。
⑦擦门。

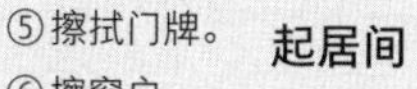
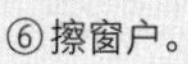

小孩房间

①清除天花板、墙壁上的灰尘。
②擦拭灯具。
③拍打窗帘，或用吸尘器吸除。
④擦拭窗户玻璃、窗框、门。栏杆也不要忘记擦。
⑤用干布擦拭家具。
⑥家具下方深处也要清扫干净。
⑦地板或地毯清洗干净。

起居间

与儿童房间一样。

玄关

①擦拭鞋柜的里面。
②擦拭放置的装饰品。

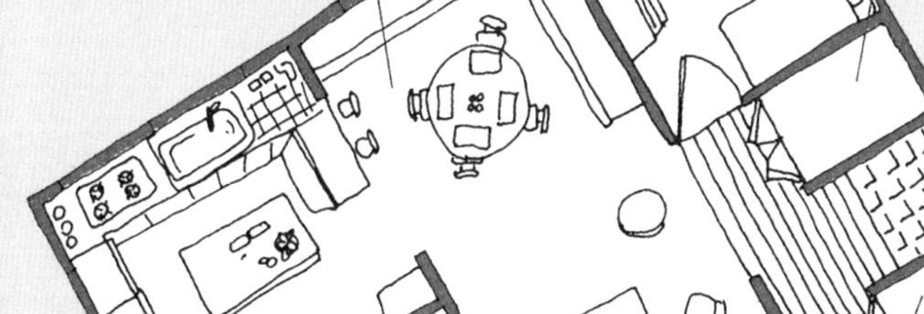

阳台

洒水清扫

厨房

①将餐具架或收纳架里的东西清出后擦拭架子。
②擦拭炉子或抽风机上的油垢。
③清除天花板、墙壁上的灰尘。
④擦拭灯具。
⑤擦拭流理台周围。
⑥用酒精擦拭冰箱内部。
⑦清洗垃圾桶。
⑧擦地板。

浴室、洗脸台

①将排水孔清干净。
②将水龙头擦拭干净。
③擦拭镜子。

厕所

①将气窗清理干净。
②擦拭马桶内侧及周围。

卧室

将寝具晒干，连床铺也清理干净。
其他与儿童房间相同。

对付尘螨——扫除的重点

● 尘螨是什么?

最近室内的地毯或被子滋生了一些尘螨，因此过敏的人也增加了。眼睛看不见的尘螨，据说1平方米的榻榻米中会有100万只，地毯则有30 ~ 40万只，棉被会有10万只之多。尘螨增加的条件，分别是食物、湿度与温度。尘螨以食物渣滓或人的头皮屑、皮肤等为食。最喜欢的湿度约60%以上，温度则在20 ~ 25摄氏度以上。

● 尘螨驱逐法

尘螨驱逐法为：①断绝它们的食物来源；②将湿度调到60%以下；③用50摄氏度以上的高温杀除。但尘螨的残骸也会成为过敏的因素，所以一定要完全去除掉。以上三项是重点。

接着用吸尘器仔细清理也很重要。或用大量的水冲洗也很有效果。

棉被

晒被子的时候，覆上一层黑布，让温度更高。收起来之前，要拍打棉被，让尘螨浮上来，用吸尘器吸除。

1平方米左右，要处理3分钟以上，慢慢地吸除。被单也要仔细地清洗干净。

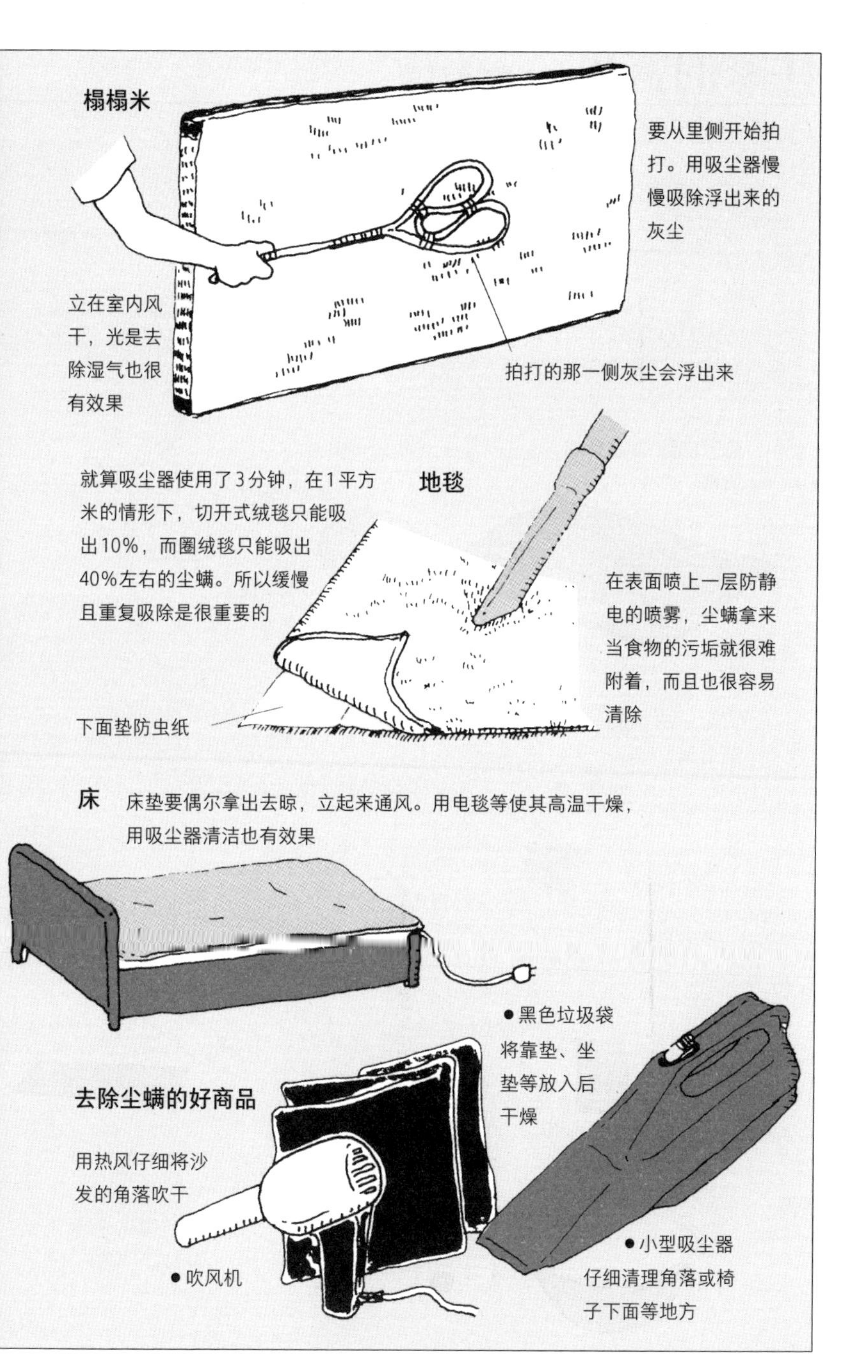
榻榻米
要从里侧开始拍打。用吸尘器慢慢吸除浮出来的灰尘
立在室内风干，光是去除湿气也很有效果
拍打的那一侧灰尘会浮出来
就算吸尘器使用了3分钟，在1平方米的情形下，切开式绒毯只能吸出10%，而圈绒毯只能吸出40%左右的尘螨。所以缓慢且重复吸除是很重要的
地毯
在表面喷上一层防静电的喷雾，尘螨拿来当食物的污垢就很难附着，而且也很容易清除
下面垫防虫纸
床
床垫要偶尔拿出去晾，立起来通风。用电毯等使其高温干燥，用吸尘器清洁也有效果
●黑色垃圾袋
将靠垫、坐垫等放入后干燥
去除尘螨的好商品
用热风仔细将沙发的角落吹干
●吹风机
●小型吸尘器
仔细清理角落或椅子下面等地方

住家的害虫——除虫对策

由于生活方式的改变，尽管季节更替，虫虫蚊蚋还是会在舒适的家中增生。在嫌恶虫子之前，先注意不要让它们再增加了。

● 蟑螂

最不受欢迎的昆虫代表就是蟑螂了。蟑螂最喜欢的场所特点是：①黑暗、②温暖、③潮湿、④有食物。就先从收拾食物开始下手吧。

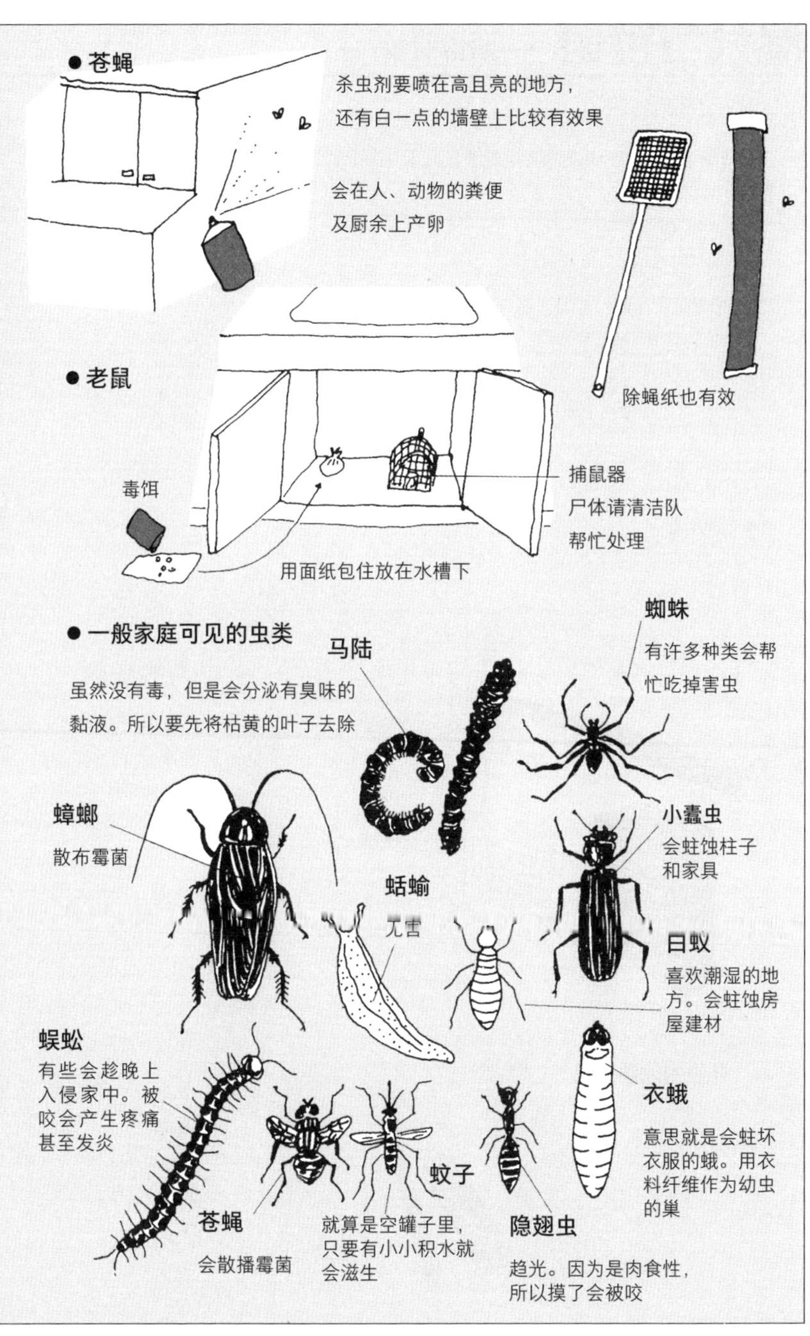
●苍蝇
杀虫剂要喷在高且亮的地方，
还有白一点的墙壁上比较有效果
会在人、动物的粪便
及厨余上产卵
除蝇纸也有效
●老鼠
毒饵
捕鼠器
尸体请清洁队
帮忙处理
用面纸包住放在水槽下
●一般家庭可见的虫类
蜘蛛
有许多种类会帮
忙吃掉害虫
马陆
虽然没有毒，但是会分泌有臭味的
黏液。所以要先将枯黄的叶子去除
蟑螂
散布霉菌
小蠹虫
会蛀蚀柱子
和家具
蛞蝓
无害
白蚁
喜欢潮湿的地
方。会蛀蚀房
屋建材
蜈蚣
有些会趁晚上
入侵家中。被
咬会产生疼痛
甚至发炎
衣蛾
意思就是会蛀坏
衣服的蛾。用衣
料纤维作为幼虫
的巢
蚊子
苍蝇
会散播霉菌
就算是空罐子里，
只要有小小积水就
会滋生
隐翅虫
趋光。因为是肉食性，
所以摸了会被咬

湿气与霉菌——防霉对策

霉菌的种类中，有些是导致严重气喘的原因，甚至有些恐怖的霉菌，会危害到生命安全。

● 除掉发霉的三大要素吧

①营养……糖、淀粉、纤维素等食物的残渣、手垢、灰尘。

②温度……最喜爱20摄氏度以上的气温。0 ~ 40摄氏度是滋生的范围。

③湿度…… 高达80%以上就是霉菌的天国了。
65 ~ 70%对于霉菌而言相当舒适。

● 预防法

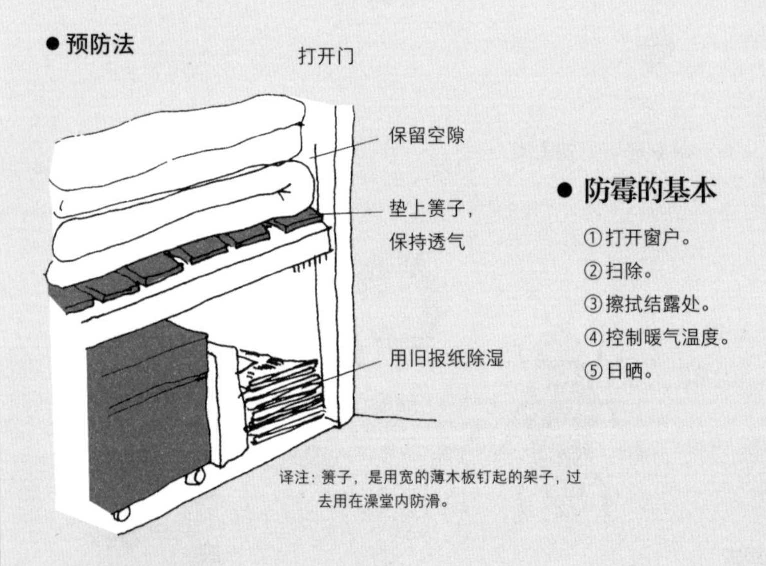

译注：箦子，是用宽的薄木板钉起的架子，过去用在澡堂内防滑。

● 防霉的基本

①打开窗户。

②扫除。

③擦拭结露处。

④控制暖气温度。

⑤日晒。

身边的除湿用品

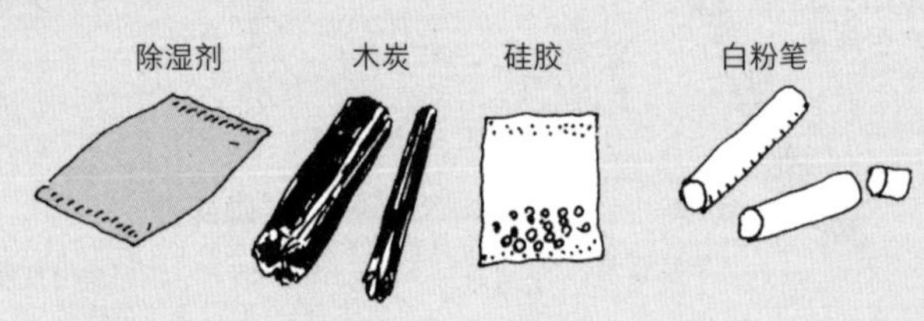

● 对付浴室的潮湿霉菌

①不要忘记通风（开窗、开抽风机）。

②去除水气。

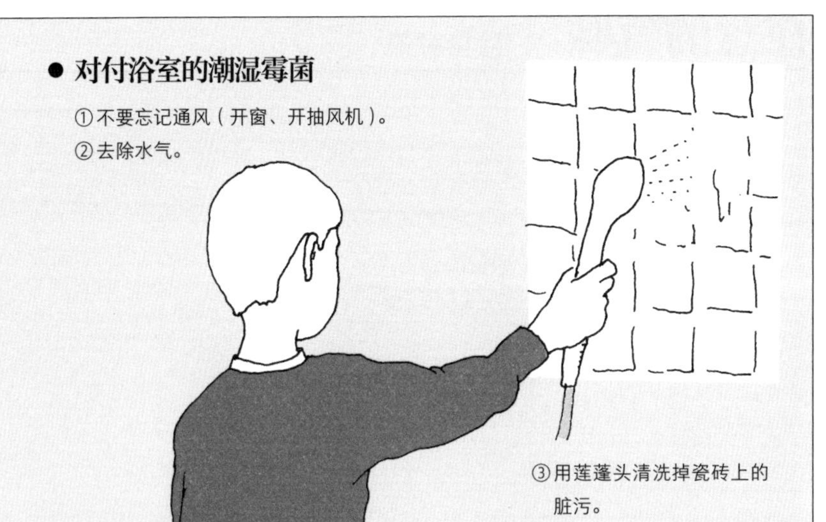

③用莲蓬头清洗掉瓷砖上的脏污。

公寓等水泥住宅

要消除水泥中含的水分，需要花7～8年。所以要多利用除湿机。

● 如果发霉了

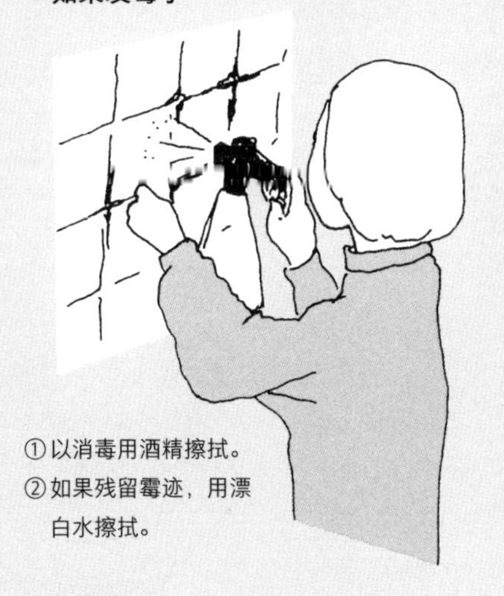

①以消毒用酒精擦拭。

②如果残留霉迹，用漂白水擦拭。

使用除霉剂的时候，要保持空气流通，并用旧牙刷刷洗

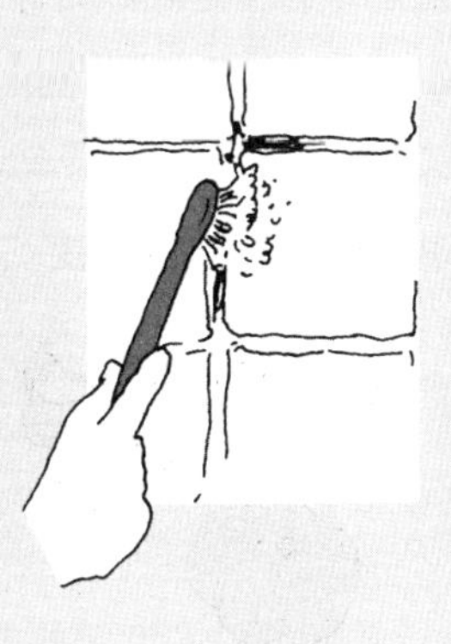

在意的气味——除臭对策

只要正常过生活，有时就会产生令人不愉快的臭味，而且怎么都消不掉，让人伤透脑筋。让我们来了解臭味的消除法吧。

● 除臭的基本技巧与各种除臭剂

① 隐藏技巧⋯⋯为了缓和不快的臭味，加入甜甜的香味或清爽的香味。
芳香喷雾等。

② 负负得正技巧⋯⋯利用臭味与臭味相加，让两者的臭味抵消。
相杀技巧用于厕所等。

③ 吸除技巧⋯⋯利用活性炭或沸石药剂等吸附臭味。
用于冰箱等。

④ 化学变化技巧⋯⋯利用氧化及凝固等化学变化来除臭。
用于厕所等。

⑤ 分解技巧⋯⋯利用酶分解气味分子。
用于厨余、污水处理等。

● 试试从前传下来的脱臭法

熏茶叶渣或干燥橘子皮

橘子皮

茶叶渣用烤箱烤一下也可以

木炭

能去除煮饭锅巴的焦味

● 身边的除臭创意

在烟灰缸中等地方

放入咖啡渣也有吸附臭味的效果

要消除厕所或厨余的臭味

将酒精装在喷雾罐里喷一下

冰箱或鞋柜里

小苏打

打开盖子，小苏打有吸附效果

厨余容器的底部

旧报纸

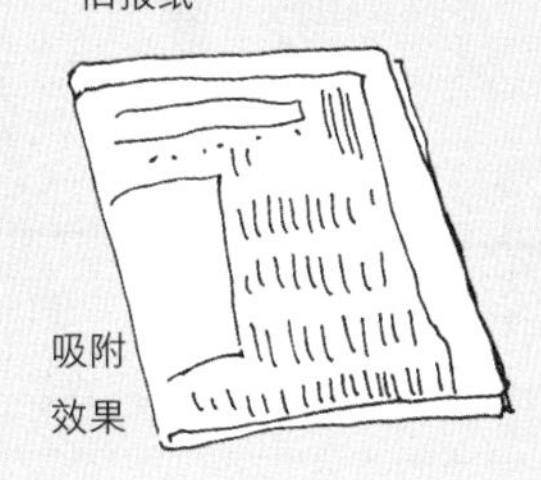

吸附效果

尿床的臭味

用含有稀释醋液的布拍拭

醋

醋有除臭效果

排水口的臭味

1碗水里放入1杯盐，将高浓度的盐水倒进去

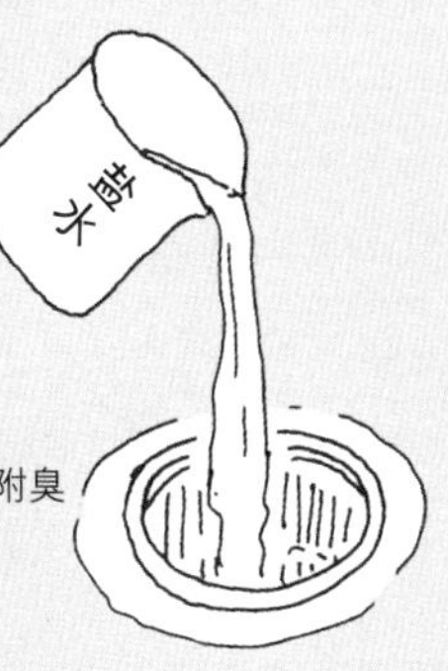

盐也有吸附臭味的效果

海虾腥臭味

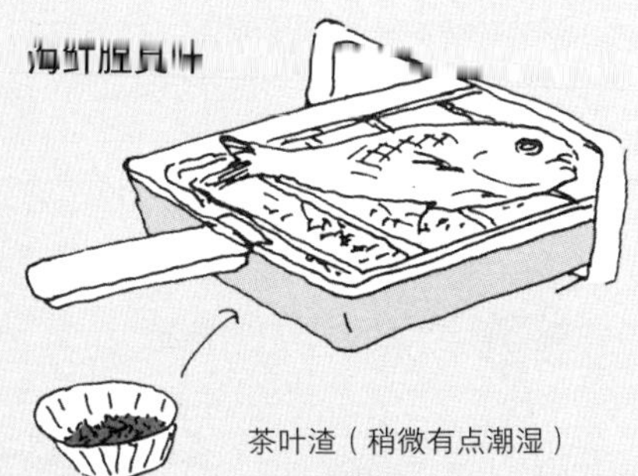

茶叶渣（稍微有点潮湿）均匀铺满整个烤盘

扫除工具——基本使用法

说到“扫除工具”，似乎大家都会立刻回答“吸尘器”，不过依照不同目的而能善用各种扫除工具，是熟练打扫的第一步。来练习使用从前就有的扫除用具吧。

帚（客厅用）

要一口气扫掉脏污，果然还是这把最方便。客厅用扫帚中，有将草捆起来的草帚，还有以棕榈树皮做成的棕榈帚。因为棕榈帚能吸取细微的灰尘，所以不只榻榻米，还可以用在一般地板或乙烯瓷砖上。打扫的时候，沿着榻榻米或地板缝隙使用。

最初使用时，草帚以薄盐水、棕榈帚以温水打湿前端，接着晾干后再使用，就能保存得比较久。

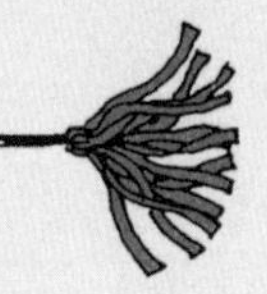

外用帚

清扫玄关或阳台时，使用短柄的蕨帚会较方便。而庭院用的竹扫帚，除了能收集落叶之外，也能扫到角落。

除尘掸

要清除门上的灰尘，使用鸡毛掸子即可。从上到下轻拍拂去，接着使用扫把或吸尘器。

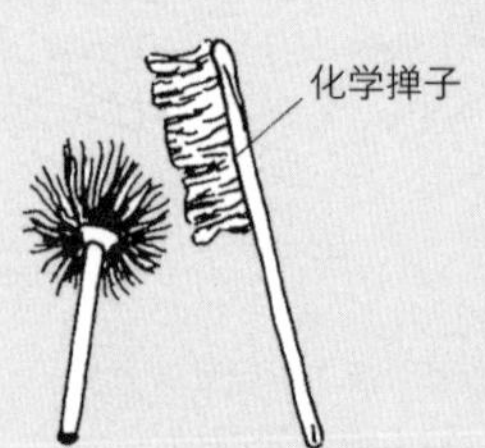

比起拍打，使用时轻拂过去挥掉灰尘

抹布

将抹布蘸水拧干，沿着榻榻米的纹路擦拭，接着再用干布擦。

簸箕

长柄的扫帚，配合长柄簸箕较为方便。箱形畚箕适合用在打扫宽阔地方时，将垃圾聚集起来一次扔掉。

修 理

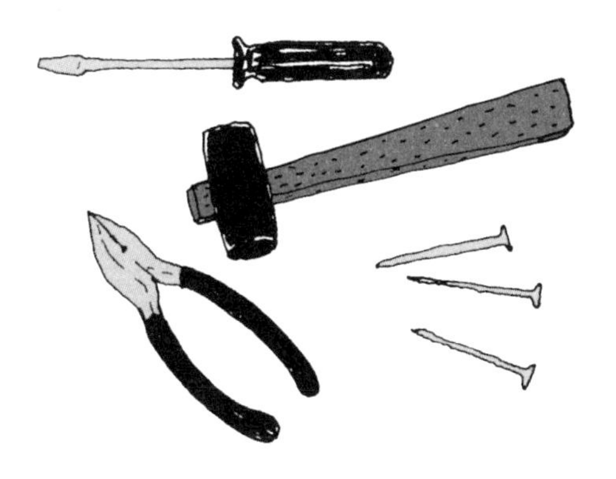

我们所居住的舒适环境，是靠各种东西所支持的。每天使用的自来水、电灯、排水管、纱窗……只要其中有任何坏掉或毁损的，我们就会感到很麻烦。虽然有些东西不拜托专家修理就无法修复，但是只要知道紧急维护或修理的一点小诀窍，就有许多时候能够比较放心了。

木工道具入门 I ——切开 · 钻孔

临到修理的当头，才发现就算知道修复的方法，但因为不擅长使用木工道具，而浪费了难得的知识。所以来掌握至少该知道的木工道具使用的方法吧。

● 切开

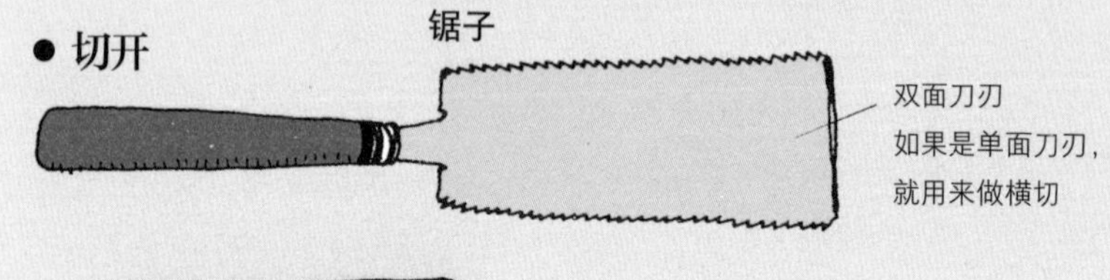

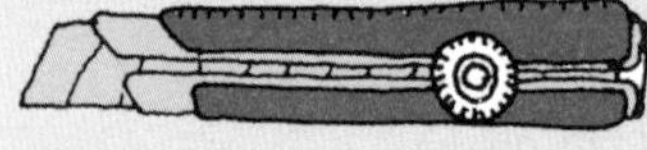

纵断锯齿（粗）

横断锯齿（细）

大型美工刀

能够切开3厘米厚的胶合板的大型刀，非常方便。
一开始轻轻划下一条痕迹，接着磨两三次将板子切开。

纵断锯齿要使用于顺着木纹的方向锯。横断锯齿则是在沿着横断木纹的方向锯时使用。

● 锯子的使用法

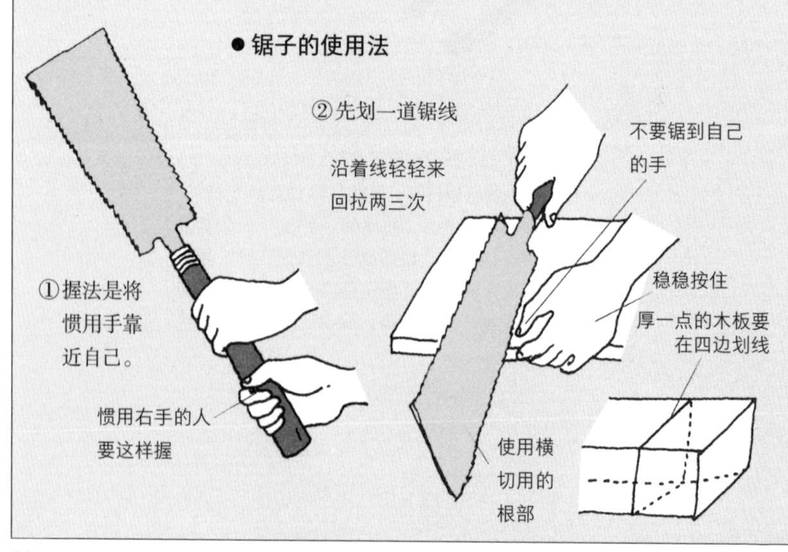

锯子就在拉锯之间能切断物品！

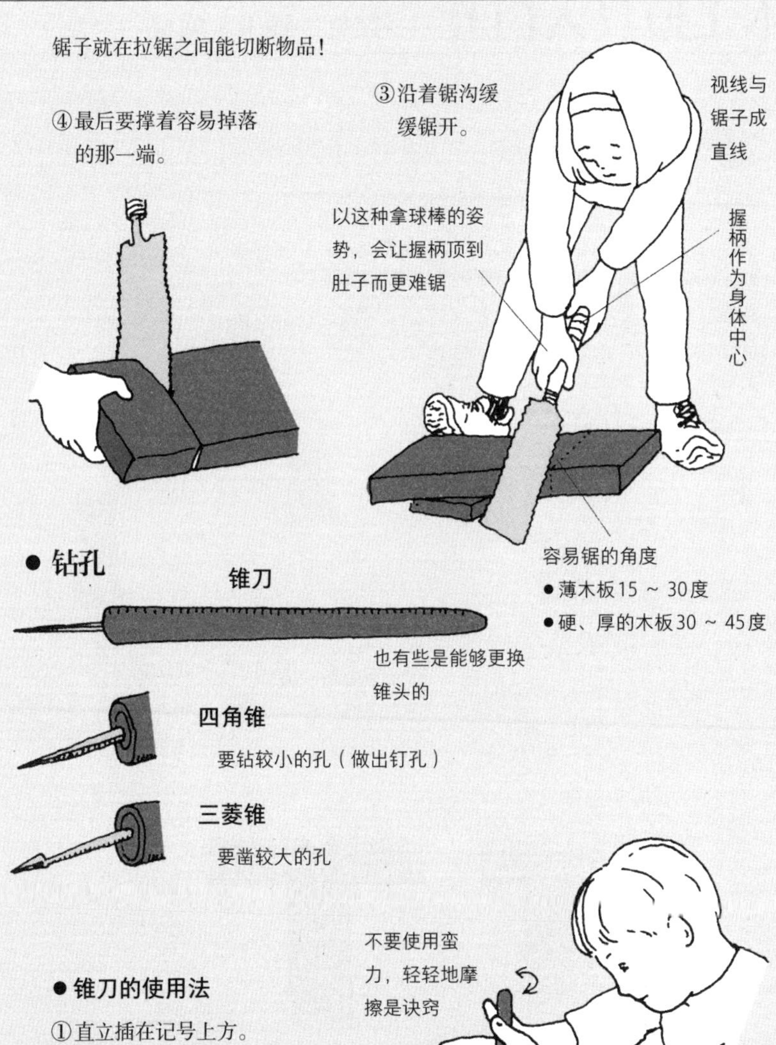

● 锥刀的使用法

①直立插在记号上方。

②从上方以双手掌心左右摩擦向下。

③手往下直到2/3左右处时再回到原点。

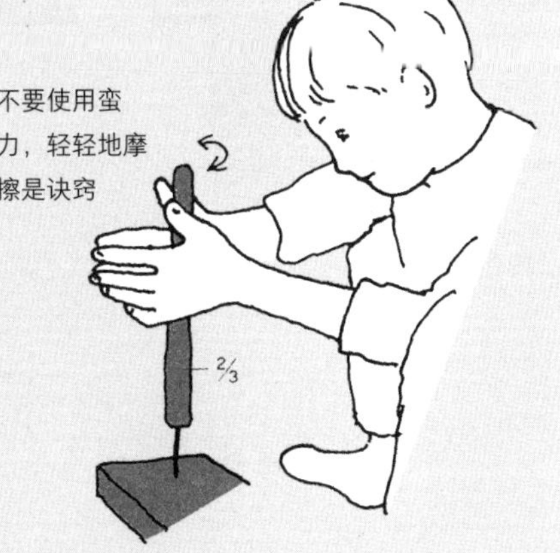

木工道具入门II——敲打·锁上·完成

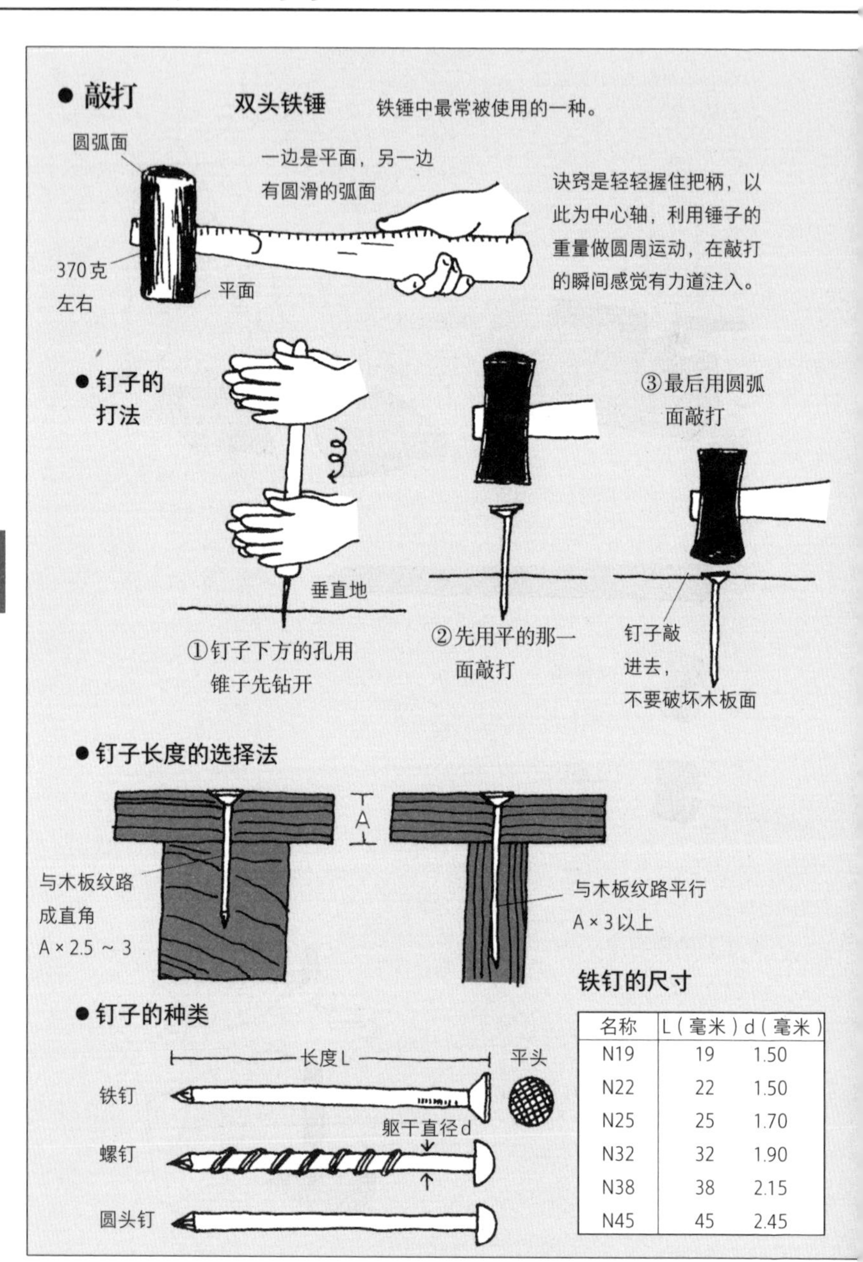

名称	L（毫米）	d（毫米）
N19	19	1.50
N22	22	1.50
N25	25	1.70
N32	32	1.90
N38	38	2.15
N45	45	2.45

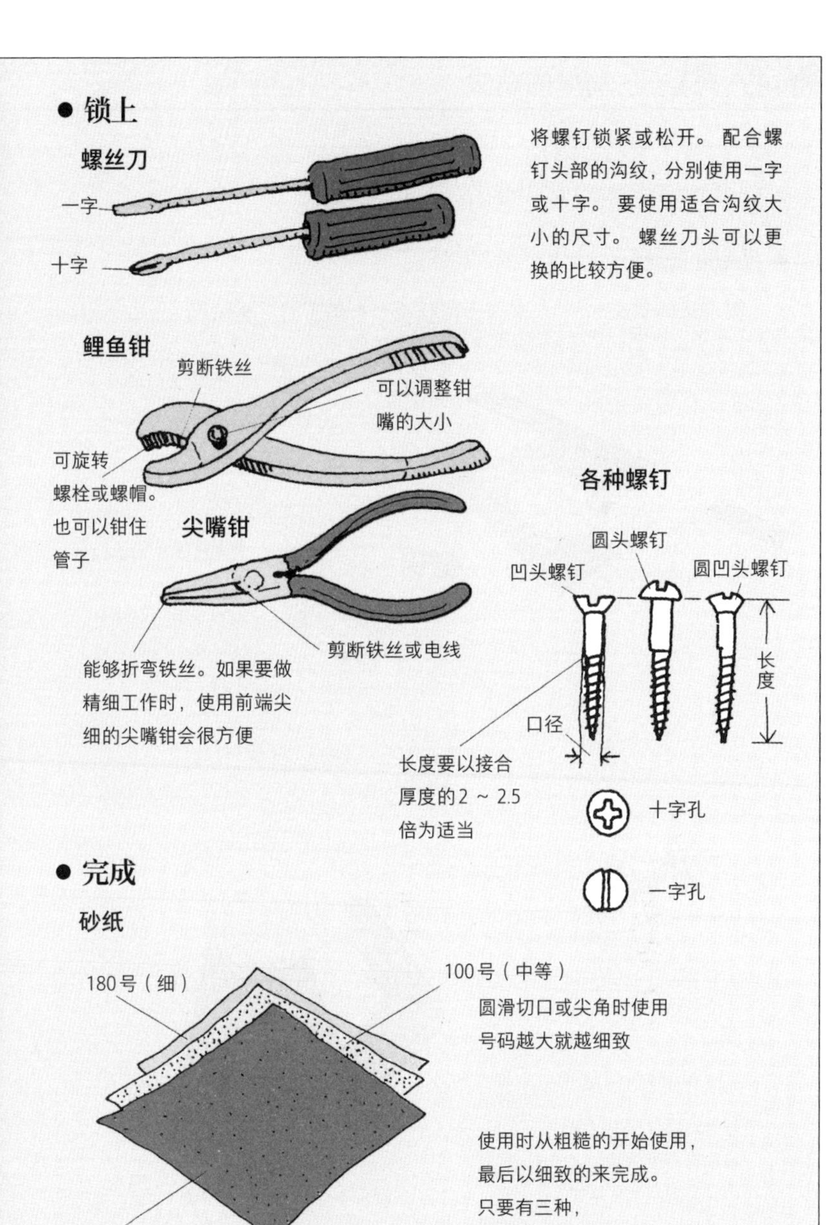
● 锁上
螺丝刀
一字
十字
将螺钉锁紧或松开。配合螺钉头部的沟纹，分别使用一字或十字。要使用适合沟纹大小的尺寸。螺丝刀头可以更换的比较方便。
鲤鱼钳
剪断铁丝
可以调整钳嘴的大小
可旋转螺栓或螺帽。也可以钳住管子
尖嘴钳
剪断铁丝或电线
能够折弯铁丝。如果要做精细工作时，使用前端尖细的尖嘴钳会很方便
各种螺钉
圆头螺钉
凹头螺钉
圆凹头螺钉
长度
口径
长度要以接合厚度的2 ~ 2.5倍为适当
十字孔
一字孔
● 完成
砂纸
180号（细）
100号（中等）
圆滑切口或尖角时使用
号码越大就越细致
使用时从粗糙的开始使用，最后以细致的来完成。只要有三种，大抵上就可以了。
30号（粗）
卷在木片等东西上使用会较方便

贴袄纸——简单的贴法

译注：袄，日式纸拉门，整面铺纸，区隔室内空间用。不需考虑采光的问题，可以随时拆卸。

不拆卸木框就能贴上的最简单方法，试试看吧。

● 换贴的顺序

需准备的物品　● 熨烫用袄纸　● 美工刀　● 铁尺
● 尖嘴钳（或是镊子）

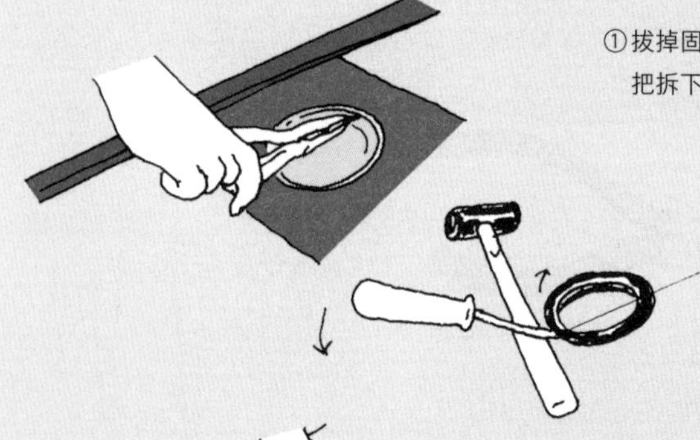

①拔掉固定的铁钉，将拉把拆下。

②放上袄纸。以熨斗从中心往外熨烫，排开空气贴上。

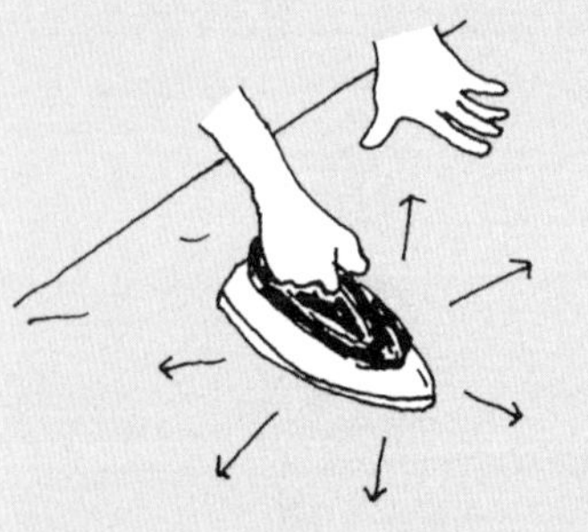

③直尺沿着木框内侧贴住，将超出的纸切除。刀子的内侧要朝向木框来切。

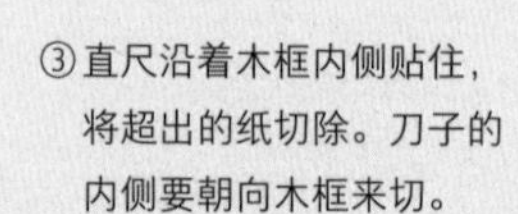

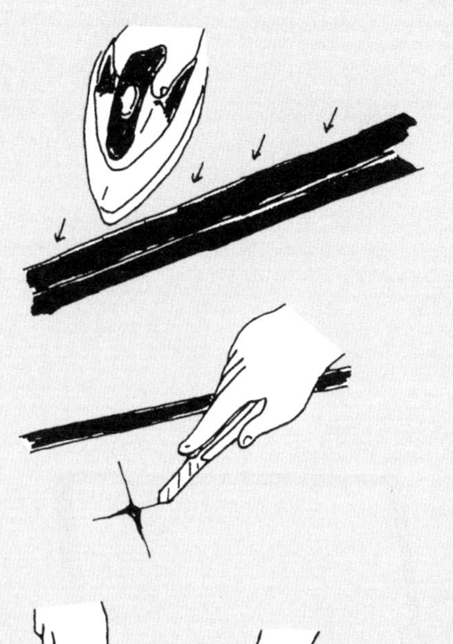

④利用熨斗的尖端，将纸切口缓缓地跟木框的边缘接好。

⑤门把部分的凹处，用美工刀切开一个“×”的记号。

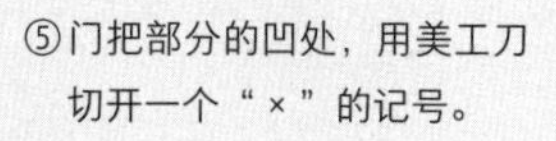

⑥钉入钉子，最后用较大的铁钉抵住这些钉子敲打，完整地固定门把。

贴袄纸的要点

只有容易弄脏的门把部分，贴上其他花色的纸

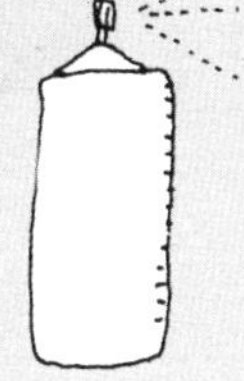

全部喷上一层防水喷雾后，污垢就很容易去除

贴障子纸——基础与诀窍

译注：障子，也是隔间用的门、窗，但是需要考虑采光的问题，因此是用“和纸”贴在木条上，是一种格子的纸窗或纸门。

舔了手指后在拉门纸上戳一个小洞，把刚换好的拉门弄破招来一顿痛骂……你有过这样的回忆吗？

传统的和式拉门，已经逐渐减少了。如果家里还有发黄的拉门，那么就试着换换看吧。一定会让屋子与心灵都明亮起来的。

● 换贴的顺序

〈将旧纸剥除〉

①用喷雾或蘸水的抹布、毛刷等，溶解贴在木条上的糨糊。

②糨糊软化后，从下方开始往上剥除。

③用抹布擦拭木条，等待木条变干。

〈贴障子纸〉 雨天或湿度高的天气较容易做。

①市售的淀粉糨糊，以水稀释成粥一样的浓度。

②将拉门框倒立放置，从上方开始以纸幅比对，并在木条上涂糨糊。使用毛刷轻拍木条的部分是诀窍。

③滚动拉门纸贴在门上，再用刀子轻轻抵住割下。

④用手指将纸压向木条，仔细贴牢。

倒放拉门再贴，这样纸张重叠的地方就会向下，也不易积灰尘了

如果是自己一个人贴就横摆，从上往下贴会较容易

⑤整面喷上喷雾。

距离30厘米左右喷水，就能够喷得很均匀了

⑥等到全干再将拉门装回去。

也有用乙烯或塑胶加工的拉门纸。也有些会附糨糊

换纱窗网——换法很简单

家里的纱窗是不是已经被灰尘堵住、裂开或破掉呢？在开窗的季节来临之前，试着自己换换看吧。就算是初次尝试，也能意外简单地就完成了。

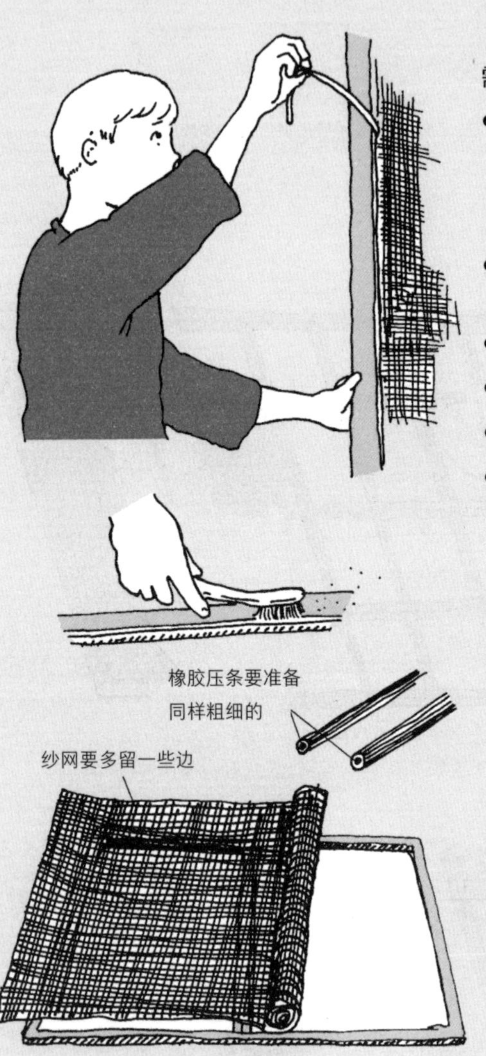

需要准备的物品

- **新纱网**

  有92厘米宽与140厘米宽两种。一定要先量过尺寸再购买。

- **橡胶压条**

  粗细要跟原来的一样。

- **刀子**
- **压尺**
- **旧牙刷**
- **螺丝刀**

①将螺丝刀插入纱窗的橡胶压条，挑出一部分，接着全部拉出。

②由下方压住纱网，从窗框上除下，接着以牙刷清理橡胶压条的沟槽。

③打开新纱网置于窗框上比对尺寸。
取1条橡胶压条，保留两端与边贴合的长度，量好后剪下。

④以专用的按压滚轮或螺丝刀，将橡胶压条塞进压条沟槽里。

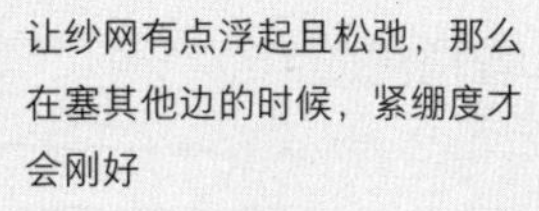

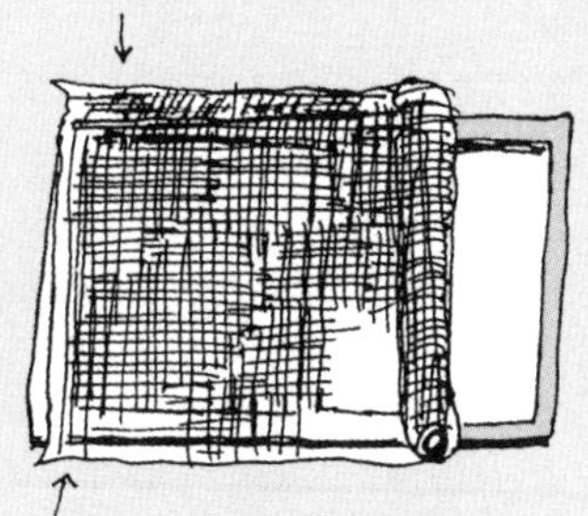

⑤先塞好一边，下一边要从对边开始塞橡胶压条固定。

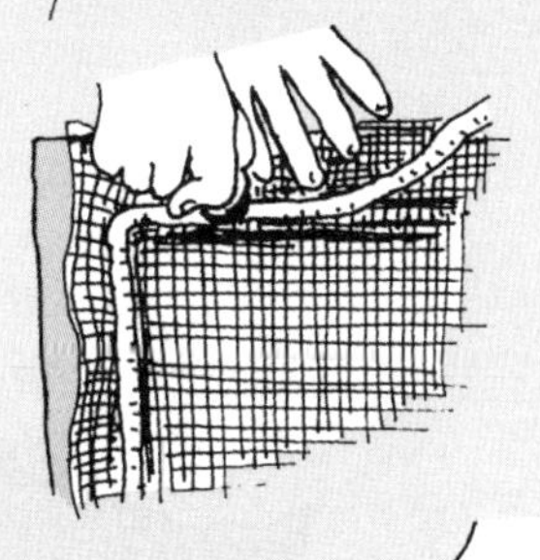

⑥两边都固定了之后，将压条压进弯角，固定住邻边。将多余的压条切掉，最后塞进沟槽里。

⑦超出沟槽外的纱网，用美工刀贴合窗框将纱网割下。

滴答、滴答，明明已经关紧的水龙头，是不是依然滴着水呢？就算只有少量的水，1个月也会滴满5个浴缸的哦。如果知道垫圈的换法，那么修理就易如反掌了。

● 替换垫圈

明明已经将把手拧紧了，出水口却还是不断地滴水，那是因为垫圈已经耗损了。

换上一个新的垫圈吧！

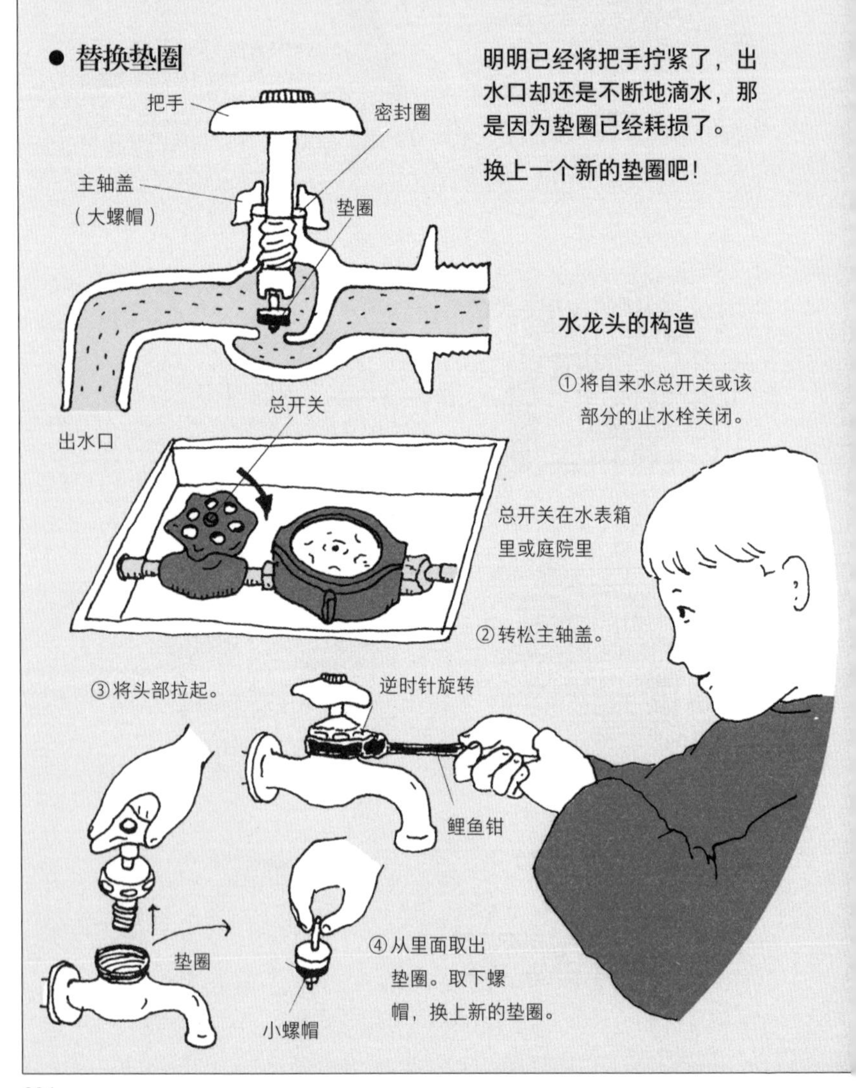

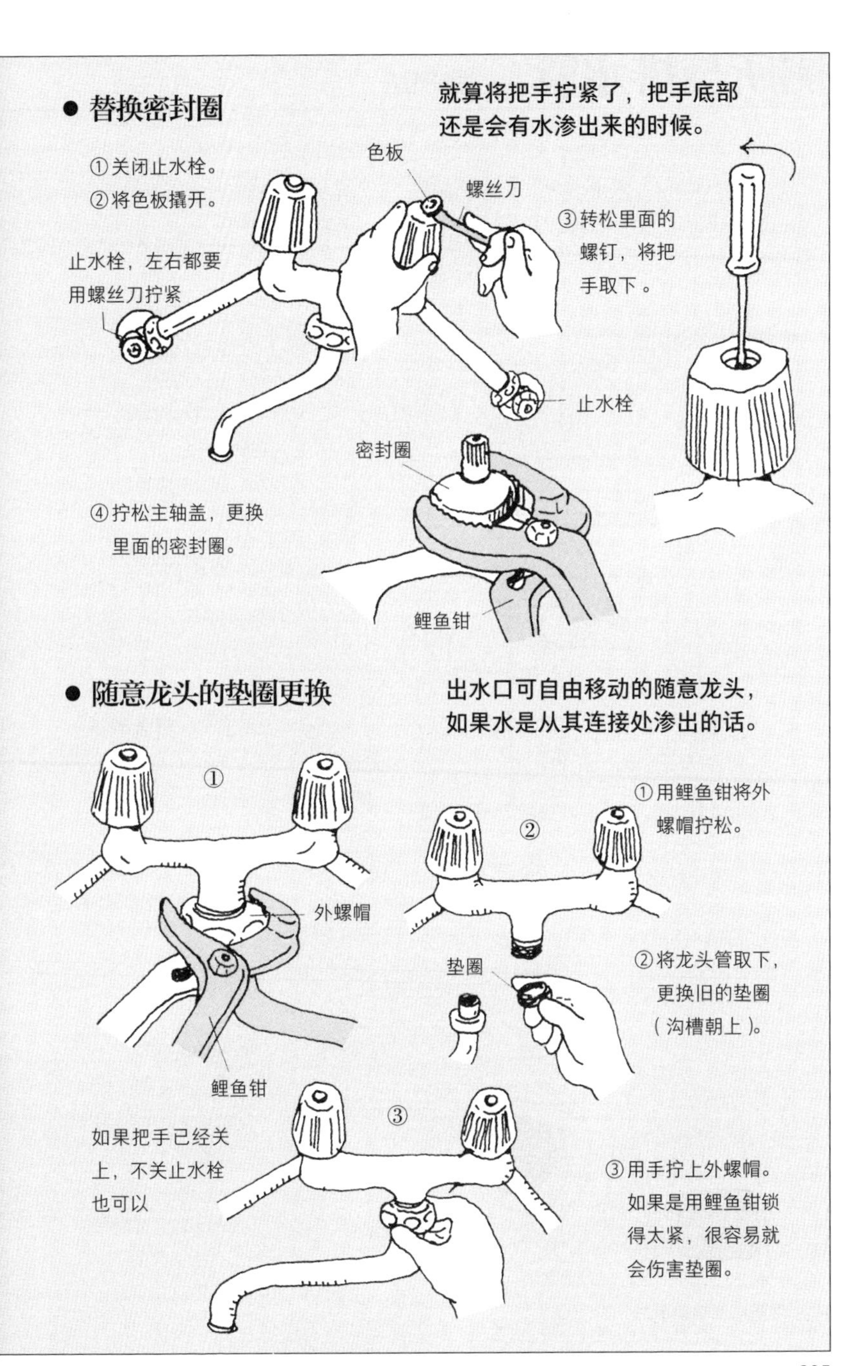
● 替换密封圈
就算将把手拧紧了，把手底部
还是会有水渗出来的时候。
①关闭止水栓。
②将色板撬开。
色板
螺丝刀
③转松里面的
螺钉，将把
手取下。
止水栓，左右都要
用螺丝刀拧紧
止水栓
密封圈
④拧松主轴盖，更换
里面的密封圈。
鲤鱼钳
● 随意龙头的垫圈更换
出水口可自由移动的随意龙头，
如果水是从其连接处渗出的话。
①
①用鲤鱼钳将外
螺帽拧松。
②
外螺帽
垫圈
②将龙头管取下，
更换旧的垫圈
（沟槽朝上）。
鲤鱼钳
③
如果把手已经关
上，不关止水栓
也可以
③用手拧上外螺帽。
如果是用鲤鱼钳锁
得太紧，很容易就
会伤害垫圈。

想要冲的时候水出不来、水流个不停，还有最令人伤脑筋的厕所阻塞等，对这种种恨不得早一点修好的问题，别急，让我们来找出原因吧。

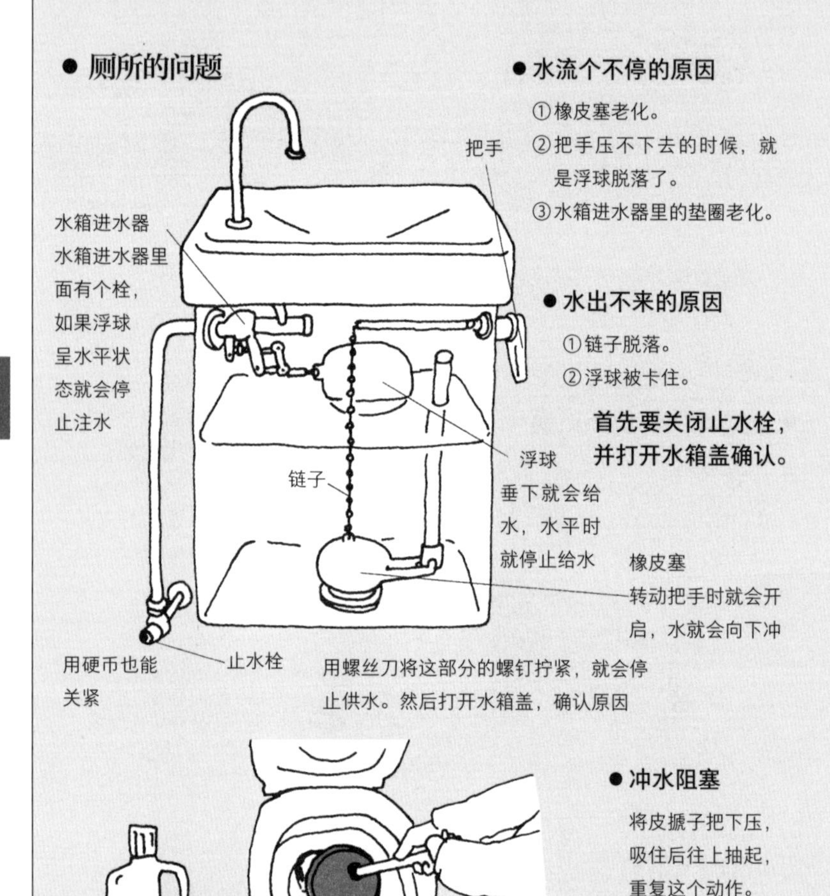

● 排水管的问题

● 漏水　**用布仔细擦拭排水管，缓缓地让水流下，查出漏水的地方。**

螺帽上方用布盖着，以扳手拧紧。
如果拧紧了还是没有改善，那就是垫圈老化了。

螺帽

P型管

松开螺帽之后，里面会有橡胶垫圈，要更换一个新的

S型管

U型管

松开螺帽的时候，地上要放置脸盆来接漏出来的水

● 排水口的问题

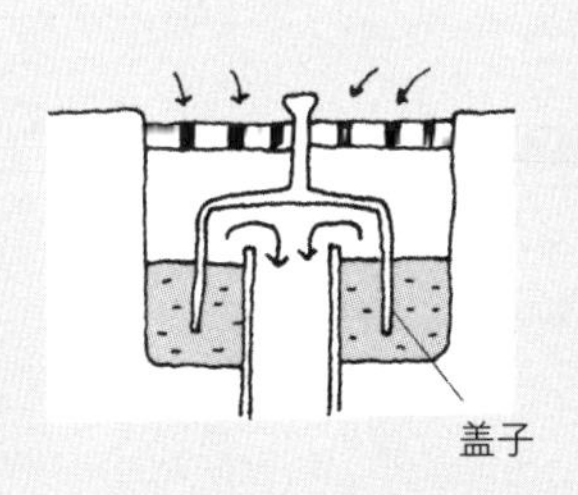

● 水排不掉的时候

①撒上中性洗剂，并倒下热水。
②使用水管清洁剂等药品。
③使用铁丝状通管器。

● 逸出臭味

将盖子取出，清理排水口内部。

电器工具——修理身边的物品

也许你会认为修理电器看起来很困难。没错，任意地乱动电器，是有危及性命的风险。但是，也有不需要送到电器行就能完成的工作，而且试做一下会意外地令人感到简单。就从身边的电器开始修理吧。

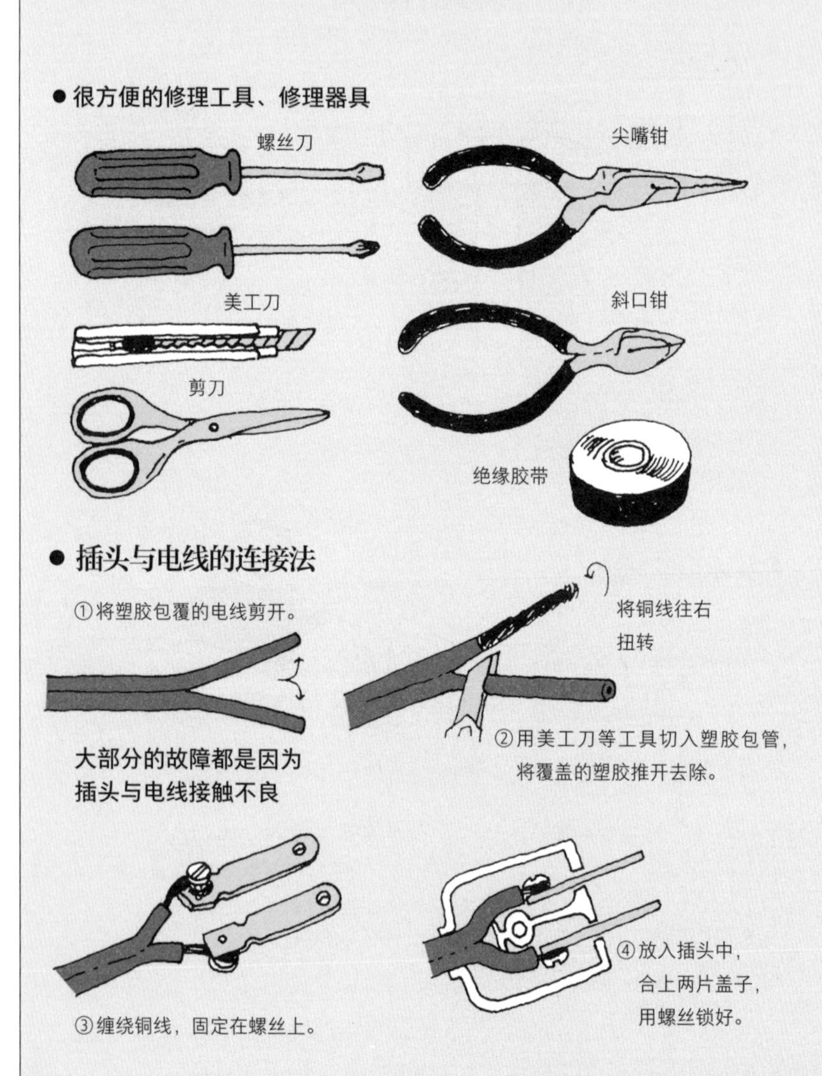

● 延长线与电线连接

比起将不同的铜线重新缠绕接起，利用延长线的插头与插座连接会比较安全。

甜甜圈型

①拔离插座。

●灯管的换法

电源开关要先关上。

在里面旋转

②把铁片松开，取下灯管。

插入

握着两端，旋转一下，就会听到灯管喀一声脱落。要装上时就反过来转

使用这种创意的拉绳开关。

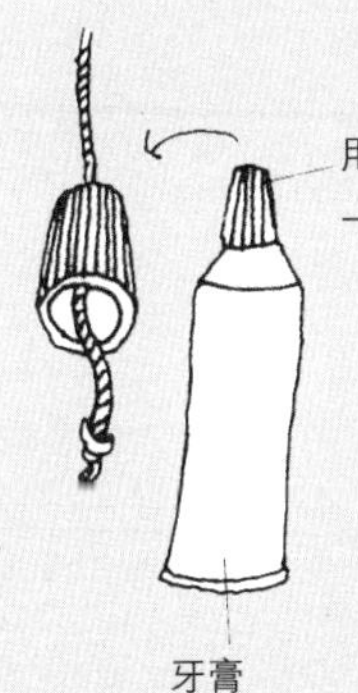

用电的基础知识

瓦特（W）是电的功率能量。

伏特（V）是电压，日本一般家庭是110V（干电池是1.5V）

安培（A）是电流。各家庭都会有固定的契约安培数。

$A = \frac{W}{V}$

例如 $10A = \frac{400W+600W}{100V}$

如果同时用400W与600W的电器就会满载了，再多用，遮断器就会落下，保险丝会跳掉。

刷油漆 I ——油漆与刷子的使用法

将桌子、架子、椅子、四周的小物品涂上不同的颜色，光是这么做，房间的气氛就会大大不同。只要一开始试过一次，说不定就会上瘾。

● 油漆的基础知识

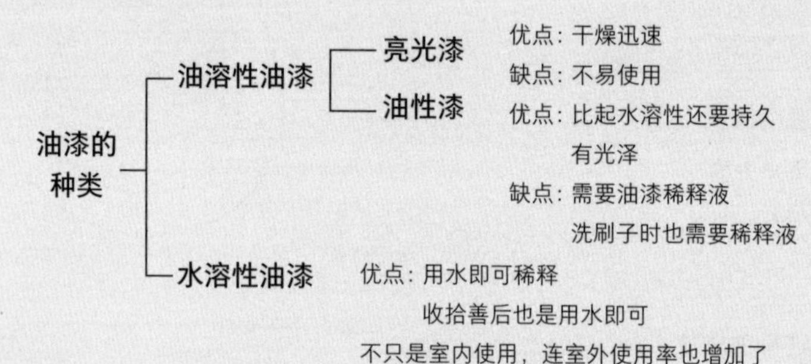

● 熟练刷漆的诀窍

①在晴天时刷油漆比较好。
②将涂面的灰尘、铁锈、污垢及凹凸都排除干净。
③一开始用喷漆会较简单。
④ 调色要使用同一种品牌。在浅色里慢慢加入少量的深色。
⑤先少量分出一点，颜色测试过后再做大量的调色。

● 刷子的种类与使用法

刷毛种类中的黑色与茶色，适合质地强韧的油性漆。
水性漆则使用白且柔软的刷毛。

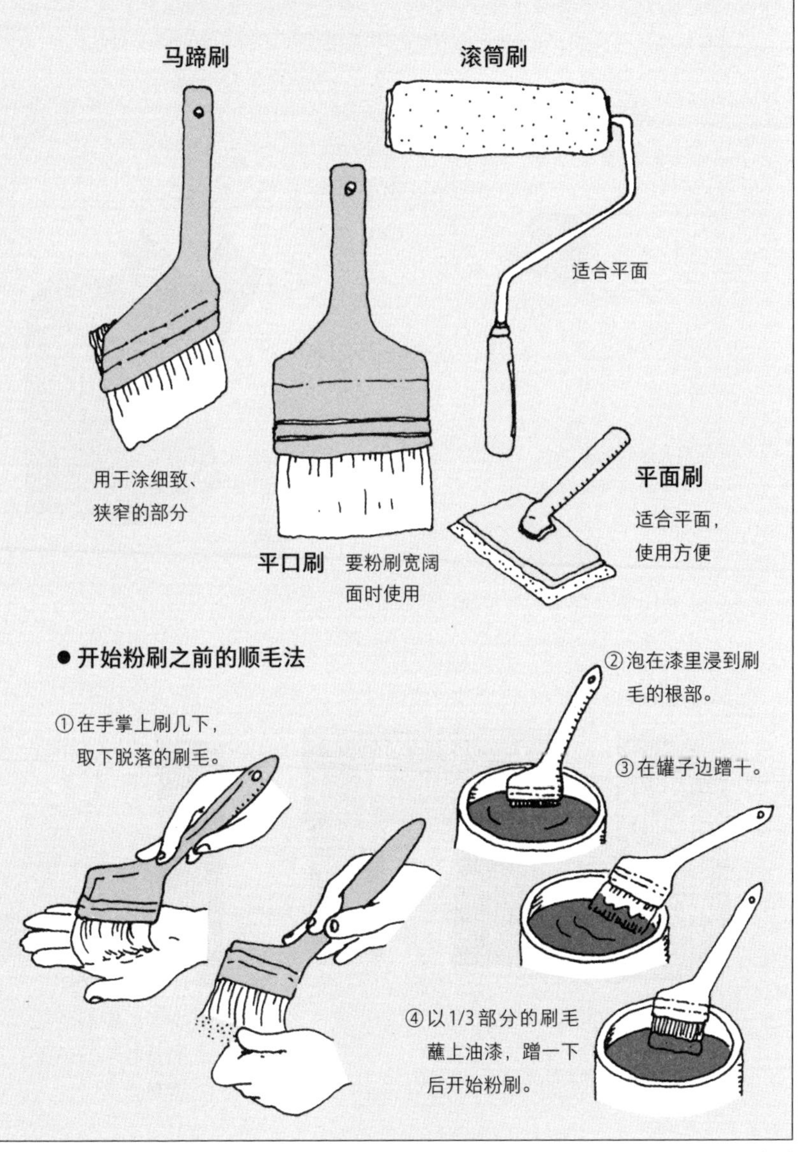

刷油漆II——熟练的粉刷法

● 第一次就不失败的喷漆使用法

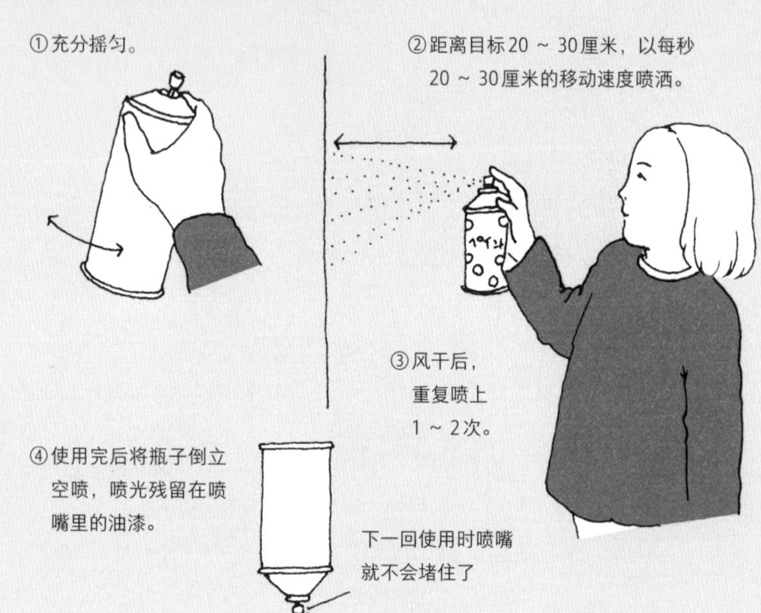

● 基本涂刷

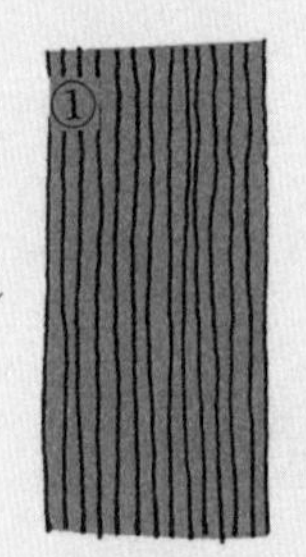

①首先直立地依序刷上4 ~ 5道油漆。
②不蘸油漆横着刷。
③再度直立刷后便完成了。

刷漆的接痕，不在眼睛的高度就不会显眼了

● 滚筒刷的刷法

①以W字形将油漆刷上。

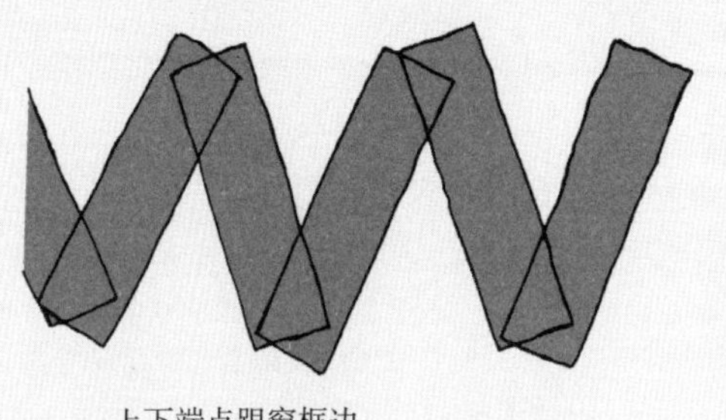

②在上方1/4 ~ 1/3处重叠并上下滚刷。

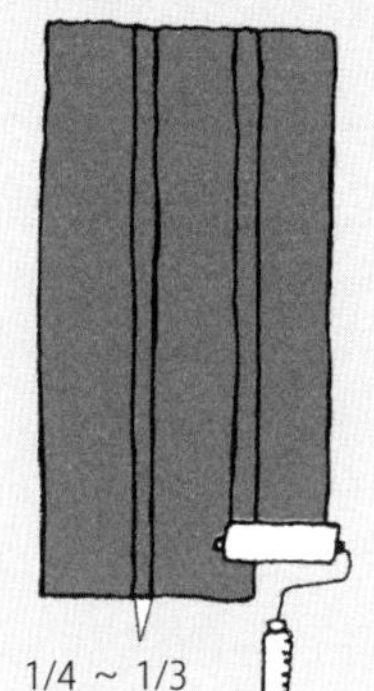

●调色的方式

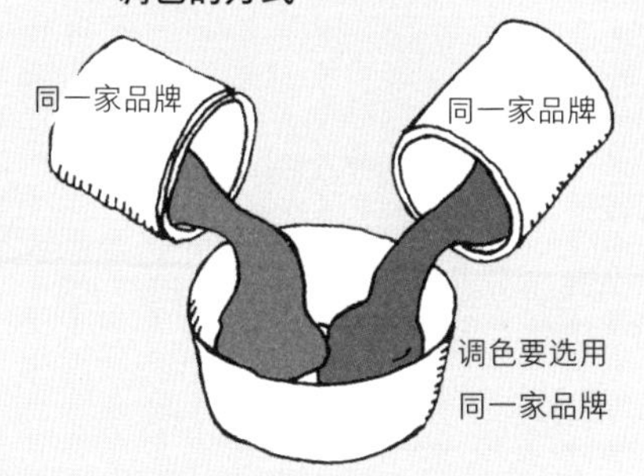

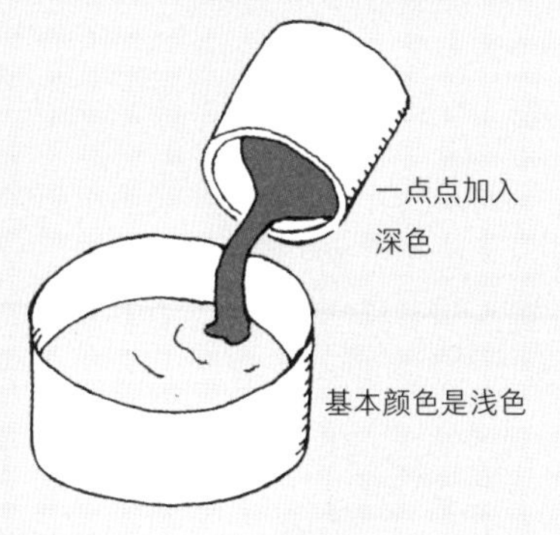

●刷子的收拾法

马上要使用的时候

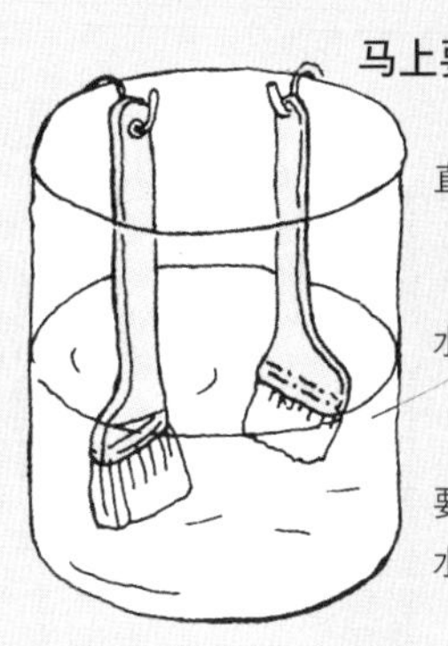

收拾的时候

用完的刷子要朝下挂起来晾干

使用完毕后，要马上用水或稀释液冲洗，直到刷毛内侧也都软化也许你觉得贴壁纸是专家的工作。可是最近，市面上已经有贩卖各种初次尝试也能做得很好的材料。就来试一试吧。

● 先挑战纸制的壁纸

对于初学者来说，贴纤维壁纸有点困难，所以就选用表面加工良好的纸制壁纸吧。纸的尺寸大约宽52厘米，接近人的肩宽，所以容易贴。而长度则选择5 ~ 10米的即可。

贴纸依照内侧加工的不同，分成3种：①邮票式（黏胶已经涂在 背面，只要蘸水即可贴上）、②贴纸式（只要撕掉背面的纸即可贴上）、③涂胶式（要自己涂上糨糊）。

虽然贴纸式看起来很简单，但是一旦贴上，想要撕下调整就不容易，所以要贴得好反而很困难。

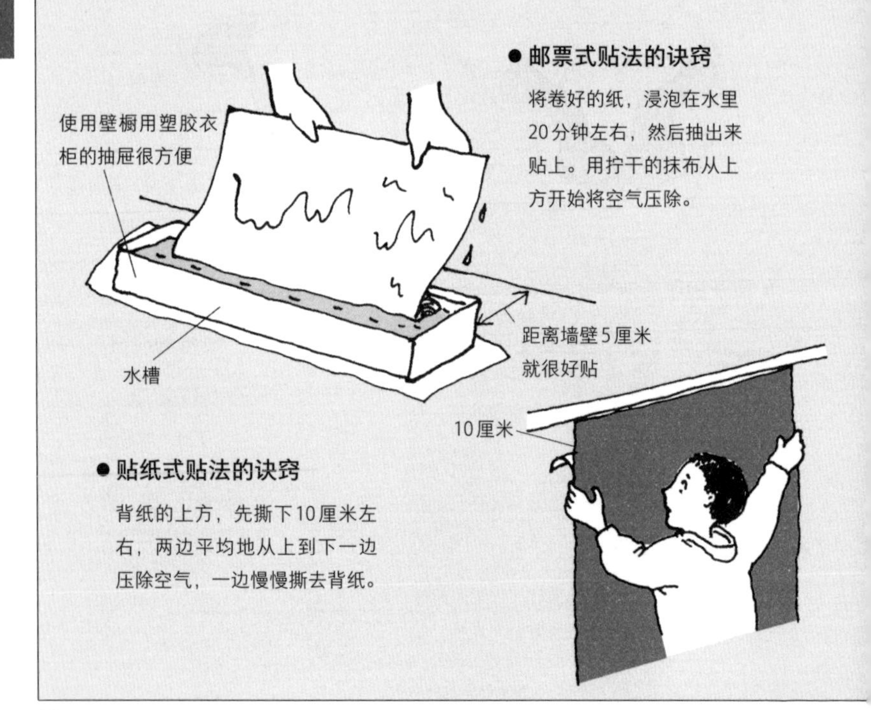

● 邮票式贴法的诀窍

将卷好的纸，浸泡在水里20分钟左右，然后抽出来贴上。用拧干的抹布从上方开始将空气压除。

● 贴纸式贴法的诀窍

背纸的上方，先撕下10厘米左右，两边平均地从上到下一边压除空气，一边慢慢撕去背纸。

● 涂胶式壁纸的基本贴法

①先测量墙壁的长度，如果有花色要配合花色，买比墙壁多20%长度的壁纸。

多余的切除

②壁纸上下各自裁切多余的5～6厘米。左右裁切2～3厘米。

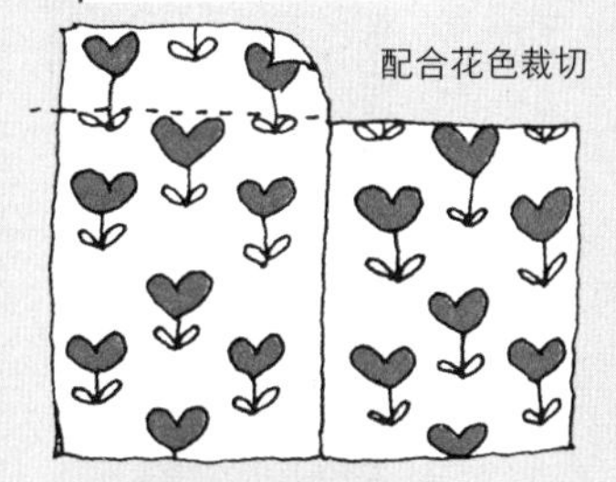

⑥与柱子、地板接缝的地方，用平板子压一压，把松弛的部分压紧。

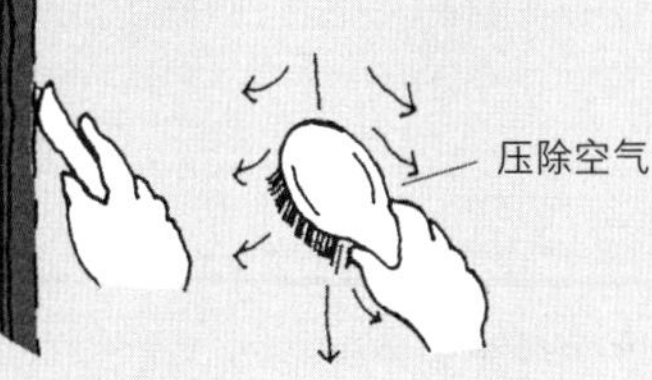

③稀释市售的糨糊，准备浓稠与稀薄的两种，涂在纸上。

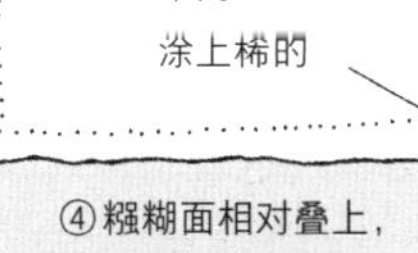

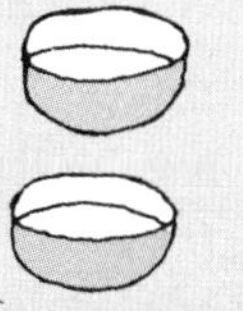

⑦用尺子按住，切除多余的。

④糨糊面相对叠上，放置约3分钟。

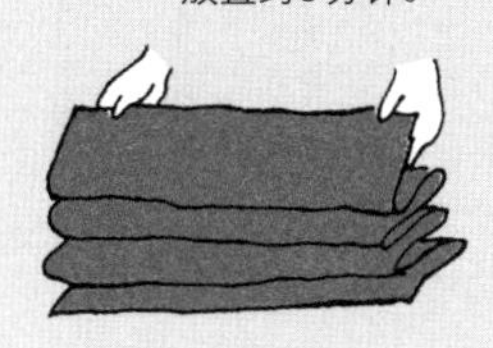

⑤从上方开始贴。

⑧寻找插座，用美工刀划一个“×”记号。

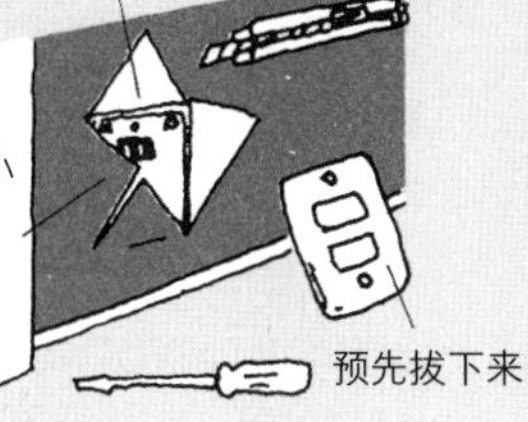

窗帘——简单的做法

只是把已经完成的窗帘买回家挂起来，实在很无趣。如果有自己喜欢的布料，就自己做做看吧。只要知道制作窗帘的基本方法，接着就努力把它做出来吧。

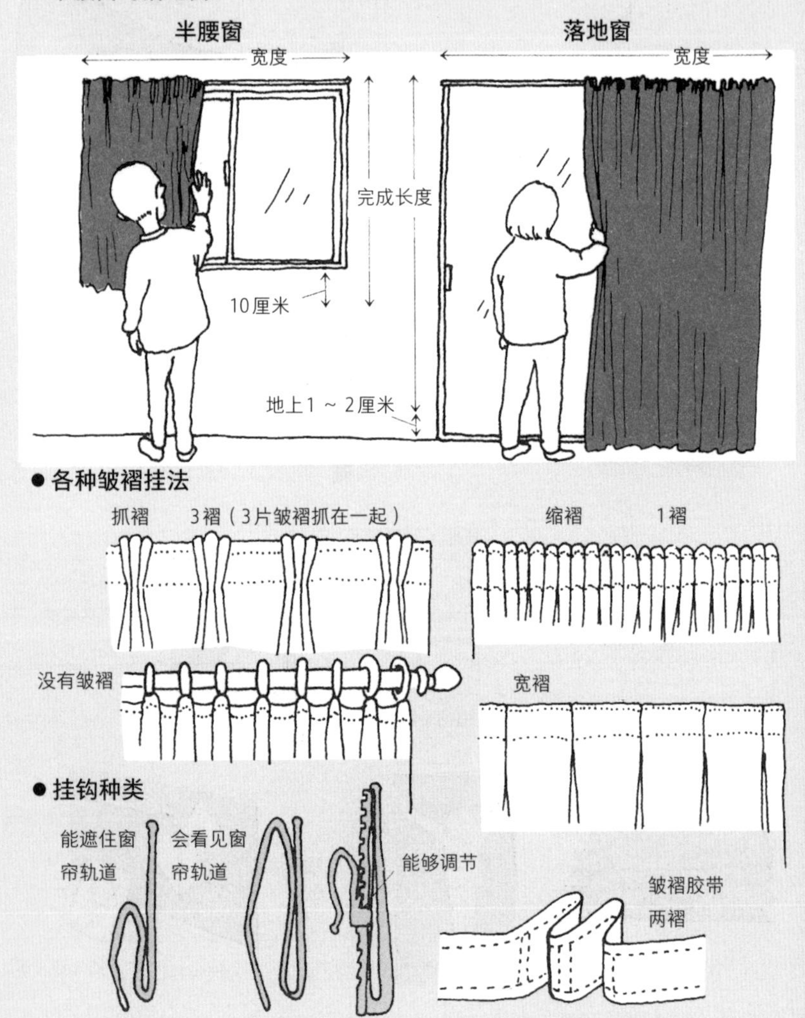

● 尺寸的测量法

宽度 = 窗帘轨道的长度 + 10厘米（让两边都有多余空间）

完成长度 = 轨道下方沟槽算起至窗下10厘米……半腰窗
轨道下方沟槽算起至地上1 ~ 2厘米……落地窗

● 必要的用布量

长 =（完成长度 + 上部反叠10厘米 + 下摆反叠15厘米）× 幅数

幅 = 宽度 × 2倍（抓褶、2褶）
宽度 × 3倍（3褶的蕾丝料）
宽度 × 2.2倍（3褶的布料）

例如　180厘米 × 180厘米的窗户，要用90厘米宽的布制作2褶的窗帘时。
幅＝（180＋10）× 2 ÷ 90（布幅）＝4.2……约5幅
长＝（180＋10＋15）× 5＝1025（厘米）……必要的长度

● 做法

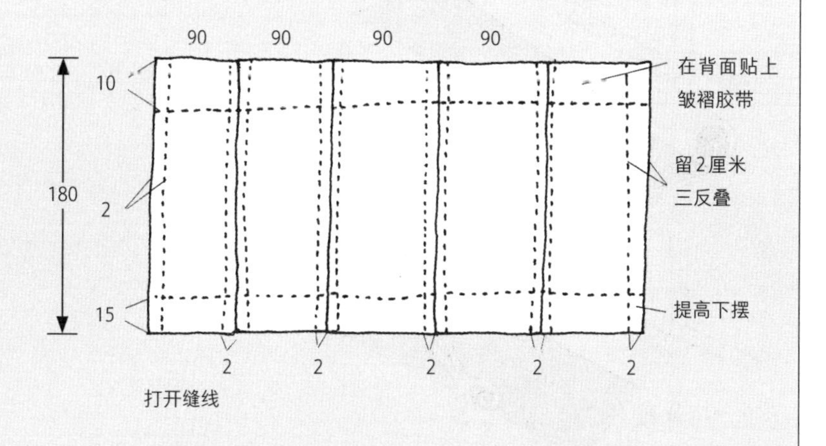

地毯——铺法

铺地毯这件事本来觉得很麻烦，但是因为最近增加了一些店家，只要我们将写上尺寸的房间图拿到店里，店家就会连角落都帮我们裁得刚刚好。如果我们拿到这样的地毯，要铺就很简单了。

● 基本铺法

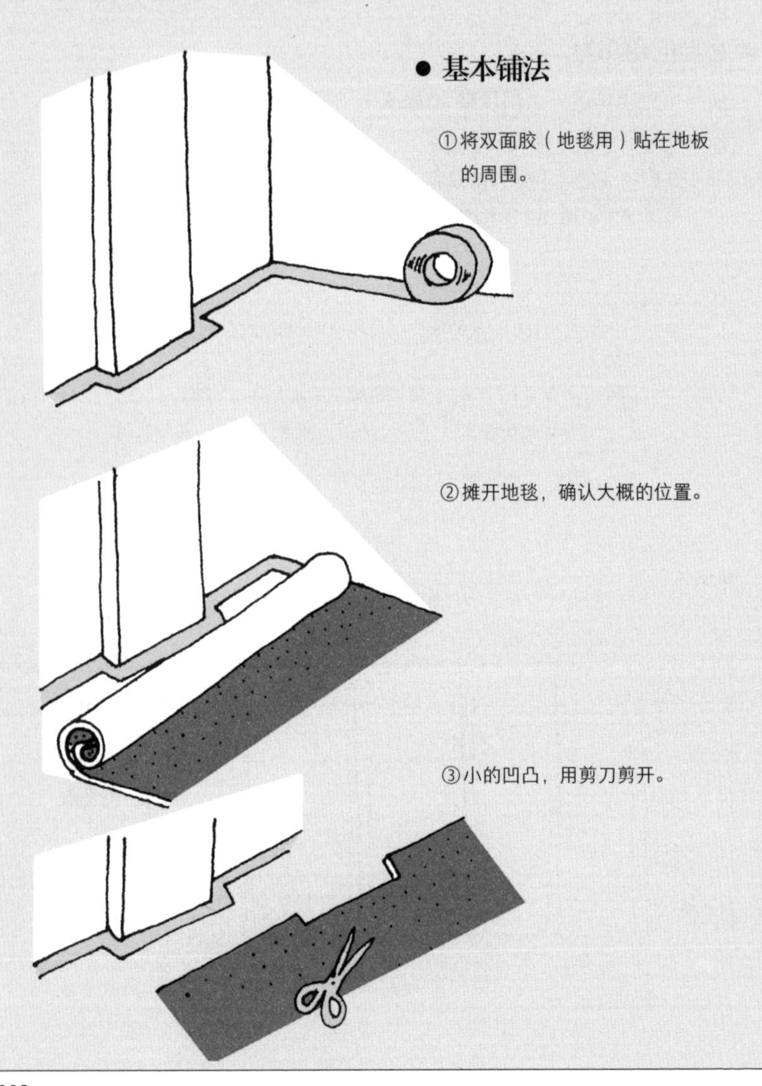

①将双面胶（地毯用）贴在地板的周围。

②摊开地毯，确认大概的位置。

③小的凹凸，用剪刀剪开。

自己在家中剪裁，利用两块木板及美工刀比较容易裁切

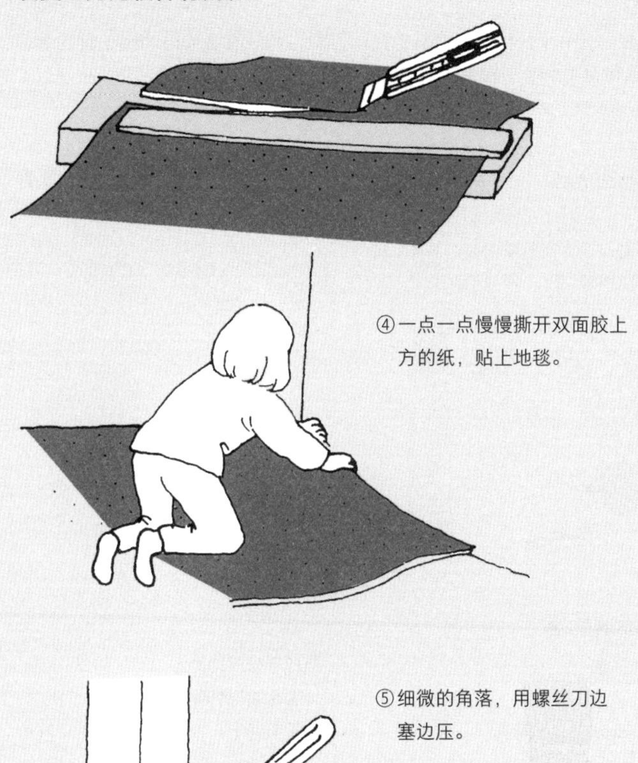

要铺榻榻米房间的时候，先垫上一层防潮纸或报纸，以免地毯下方发霉。要记得替换纸张。

新的地毯容易掉毛，要常用吸尘器吸干净。

身边小物品的修理法

只要花一点小小的功夫，或是少少的时间，就能够清理得焕然一新，或者能够让物品用得更顺手。现在就来了解一下你身边小物品的修理法吧。

● 破掉的陶瓷器

将陶瓷器专用的瞬间胶，涂在两边的接口上，将它们贴合

● 折弯的伞骨

三爪骨

百货公司、五金行等店都有卖

将断掉的伞骨接上

用钳子将三爪骨的爪往内折弯

● 藤制品的脱落

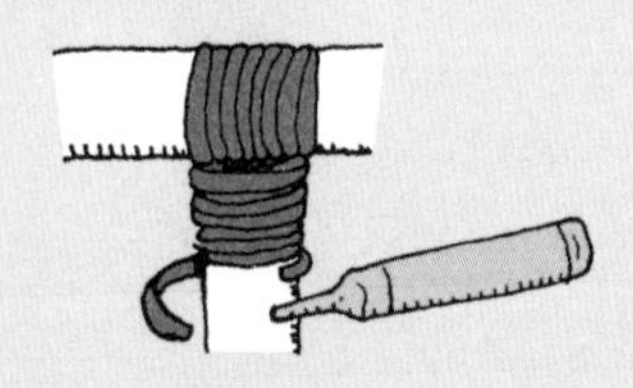

①取下松开的地方，泡水约20分钟，会比较好整理。

②重新缠上、折好，再塞进缠绕好的地方。

③ 等藤枝干后，再用接着剂补强。

● 榻榻米的烧焦痕迹

用含过氧化氢的抹布擦拭，使其褪色

●塑胶管的修理

普通的彩色胶带也可以，不过如果使用软塑胶管专用的胶带，会比较能抵抗弯曲与湿气。

●家具的伤痕

用颜色类似的蜡笔涂过后，上方再涂一层透明指甲油。

●钉子孔

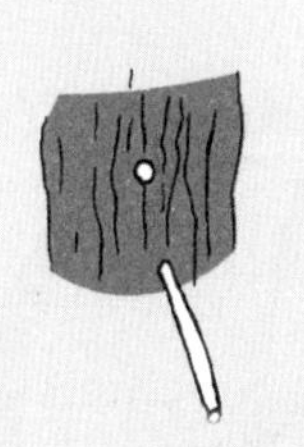

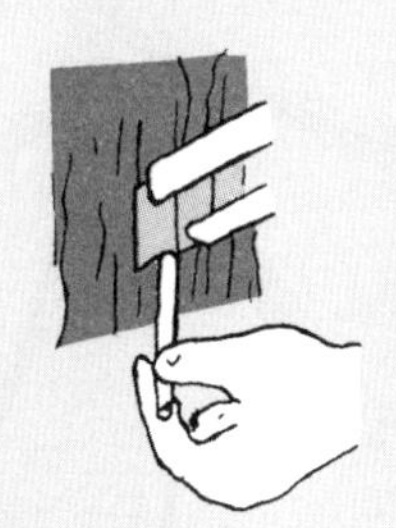

①塞进牙签填充。

②凸出来的部分以美工刀割掉，然后用同色的蜡笔涂抹。

●书的修理

在纸筒的一面涂上稀释的树脂，确认位置之后，在另一边也涂上树脂。

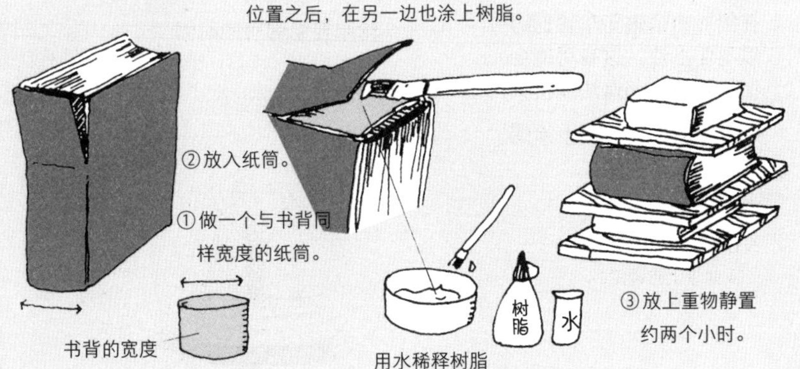

脚踏车——基本的修缮

每天都要骑的脚踏车，是不是很久疏于照顾了呢？脚踏车再怎么坚固，为了预防生锈，也为了能更安全地骑乘，千万不要疏忽了修缮！就来了解维持脚踏车崭新风貌、舒适奔驰的要诀吧。

● 基本的修缮

× 在倒转曲柄轴与车轮的时候不要上油，这有可能会使轮轴用的润滑油流出来。

× 绝对不可以在轮圈上涂蜡，这会让刹车失灵。

③用油擦拭链条。

④在支柱部分擦上防锈液并涂上防锈漆。

轮胎容易漏气的时候

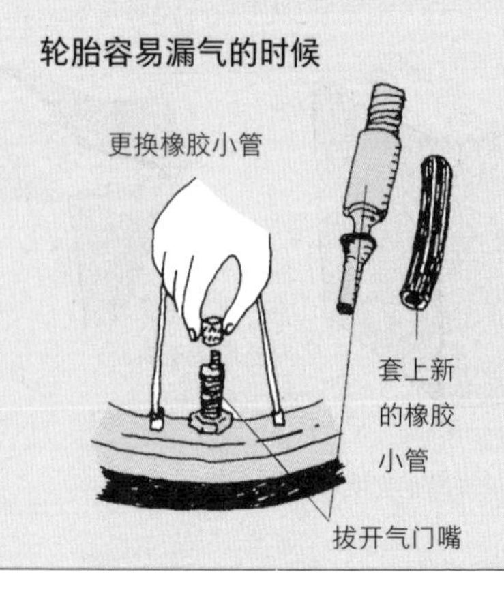

● 调整刹车

如果把手部分没有刹车调整的螺栓时，
就要调整刹车部分的刹车调整螺栓。

①握住刹车握把，往把手方向按下1/2左右来确认。

②松开刹车调整的2个螺栓。

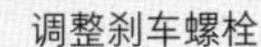

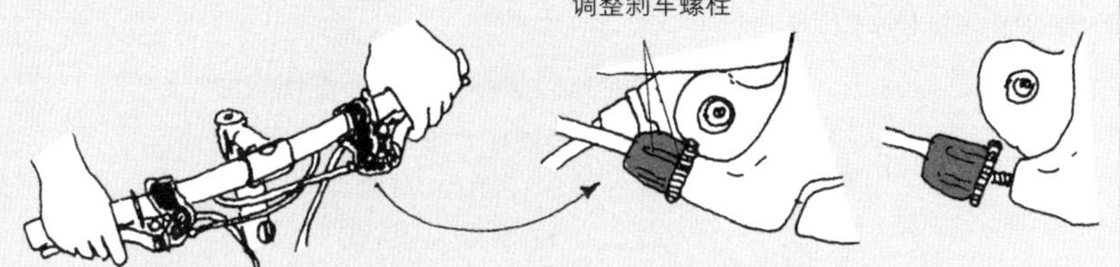

③调节螺栓的位置直到握起来松紧刚好。

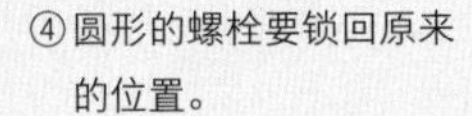
④圆形的螺栓要锁回原来的位置。

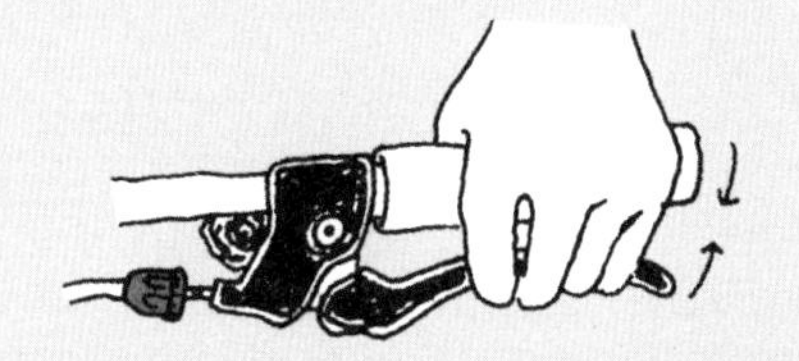

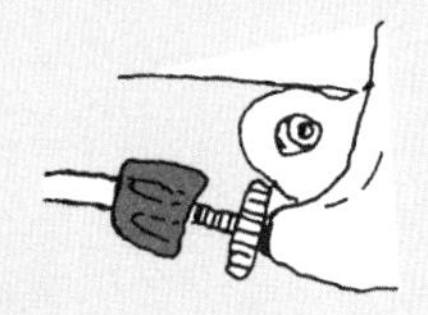

要仔细询问店家防锈剂的差异才可区分使用

● 调整车铃

生锈会让车铃
发不出声音

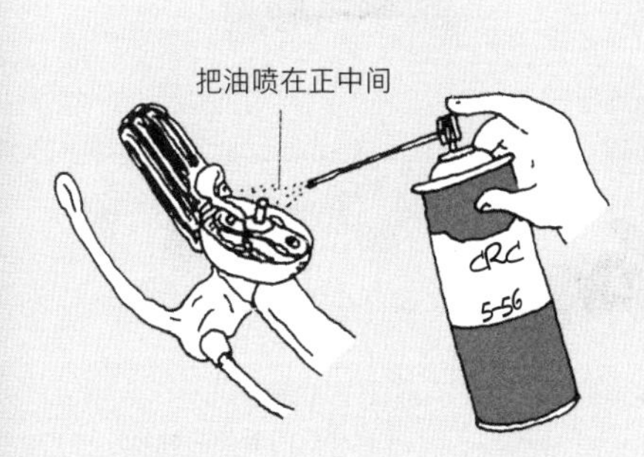

会在表面形成
保护膜，完成时使用

对于除锈与
防 锈 有 效，
也可用于生
锈的螺栓

能除去镀铅
所生的锈

内胎——紧急修理与调整

就算把轮胎打满了气，过了1 ~ 2天还是会消掉，这时可能就是爆胎了。方法很简单，所以试着自己修理吧。

● 修理爆胎的方法

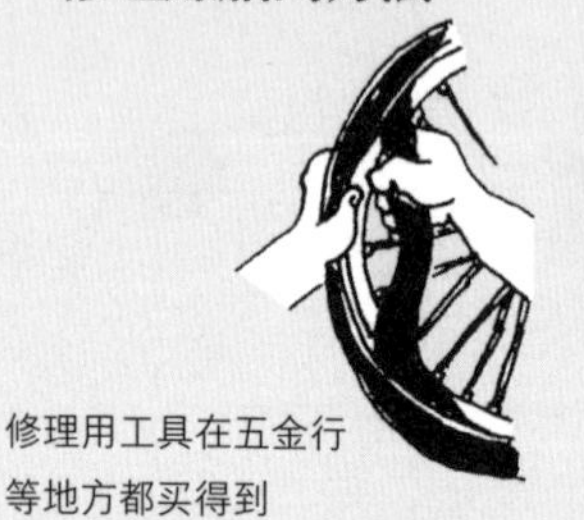

修理用工具在五金行等地方都买得到

打开气门嘴放掉空气，取出内胎

将扳手或螺丝刀插入轮圈的缝隙中，将轮胎拉起来诀窍是将内胎从稍微撬起的地方取出。慢慢滑动扳手，将整个轮胎取下来，并拿出内胎

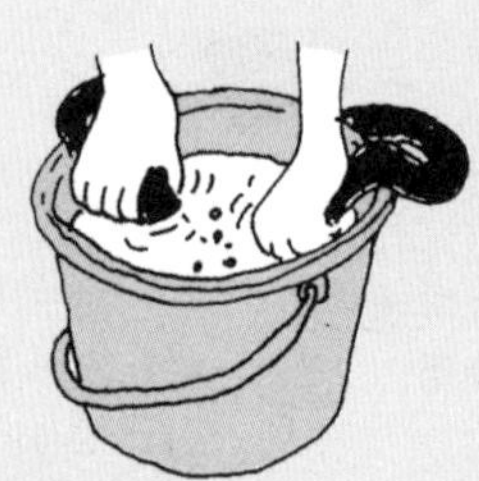

找到爆胎点

将内胎灌满空气，在听见漏气声音的地方，用彩色笔画个记号。还是找不到的时候，将内胎放在水里，检查泡沫跑出来的地方

粘上黏胶

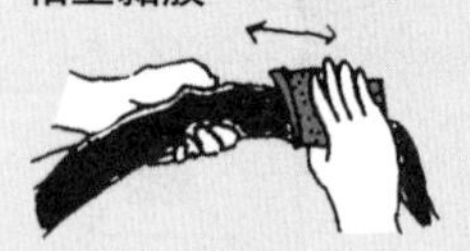

①用比补丁还要大一点的砂纸，在爆胎的部分摩擦。

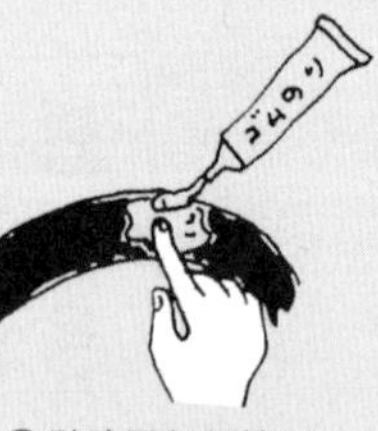

②黏胶要仔细抹开，等待两分钟。

③撕下修理用补丁的铝片后贴上。

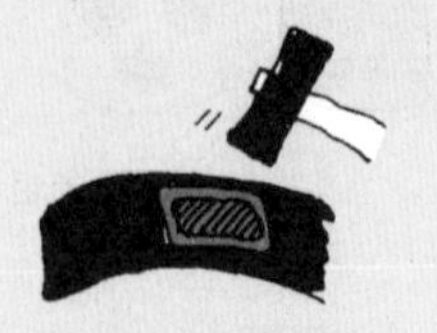

④用锤子等东西敲打，让贴片完整密合。

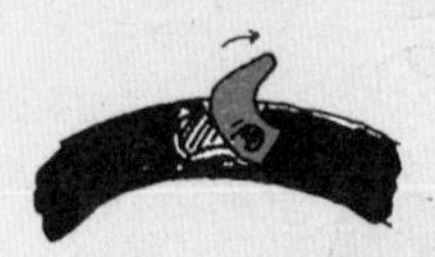

⑤贴上一层保护膜。

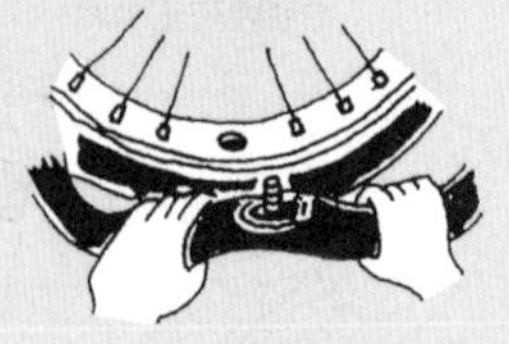

⑥将内胎放回去，要从气门嘴处开始装。

把手的高度

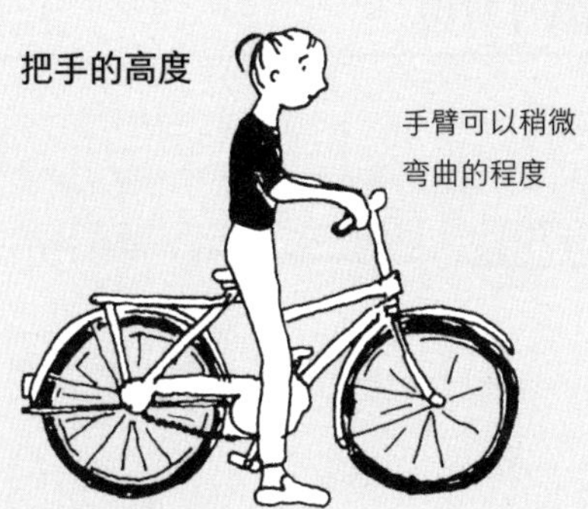

坐垫的高度

跨坐在坐垫上踩动时，以脚跟能够完全踩住踏板为准

在山路上骑时，要调整成双脚能够放下踩到地面的高度

● 选择适合自己大小的方法

幼儿、儿童车	
车轮（型）	身高（厘米）
14	90 ~ 110
16	95 ~ 115
18	110 ~ 130
20	120 ~ 140
22	130 ~ 150
大　人　车	
24	140 ~ 160
26	150 ~ 175
27	160 ~ 185
28	165 ~ 190

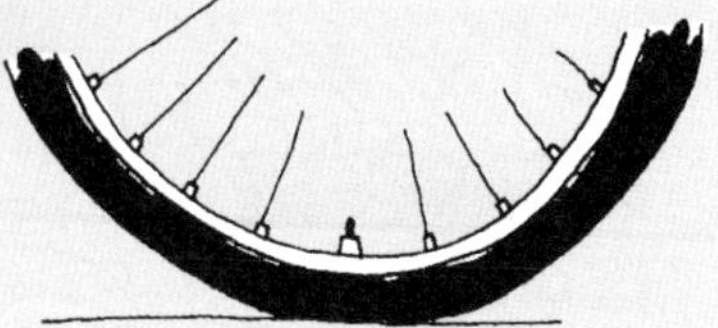

坐在脚踏车上，轮胎与地面接触的长度

● 轮胎的空气压

车种	车轮（型）	接地面的长度（毫米）	乘车体重（公斤）
幼儿车	14 ~ 18	70 ~ 80	27 ~ 30
儿童车 迷你脚踏车	20 ~ 24	100 ~ 110	60
轻快车 运动脚踏车	26 ~ 28		

● 调整把手

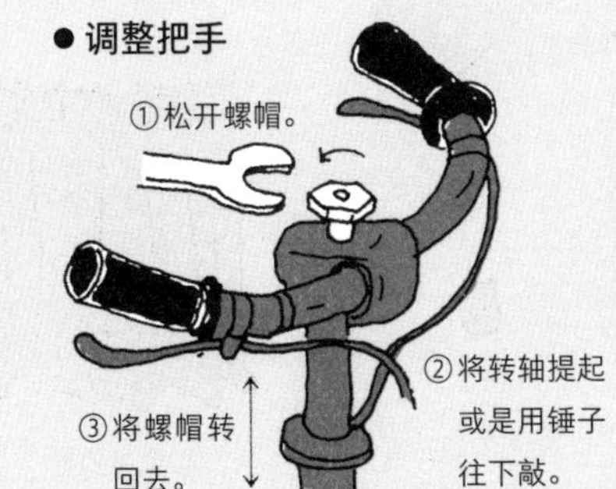

● 坐垫的调整

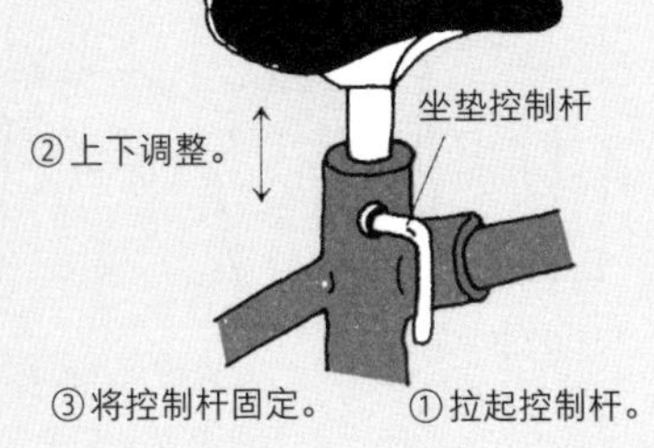

不悦耳的声音——隔音对策

不光是住在公寓或大厦的住户，只要是与人为邻共同生活，就会发觉周遭有不少令人不舒服的声音。至少要对比邻而居的同伴们多一点顾虑，以免噪音公害伤害彼此的情谊。

● 即使关系亲密也要有礼貌

虽然彼此的关系亲近，但对方也不见得什么都会说出来，反而会不好启齿。如果因为要施工等会制造噪音的时候，事先知会或告罪都是一种礼貌。

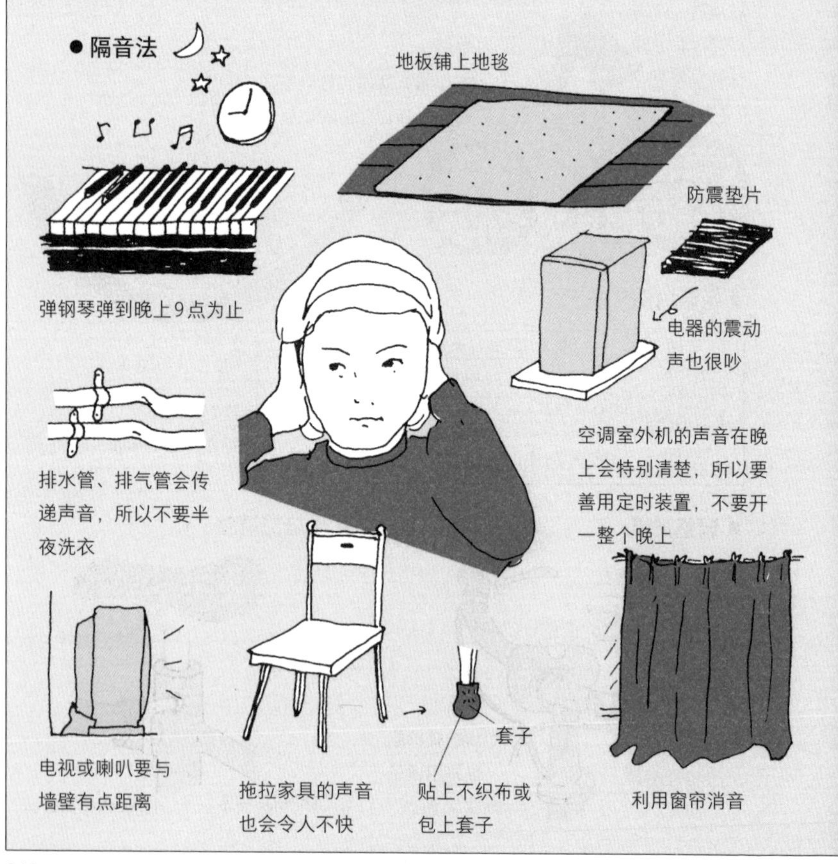

整　理

有没有人光是听见“整理”一词，就会反射性地抗拒呢？越是想整理，就越会陷入泥沼而更加凌乱，这又是为什么呢？

首先，把混乱不堪的思绪整理一番，好好想想吧。

不知不觉间，已经乱得连站的地方都没有了，于是对自己说“来整理吧”，而且也开始收拾了？做完后累得要命，于是越来越讨厌整理。其实我也是一样，所以深知其苦。到底要怎么做才能做得好呢？收拾高手似乎有一点小妙招。

● 转换想法吧！

①收起来→容易取出

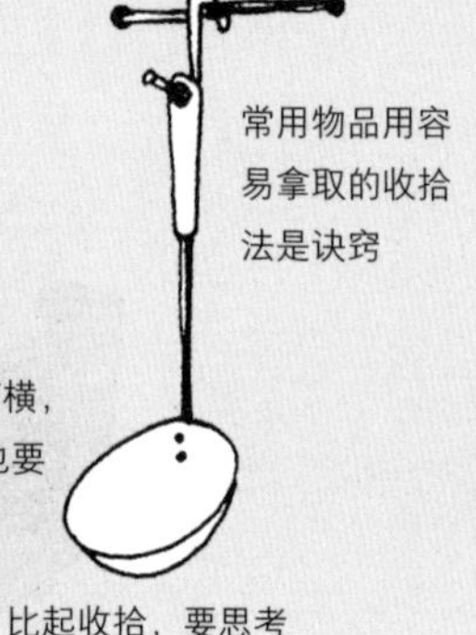

常用物品用容易拿取的收拾法是诀窍

比起收拾，要思考使用的方便性

②凹凸→口

凹凸的部分互相组合，就会减少容易卡东西及让东西难拿的缝隙

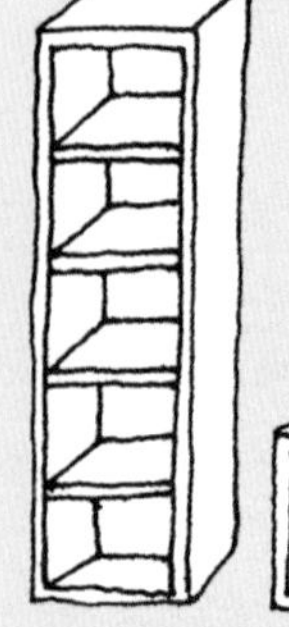

③直→横

难以够到去收拾的地方，如果把它打横，就会容易整理。收纳家具的放置法也要下点功夫

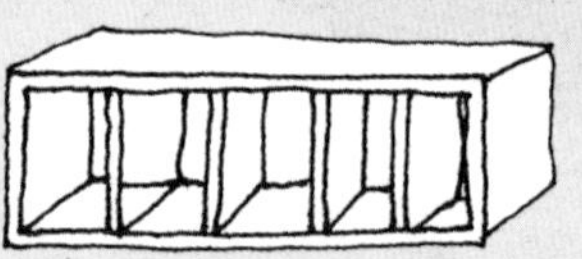

⑤买→再利用

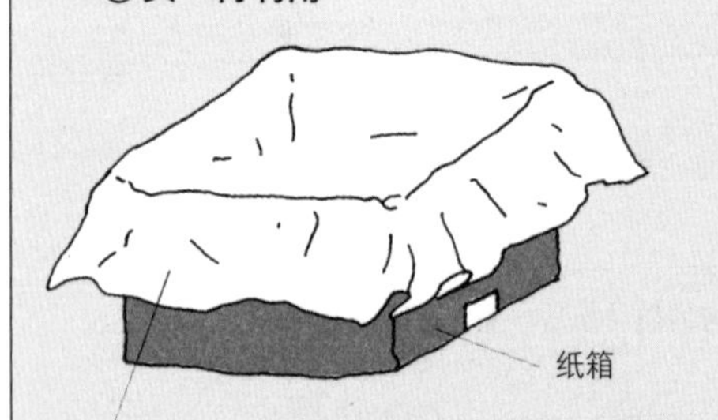

一旦买了丢垃圾的容器，又会碍手碍脚的。如果使用纸箱，就可以连同纸箱一起丢掉，一石二鸟

④要、不要→保留

擅长整理也可以说是擅长丢弃。没办法马上丢掉的东西，先收拾起来，半年后再确认要不要丢。不要四处分散是诀窍

⑥单独→聚集

依照使用目的或放置场所等共通点，来将物品聚集在一起收纳

⑦藏起来→露出来

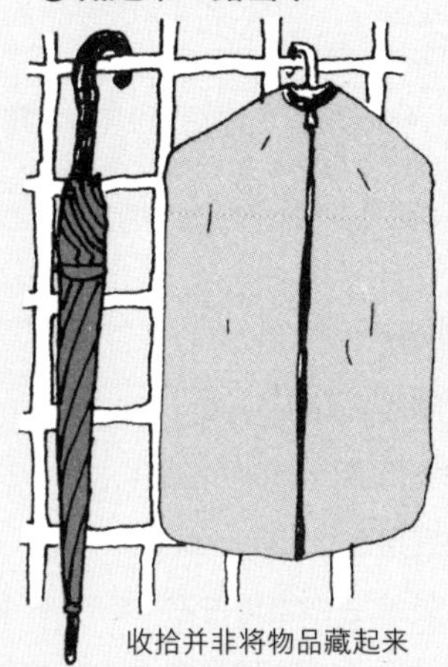

收拾并非将物品藏起来

⑧收拾→使用

如果地方宽阔，可以把四散的杂志，收集相同形态的叠在一起，让它们发挥功效

⑨重叠→吊挂

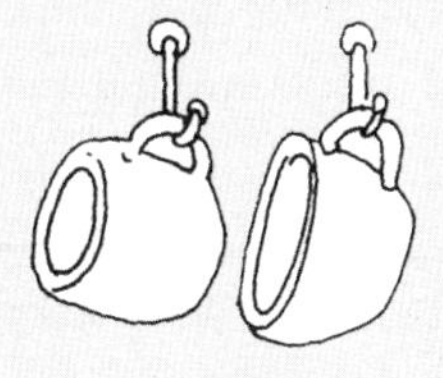

如果是叠在一起会很不稳定的物品，就将它吊挂在空间里。并不是由下往上堆，而是以由上往下放的模式思考

⑩变动→固定

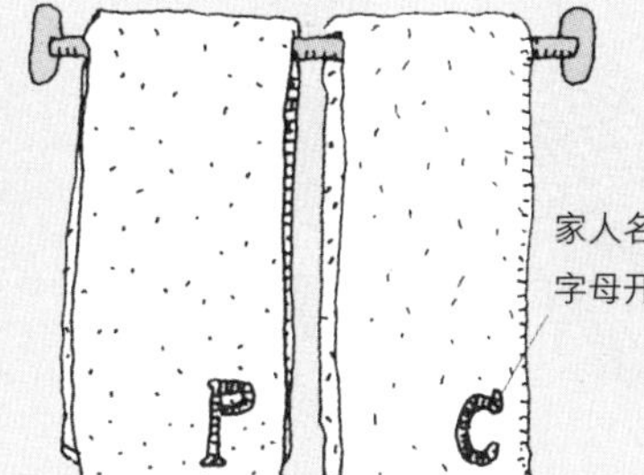

绣上名字或贴上贴纸等，做个容易物归原位的记号

⑪不定形→定形

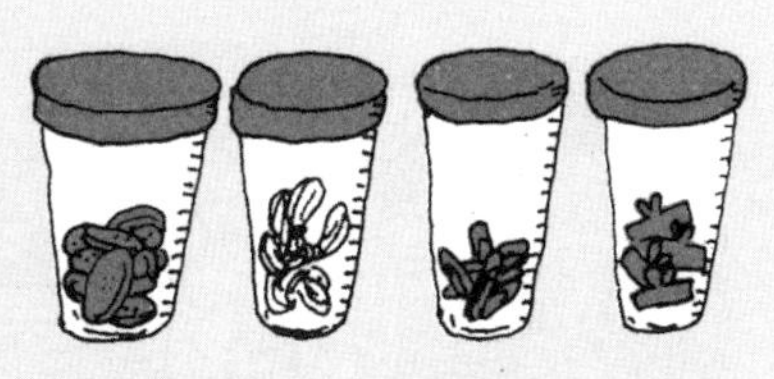

不集中的物品，将它们放在同样形状的容器中，外观就会整齐划一，不会看起来很凌乱了

简单生活——持有物品的清单

你的家里，到底有多少的“物品”呢？一家四口的小家庭里，平均会有2500件左右的物品，据说是塞满6个壁橱的分量，而且会逐渐增加。为了要尽全力整理，就先试着列出清单吧。

例如

衣物（夫妇） 400 ~ 500件（内衣裤、手帕、西装、毛衣、袜子……）

子女用品　450件左右（衣物、玩具、书……）

厨房用品　500 ~ 600件（餐具、料理工具……）

玄关用品　60件左右（鞋子、雨伞、高尔夫用具……）

寝具用品　50件左右（棉被、毯子、床单、枕头……）

客厅用品　150件左右（音响、电视、洋酒、玻璃杯……）

化妆品　90件左右（口红、香水、头发用品……）

家事、厕所　300件左右（洗脸用具、紧急外出袋、急救箱……）

光是小孩子的东西，就多得令人吃惊。每一位家人，对于自己的东西都要重新审视，就从这里开始吧。

● 试着做出持有物品的数量表格

1 生活必需品（生活起居不可或缺的物品）

每天使用	
偶尔用到	
季节性使用	
特别时机使用	
保留	

只有特别时机才会用到的物品，要确认那是到时候借不到的。
因为成长或喜好改变而不用的物品，就淘汰。

2 心灵财产（兴趣、纪念品）

不能没有的必需品	
想留下来的必需品	
保留	

保留的部分，每隔半年、1年就要重新检查，一次都没有用过或是根本没拿出来过的物品，就要考虑处理掉。物品不要留下，照张照片留下来，让更有需求的人去使用，要从这个角度去想。

做一份与上面两个表格一样的大型表格，检查自己到底拥有哪些物品。在写的过程，就能够重新考虑必要性。书桌里面，是不是还留着小时候的玩具等东西呢？

儿童房——收纳创意

不是厨房，也不是客厅，想想你的房间、儿童房间的功能——收藏私人物品、读书、睡觉、游戏、起居。

将目标设定成重视目的的简单生活风格，那么房间也就能整理得很清爽了。

● 利用墙面的收纳空间

将整理柜横放，当成沙发与收纳柜

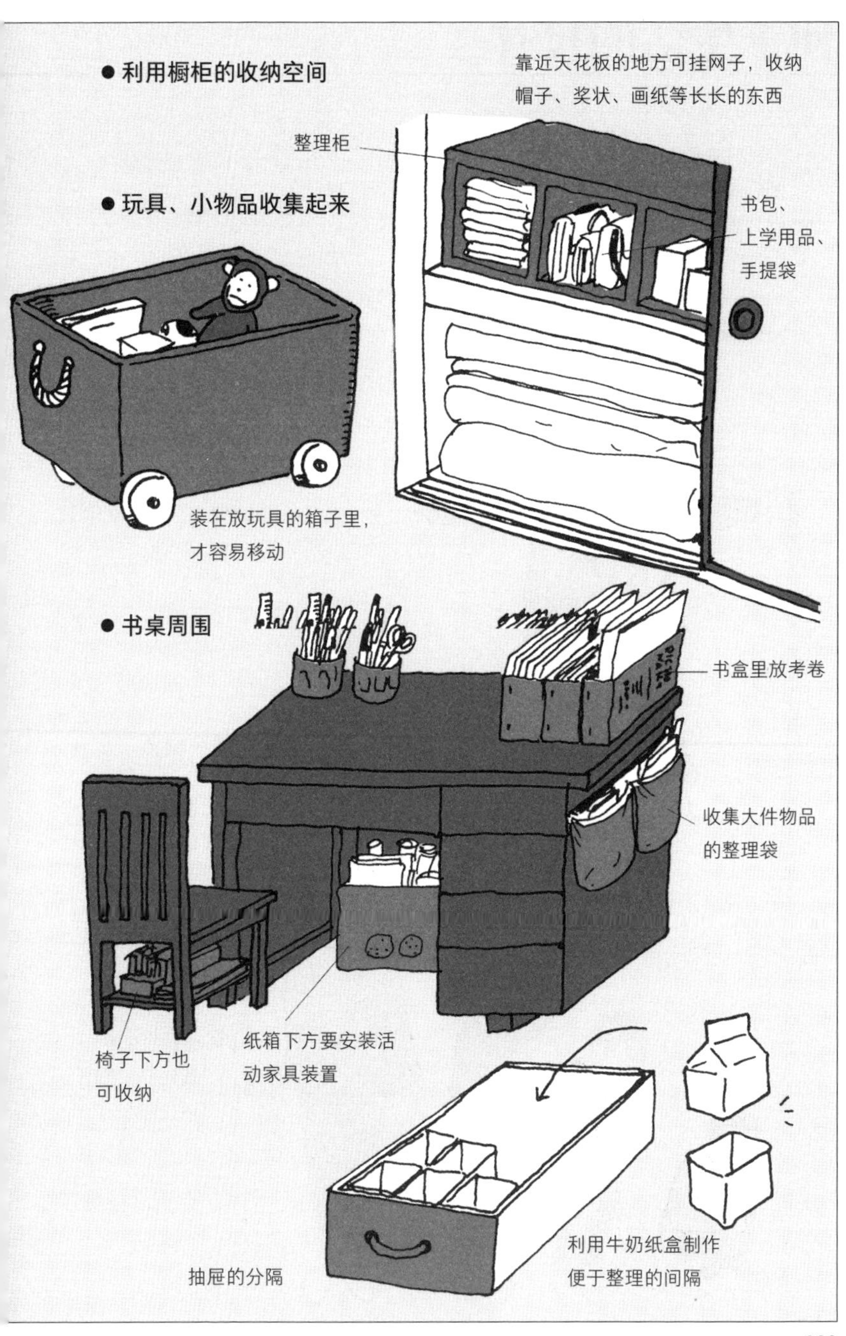
● 利用橱柜的收纳空间
靠近天花板的地方可挂网子，收纳帽子、奖状、画纸等长长的东西
整理柜
● 玩具、小物品收集起来
书包、上学用品、手提袋
装在放玩具的箱子里，才容易移动
● 书桌周围
书盒里放考卷
收集大件物品的整理袋
纸箱下方要安装活动家具装置
椅子下方也可收纳
抽屉的分隔
利用牛奶纸盒制作便于整理的间隔

便于生活的尺寸——人体工学

我们能够舒适地生活，是因为我们处在适合人类大小、能够舒适活动的空间。榻榻米或房间、家具的大小等，其实都是为人类量身打造的。这就是人体工学。环境凌乱而让我们的生活变得困难，正是因为打破了这样的平衡。你的房间又是如何呢?

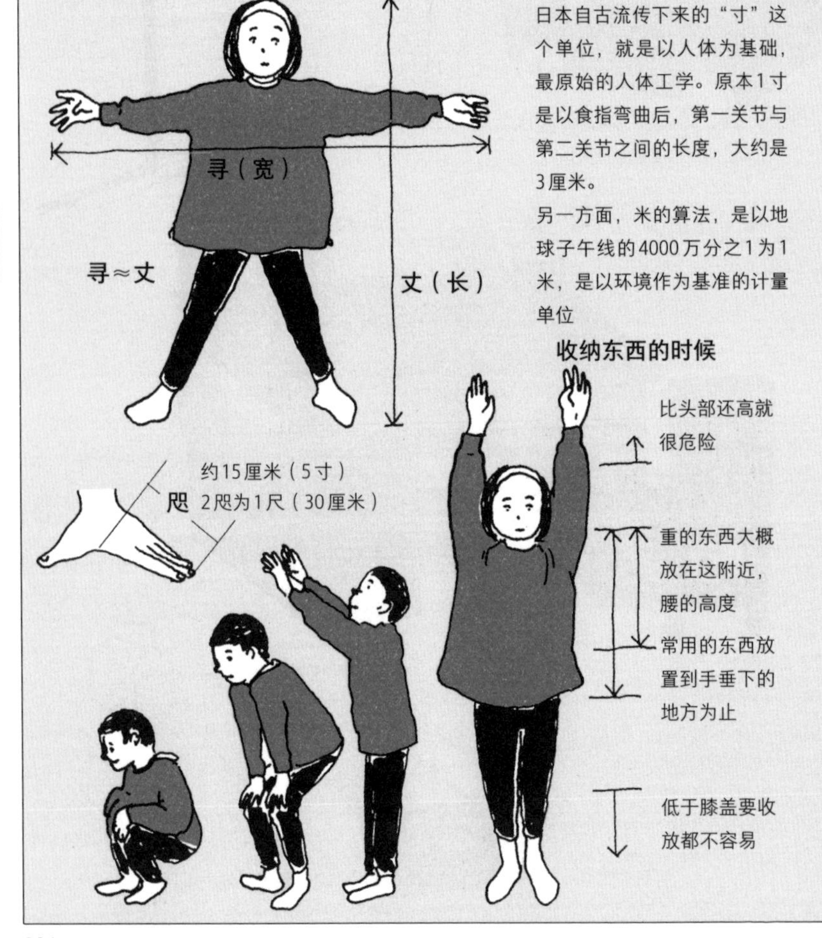

● 方便活动的尺寸基准

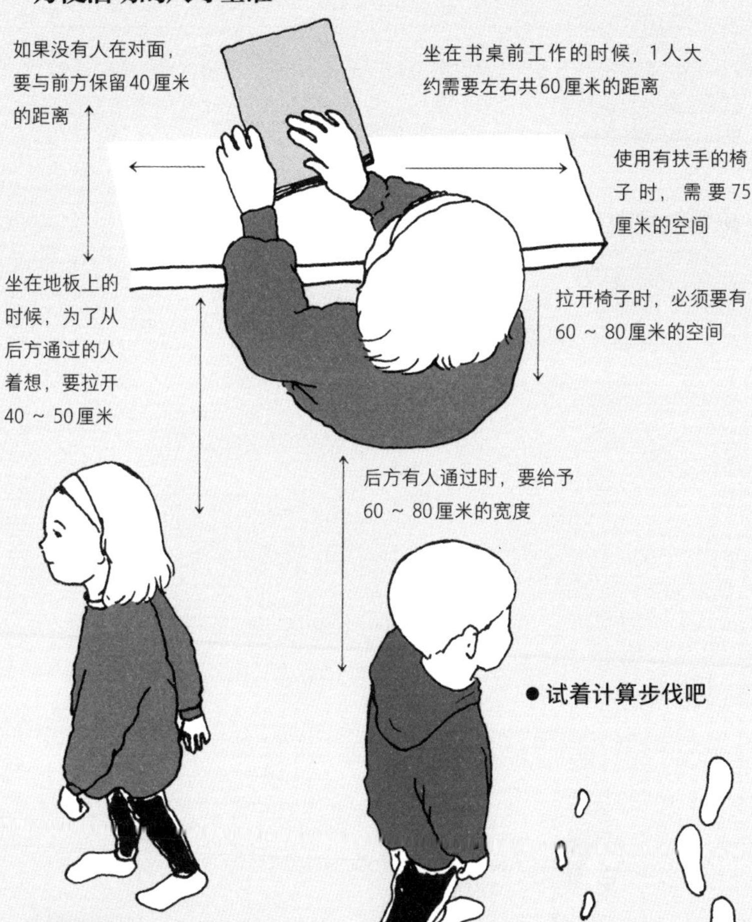

● 试着计算步伐吧

你的步伐是几厘米呢？

用步伐来计算，就可以知道自己房间的大小了。

如果是10步，那么除以10就是正确数字了

舒适距离

人与人之间，大概在2.5米之内。超过的话就会觉得很远，说话声音会自然变大，无法平静。

要一夜好眠，得铺上身高 + 30厘米的垫被。需要留85～100厘米宽以便翻身。盖的棉被以身高 + 50厘米最为理想。

收纳的基准——方便收拾的条件

很多人都是因为拿出来的东西很难收回去，而对收拾感到伤脑筋。收纳空间大小适当，还要不妨碍活动空间，这些都是必要的。配合自己所拥有的物品，想一想容易收纳的方法吧。

● 物品的大小约分为五种

若以人体尺寸为基础，大抵可以分为以下5种。

物品	深度
①棉被类	90厘米
②衣物	60厘米
③杂货、扫除工具	45厘米
④餐具	30厘米
⑤书、相片簿	23厘米

重点就是要收到深度适当的收纳地点

● 收放都方便的基准

上下的高度，是从自然举起手臂的地方开始，到手自然垂下后的指尖处，这样才容易收拾。特别是频繁收放的物品，要收到大约眼睛的高度。

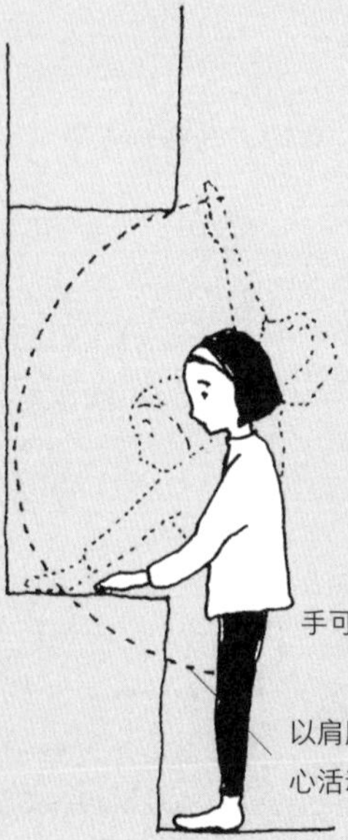

宽度与深度都要在手可以够到的范围，尽可能将手肘当中心，能轻松够到的地方才容易收纳

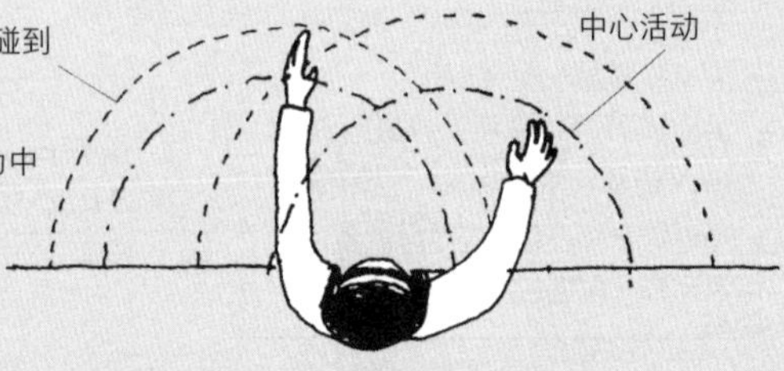

手可以碰到

以肩膀为中心活动

轻松够到。以手肘为中心活动

● 收放所必要的空间

一旦拿出来就再也放不回去，那可伤脑筋了。为了容易收纳，适度的空间是重点。

餐具柜

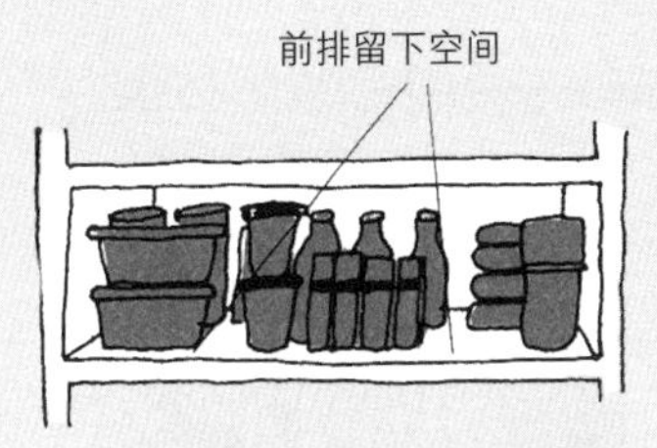

如果收纳成前后两排，前排要放低一点，且留下容易取得后排物品的空间

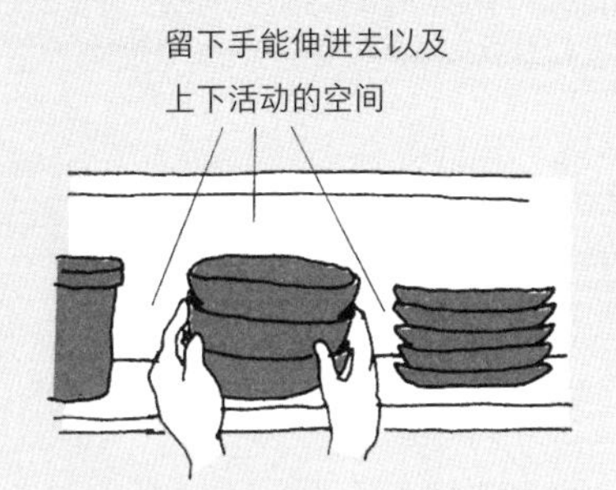

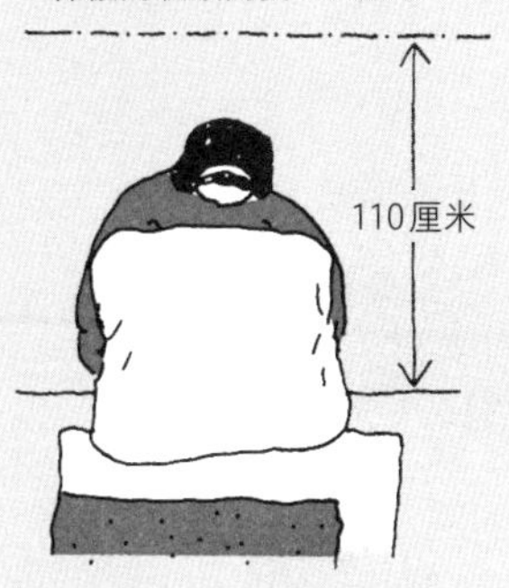

收纳的创意集——清爽的诀窍

有些意想不到的地方，只要下点功夫就能变成很棒的收纳空间，而房间里面还隐藏了不少这种地方。一边收纳，一边做出一个崭新的房间也是一石二鸟的好方法。仔细巡视自己的房间吧。

● 各种创意

床底下

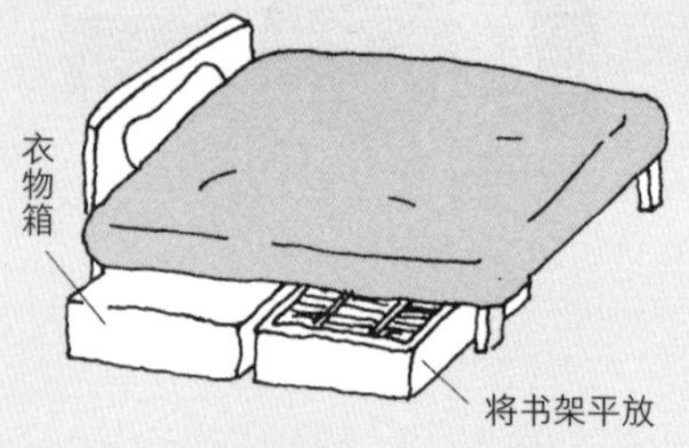

重的物品下要装上活动家具装置

制作书架的时候试着做成曲线式

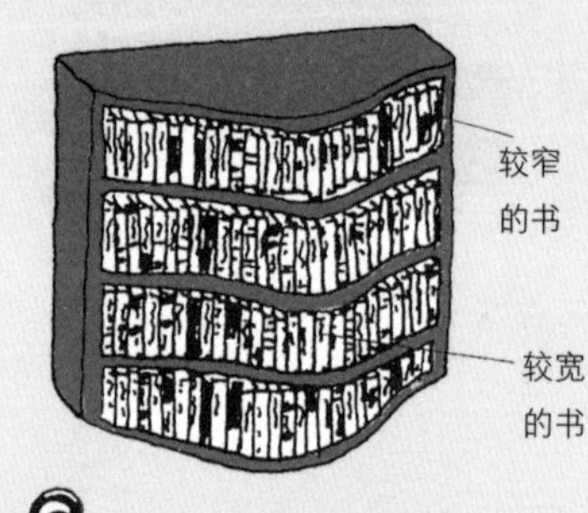

玄关的墙壁

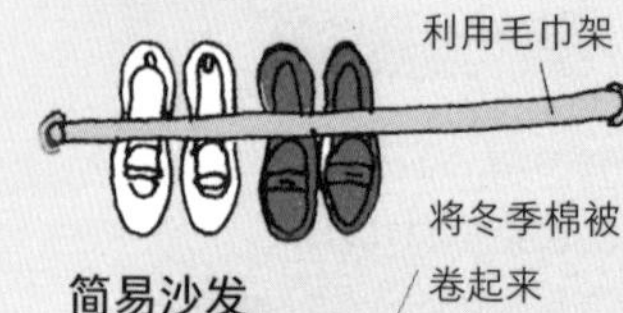

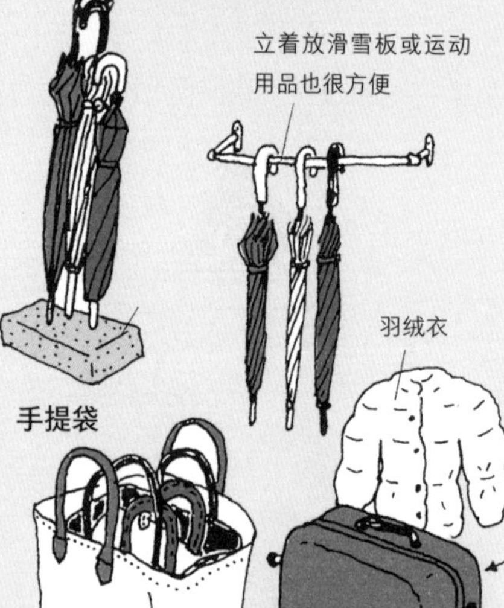

大的袋子里装小的袋子

压缩后放进旅行用行李箱中

简易沙发

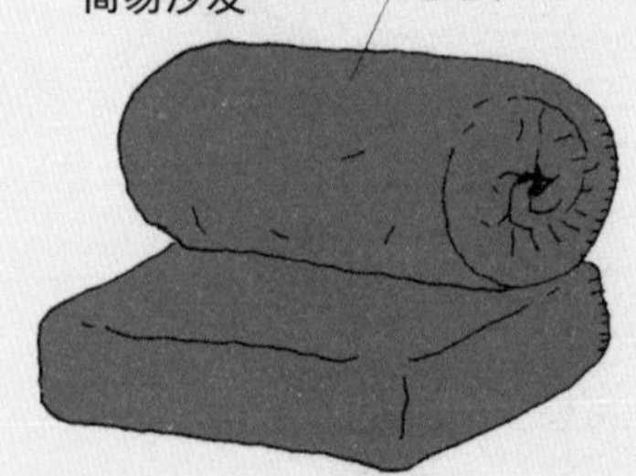

夏季变身成沙发来收纳

● 容易忽略的空间

①家具下方。　②楼梯下方。　③墙面。　④门后。　⑤天花板。
⑥物品的内部。　⑦家具的里侧。

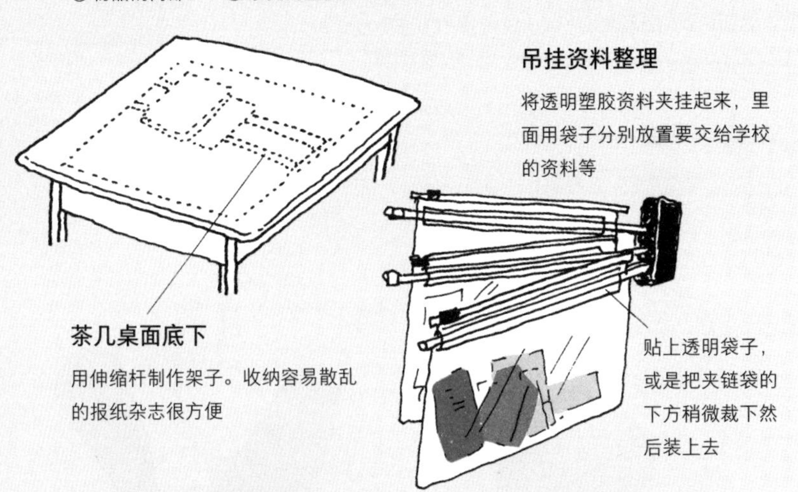

吊挂资料整理

将透明塑胶资料夹挂起来，里面用袋子分别放置要交给学校的资料等

贴上透明袋子，或是把夹链袋的下方稍微裁下然后装上去

茶几桌面底下

用伸缩杆制作架子。收纳容易散乱的报纸杂志很方便

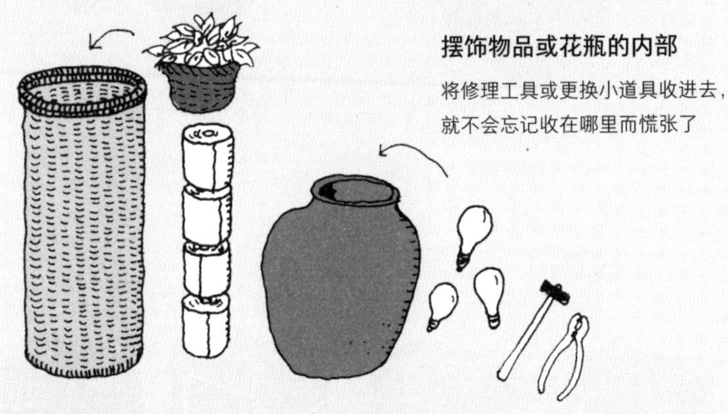

摆饰物品或花瓶的内部

将修理工具或更换小道具收进去，就不会忘记收在哪里而慌张了

篮子里

放入卷筒卫生纸。上面如果再放一盆观赏植物，对于装潢摆饰也很有效果

面纸空盒

就算放在厕所或洗脸台也可以。放入卫生棉，既不显眼也容易拿取

捆绑——基本的捆法

拉起洗衣用的绳子、想把书及报纸捆起来、寄送小包裹……这种时候，如果能知道如何熟练地打结不松掉，那就非常方便了。

● 简易绑法

书或报纸等容易散乱的物品，只要下点功夫就能简单绑起来了。

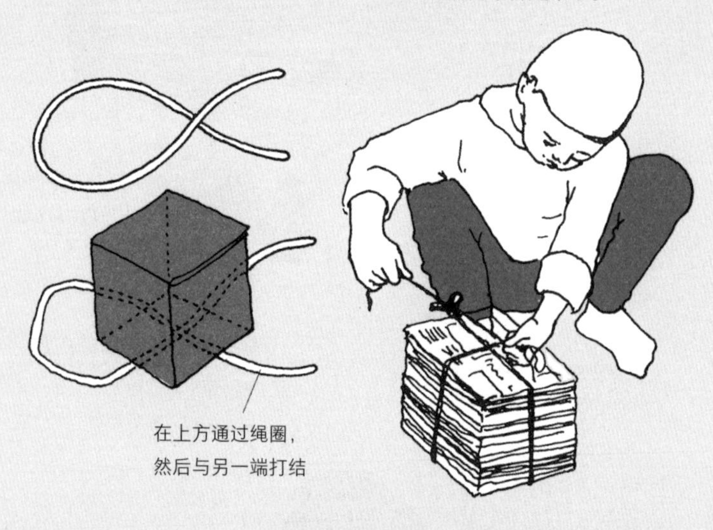

用1条绳子绑成不容易松散的“井”字捆法

①直立地用绳子先交叉出十字后绕到横侧。

②接着再交叉出十字，这次直立地绕卷。

③再交叉十字后，往横向拉。

④在角落打结。

双套结

以洗衣绳将木头或柱子绑起来的方便结法

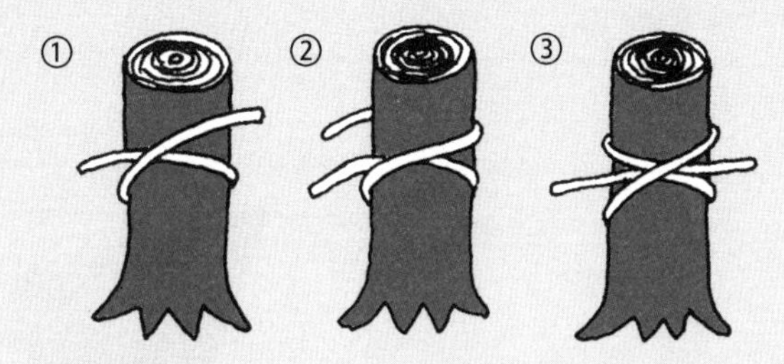

单渔人结

适合容易滑开的绳子或是连接粗细不一的两条绳子时使用

称人结（绳结之王）

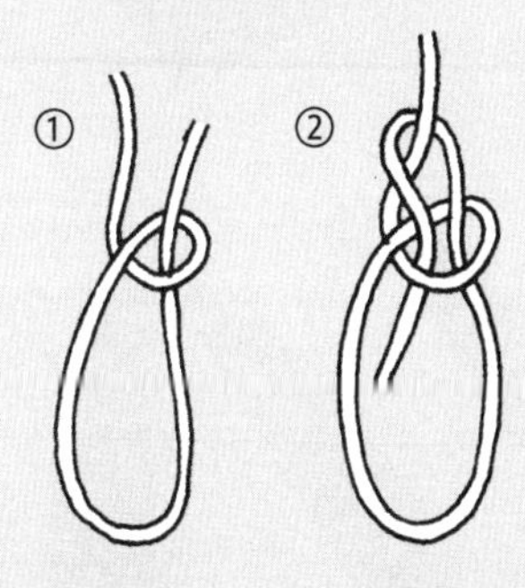

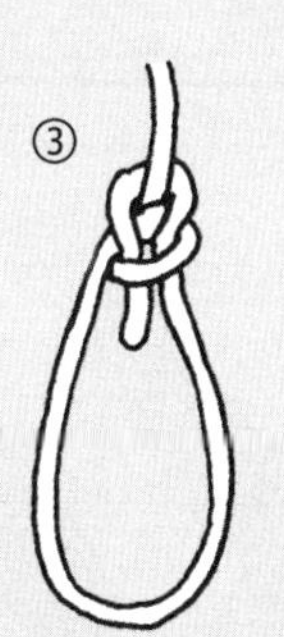

打出来的圈不会收紧，所以适合卷住身体，或使用在紧急救命的时候

滑结

做好的大圈会越拉越小。
适用于打包

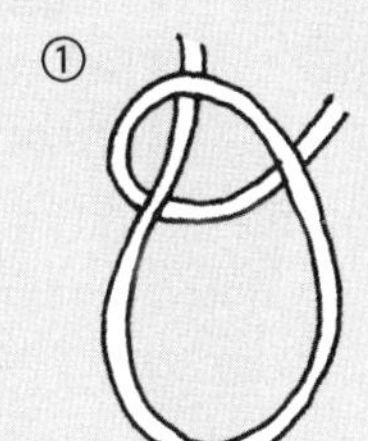

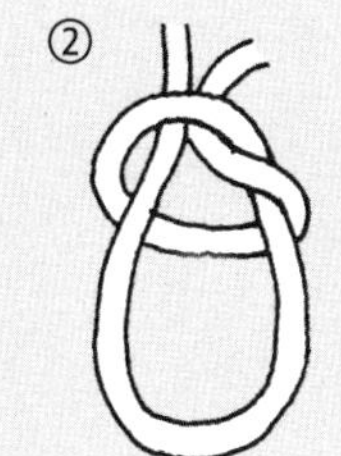

光是包法不同，就会让人以为是不同的物品，这就是包装。除了礼物或装饰之外，还有其他各式各样的活用范围。

● 基本包法（四方形物品的包法）

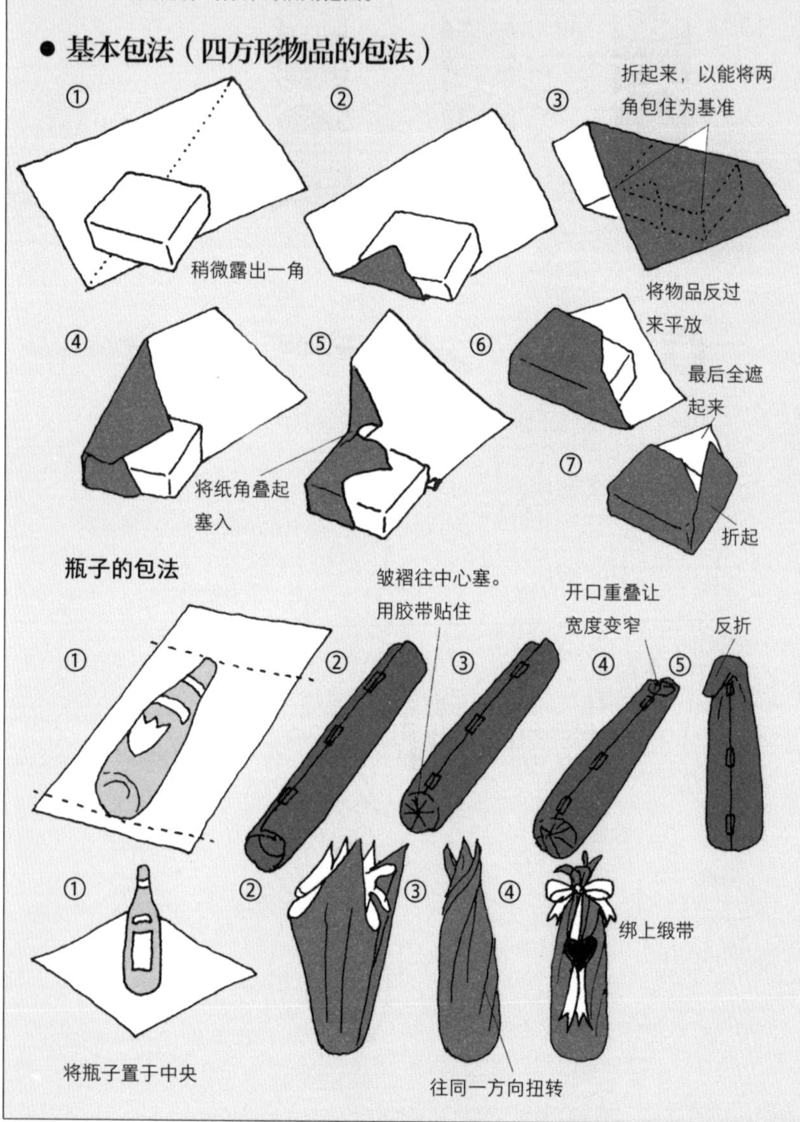

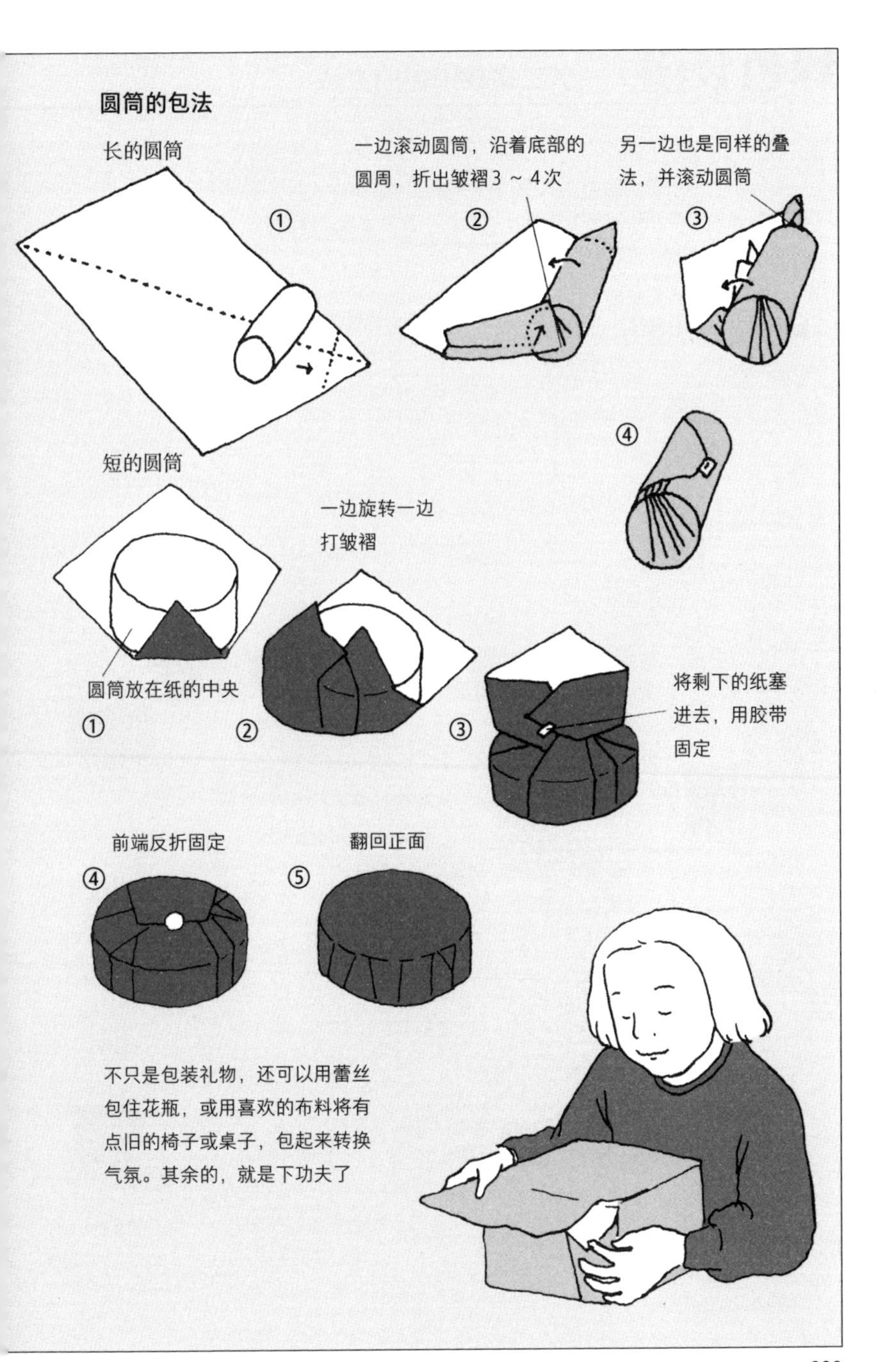
圆筒的包法
长的圆筒
①
一边滚动圆筒，沿着底部的圆周，折出皱褶3 ~ 4次
②
另一边也是同样的叠法，并滚动圆筒
③
④
短的圆筒
圆筒放在纸的中央
①
一边旋转一边打皱褶
②
将剩下的纸塞进去，用胶带固定
③
前端反折固定
④
翻回正面
⑤
不只是包装礼物，还可以用蕾丝包住花瓶，或用喜欢的布料将有点旧的椅子或桌子，包起来转换气氛。其余的，就是下功夫了

绿色装潢——享受盆栽乐趣的方法

光是放一盆绿色植物，就会很神奇地让屋里整个气氛变得和缓温柔。来问问花店的人，学会如何与绿植好好相处，并熟练布置绿植的小提示吧。

● 放置法的技巧

总之要放在每天常见的位置。只要常看到，就很自然地能得知植物的状态，这是让植物活得长久的秘诀。

● 基本养护

①浇水的基本原则，是土干的时候，充分浇水直到水流出底部，再倒掉下方盛水盘里的水。花草容易生病，所以尽量不要让叶子或花沾到水。

②变黄的叶子要尽快摘除。

③开完的花要立即剪下。

④如果根部已经穿出盆底，就是该换盆的警示。

就算只有一朵,新鲜的花朵还是有使人心情开朗的神奇力量。依照顾的方法,就能将花保存久一点,而乐趣也能一下子提高。

● 基本养护

①除去泡到水的叶子。

②随时注意去除水分。

③将茎上的黏稠汁液冲掉,或是剪掉后再插。

● 能长久保存的水分吸收法

水里剪除

几乎适用所有花卉的方式。把最底部以上10厘米左右的茎浸泡在水里,在水中剪掉。

做斜面切口,增加与水的接触面积是其诀窍

水里折断

茎部比较硬的菊花、康乃馨、水仙等,在水里用折的也可以。

从节点折断

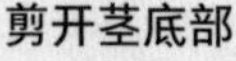

剪开茎底部

树枝状或茎部坚固的花朵,要把底部依十字形剪开。如樱花、杜鹃、茶花、铁线莲、洋槐等。

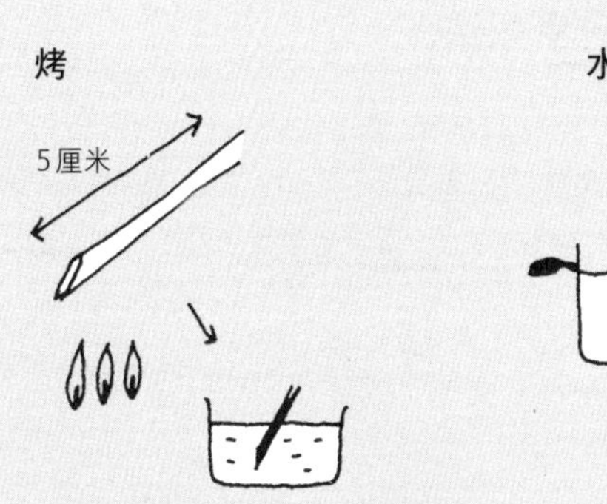

不太容易吸收水分时，或是看起来老化时，就将茎的前端5厘米左右烤得几乎变黑后，泡入水中

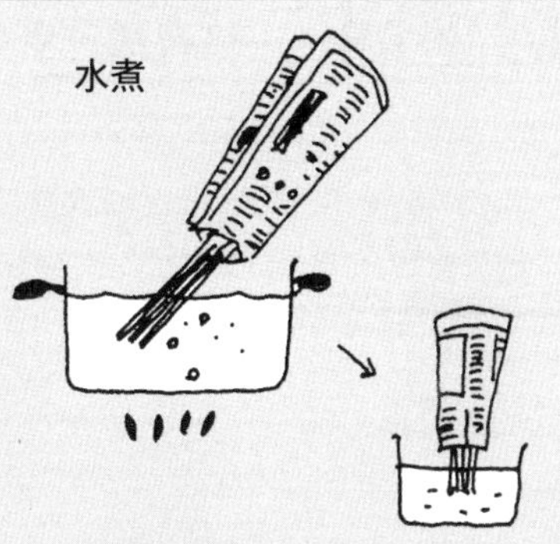

以报纸保护花或叶子，将变色的茎浸到水里

● **让花能保存得更久的创意** 做做各种尝试吧。

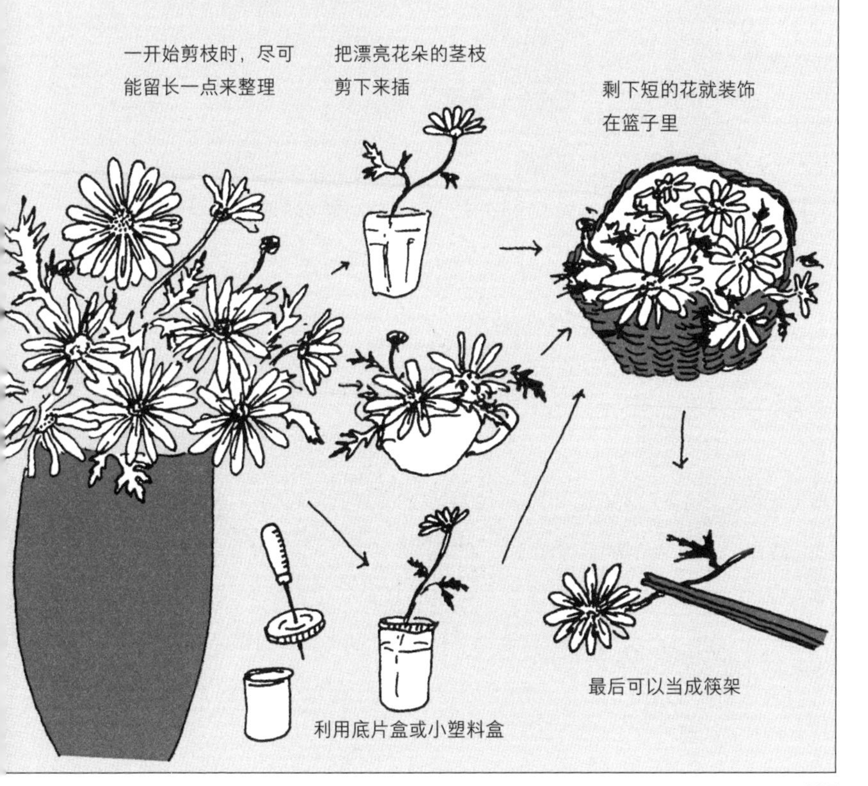

稍微在厨房找一下，一定找得到能在短时间内长大、马上食用，能够利用迷你菜园种植的植物。试着种出各种各样的蔬菜，做成生菜沙拉或配料吧。重要的是容器要清洁，要不厌其烦地换水，不要让它干掉、腐坏。其他的部分就简单多了。

●大豆的芽

1 ~ 2周内就能收获，光用水就能长得很茂盛。

豆芽菜里，富含了蛋白质、矿物质及维生素。

做法 ①用热水给玻璃瓶消毒，将泡水一个晚上的大豆，倒入消毒2 ~ 3厘米高。加水，剔除浮起来的豆子，盖上纱布，用橡皮筋固定。

②只把水倒掉。

③让豆子均匀散布在瓶中，保存于阴暗处。

④每天重复加水又倒掉的动作2 ~ 3次。等豆芽菜能吃的时候就放入冰箱，尽早料理食用。

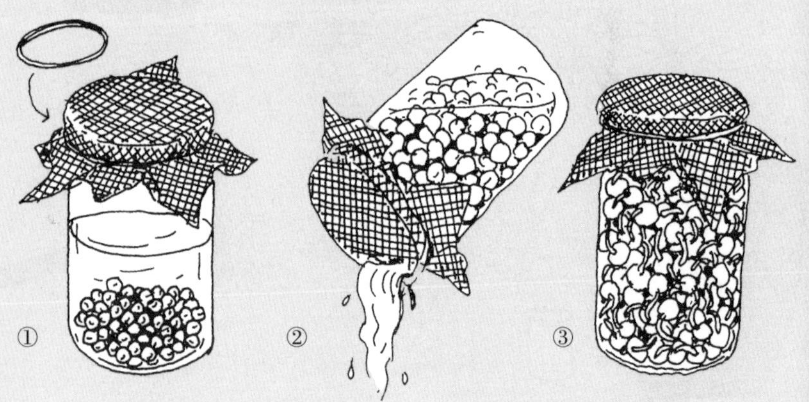

● 芝麻的芽

将浸湿的纸巾或面纸铺在容器底部，再均匀洒上芝麻不使其重叠。避开日光，用水喷雾1天1 ~ 2次，补充水分。在25摄氏度左右的室温下，10 ~ 15天就会长成适合食用的5 ~ 6厘米芽苗。试着做成醋腌渍品或沙拉吧。

● 蛋壳的再利用

蛋壳仔细清洗干净，画上眼睛嘴巴，在里面撒上芝麻或苜蓿后，就会像长出头发般有趣。

● 蔬菜的水培

用剩的部分可以试着泡水。白萝卜、洋葱的叶子适合做汤的配色蔬菜，胡萝卜的叶子可以用炒的或是西式黄油拌炒。

放学回家的路上，如果小狗被丢在路边可怜地呜呜叫，你会怎么做？可能会毫不犹豫地向前察看，最后还带回家了。可是，饲养动物并不是只靠“可爱”或“可怜”的情感就能够办到的。在饲养猫、狗等宠物之前，这一点要稍微想一想。

● 为了能够与宠物愉快地生活

问题1　你或家人有没有过敏体质呢？有些人会因为动物的毛而引起气喘。

问题2　训练动物大小便并且收拾善后、每天喂食、陪它散步玩耍……狗或猫的寿命都在10年以上，有持之以恒的自信吗？

问题3　有些公寓或集合住宅里，是禁止饲养宠物的。还有，狗的叫声可能会造成邻居的困扰。你住的地方又是如何呢？

问题4　饲料钱、打预防针的钱，如果是母狗还可能要绝育。这时就会需要不少费用。没问题吗？

问题5　因为宠物而与他人产生摩擦的事情也时有所闻。在家里面，可能会破坏家人重要的东西或造成毁损。你能好好地解决吗？

饲养宠物不只是你的问题，跟家人好好商量吧。

如果被狗或猫咬了？

动物的牙齿很不干净，有些还会带有特别的病菌。

①立刻用肥皂清洗伤口，周围的唾液也要冲掉。

②盖上纱布，立即去医院。因为很容易就化脓，不可以放着不管。

保护自己

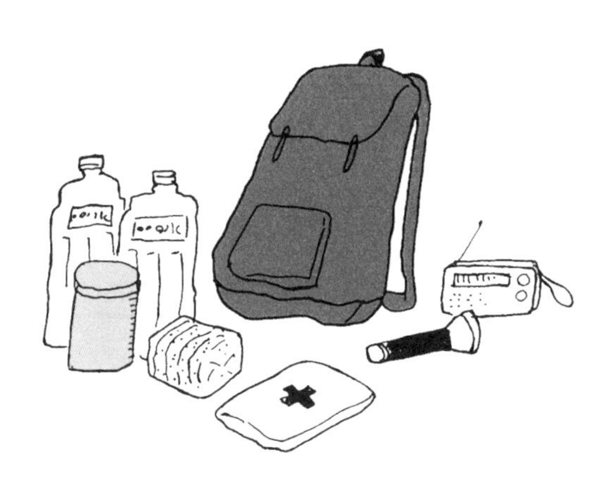

在不久之前，一说到害怕的事情，最先想到的就是地震、打雷、火灾、色老头……可是最近却新增越来越多恐怖及危险的事物，实在令人感到遗憾。常言道“有备无患”，为了预防万一，先做好准备吧。

看家——安心对策

一定经历过必须回到没人在家的屋子里吧。可是，也会有人一知道只有小孩一个人看家，就会产生坏念头。甚至可能被卷入料想不到的危险之中。所以要先了解如何在危险中自保的方法。

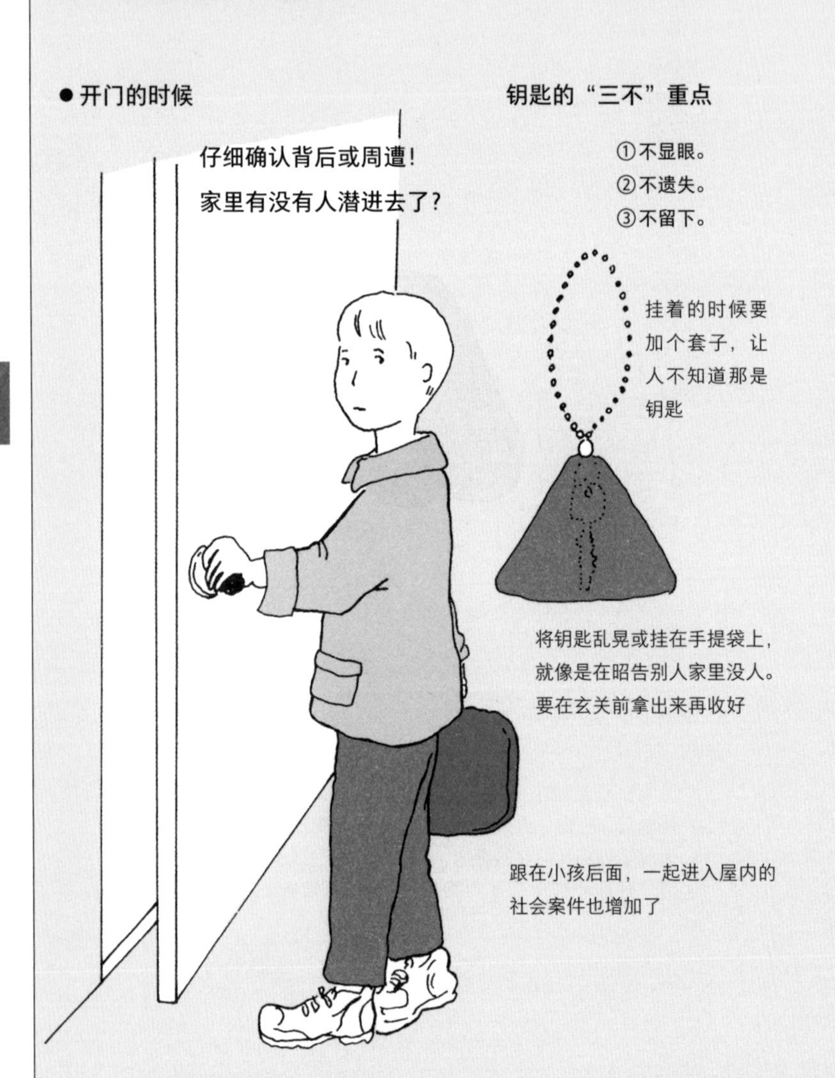

● 看家的心理准备

①如果接到陌生电话，不要让对方发现只有你一个人。可以说："现在妈妈正忙走不开，我请她等会儿拨电话过去。"然后确认对方的名字、联络方式。

②门铃响的时候，要先从对讲机或门上的监视孔确认对方是谁。除非紧急事态否则不可开门。就算是宅配服务，也要在门链锁着的状态下签名，货物请对方放在门口。

③玄关要摆放男人或大人的鞋子，假装还有其他人在家。

④开灯的时候，一定要先拉上窗帘或关窗，让外人看不见屋内。

● 如果开门之后，发现家里有小偷？

①无论如何先逃，通知附近邻居。

②请邻居帮忙报警，或自己打110。（参阅362页）

③不要碰触家中任何物品。

④检查被偷的东西。并到警局做笔录。

● 这可能是绑架……

问 被问“〇〇〇要怎么走呢？”的时候？

答 对方可能真的是迷路而不知所措的人。
如果你知道的话就口头告知，或者告诉他派出所怎么去请他问警察。

就算对方希望你“带他去”，也千万不可以跟着去。只是用口头回答对方，已经充分地表达了你的亲切了。

问 被告知“你爸爸在公司昏倒了，快跟我来”的时候？
还说“你妈妈也正在赶过去”。

答 先不要慌张。一定要先跟家人或公司确认。
告诉对方：“请告诉我是哪间医院，等我联络过〇〇之后会自行前往。”绝对不可以跟对方走。

如果快要被强迫带走的时候，
要高声大喊“救命”！

"我有话跟你说，跟我过来！"

"钱拿出来！"

● 钱快被抢走时……

问 在四下无人的地方，有人要你"交出钱来"？

答 在被带到四下无人的地方前，要高声向周围的人求救。就算对方是同学或学校的学长，这种行为都属于"恐吓"罪。尽可能告诉对方"没带钱""父母很严格不给我钱"，并且不将钱拿出来。如果被威胁而给了钱之后，要立即告诉父母或报案。此时要先说明对方的特征，所以要先观察好对方的五官、体型、小动作、发型、说话方式等。有些人会因为得逞了一次，而再度找上你，所以不要独自烦恼，与别人商量是最好的选择。如果认为自己忍耐一下即可而放任歹徒不管，对方可能也会对别人做相同的事情。平时不要表现出身上有带钱的样子。

● 遗失金钱的时候……

问 钱包不见了。连回家的电车钱与电话钱都没有的时候？

答 如果诚实告诉站务员或派出所警察的话，对方大概都会借给你。当然之后要将钱归还且诚心道谢。不要一个人偷偷地搭霸王车，总之先诚实以告吧。钱分成两个地方放，电话卡也收在不同的地方，这样就不会遇上这种令人慌张的状况了。

电灯、煤气、暖炉、香烟、洗澡水……我们周遭充满着会引发火灾的原因。有时，或许会因为“一不小心就疏忽了”或“啊，算了啦”这样的情形，而造成无法挽回的后果。

● 检查火灾预防事项

①小心起火源！香烟是引发火灾原因的第一名。

②正确使用电器用品与煤气。要小心不要空烧热洗澡水。

③准备救命工具。逃生口不可堆放物品。家中有火灾保险吗？

④准备灭火器。

● 火灾预防对策

● 引发火灾时，基本的初期灭火

①不可以往油里泼水。

用盖子或毛巾覆盖油面，断绝氧气供应，以灭火器灭火。关上煤气总开关

②“失火了！”尽可能通知越多人越好，并通报119消防队。（参阅第362页）

③当火舌已经窜到天花板的时候，就放弃灭火，立即去避难。

● 逃生方法

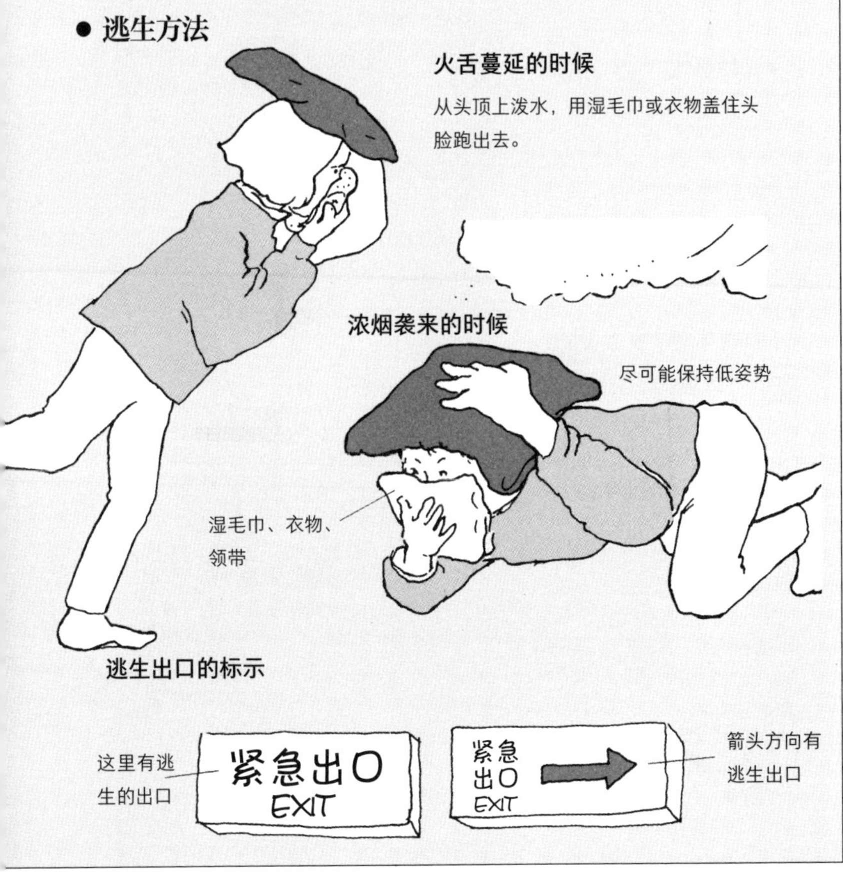

许多物品因使用性与合适性带来了便利，但是同时也提高了危险程度。掌握充分的知识，了解在万一的情况下好好应对的方法。

● 煤气

中毒与气爆都很恐怖。大部分的煤气中毒，都是燃烧不完全所导致的一氧化碳中毒。天然煤气、液化石油、石油、煤炭、木炭等要靠燃烧产生能量的物品，每一项都有会发生一氧化碳中毒的危险。只要待在含有5%一氧化碳的空气中呼吸数分钟，其强烈毒性就可能导致死亡。

燃烧10分钟所需要的空气		
	煤气炉	汽油桶1桶
	煤气浴缸	汽油桶9桶
	煤气热水器	汽油桶6桶

● 预防意外

①正确使用器具。

火焰是蓝色的

②在室内使用煤气，每小时要让空气流通一下。

● 要进入屋子里救人时

①可以从外面打开的窗户要全部打开。

②大声地求助。

③ 就算里面很暗也不可以打开电灯，会有爆炸的危险。

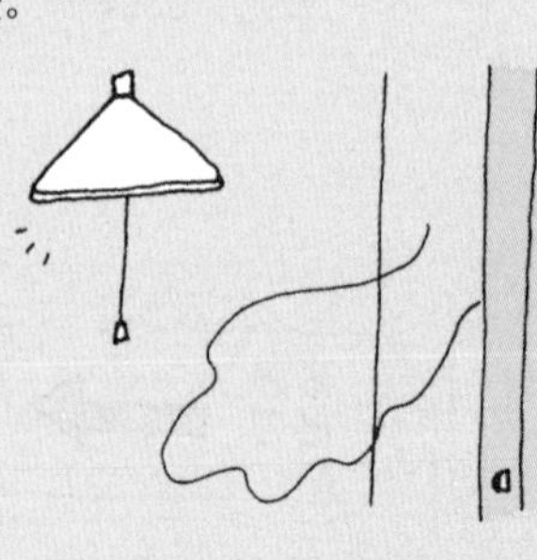

● 触电

因家用电器漏电而出现休克或灼伤等症状，甚至危及生命的例子很少。但是因输送电源、高压电，以及雷击而触电就非常危险。因电力的强弱、接触时间、通过身体的情形不同，症状也会不同。可能发生疼痛、痉挛、麻痹等。要立即叫救护车。

预防触电

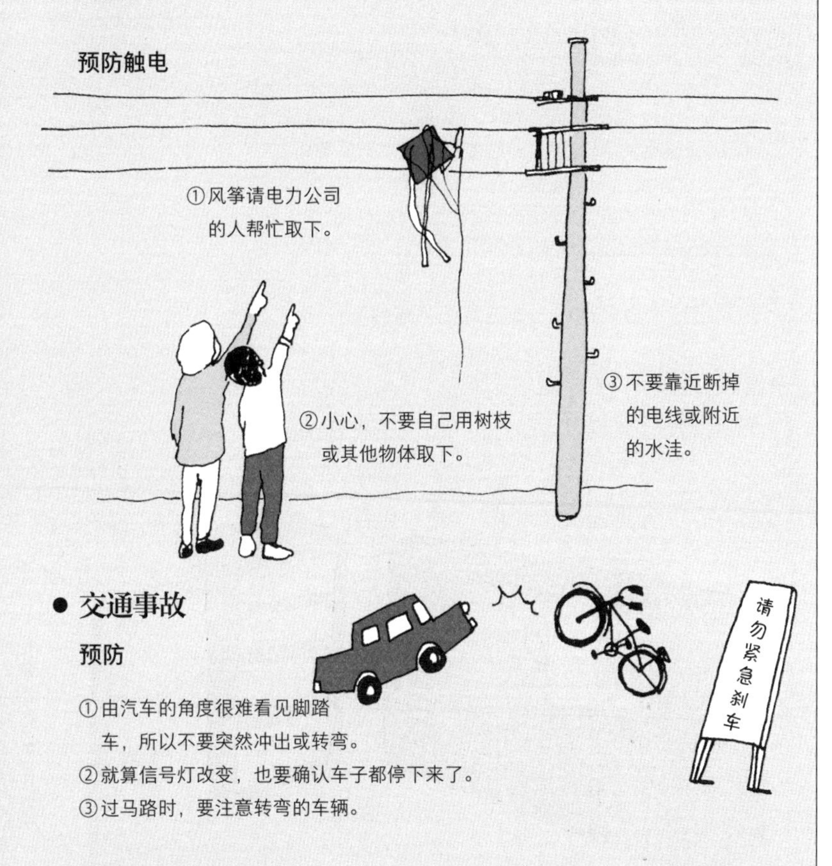

● 交通事故

预防

①由汽车的角度很难看见脚踏车，所以不要突然冲出或转弯。
②就算信号灯改变，也要确认车子都停下来了。
③过马路时，要注意转弯的车辆。

万一发生事故的时候

①就算没有受伤也要确认对方身份（住址、姓名，汽车车主的住址、姓名、工作、雇主、联络方式等）。
②联络父母或警察。
③去医院接受检查。

在紧急的时刻，了解与不了解知识会产生很大的差别。重新审视能做到的事情吧。

● 地震规模与地震强度是指?

两者是完全不同的东西。地震规模表示地震所释放出来的能量大小。地震强度（震度）是指地震所引起地表摇晃的加速度。即使地震规模大，但如果其发生能传递到远处，也就不会有太过摇晃的感觉。反之就算规模很小，但如果只发生在近处或地盘松软的地方，那么摇晃程度就会很大。因此，通常会将表现强度的规模与实际摇晃的震度一并使用。

想看出是否为大地震，要注意上下摇晃！

● 就这么做！地震的预防对策

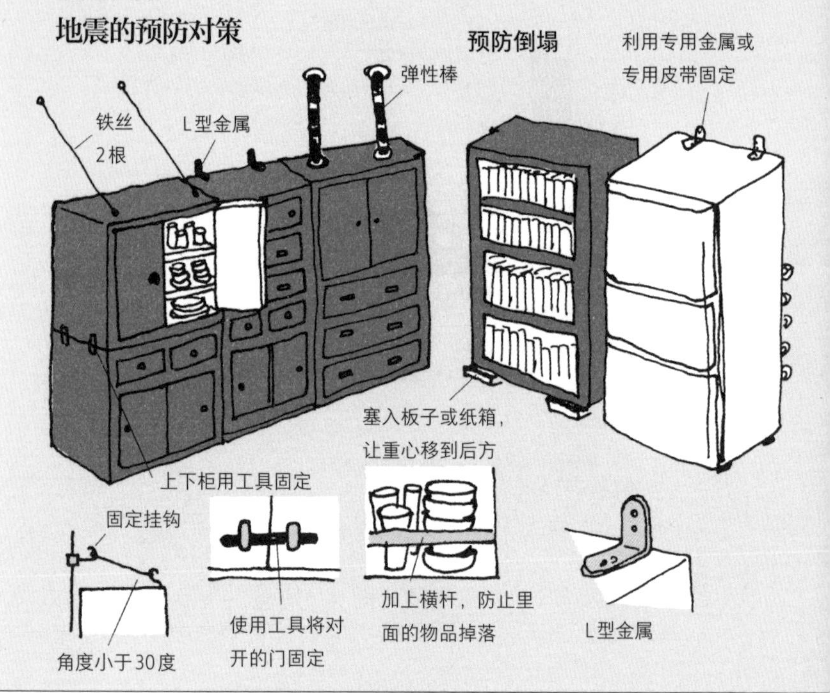

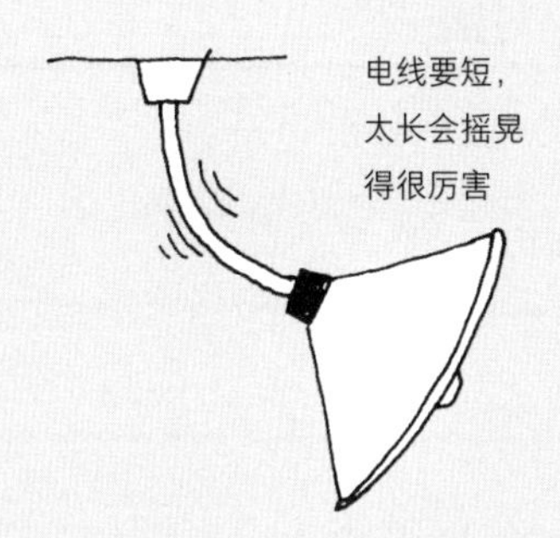

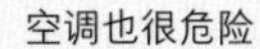

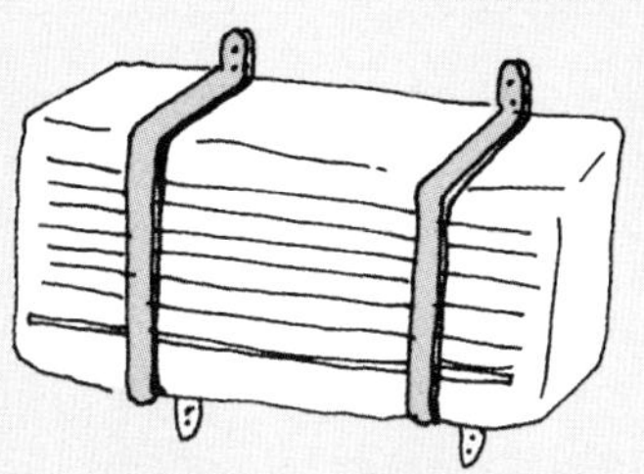

预防头顶上的物品落下！

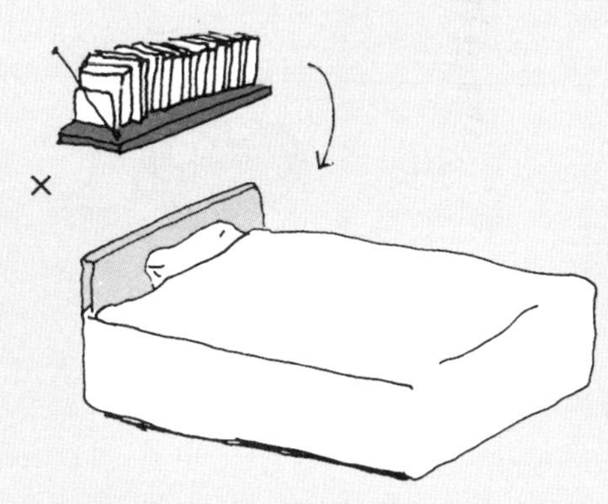

要保持不在逃生路线上放置物品的习惯

天摇地动时——各场所的应对法

无论多么大的地震，摇晃时间也就1分钟左右。要懂得在这段时间保护自己的方法。

● 初期的基本应对

①远离掉落的物品、倒塌的家具以及玻璃。

②在摇晃的时候记得关闭火源。如果没办法关火要赶快躲好，地震停了之后，立刻关闭火源。

③如果是在家中，2楼比1楼安全。

④比起宽阔的房间，狭窄、柱子多的区域会比较安全。

● 各场所的应对法

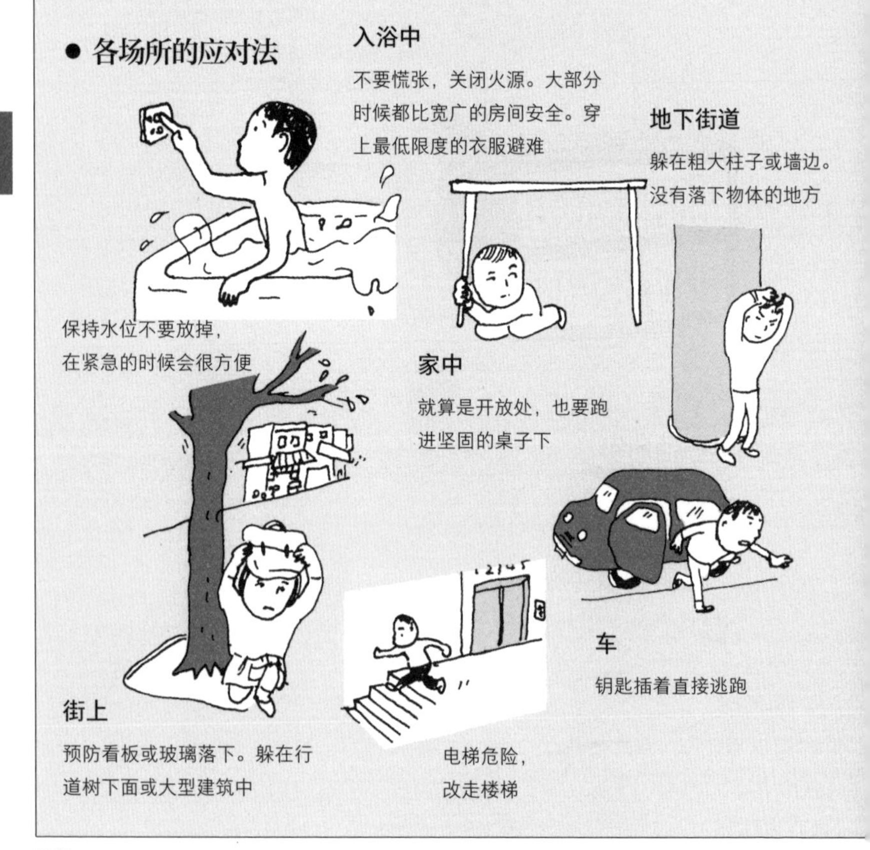

● 震度与感受方式的标准

依照建筑物与构造的不同，感受的方式与受损都会有所不同。

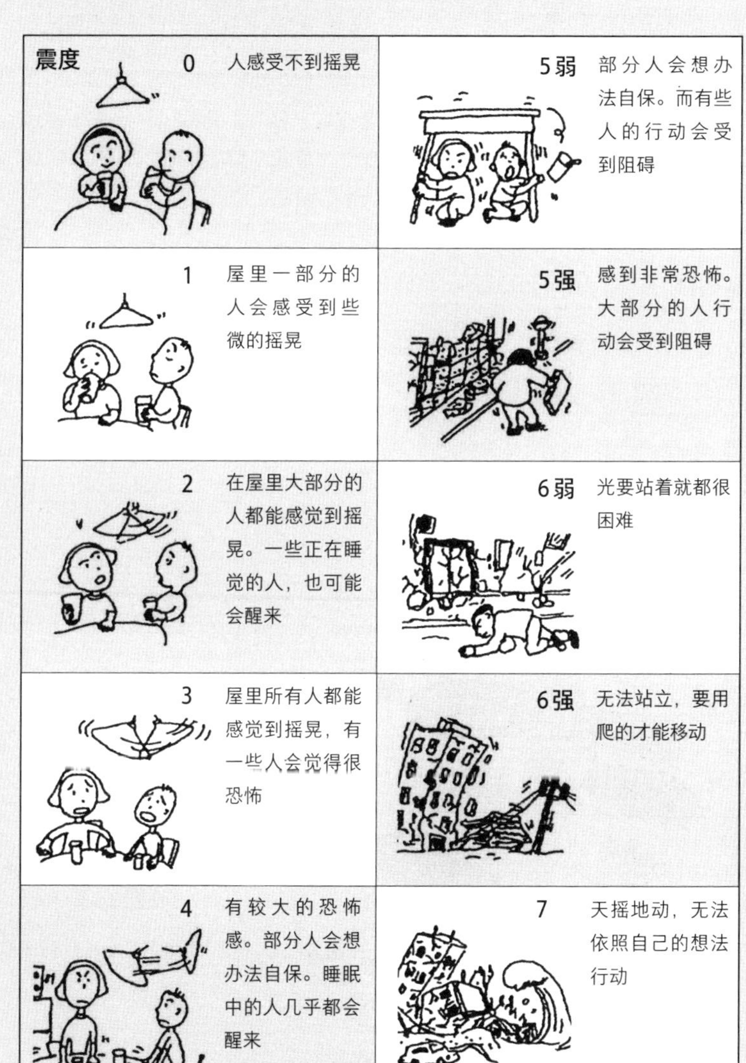

震度	感受	震度	感受
0	人感受不到摇晃	5弱	部分人会想办法自保。而有些人的行动会受到阻碍
1	屋里一部分的人会感受到些微的摇晃	5强	感到非常恐怖。大部分的人行动会受到阻碍
2	在屋里大部分的人都能感觉到摇晃。一些正在睡觉的人，也可能会醒来	6弱	光要站着就都很困难
3	屋里所有人都能感觉到摇晃，有一些人会觉得很恐怖	6强	无法站立，要用爬的才能移动
4	有较大的恐怖感。部分人会想办法自保。睡眠中的人几乎都会醒来	7	天摇地动，无法依照自己的想法行动

日本气象厅所发布的震度，是依震度计观测值而定的。

灾害常备品——清单一览

就算在大地震下逃过一劫，可是粮食、电源、煤气、交通、通信网络等的恢复，都需要花上一段不短的时间。这时候如果有常备 物品的话，就能冷静地等待救援了。

常备品里的3升水是保命符。我们只要没有水喝，连一个礼拜都活不下去。相反地只要有水，就算3周不进食还是能存活。 那么，开始来准备吧。

· 准备1周的分量。

· 要注意保存期限。

· 准备不需要开罐器的东西。

●照明
也不可忘记预备电池
●消息
小型收音机
●燃料
煤气罐
煤气炉
●其他
打火机
固体燃料
小刀
绳子
常备药品
零钱
放在小盒子里
很方便
湿纸巾
笔记
餐具
面纸
保鲜膜
现金　印章
卫生用品
●衣物
毛毯
安全帽
睡袋
内衣裤
毛巾
毛衣
防风外套
防灾头巾
●多花点心思
如果家中有车，就把常
备用品放在行李厢中
浴缸里储水
晚上睡前准备
一壶水

意料之外地受伤或突然发烧，这时如果有准备急救用品就会比较安心。每年清点一次，不要忘记检查有效期限与随时补充。

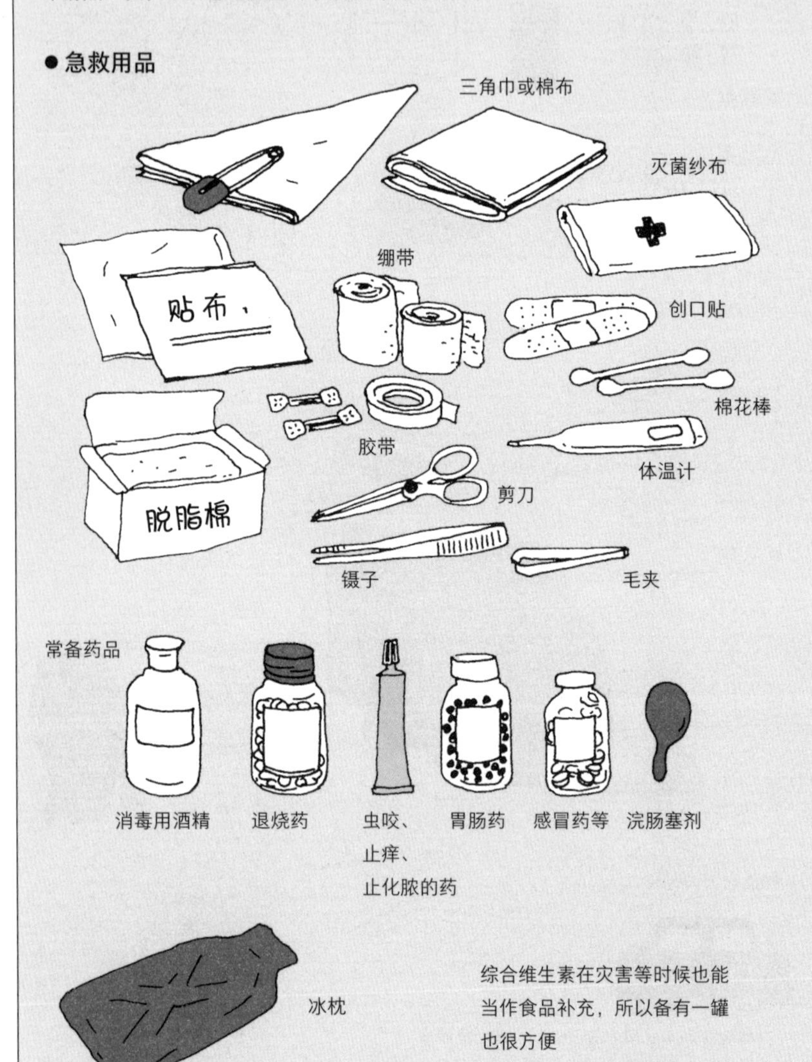

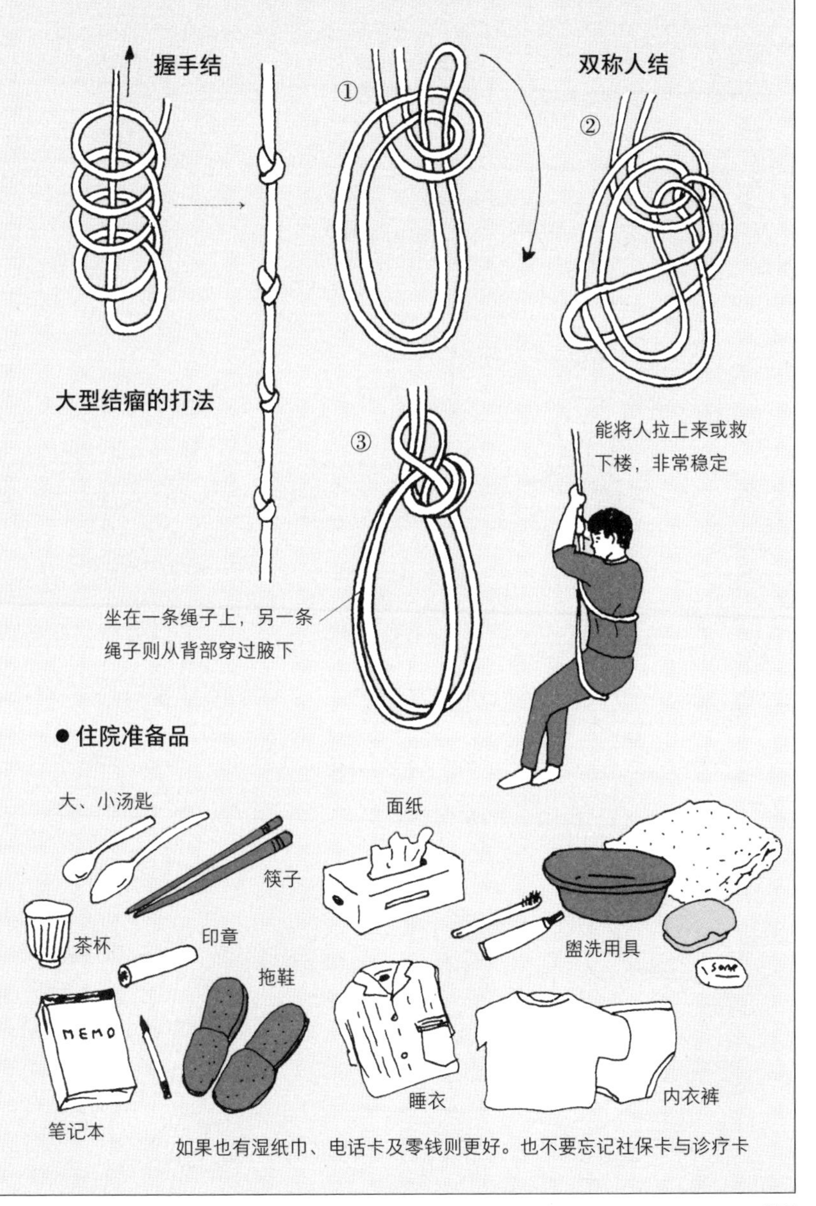
● 紧急时刻的逃脱绳制作法
发生灾害时，如果要使用绳子逃生，那么事先学会就不会惊慌了。
握手结
双称人结
①
②
③
大型结瘤的打法
能将人拉上来或救
下楼，非常稳定
坐在一条绳子上，另一条
绳子则从背部穿过腋下
● 住院准备品
大、小汤匙
面纸
筷子
茶杯
印章
盥洗用具
拖鞋
MEMO
睡衣
内衣裤
笔记本
如果也有湿纸巾、电话卡及零钱则更好。也不要忘记社保卡与诊疗卡

紧急处置 I——包扎·止血·人工呼吸

有时候在到医院之前，或者救护车抵达以前的初期措施，可能会左右人命的存活，紧急处置也因此显得十分重要。如果做得到，就尽量去参加消防局或红十字会所举办的急救讲习。在进行紧急处置时，当然也不要忘记立即求救。

● 包扎法

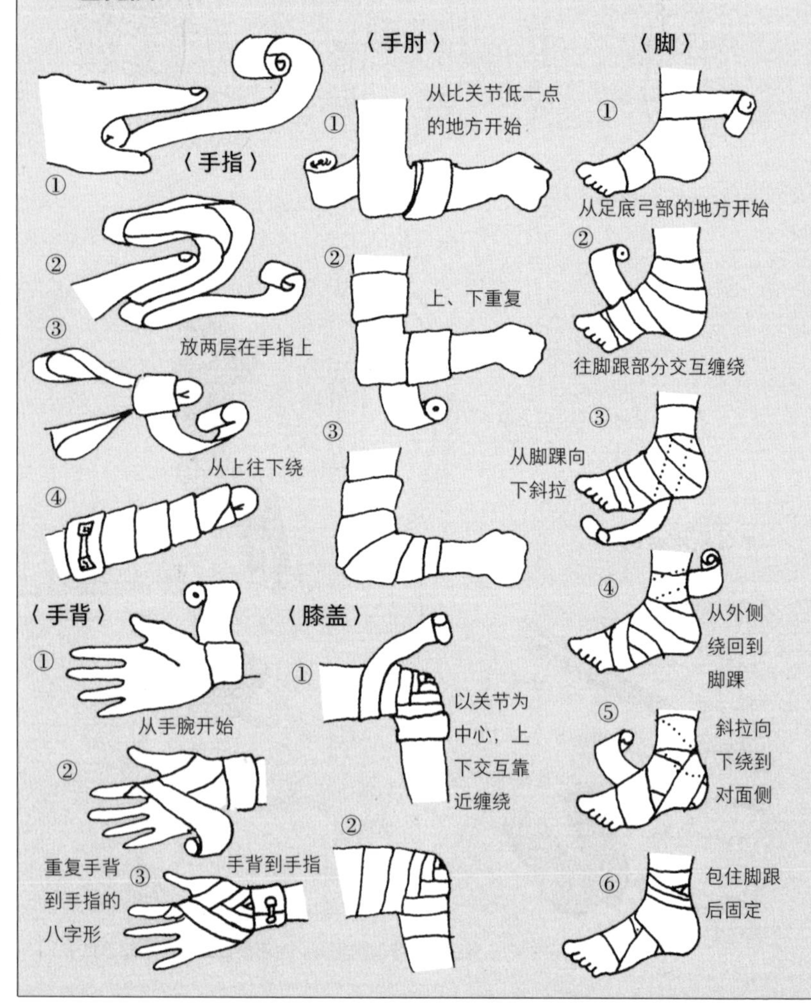

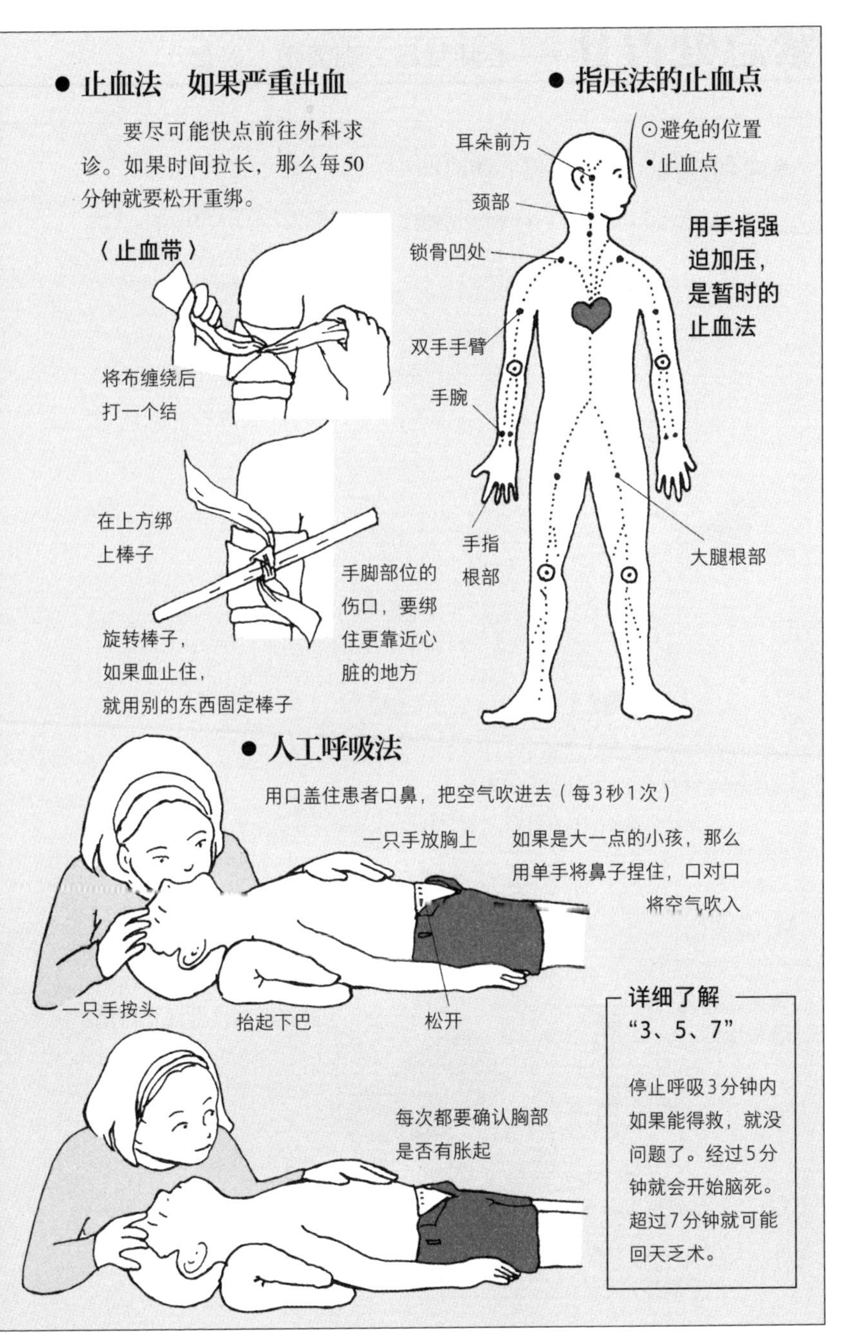
● 止血法　如果严重出血
要尽可能快点前往外科求诊。如果时间拉长，那么每50分钟就要松开重绑。
〈止血带〉
将布缠绕后打一个结
在上方绑上棒子
旋转棒子，如果血止住，就用别的东西固定棒子
手脚部位的伤口，要绑住更靠近心脏的地方
● 指压法的止血点
⊙避免的位置
•止血点
耳朵前方
颈部
锁骨凹处
双手手臂
手腕
手指根部
大腿根部
用手指强迫加压，是暂时的止血法
● 人工呼吸法
用口盖住患者口鼻，把空气吹进去（每3秒1次）
一只手放胸上
如果是大一点的小孩，那么用单手将鼻子捏住，口对口将空气吹入
一只手按头
抬起下巴
松开
每次都要确认胸部是否有胀起
详细了解“3、5、7”
停止呼吸3分钟内如果能得救，就没问题了。经过5分钟就会开始脑死。超过7分钟就可能回天乏术。

● 心脏按压，当听不见心跳时……

心跳突然停止，可能是窒息、触电，或突然跳到冷水里所引起的。当患者失去意识的时候，要赶快打开前面的衣服，用耳朵贴紧患者位于左侧的心脏处，听他的心跳声。如果没有听见心跳声，那么就要立刻开始心脏按压。

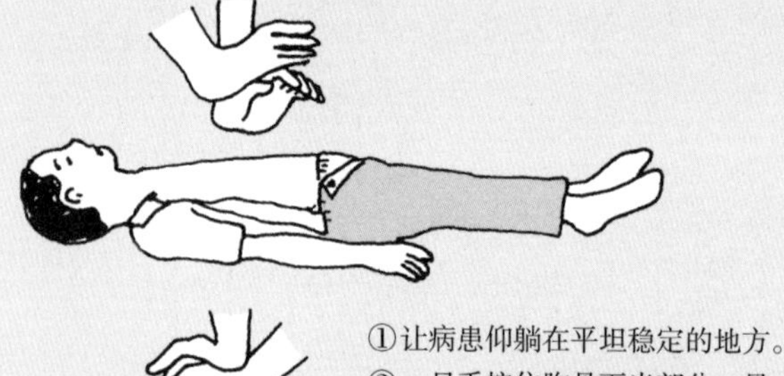

①让病患仰躺在平坦稳定的地方。

②一只手按住胸骨下半部分，另一只手覆盖在上方，以1秒1次的节奏利用体重，往下压4 ~ 5厘米。

心脏在胸骨（立于胸腔正中央的骨头）下方稍微偏左的地方。用力压迫这个部位心脏会收缩，突然放开，可能就会恢复原来的状态

● 烧烫伤

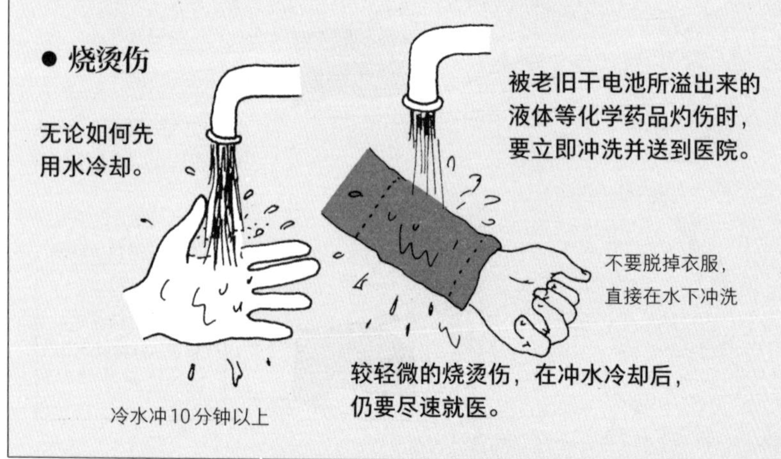

● 误食不好的东西时

如果误食了化学物质或香烟、药品、毒物等东西时，首先要从周围状况与容器判断吃的是什么。如果还有意识，则①给予饮用水或牛奶、②催吐。

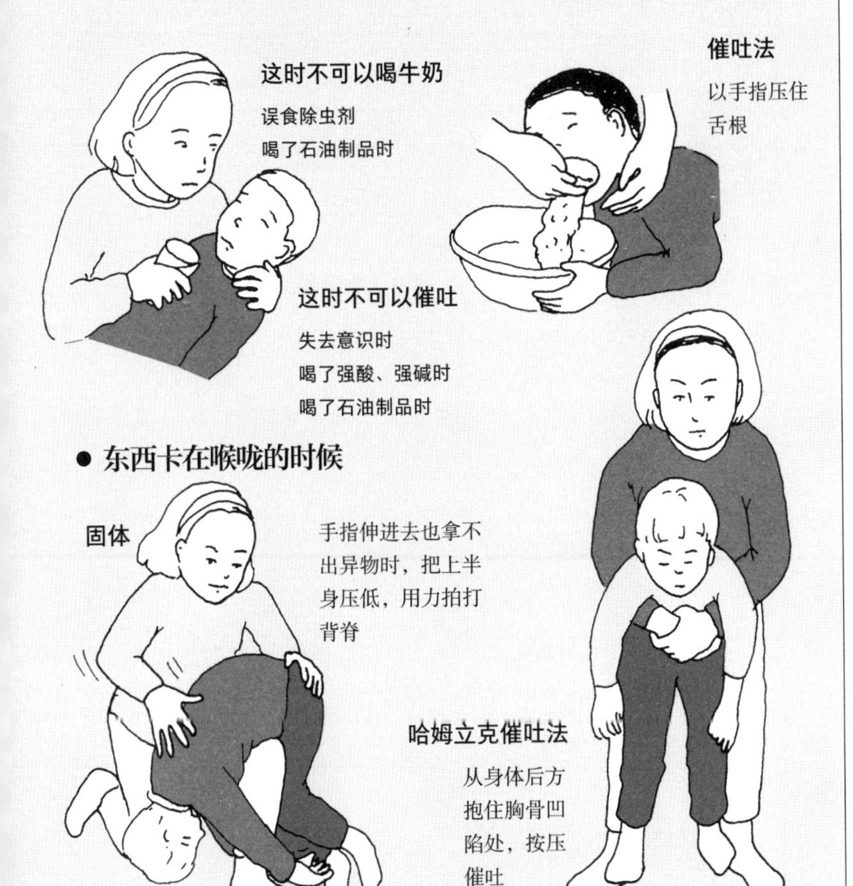

● 东西卡在喉咙的时候

救援电话 免付费365天24小时受理

119　火警、急病、山难……需要救护车或消防车援助时。

110　窃盗、检举犯罪……需要警察处理现场时。

此为日本的急救电话，下页同——编者注

拨打110、119的方式

知道怎么拨打110或119吗？就算很紧张的时候，只要在笔记本先记下方法而能够好好报案，那么就放心多了。

- **110** 用于通知警察局交通事故、斗殴、窃盗等案件或事故的号码。
- **119** 因急病而希望呼叫救护车时，或发生火灾需要消防车时，联络消防单位的号码。

拨打的时候，要先用力深呼吸！冷静地依照下列步骤做。

①通报目的 “有火灾”“有人急病发作”“遭小偷了”。

②说明情况 “谁”“从什么时候”“在哪里”“什么样子”“变得如何”。

③说明地点 “住址在××市××区××街××号的公寓”“明显地标是××”“电话为××”。

使用公共电话时的拨打方法

无论哪种电话的紧急报案都是免费使用的。

一般公共电话

拿起话筒，不需投币或插电话卡即可拨打110、119，免费

商店内使用的公共电话

请店员使用钥匙转换成免费电话状态后拨打110、119

附有红色按钮的电话

拿起话筒，按下红色按钮后拨打110、119

资 料

垃圾的丢弃与再利用

● 爱护地球

只要人类还存活，就会无止尽地制造垃圾。目前在日本，一年内要清运超过5000万吨以上的垃圾，其中大部分都是焚化或掩埋处理。可是，如果这样继续制造垃圾下去，又会如何呢?

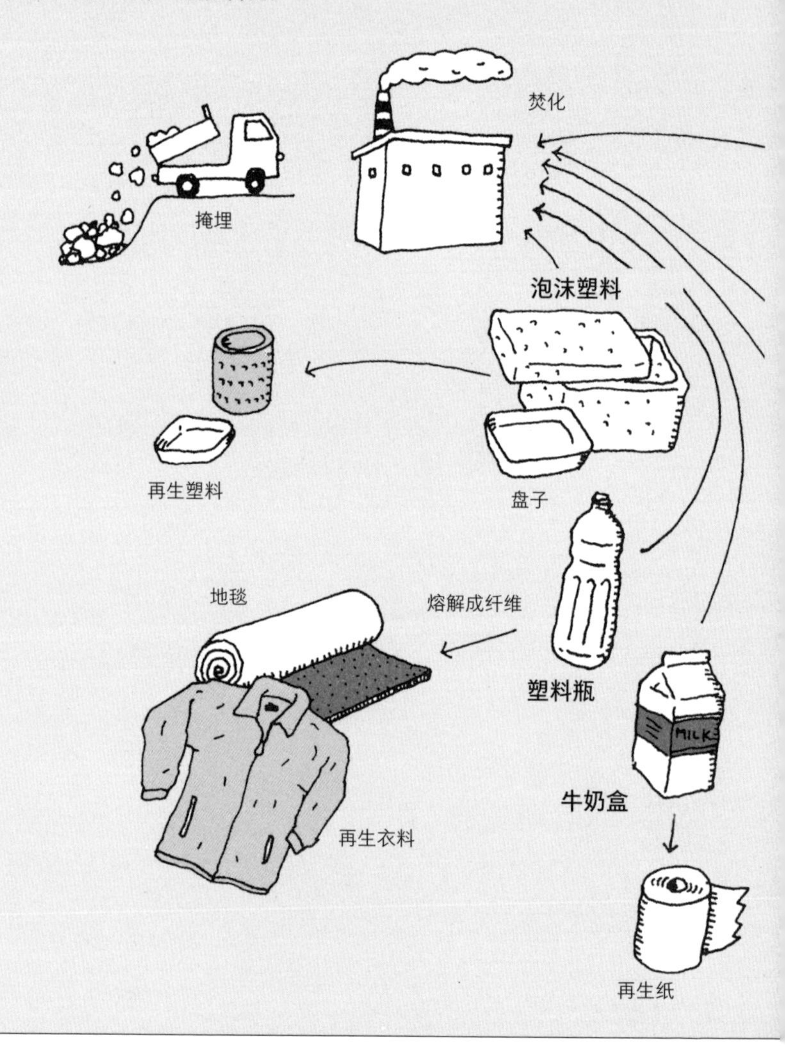

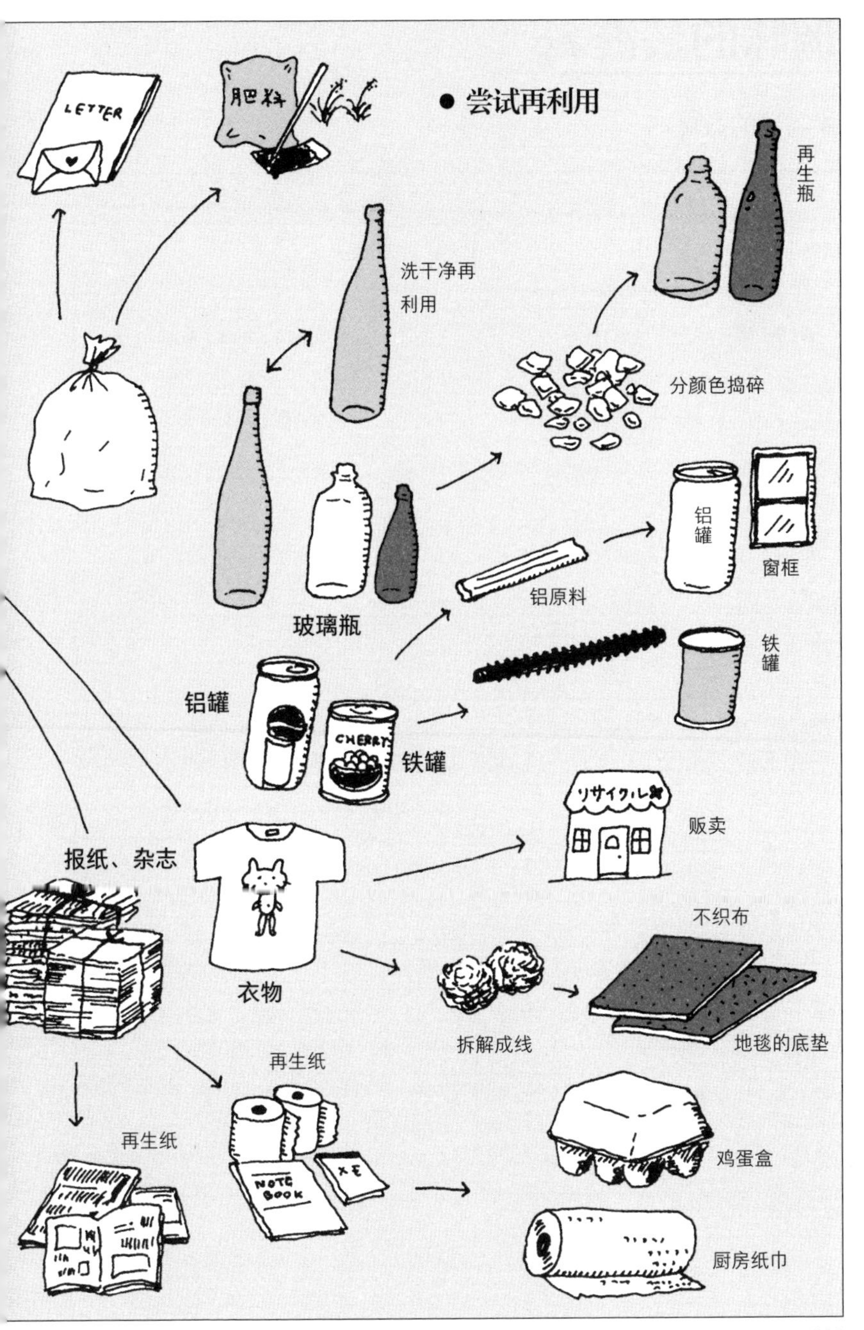
LETTER
肥料
● 尝试再利用
再生瓶
洗干净再
利用
分颜色捣碎
铝罐
窗框
铝原料
玻璃瓶
铁罐
铝罐
CHERRY
铁罐
リサイクル
贩卖
报纸、杂志
不织布
衣物
拆解成线
地毯的底垫
再生纸
再生纸
NOTE BOOK
鸡蛋盒
厨房纸巾

调味的基准表

● 特别的饭食

	米	水	盐	酒	酱油	其他
樱花饭（酱油饭）	4杯	4杯		2大	3～4大	
青菜饭	4杯	米的1成多	1.5～2小			青菜（生）200克，撒盐1/3小匙
地瓜饭	4杯	米的1成多	1.5小	2大		切好的地瓜200克
豌豆饭	4杯	米的1成多	1.5～2小	2大		青豌豆量为米的一半
栗子饭	4杯	米的1成多	1.5～2小	2大		去壳栗子量为米的一半
茶饭	4杯	米的1～2成多	1.5～2小			茶粉1大匙
竹笋饭	4杯	4杯				切好的竹笋200克
（竹笋量		1杯	1/2～1小	4大	2大	用1大匙砂糖先煮好。）
香菇饭	4杯	4杯			1大	昆布10厘米、香菇200克
香菇量			1/2小	2大	2～2.5大	先调好味，等到饭煮好后取出昆布，放入香菇。
醋饭	5杯	5杯		2大		昆布10厘米
（搭配的醋量			1大			醋1/2杯，砂糖2大匙）
炒饭（1人份）	1大碗		1/2小		1大	洋葱1/2个、鸡蛋1个、油1.5大匙、胡椒少许
红豆饭	糯米5杯	3.5杯（也可用煮过的红豆汤）	1/2小			煮好的红豆1杯

小＝小匙　大＝大匙

● 煮、煎烤

	材料	盐	砂糖	酱油	水或高汤	酒、味淋	其他
煮							
卤鱼	1人份		1/2～1小	1大	1大		
卤根菜类	根菜类100克		1～2小	1～1.5大	酱油等量至6倍		
佃煮	鱼、肉、蔬菜200克		酱油的1/4	1/2杯	1～2大		
砂糖煮	红薯400克	1/2小	5大		1/2～1杯	味淋2大	
味噌煮	鱼4片		2小	1大	1/3杯	酒2大	味噌3大
关东煮	1人份200克	1/3小	1～1.5小	1.5大	1.5杯		
黑豆	干豆2杯	1小	2杯	4大	水5杯		
什锦卤菜	4人份	1小	2～3大	3～4大	水刚好盖过	味淋1大	小鱼干1把
煎							
干煎鱼	切片1人份 带骨1人份	1/3小 1/2小					
照烧	切片1人份		1小	1大		味淋1大	
味噌渍	鱼、肉1人份		1小	1小			味噌1～2大
薄蛋卷	鸡蛋1个	1/8小	1小				油少许
厚蛋卷	鸡蛋5个	1/2小	3大	1/2大	高汤5～7大		油少许
蛋包	鸡蛋2个	1/3小					油少许
黄油烧	鱼80～100克 肉60～80克	1/3小 1/3小	其他　黄油1大、面粉1小、胡椒少许				

小＝小匙　大＝大匙

冷藏·冷冻保存的期限

● 冷藏库（在5摄氏度左右的温度下保存期限的标准）

	食品名	保存标准	条件
肉类	猪肉（厚切）	3～4天	·如果有鱼肉盘或冷却室的话，放入其中。 ·用保鲜膜或密封容器包住。 ·干燥处理就会失去风味。
	牛肉（薄切）	2～3天	
	鸡肉	1～2天	
	绞肉	1～2天	
加工食品	火腿、香肠	3～4天	
	鱼板（一整块）	5～6天	
	豆腐	约2天	放进装水的密闭容器中。
	纳豆	约1周	放入塑料袋后密封。
鱼类	鲜鱼	2～3天	取出内脏仔细清洗过后，抹一点盐用保鲜膜包起来。
	切片	2～3天	用保鲜膜包起来，如果有鱼肉盘或冷却室的话，放入该处。
	生鱼片	1天	
	对切的鱼	3～4天	抹一点盐用保鲜膜包起来。
乳制品	牛奶	●5～6天	开封后尽量在当日喝完。
	黄油	▲约2周	放入容器里，盖子要盖好。
	奶酪（加工）	▲约2周	用保鲜膜封住切口。
	乳酸饮料（浓缩瓶）	▲1～2周	关紧瓶盖。
蔬果	菠菜等青菜	约3天	叶菜类要清洗过后用保鲜膜包起来。
	芹菜、番茄	3～5天	清洗后用塑料袋密封。
	葡萄柚	5～7天	如果切开，用保鲜膜包起来。

● = 从制造日起算　▲ = 开瓶、开封后

● 肉类保存的重点

肉类买回家后，立即取下包装，重新用保鲜膜材料密封包住，放入冷藏库的上层。鸡肉、绞肉、羊肉、内脏类即使冷藏也不能放很久。

冰箱冷冻，牛、猪肉保存约1个月，鸡、绞肉约两周内都不会变质。可是，五花肉或霜降肉等脂肪较多的肉，容易变质所以不建议冷冻。

● 冷冻库（在零下18摄氏度左右的温度下保存期限的标准）

食　品　名	保存标准
脂肪多的鱼 沙丁鱼、鲭鱼、 鲱鱼、鲑鱼等	2 ~ 3个月
脂肪较少的鱼 鳕鱼等	3 ~ 5个月
鲽鱼、比目鱼等	4 ~ 6个月
虾	6个月
蟹	2个月
牡蛎	2 ~ 4个月
文蛤、扇贝	3 ~ 4个月
料理过的冷冻鱼	3 ~ 4个月

食　品　名	保存标准
蘑菇	10个月
甜玉米	10个月
菜豆、芦笋、 抱子甘蓝	12个月
菠菜、菜花、 豌豆、西蓝花	16个月
胡萝卜、南瓜、 切段玉米	24个月

●蔬菜类是市售冷冻食品。用热水煮半熟后以零下30摄氏度急速冷冻。

● 家庭中冷冻保存的重点与保存期限的基准

食品名	重　点	保存标准
荷兰芹	清洗后去除水分，直接用密封塑料袋装好冷冻。	3个月
青紫苏、山椒叶芽	清洗后去除水分，以保鲜膜包好，放入容器中。	1.5个月
长葱、葱	过热水，放入塑料袋保存。	2个月
洋葱	切末或切丝炒，用保鲜膜包好保存。	2个月
生山葵	洗净风干后放入塑料袋冷冻。	1个月
生姜	带皮洗净后用保鲜膜包好或磨成泥。	1个月
柚子	外皮平放挤压后放入塑料袋，汁液装入容器里，冷冻。	2个月
长芋、山药	削皮后去杂质，磨成泥以容器装好冷冻。	1个月
鸿禧菇、金针菇	过油拌炒，用容器分装成小部分冷冻。	2个月
生香菇	用布巾去除脏污，将蕈伞与柄分装在塑料袋里。	3个月
韭菜	清洗后去除水分，切成适当大小装入塑料袋。	2个月
马铃薯	去皮切成适当大小，煮半熟后放入塑料袋。	2个月
胡萝卜	去皮切成适当大小，煮半熟后放入塑料袋。	2个月
青椒	切成两半，去籽煮半熟后装入塑料袋冷冻。	2个月
玉米	去掉果实，煮半熟后以塑料袋分装成小包装冷冻。	3个月
西蓝花	切小块，煮半熟后去除水分，放入塑料袋。	2个月
菜豆、豌豆	煮半熟后去除水分，以塑料袋装起冷冻保存。	3个月

食物中毒的预防与对策

● 食物中毒的种类

食物中毒的种类		原　因
细菌性食物中毒	感染型	肠炎弧菌、沙门杆菌、弯曲菌
	毒素型	葡萄球菌、肉毒杆菌
	其他	产气荚膜梭菌、病原性大肠杆菌（O-157）
食用自然界的毒物而中毒	植物性	毒菇（生物碱类）、马铃薯的芽（茄碱）、不熟的梅子（苦杏仁素）、霉菌毒（黄曲霉素）
	动物性	河豚（河豚毒素）、蛤、牡蛎
因化学物质而中毒		农药（杀虫剂、杀菌剂、除草剂、灭鼠剂）的误用或残留有害金属的食品污染（水银、镉、铅、砒霜）
过敏性中毒		因微生物所生成的组织胺

● O-157大肠杆菌的基础知识

虽然大肠杆菌大多都是无害的，但其中也有会引起下痢等症状的病原性大肠杆菌。O-157是其中一种，会分泌毒性强的bero毒素是其特征。健康的成人可能会没有症状或仅仅下痢而已。但如果有出血性下痢的症状时，要立刻就医。

● O-157大肠杆菌的预防法

1. 不耐热。75摄氏度的水加热1分钟以上就会被消灭。因此要连里面都充分加热。
2. 料理前、料理时要洗手。特别是处理鱼、肉、鸡蛋之后。上厕所、换尿布、挖鼻孔之后也要反复洗手。
3. 菜刀、砧板要洗干净，烹饪完后要用热水消毒。切过生鲜食品后一定要用洗剂冲洗。不要忘了抹布、海绵、棕刷。
4. 烹饪完后立即食用。在室温下放置15 ~ 20分钟后，O-157的数量会变成两倍。
5. 放置很久的食品，要毫不犹豫地丢掉。

接着剂的选择法基准表

乙＼甲	金属	水泥	瓷砖石材	陶瓷器	玻璃	塑料	乙烯塑胶	橡胶	不织布毡	帆布	皮革	化妆板	木	硬纸板	纸
纸	H	A·E	H	C·H	C·H	C·H	D	C	C	C	A·C·H	C·H	A·H	A·H	A·H
硬纸板	H·C	A·C	C·H	B·C	C·H	C·H	D	C	A·C·H	C	C·H	C·H	A·C	A·H	
木	B	C·E	B·E	C·E	B·C	B·C	D	C	C	C	A·C	C	A·C		
化妆板	B·C	C·E	B·C	B·C	B·C	B·C	D	C	C	C	C	C			
皮革	C	C	C	C	C	C	D	C	C	C	C				
帆布	C	C	C	C	C	C	D	C	C	C					
不织布毡	C	C	C	C	C	C	D	C	C						
橡胶	C	C	C	C	C	C	D	C							
乙烯塑胶	D	D	D	D	D	D	D								
塑料	B·C·G	B·C·E	B·C	B·C·H	B·C·G	B·C·G									
玻璃	B·G	B·C	B	B·F·G	B·C·G										
陶瓷器	B	B·E	B·E	B·F·G											
瓷砖石材	B	B·E	B												
水泥	B·E	B·E													
金属	B·G														

记号	接着剂种类
A	木工用（水性）
B	2液型
C	合成橡胶剂
D	乙烯塑胶（卤素乙烯系）
E	瓷砖水泥用
F	硅胶
G	瞬间接着剂
H	模型用

要将两种材质黏合时，选择甲、乙中的项目交叉比对，然后使用交叉处所标示的接着剂即可。

不同种类的去污渍法一览表

● 去污渍的方法

如果第1阶段无法除去污渍，就进行第2、第3阶段。要使用不含荧光剂的中性洗剂。

污渍的种类		1阶段	2阶段	3阶段
水溶性污渍	茶、咖啡、酱油、墨	以浸水拧干的布或棉花棒、牙刷轻拍去除。	以布或棉花棒、牙刷蘸洗剂溶液轻拍去除。	用氯系或氧化系漂白水来漂白。
	墨水、血	同上。	用氯系或氧化系漂白水来漂白。	用还原系漂白剂来漂白。
	啤酒、酒类	布或棉花棒蘸冷水或 热水轻拍。	布或棉花棒蘸洗剂溶液轻拍。	
油性污渍	领口污渍、机械油、巧克力	用石油醚轻拍去除。	蘸洗剂原液，捏洗或揉洗。	
	原子笔、签字笔的墨水	用石油醚或酒精轻拍去除。	同上。	
	颜料	尽可能早一点用石油醚轻拍去除。		
	口红、粉底	用石油醚或酒精轻拍去除。	蘸洗剂原液，捏洗或揉洗。	
	咖喱	布或棉花棒蘸洗剂原液轻拍。	浸泡在氯系或氧化系漂白水里。	
不溶性污渍	口香糖	用冰冷却，能取下的尽量取下。	用石油醚轻拍去除。	
	墨汁	在污渍上涂上牙粉捏洗。	重复左列动作。	
	泥泞	趁还没干的时候用洗剂溶液揉洗。	用洗剂溶液拍除。	用还原漂白剂漂白。
	铁锈	热水稀释还原漂白剂后轻拍后浸泡。		
	霉菌	用刷子刷除。	用洗剂溶液揉洗。	用氯系或氧化系漂白水来漂白。

● 各种除渍药剂不可使用的质料

药品名	使用浓度	不可使用的质料	万一使用后的变化
石油醚	原液	————	————
酒精	原液	————	————
氨水(阿摩尼亚水)	0.7%	毛、丝	黄变
洗甲水	原液	醋酸纤维、聚氯乙烯	溶解
肥皂	1%	毛、丝	黄变
弱碱性合成洗剂	1%	毛、丝	黄变
中性洗剂	——	————	————
氯系漂白剂	1%～1.5%	毛、丝、尼龙 聚酯、醋酸纤维	黄变、劣化 黄变
氧化系漂白剂	0.5%	毛、丝	————
还原系漂白剂	0.5%～1%	————	————
牙粉	1%	毛、丝	缩水、纹路变形不均
醋	原液	————	————
热水	——	————	————

● 除渍药剂的种类

①有机溶剂　石油醚、酒精等。主要使用在溶解油性的污渍。
②乳化分散剂　中性洗剂等。可去除食物的脏污。
③氧化剂　就是过氧化氢或氯系漂白剂。
④还原剂　连二亚硫酸钠或酸性亚硫酸钠等。用于漂白，但容易褪色。
⑤碱性洗剂　硼酸、氨水等。去除酸性的污垢。

生活中的标志

● 认定标志是什么?

为了让消费者能够安心购买商品，对于到达一定标准的商品便会给予品质保证的标志。可是，一定规格水准的认定，是国家或业界团体等单位，依据自发性的申请所给予的，所以也不是一定要百分之百采信。只要以同一个标准去思考即可。

	**无公害农产品** 无公害农产品生产过程中允许使用农药和化肥，但不能使用国家禁止使用的高毒、高残留农药。
	**绿色食品** 绿色食品在生产过程中允许使用农药和化肥，但对用量和残留量的规定通常比无公害标准要严格。
	**有机食品** 有机食品在其生产加工过程中禁止使用农药、化肥、激素等人工合成物质，并且不允许使用基因工程技术。
	**农产品地理标志** 指标示农产品来源于特定地域，产品品质和相关特征主要取决于自然生态环境和历史人文因素，并以地域名称冠名的特有农产品标志。
	**保健食品** 具有特定保健功能的食品。它适宜于特定人群食用，有调节机体功能，但不以治疗疾病为目的。

● 选择商品时的检查要点

将各种品质标志列为参考，虽然是选择商品时的一大要点，但在购买商品时，为了避免买了后悔，该确认的部分还有很多。

1. 真的是必要的吗?
2. 跟目前拥有物品之间的平衡性? 有地方放吗?
3. 价格是合理的? 符合其品质与功能吗?
4. 购买时所需的费用，能够支付吗?
5. 品质如何?
   （机能性? 安全性? 卫生性? ）

● 日本公正取引委员会根据量表法认定了公正竞争规约，以下是依照规约所认定的合格标志。

（JIS标志）日本工业规格的简称，会贴在符合规格的一般工业制品上。

（JAS标志）贴在农产、水产品及其加工品上的日本农林规格标志。

（红色与金色）培根、火腿类。只用猪肉块制造的制品。

（茶色）压缩火腿、香肠类。各种牲畜肉类制造的食品。

（蓝色）混合制品。放入许多鱼肉的制品。混合压缩火腿、香肠。

乙种

（电器用品标志）贴在安全性被认可的电器上的标志。危险度高的电视、洗衣机被贴上甲种，收音机是乙种。没有标签者不得贩卖。

（安全标志）贴在符合国家安全基准的压力锅、安全帽上。

（计量法标志）贴在牛奶或啤酒瓶上的计量法标志。

（羊毛标志）通过国际羊毛事务局品质标准检验，世界共通标志。

蜂王乳的公正标志。

蜂蜜的公正标志。

生面类的公正标志。

海胆食品的公正标志。

日本谷物检定协会举行完认定会议后的检定合格标志。

（ST标志）依照日本玩具安全协会所认定安全标准的安全玩具标志。

（JUPA标志）业界自主性保证雨伞品质的标志。

（S标志）清洁、理容、美容店为对象，表示该店有意外保险。

（环保标志）日本环境协会认定为体贴环境的产品上所贴的标志。

（SG标志）安全产品的简称，贴在婴幼儿用品及家庭用品上。

误食的紧急处理标准

● 危险度高的物品，吞下后要立刻送医。

场所	项　　目	催吐	喝水或牛奶	之后的处置
起居室	香烟2厘米以上	○	○	×
	烟灰缸内的水	○	○	×
	纽扣电池	○	×	×
	体温计的水银	○	○	■
	卫生球、樟脑	○	~~牛奶~~	▲
	电蚊香贴片	○	○	■
	药	○	○	×
	墨水、铅笔	○	○	■
	蜡笔、粉蜡笔	○	○	■
	糨糊	○	○	■

厨房	厨房用洗剂	○	○	■
	清洁剂	○	○	■
	住宅、煤气炉用洗剂	×	○	×
	排水管用洗剂	×	○	×
	干燥剂	○	○	■
厕所、洗脸台	漂白剂（氯系）	×	○	×
	洗涤用洗剂	○	○	■
	柔软剂	○	○	■
	厕所用洗净剂（强酸、强碱）	×	○	×
	肥皂	○	○	■
	牙粉	○	○	■
	口臭预防剂	○	○	■
	染发剂	○	○	▲
	指甲油、洗甲水	×	×	×
	香水	○	○	▲
	化妆水、发胶	○	○	▲
	乳液、乳霜	○	○	■
	口红、粉底	○	○	■
浴室	洗发精、润发乳	○	○	■
	沐浴剂	○	○	■
	除霉剂	×	○	×
玄关、走廊	蜡（地板、家具、汽车用）	×	~~牛奶~~	×
	石油制品（汽油、灯油、石油醚）	×	×	×

■ 如果量少就在家观察　▲ 必须就医　× 紧急送医

- 不知该如何处置时要拨“119”（参阅第362页）
- 说明时的重点：①何时、②误食了什么、③误食了多少量。

索 引

【八画】

【九画】

【十画】

【十一画】

【十二画】

后记

写下《生活图鉴》这本书的契机，是在采访时，一窥大学生们的饮食生活后，才有这样的灵感。

初次离开父母身边一个人生活，他们的饮食内容远远超乎我的想象。早餐是便利商店的饭团、热量高的食品、罐装咖啡；像样一点的午餐是面包、罐装果汁、甜点；晚餐则是泡面、碳酸饮料或速食、店里的下酒菜……

身体不适、感到疲劳的多数为年轻人。再加上女学生们因为过度减肥，而成为贫血族或准贫血族的人也不在少数。

事实上，问题并不仅限于饮食生活。“啊，定期工作又寄来啦！”大学生的母亲苦笑着拿给我看的纸箱中，子女待洗或待缝补的衣物，塞得满满当当……她们告诉我子女在大学四年内，一次也没有晒过被子，榻榻米任其朽坏。还说了半夜开着暖炉睡觉差点发生火灾（这个孩子，之前从来不曾自己关过电器用品）……这种种的情形还真不少。

将所有“衣食住”事项全部交给父母或他人，即使拥有“知识”，却缺乏“实际经验”的孩子们，给人带来太大的负担，为人父母的我们所需负的责任更大，也更有切肤之痛。

此时，再加上我有一次演讲的机会，内容是针对中高龄男性第二人生及照护思维的讲座。当时听见许多男性感叹说太太或母亲突然住院时，“连电饭锅都不会用”“不会缝扣子”……因此感到束手无策。当我们走向高龄社会时，男性也被性别角色分担的后遗症所影响了。

小孩就不用说了。成年人无论男女都切实地感受到，必须以

“生活的主人”的身份重新审视自己的周遭生活。

于是我被这样不断涌上的想法所驱使，着手这本书的写作。除了重视前人生活的智慧与技术，还将文明利器做最有效的利用，以家事省事派的我本身的经验与反思为基础，希望提供给大家能够立即派上用场的知识。

如果能为朝“自立”的第一步迈进的大人小孩们提供帮助，那就再好不过了。

越智登代子

图书在版编目（CIP）数据

生活图鉴 /（日）越智登代子著；（日）平野惠理子绘；张杰雄译. -- 成都：四川人民出版社，2018.11（2024.3重印）
ISBN 978-7-220-10945-4

Ⅰ. ①生… Ⅱ. ①越… ②平… ③张… Ⅲ. ①家庭生活—知识—图集 Ⅳ. ①TS976.3-64

中国版本图书馆CIP数据核字(2018)第189228号

四川省版权局著作权合同登记号
图字：21-2018-367

SHENGHUO TUJIAN

生活图鉴

著　　者　[日]越智登代子
绘　　者　[日]平野惠理子
译　　者　张杰雄
选题策划　后浪出版公司
出版统筹　吴兴元
编辑统筹　王　頔
特约编辑　李志丹
责任编辑　袁　璐
装帧制造　墨白空间・黄海
营销推广　ONEBOOK

出版发行　四川人民出版社（成都三色路238号）
网　　址　http://www.scpph.com
E-mail　scrmcbs@sina.com
印　　刷　天津裕同印刷有限公司
成品尺寸　129毫米×188毫米
印　　张　12
字　　数　254千
版　　次　2018年11月第1版
印　　次　2024年3月第10次
书　　号　978-7-220-10945-4
定　　价　70.00元

紧急联络表

紧急情况备忘录

· 火灾　119

· 救护车　120

· 警察　110

· 休息日的急诊

· 家庭医生　儿科、牙科、耳鼻喉科、内科等

· 市政府办公室

· 煤气公司

· 电力公司

· 自来水公司

· 查号台　114

· 家政服务

· 社区卫生服务中心

· 学校

· 补习班

· 其他

· 家人的工作地点

父

母

· 亲属

祖父母

外祖父母

· 其他亲友